准噶尔盆地页岩油甜点形成机理与评价

毛新军 尤新才 何文军 吴和源 等著

石油工业出版社

内 容 提 要

本书是准噶尔盆地页岩油富集规律与甜点评价研究成果的总结，内容涵盖准噶尔盆地页岩形成地质背景、页岩油甜点地球化学评价、准噶尔盆地页岩储层发育特征、准噶尔盆地二叠系页岩油甜点成因机理及综合评价等。

本书可供从事油气勘探的科研工作者、技术人员及高等院校相关专业师生参考阅读。

图书在版编目（CIP）数据

准噶尔盆地页岩油甜点形成机理与评价 / 毛新军等著. -- 北京：石油工业出版社，2025.6. -- ISBN 978-7-5183-7240-9

Ⅰ.P618.130.2

中国国家版本馆 CIP 数据核字第 2024M1X340 号

出版发行：石油工业出版社
（北京安定门外安华里 2 区 1 号　100011）
网　　址：www.petropub.com
编辑部：（010）64523746　　图书营销中心：（010）64523633
经　　销：全国新华书店
印　　刷：北京中石油彩色印刷有限责任公司

2025 年 6 月第 1 版　2025 年 6 月第 1 次印刷
787×1092 毫米　开本：1/16　印张：20
字数：475 千字

定价：150.00 元
（如出现印装质量问题，我社图书营销中心负责调换）
版权所有，翻印必究

《准噶尔盆地页岩油甜点形成机理与评价》撰写人员

毛新军　尤新才　何文军　吴和源　秦志军　赵靖舟

郑孟林　黄立良　邹　阳　任海姣　朱　涛　李梦瑶

年　涛　刘新龙　钱永新　赵辛楣　黄志赳　陈　槐

赵　毅　李　霞　曹元婷

序

PREFACE

  页岩油是非常规石油资源中规模最大、勘探开发效益最好的一类，因而已引起全球石油工业界的高度重视，并在美国等国家取得成功开发。近年来，我国页岩油勘探开发也不断取得重要突破，如长庆油田、新疆油田、胜利油田、大庆油田分别在鄂尔多斯盆地、准噶尔盆地、渤海湾盆地和松辽盆地等已突破出油关或形成一定规模产能。初步研究表明，我国页岩油资源丰富，勘探开发潜力巨大，是当前及今后相当长时期我国石油生产的主要接替资源，因而其能否大规模成功开发对支撑国民经济可持续发展、保障国家能源安全具有重要意义。然而，与北美等地区不同，我国页岩油主要为陆相沉积，储层非均质性强，且烃源岩成熟度多半适中，原油含蜡量较高、流动性较差，因而开采难度较大，从而制约了我国页岩油生产的规模突破。因此，加强中国陆相页岩油富集规律研究与甜点评价，便成为我国石油地质界和勘探开发界的共识。作为我国陆相页岩油勘探开发最早取得重要突破的油田之一，新疆油田持续加强页岩油勘探开发探索实践，相继发现了玛湖凹陷、吉木萨尔凹陷等大型页岩油富集区。2020年，"新疆吉木萨尔国家级陆相页岩油示范区"获批设立，2023年页岩油实现了效益建产；另外，不断深化页岩油富集规律与甜点评价研究，在页岩富集规律、甜点分类评价、高产区识别预测等方面取得重要进展，有力支撑了玛湖500万吨上产产能建设和吉木萨尔凹陷页岩油效益开发，对我国陆相页岩油一体化建设发挥了示范引领作用。

  《准噶尔盆地页岩油甜点形成机理与评价》是有关准噶尔盆地页岩油富集规律与甜点评价研究成果的总结。该专著对准噶尔盆地页岩油甜点形成机理与评价的若干关键问题做了许多有意义的探索与研究，取得了多项创新性研究成果。首先，本书提出吉木萨尔凹陷芦草沟组咸化湖盆和玛湖凹陷风城组碱湖沉积环境形成4大类9小类共29种储层，细粒混积岩以其厚度大、页理发育及矿物纹层构造丰富的特点成为准噶尔盆地最优的页岩油储层。其次，系统对比和评价了风城组、芦草沟组页岩的生烃潜力，经过轻烃损失及重烃校正后，恢复了页岩油原地滞留量，明确风城组和芦草沟组游离烃占比高，游离油主要受有机质含量、矿物组成、储层物性控制，而有机质含量是影响页岩油吸附的主要因素，并在此基础上，建立了页岩油甜点地球化学评价标准。最后，认为玛湖凹陷风城组和吉木萨尔凹陷芦草沟组页岩油具有咸化烃源岩生烃、储层类型多样、源储频繁互层的有利条件，形成了整体含油、甜点"集中"的页岩聚集特征，页岩油的富集受到烃源岩、储层、源储组合、地层压力和脆性的控制，建立了准噶尔盆地二叠系页岩油甜点评价体系。

《准噶尔盆地页岩油甜点形成机理与评价》专著主要由毛新军领衔新疆油田公司勘探开发研究院专家与西安石油大学部分教师共同完成，他们中既有长期从事页岩油研究的知名专家，也有目前活跃在页岩油勘探开发生产一线和学术研究前沿的中青年科技骨干。相信该专著的问世，不仅有助于推动准噶尔盆地页岩油勘探开发事业的深化发展，而且对于我国广大陆相盆地页岩油勘探开发实践与学术研究也具有重要参考和借鉴意义。另外，该专著可作为高等院校相关专业师生的参考书，值得一读。

中国科学院院士、北京大学博雅讲席教授

金之钧

二零二五年元月十日于北京大学朗润园

前 言
FOREWORD

近年来，全球页岩油探明资源量和产量持续上升，成为重要接续资源。加快我国页岩油勘探开发不仅关系到国家能源安全，也是推动能源生产和消费革命的重要力量。近年来，我国页岩油勘探开发取得了系列重要进展，目前已在10余个盆地发现16套页岩层系，页岩油勘探开发稳步推进。然而，相较于北美海相页岩油，我国页岩油资源具有显著陆相沉积特征，普遍面临储层非均质性强、热演化程度偏低、可动性评价复杂等挑战。针对这一国情，国内科研人员创新提出"陆相页岩油"勘探开发理论，通过国家科技重大专项、企业先导试验等多层次攻关，初步形成了以鄂尔多斯盆地长7段、准噶尔盆地二叠系、松辽盆地青一段为代表的陆相页岩油勘探开发技术体系。

准噶尔盆地页岩油属于典型的混积型页岩油，区域上位于西北缘的玛湖凹陷风城组和东部的吉木萨尔凹陷芦草沟组，勘探开发潜力巨大。自1983年玛湖凹陷风城组油藏探明开发以来，从断裂带走向斜坡区，先后历经盆缘断裂带、斜坡区鼻凸带、凹陷区页岩油三大领域勘探阶段。吉木萨尔凹陷芦草沟组自2011年发现以来，历经勘探及开发先导试验、评价及工业化试验、示范区成立及规模化建产三个阶段，实现了产量、效益双突破，有力证明了准噶尔盆地页岩油的良好发展前景。但同时，许多未预见的问题也开始显现，部分问题十分具有挑战性，例如混积型页岩储层微观孔隙结构复杂、优质甜点主控因素不明、甜点区/段评价标准不统一、可压裂性预测难度大等关键科学技术问题亟待解决，这些制约着页岩油勘探开发进程的快速推进。特别是在陆相咸化湖盆混积型页岩油领域，如何建立适用于复杂岩性组合的甜点评价体系，如何实现"地质—工程"双甜点协同预测，如何提高单井产量与开发效益等核心问题，都需要开展系统深入的基础理论研究和技术方法攻关。

近年来，我国学者在页岩油气方面的研究成果较为丰富，在页岩油赋存机理与可动性评价、甜点主控因素与预测方法、体积开发机理与产能评价等方面取得重要理论突破，创新形成了陆相页岩油"七性"评价技术体系、甜点分级分类标准、地质工程一体化开发模式等系列关键技术。特别是在准噶尔盆地二叠系咸化湖盆混积型页岩油领域，建立了基于岩相组合—有机质富集—储集性能—可动性"四元耦合"的甜点评价方法,创新提出"甜点段+甜点体"分级评价思路,研发了多尺度储层表征技术,为盆地页岩油勘探开发提供了重要理论支撑和技术保障。因此,进一步深入研究准噶尔盆地页岩油气成藏与勘探面临的关键问题,及时全面系统总结页岩油气成藏理论与评价技术研究成果,对今后进一步深化页岩油气勘探开发具有重要意义。

本书由新疆油田公司勘探开发研究院专家与西安石油大学部分教师共同撰写完成,是专家与学者多年从事准噶尔盆地页岩油相关研究的成果总结。

本书撰写分工如下:前言由毛新军撰写;第一章第一节由尤新才撰写,第二节由何文军撰写,第三节由秦志军撰写;第二章第一节由赵靖舟撰写,第二节由郑孟林撰写,第三节由黄立良撰写;第三章第一节由邹阳撰写,第二节由任海姣和刘新龙撰写,第三节由朱涛撰写,第四节由李梦瑶和年涛撰写;第四章第一节由吴和源撰写,第二节由吴和源和钱永新撰写,第三节由赵辛楣撰写,第四节由黄志赳撰写,第五节由陈桐撰写;第五章第一节由赵靖舟撰写,第二节由何文军撰写;第六章第一节由赵毅撰写,第二节由李霞撰写,第三节由曹元婷撰写,第四节由毛新军撰写。全书由毛新军和吴和源负责统稿。

本书介绍的研究成果得到中国石油天然气股份有限公司前瞻性基础性研究重大科技项目"准噶尔盆地二叠系全油气系统地质理论与勘探实践"(编号2022DJ0108)资助。

本书承蒙金之钧院士作序并给予极大的支持和鼓励,在此表示衷心感谢。

由于著者水平有限,书中难免存在不当之处,敬请读者批评指正。

目 录
CONTENTS

第一章 绪论 ··· 1
第一节 页岩油概念与分类 ··· 1
第二节 页岩油研究进展 ··· 2
第三节 页岩油勘探开发现状 ··· 11

第二章 准噶尔盆地页岩形成地质背景 ··· 18
第一节 页岩油储层沉积期古地貌特征 ··· 18
第二节 页岩油储层沉积相发育特征 ··· 22
第三节 页岩油储层沉积期古气候与古水体特征 ··· 38

第三章 准噶尔盆地二叠系页岩油赋存特征及甜点评价 ··· 48
第一节 页岩生烃潜力地球化学评价 ··· 48
第二节 页岩油地球化学特征及含油量 ··· 81
第三节 页岩油赋存机理及可动性评价 ··· 100
第四节 页岩油甜点地球化学评价 ··· 115

第四章 准噶尔盆地页岩储层发育特征 ··· 124
第一节 页岩油储层岩性—岩相类型 ··· 124
第二节 页岩油储层储集空间类型 ··· 149
第三节 页岩油储层成岩作用类型 ··· 157
第四节 页岩油储层物性及其岩性控制特征 ··· 163
第五节 页岩油储层综合评价 ··· 168

第五章 准噶尔盆地二叠系页岩油甜点成因机理 ··· 174
第一节 吉木萨尔凹陷芦草沟组页岩油甜点成因机理 ··· 174
第二节 玛湖凹陷风城组致密油—页岩油甜点成因机理 ··· 199

第六章　准噶尔盆地二叠系页岩油甜点成因与综合评价 …… 243
第一节　陆相页岩油甜点评价标准概述 …… 243
第二节　二叠系页岩油甜点评价参数及评价标准 …… 248
第三节　两大凹陷页岩油甜点成因机理对比 …… 279
第四节　二叠系页岩油甜点综合评价 …… 290

参考文献 …… 298

第一章　绪　论

第一节　页岩油概念与分类

一、页岩油概念

页岩油尚无统一的定义，不同机构和研究者所称的页岩油概念不尽相同。早期的页岩油与油页岩有关，指通过加热分解未成熟油页岩，将岩石中的有机物质转变为合成石油，也称为人造石油。而今，页岩油用来代表地质历史时期已经生成并滞留的石油，并有望像页岩气那样成为独立矿种进行勘探开发。在国外，多数研究机构和研究者认为页岩油泛指储存于低渗含油层系（泥岩、页岩、粉砂岩、砂岩、泥灰岩、碳酸盐岩等）中的轻质石油（Jarvie，2012；EIA，2013；BGR，2017）。在国内，页岩油具有广义和狭义之分（周庆凡和杨国丰，2012）。

狭义页岩油是指成熟或低成熟烃源岩已生成并滞留在页岩地层中的石油聚集，属原地滞留油气资源（邹才能等，2013），或者称之为源岩油（邹才能等，2019），不包括烃源岩层系中砂岩或碳酸盐岩等夹层中的石油。

广义页岩油泛指形成于以页岩、碳酸盐岩等烃源岩为主的层系中的石油聚集，包括夹层中的石油（Jarvie，2012；贾承造等，2012；张金川等，2012；黎茂稳等，2019；全国石油天然气标准化技术委员会，2020）。然而，关于对夹层单层厚度和累计厚度占比的界定并不统一，国家标准化管理委员会在《页岩油地质评价方法》（GB/T 38718—2020）中指出页岩层系中粉砂岩、细砂岩、碳酸盐岩单层厚度不大于5m，累计厚度占页岩层系总厚度比例小于30%，仍属于页岩油。也有学者将夹层界定为单层厚度不超过1m、累计厚度不超过烃源岩层系总厚度的20%（黎茂稳等，2019）或单层厚度不超过2m，累计厚度不超过30%（宋明水等，2020）。

本书采用广义页岩油的概念，其主要以游离态、吸附态或溶解态等多种形式存在于页岩层系中，单井无自然产能或低于工业石油产量下限，需采用大型压裂改造等措施才能获得工业石油产量。页岩油不以浮力为聚集动力、无油水界面、不受常规圈闭的控制，分布上具有源储一体、滞留或近源聚集及甜点富集的特征，属于典型的非常规油气资源。

二、页岩油分类

由广义页岩油的概念可知，其与致密油和常规油在地质特征、成因机理及开发方式等方面均具有显著的差异，为典型的连续型油气聚集。根据页岩层系中岩性组合、流体赋存空间类型、有机质丰度、热演化程度等方面的不同，前人提出了多种页岩油分类方案。Jarvie（2012）从页岩油资源角度提出页岩油资源系统概念包括三种类型：致密型富有机质泥岩系统，裂缝型富有机质泥岩系统，具有相邻、连续富有机质和贫有机质层的混合（hybrid）系统。此为国外较早的页岩油分类方案。在国内，张金川等（2012）提出了与 Jarvie（2012）类似的划分方案，较早地将中国陆相页岩油划分为基质含油型、夹层富集型和裂缝富集型三类，并以前两类页岩油最为发育。付金华等（2019）和孙龙德等（2021）分别根据鄂尔多斯盆地延长组 7 段页岩油和松辽盆地青山口组页岩油特点，将页岩油划分为互层型、夹层型和纯页岩型三种。

与国外以海相为主的页岩油相比，中国陆相湖盆形成的页岩油具有更强的非均质性，进而形成了具有中国特色的页岩油类型，体现在夹层类型多且厚度变化快、岩性组合多样。赵贤正等（2021）依据纵向上不同岩性类型的组构特征、页岩油的赋存特征及页岩的砂地比等，将陆相页岩油（广义）划分为纹层型、混积型、夹层型、互层型和厚层型五种类型，其中，夹层型、互层型、厚层型属于砂岩运移型，纹层型与混积型为页岩滞留型。还有学者根据成熟度的不同（杜金虎等，2019；赵文智等，2020a，2020b），将中国陆相页岩油分为中低成熟度页岩油（R_o 为 0.5%～1.0%）和中高成熟度页岩油（R_o 为 1.0%～1.5%）。中高成熟度页岩油细分为源储一体（共存）型、源储分异（离）型和纯页岩型三种，而中低成熟度页岩油需采用地下原位转化技术实现有效动用（杜金虎等，2019；胡素云等，2020）。

焦方正等（2020）总结了中国陆相页岩油甜点大致可划分为夹层型、混积型和页岩型。夹层型储层甜点可以夹砂岩、石灰岩、凝灰岩或者其他岩性，砂岩甜点型是最重要类型；混积型储层甜点主要是受气候韵律和水动力条件变化、不同物源混积、有机质絮凝等多因素形成的纹层状混积页岩层系；页岩型储层甜点主要是纯页岩，具有效孔隙空间和一定渗流能力。

综上所述，根据岩性组合特征，准噶尔盆地玛湖凹陷风城组和吉木萨尔凹陷芦草沟组陆相页岩油类型可分为互层型、夹层型和混积型，并以混积型为主。

第二节　页岩油研究进展

一、页岩油地质实验测试技术进展

1. 页岩油储层评价技术

与常规砂岩或致密砂岩储层相比，页岩储层多具有矿物成分复杂、粒度细、泥质含量高、孔隙空间小、孔喉结构差等特点。砂岩、致密砂岩与页岩储层在孔径大小方面具有数量级的差别（图 1-2-1）。因此，国内外已发展了多种技术和方法，可以从不同角度和尺度对页岩油储层进行评价。

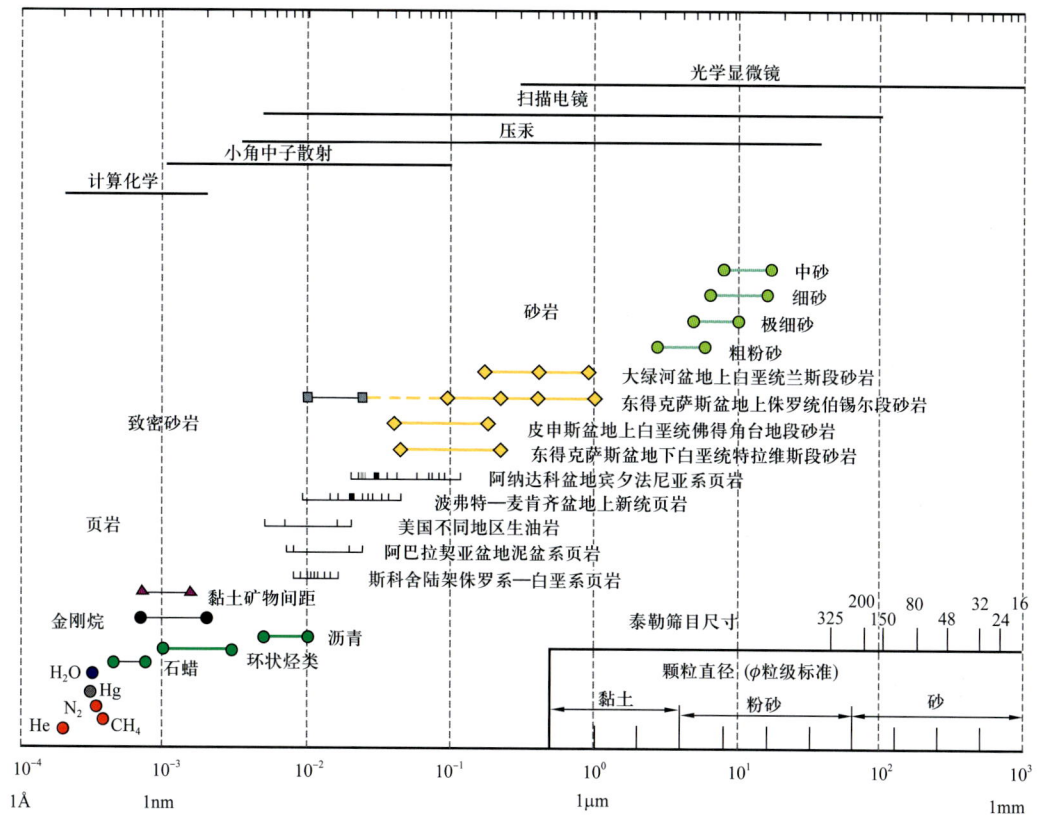

图 1-2-1 碎屑岩储层孔喉分布及流体分子大小（据 Nelson，2009）

在页岩储层矿物的识别方面，普通岩石薄片、扫描电镜、阴极发光等技术可以有效地对页岩层系中的砂岩、碳酸盐岩及混合岩性进行鉴别，但对泥页岩进行表征时会产生很大的偏差，而且费时费力效率低。对泥页岩矿物的定性及定量识别可以通过X射线衍射分析（XRD）、X射线荧光光谱（XRF）、能谱分析、电子探针等技术来实现。页岩主要由黏土矿物、脆性矿物和有机质构成，由于颗粒细小，要想实现大范围、有代表性样品的全面评价，仍面临很大的挑战。XRF分析技术得到矿物元素组成信息，换算后得到主要成岩矿物，多用于现场快速评价，其不利方面是识别精度较低（曹茜等，2020）。扫描电镜矿物定量评价（QEM Scan）是基于扫描电镜和能谱仪的一种综合的自动矿物岩石学检测方法，通过背散色图扫描及能谱分析，获取每一点颗粒的能谱图，对能谱图进行矿物元素分析，并与储存于在线计算机内的矿物鉴别信息库进行比对，从而获得矿物成分、含量及其分布特征，同时亦能得到孔隙度等参数，其缺点是分析周期长，费用高且样品粒径小（毫米级别）。目前对页岩中矿物成分的鉴别多采用XRD技术，获得脆性矿物和黏土矿物的成分和含量。

页岩孔隙发育程度及连通性是评价页岩储层质量的主要指标。一般来讲，表征储层孔隙结构的技术可分为三类：（1）图像观测技术，包括铸体薄片、扫描电镜、激光共聚焦显微镜及荧光显微镜等；（2）流体注入技术，包括压汞技术、核磁共振等；（3）数值模拟技术，如微米—纳米CT扫描。由于页岩储层孔隙直径多小于1000nm（邹才能等，2013），因此，在页岩储层孔隙结构表征方面，除了传统的技术之外，一些用在材料、物理化学等学科方面的技术也应用到页岩储层地质研究中（表1-2-1），将这些先进技术与传统的测试技术结合，使得对页岩油储层孔隙结构的认识不断深入。

表1-2-1 页岩储层孔喉表征方法（据 Josh et al.，2012；朱如凯等，2018）

技术方法	主体测量范围	观测内容
气体吸附分析	0.35～20nm	孔喉大小、分布特征
压汞分析	0.1～950μm	
核磁共振分析	纳米级～80μm	
普通显微镜观测	微米级～毫米级	微米级～毫米级孔喉大小、形态
普通钨丝扫描电子显微镜分析	微米级～毫米级	微米级孔喉大小、形态
小角散射分析	1～220nm	泥页岩微观孔喉大小
场发射扫描电子显微镜分析	0.1nm～微米级	纳米级微观孔喉大小、分布
环境扫描电子显微镜分析	0.1nm～微米级	原油赋存状态
纳米—CT分析	>50nm	纳米级微观孔喉形态、连通性
聚焦离子束分析	10nm	

2. 页岩含油性评价技术

无论是常规油气藏、还是非常规致密油气及页岩油气，含油性评价无疑是所有评价要素中最重要的。对页岩油来讲，其含油性评价难度更大。页岩层系中的石油主要有两部分：一部分为页岩内自生自储的滞留石油；另一部分为邻近页岩分布的砂岩、碳酸盐岩或混积岩中的石油。二者含油性评价方法不同。

基于显微镜的薄片方法可以直接观测孔隙中油的分布，如采用荧光显微镜、激光共聚焦显微镜可观测夹层中孔隙的含油特征，对含油富集程度及油的性质进行定性评价。然而，由于页岩储层中孔隙小、矿物吸附和干酪根吸附烃普遍存在，难以对孔隙的含油情况进行有效评价。

有机地球化学方法既快速又经济，不易遗漏岩石中不连通的封闭孔隙中的烃类，是页岩层系含油性表征的常用方法之一。页岩的含油性评价从有机地球化学角度，主要考虑两方面因素：其一为反映烃源岩生烃品质的指标，如岩性、有机碳含量、氢指数、镜质组反射率、干酪根类型等，目的是评价生油能力，确定富有机质页岩的分布；其二为反映页岩的含油性指标，如页岩含油饱和度、氯仿沥青"A"、热解残留烃（S_1），确定页岩的含油量。

含油饱和度是反映页岩含油性的重要指标。由于页岩致密，孔隙空间复杂，且以纳米级孔隙为主，油气赋存形式多样，常规测定含油饱和度过程中轻烃会大量散失，使得测试结果偏低。张林晔等（2017）尝试利用新鲜页岩样品，分别对页岩进行氟利昂抽提和氯仿沥青"A"抽提，获得轻烃和氯仿沥青"A"含量，然后根据总烃量恢复系数，计算页岩内总含油量，结合页岩孔隙度分析数据，计算东营凹陷沙三段和沙四段含油饱和度主体为1%～80%（平均为37.6%），且最大含油饱和度对应生烃高峰阶段。

低场核磁共振技术具有无损检测的优势，相比用于热解和氯仿沥青抽提的粉末状样品，其可以反映储层物性及流体的"原位性"和"完整性"（张鹏飞等，2021），近年来，低场核磁共振技术在页岩油气、致密砂岩油气勘探领域已被广泛应用（牛小兵等，2013；Kausik et al.，2016；张鹏飞等，2021）。但由于实验过程的复杂性，仅限于典型样品的研究。

二、页岩油赋存状态与机理研究进展

油气在页岩中的赋存形式主要包括游离态、吸附态及溶解态，目前页岩油的有效资源主要指赋存于孔隙和裂隙中的游离油（Jarvie，2012；Larter et al.，2012；张林晔等，2015；黎茂稳等，2020）。对不同赋存状态页岩油的定量研究方法现今主要存在两类技术（Barker，1974；Espitalie et al.，1980；Behar et al.，2001；蒋启贵等，2016）：一是溶剂分步萃取法（以收集产物量及原始氯仿沥青"A"含量计算可动油量及比例），二是加热释放法（以抽提前后热解游离烃的变化来计量可动油量及比例）。需要注意的是，采用热解方法对页岩油进行评价时，页岩和夹层的热解升温过程、恒温时间、升温速率及产物种类不同。此外，渗透率、TOC、岩性、油挥发性、样品类型、处理过程、存储条件、制样准备、分析设备等均会对游离烃的含量产生重要影响（Jarvie，2014），因此，实验测试的S_1为最小值，需进行校正后评价页岩的含油性。氯仿抽提法主要测定出C_{15}以上的组分，轻质烃（C_5—C_{14}）部分在样品处理过程中已损失（Jiang et al.，2016），同样需要进行轻烃补偿校正。

陈方文等（2019）提出了氯仿沥青"A"轻烃补偿校正公式为：

$$A_0 = K_A A = (1 + C_{14-} - C_{S+A}) A \tag{1-2-1}$$

式中　A_0——恢复后的储层含油量，%；

　　　A——实验室测量的残余氯仿沥青"A"含量，%；

　　　C_{S+A}——氯仿沥青"A"中饱和烃与芳香烃含量之和的比例，%；

　　　C_{14-}——原油中轻烃C_1—C_{14}含量，%；

　　　K_A——氯仿沥青"A"补偿校正系数。

常规氯仿沥青"A"法难以区分游离态与吸附态页岩油，同时由于溶剂本身的性质及溶剂挥发过程中轻烃的损失，氯仿沥青"A"既不是页岩油的总量，也无法表征页岩油的赋存状态（蒋启贵等，2016）。为此，钱门辉等（2017）提出多溶剂逐级抽提方法，采用室温超声冷抽提方式，有效避免了轻烃散失问题，可获得游离态、干酪根吸附态—互溶态及矿物表面吸附态三种赋存状态的可溶有机质（表1-2-2）。其不足之处是分析过程复杂、周期长、成本昂贵，不利于推广使用。

表1-2-2 不同实验步骤使用的溶剂组合、样品状态及抽提量（据钱门辉等，2017）

抽提顺序	样品形式	溶剂系统	溶剂用量（mL/g）	抽提方式	赋存状态	抽提量（mg）	抽提率（%）
步骤1	整块，1cm³	二氯甲烷/甲醇（93∶7）	0.4	超声冷抽提	游离态	20.56	29
步骤2	长度0.105cm，块状	二氯甲烷/甲醇（93∶7）	0.4	超声冷抽提	游离态（压裂）	7.88	11
步骤3	150目，粉末状	二氯甲烷/甲醇（93∶7）	0.4	超声冷抽提	吸附态—互溶态（A）	34.84	49
步骤4	151目，粉末状	四氢呋喃/丙酮/甲醇（50∶25∶25）	0.15	超声冷抽提	吸附态（B）	7.36	10

注：溶剂用量为每克岩石使用的溶剂体积。

热解S_1并不是游离油的全部，热解S_2不完全是干酪根生烃潜量（王安乔等，1987；Li et al.，2020），S_2中既有少量的游离油又包括吸附油，传统热解法无法给出页岩吸附态油量。地下泥页岩中的原油包括以下三部分（薛海涛等，2015）：（1）实测S_1；（2）热解分析前已经损失的小分子烃类；（3）被作为S_2检测的重质残留烃。所以，对页岩油资源潜力进行评价时需要对S_1进行重烃校正和轻烃补偿（薛海涛等，2015，2016；朱日房等，2015）。热解S_1需要进行轻烃、重烃补偿校正，主要是因为岩心在取回、存储和制备过程中轻烃丢失（Jarvie，2012）。为了克服传统热解方法的不足，Romero-Sarmiento等（2016，2019）和蒋启贵等（2016）提出分步热解法获得游离烃、吸附烃和热解烃的方法，该方法适用于生油窗内和高—过成熟的页岩样品。Abrams等（2017）、Li等（2018，2020）应用分步热解方法对总烃、游离烃、吸附烃和热解烃含量进行了定量研究，量化了不同赋存状态页岩油的含量。

核磁共振技术具有无损检测的优势，根据原理纵向弛豫时间（T_1）、横向弛豫时间（T_2）与流体密度、黏度等参数密切相关（张鹏飞等，2021），T_1值可反映流体的可动性，而T_2值可反映孔隙的大小，利用T_1-T_2技术可获得页岩不同氢核质子弛豫信息，是识别不同赋存状态页岩油的可行方法（图1-2-2），业已在国内外大量的页岩油气勘探实践中得到应用。

三、页岩油可动性研究进展

对于页岩油勘探开发来说，页岩中可动含油量直接决定了页岩油资源的富集程度，富集程度越高，可采性越高。因此，定量评价页岩中的可动油是页岩油选段和选区的关键。一般认为，游离油即为可动油，如Michael等（2013）认为热解S_1为可动油，虽然

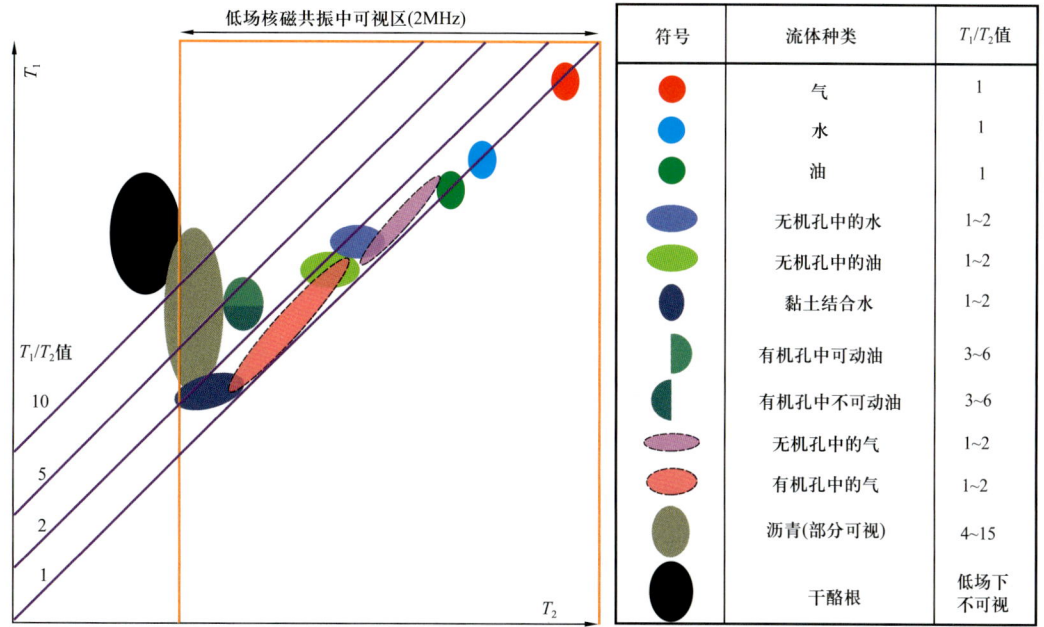

图 1-2-2　均匀磁场下的页岩中所有组分的低场 NMR（2MHz）T_1-T_2 图（据 Kausik et al., 2016）

S_2 峰的一小部分是可以生产的，但这在可采石油总量中占比相对较小；Li 等（2019）认为可动油为经蒸发损失校正后的 S_1 与 TOC 的差值，吸附油为热解进入 S_2 的重油及沥青质，介于二者之间的为受限油［数值上等同于 TOC，单位为 mg/g（烃/岩石）］。朱晓萌等（2019）、Hu 等（2020）总结了页岩油可动性的研究方法，主要有基于直接表征的热解法、抽提法和核磁共振法，基于间接计算的含油饱和度法及总油与吸附油差减法等。

1. 油饱指数（OSI）方法

页岩体系中既有滞留烃，又有干酪根有机质，传统烃源岩岩石热解分析中热解 S_1 表征岩石残留烃量，是已经生成的油，热解 S_2 表征干酪根生烃潜量。在页岩油研究评价中，由于热解 S_1 组分与页岩油组分相似，很容易被极性较弱的二氯甲烷萃取出，因而被视为游离态页岩油。Pepper 等（1995a，1995b）用烃源岩不同演化阶段的转化指数（S_1/TOC 或氯仿沥青"A"/TOC）评价海相烃源岩的吸附能力，认为开始排烃阶段的 S_1/TOC 和氯仿沥青"A"/TOC 分别约为 100mg/g 和 200mg/g，即烃源岩饱和吸附的下限值。Jarvie（2012）用 OSI=S_1/TOC 确定页岩吸附烃下限约为 100mg/g，高于此值指示潜在的可产石油，并用 S_1 与 TOC 关系划分页岩油有利层段，被页岩油研究者广泛采用。Jarvie（2012）同时认为，当富有机质页岩内 OSI 值远高于 100mg/g，指示开启的裂缝发育；如不考虑有机背景，单独的 S_1 或者总油量不能评估潜在的生产，因为如果 OSI 值低也可能指示高的石油排出量。在国内，薛海涛等（2015）对松辽盆地北部青山口组热解 S_1 进行轻烃补偿和重烃校正，校正后 S_1 为校正前的 2～3 倍，根据排烃门限确定 OSI 值为 75mg/g。李志明等（2019）研究鄂尔多斯盆地彬长地区长 7_3 泥页岩以束缚油为主（OSI 值平均为

45mg/g），不具有页岩油潜力，而凝灰岩和凝灰质粉砂岩夹层 OSI 值平均为 200mg/g，具有页岩油潜力。而黄振凯等（2020）依据排油门限确定鄂尔多斯盆地长 7 泥页岩 OSI 值超过 70mg/g 即可达到可动门限（排烃门限）。相比于海相页岩，陆相页岩储层非均质性更强，使用统一的 OSI 界限值评价陆相页岩可动油含量是不合适的，原因是影响页岩油可动性的因素很多，如有机质丰度、类型和成熟度、矿物组成、页岩结构、孔隙空间等（Hu et al.，2020）。

2. 多温阶热解方法

由于不同赋存状态的页岩油具有不同的分子热挥发特征（蒋启贵等，2016），因此，热解方法可以定量评价不同赋存状态的油。研究表明，传统的烃源岩热解的 S_1 并不是游离油的全部，热解的 S_2 不完全是残余干酪根的生烃潜量（王安乔等，1987），S_2 中既有少量的游离油又包括吸附油，传统热解法无法给出页岩吸附态油量（蒋启贵等，2016）。通过改进岩石热解分析仪的升温程序，Romero-Sarmiento 等（2016，2019）提出页岩区带方法，将 S_1 峰分成两部分，温度为 100～200℃时生成峰为 S_{h0}，温度为 200～350℃时生成峰为 S_{h1}，二者共同表征游离油的总量。蒋启贵等（2016）通过改进 Rock-Eval 6 设备升温程序，将残留烃划分为三个峰，包括 S_{1-1}、S_{1-2} 和 S_{2-1}，其中 S_{1-1} 为 200℃恒温 1min 的产物，主要为轻油组分，反映了现实可动油量；S_{1-2}（200～350℃）主要为轻中质油组分，与 S_{1-1} 一起反映最大可动油量；S_{2-1}（350～450℃）主要为重烃、胶质与沥青质组分，为吸附态油量。

对于页岩层系中的储油岩夹层而言，邬立言等（2000）通过调节热解分析周期，定量确定了砂岩的含油量，在 90℃、200℃、200～350℃、350～450℃、450～600℃温度区间下，分别得到 S_0（天然气）、S_{11}（汽油）、S_{21}（煤油、柴油）、S_{22}（蜡、重油）、S_{23}（胶质、沥青质），可用于夹层中可动油和总油的评价。

3. 逐级抽提方法

不同赋存状态的页岩油可以通过不同极性溶剂组合法来进行逐级抽提，从而达到分离的目的。赋存在相对较大孔隙和裂缝中的游离态页岩油流动性好，最容易被萃取出；赋存在矿物表面、微小孔隙及干酪根大分子包裹的页岩油，因以吸附为主而难以萃取出（朱晓萌等，2019）。可以采用多溶剂逐级抽提法，并运用不同的萃取方法来研究页岩油的赋存状态和可动性（宋一涛等，2005；杨燕等，2015；钱门辉等，2017）。

钱门辉等（2017）对比了渤海湾盆地东营凹陷王 127 井沙四段上亚段纹层状页岩（图 1-2-3）、沾化凹陷罗 69 井沙三段下亚段块状页岩，通过不同溶剂组合逐次抽提方法，定量评价了不同赋存状态的页岩油含量，研究揭示了湖相页岩中干酪根吸附态—互溶态可溶有机质占有较大比例，其次为游离态有机质；纹层状页岩游离态页岩油占比高于块状页岩，更有利于页岩油的开发。由于实验过程复杂、耗时长和成本高，仅适合在科学层面开展典型样品的研究，不能大范围推广使用。

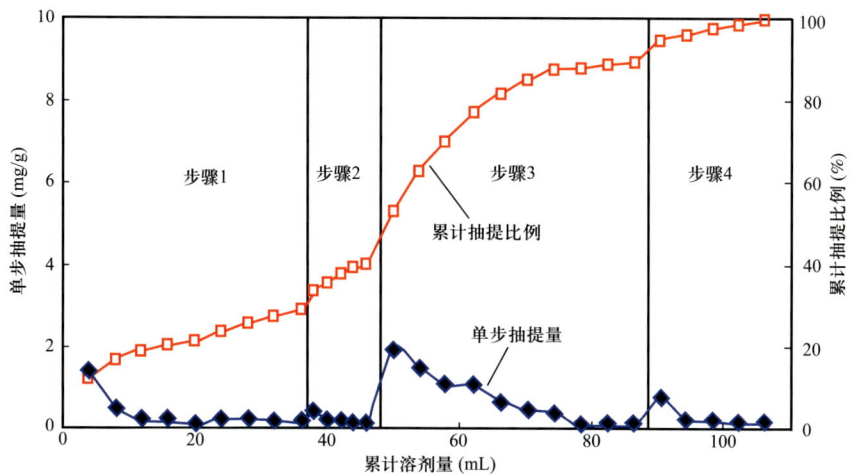

图 1-2-3 纹层状页岩 W127 样品单步抽提量和累计抽提比例（据钱门辉等，2017）

4. 核磁共振方法

核磁共振技术对页岩的孔隙结构是非破坏性的，对比离心前后页岩样品的核磁共振分析结果，通过 T_2 谱来评价可动油含量及分布。由于页岩中具有多种含氢的组分，所以 T_2 谱仅能提供有限的信息（Mehana et al.，2016；Fleury et al.，2016；Li et al.，2018），故此，二维（T_1-T_2）核磁共振技术用于可动油评价受到更多的关注。

Kausik 等（2016）、Li 等（2018）利用 NMR 总结了页岩中气、油、水、干酪根的 T_1-T_2 谱分布特征（图 1-2-4）。Li 等（2020）、张鹏飞等（2021）通过改进 T_1-T_2 谱分布模式，为定量评价不同赋存状态的流体提供了可能。

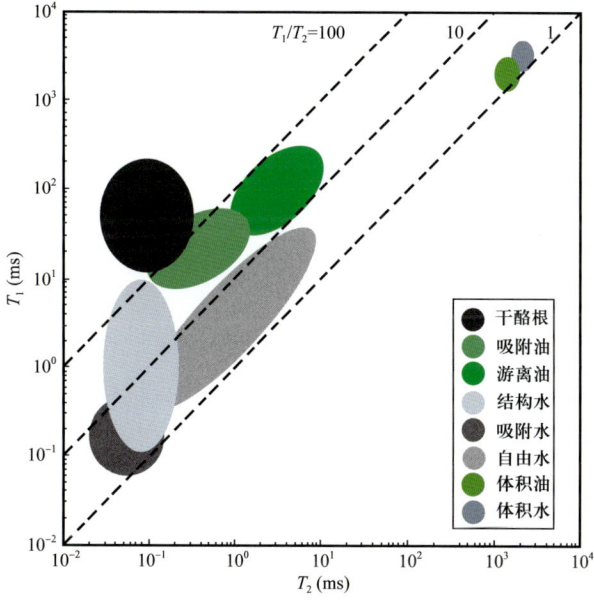

图 1-2-4 页岩中干酪根、石油、水的 T_1-T_2 谱分布特征（据 Li et al.，2018）

5. 其他方法

除了上述常用的研究方法外，还有学者提出了基于化学动力学原理与热模拟实验结合法（薛海涛等，2015）、自由烃差值法（Li et al.，2016）、残留烃与吸附烃差值法（Cao et al.，2017）、分子动力学模拟（Wang et al.，2015；Li et al.，2019）等研究页岩中总油及可动油分布特征。这些方法由于计算过程复杂，且参数选取过程中存在不确定性，相比直接研究残留烃的方法，不利于大规模推广使用。

综上所述，虽然在页岩油可动性研究方面已取得一定进展，但由于页岩本身同时具有烃源岩和储层的双重属性，传统地球化学分析测得的 S_1 和氯仿沥青 "A" 均不能反映原地可动油的含量，存在大量的轻烃损失，如何有效地恢复损失量是关键问题之一。可动油分布及含量不仅取决于页岩矿物成分、孔喉发育特征及连通性、裂缝分布，而且同时与页岩中有机质丰度、类型、热演化程度及有机—无机相互作用密切相关，已成为制约页岩油勘探的瓶颈。

四、页岩油甜点评价研究进展

页岩油甜点选区、选段评价是页岩层系油气勘探与开发的核心。含油页岩层系甜点区（段）是指：在源储共生含油页岩层系发育区（段），目前经济技术条件下可优先勘探开发的非常规石油富集高产的目标区（段）。页岩层系油气经济甜点区包括地质甜点区、工程甜点区和效益甜点区，只有这三个甜点区匹配叠置才能有效开采（朱如凯等，2018），而地质甜点是基础，是页岩油能否商业开发的关键。

卢双舫等（2012）根据页岩含油量（S_1、氯仿沥青"A"）与TOC关系的"三分性"，对中国东部部分盆地主力烃源岩研究后，按富集程度将页岩油资源分为分散（无效）资源（TOC<1%）、低效资源（1%<TOC<2%）和富集资源（TOC>2%）三个级别，相应的 S_1 分界点为 0.5mg/g 和 2mg/g，氯仿沥青"A"分界点为 0.1% 和 0.4%。邹才能等（2015）认为在页岩油评价中，地质甜点有机地球化学指标 TOC>2%，S_1>2mg/g。朱如凯等（2018）提出页岩油地质甜点段烃源岩 TOC>2%，R_o 为 0.85%～1.5%、孔隙度>3%。蒲秀刚等（2019）根据 S_1、TOC 和孔隙度，以渤海湾盆地沧东凹陷孔二段为例，将地质甜点划分为 a（S_1>3mg/g；TOC>3%；孔隙度>6%）、b（1mg/g<S_1<3mg/g；1.8%<TOC<3%；4%<孔隙度<6%）、c（0.5mg/g<S_1<1mg/g；1%<TOC<1.8%；孔隙度<4%）三个级别。魏永波等（2021）综合含油性、可动油比例、压力系数、渗透率、岩石脆性，采用综合权重因子方法对渤海湾盆地饶阳凹陷沙一段下亚段页岩油进行评价。可见，不同学者对页岩油甜点指标的选取及评价标准存在很大差异，这也说明了页岩油甜点评价的复杂性。

上述建立的页岩油分级评级标准主要是针对淡水—半咸水湖盆，以中国中东部盆地为例进行的研究。而中国西部盆地发育咸水烃源岩，其 TOC 含量总体低于淡水湖盆，如准噶尔盆地玛湖凹陷风城组碱湖烃源岩 TOC 平均含量仅为 1.18%（支东明等，2019），因而以中东部盆地资料建立的评价标准是否适用于玛湖凹陷风城组页岩油，还有待进一步研究。然而，准噶尔盆地吉木萨尔凹陷芦草沟组也为咸水沉积，但其 TOC 平均含量超过3%，发育富有机质烃源岩，其页岩油评价标准亦可以与中国东部盆地类比。邱振等（2016）对吉木萨尔凹陷芦草沟组研究得出，页岩油的最有利层段R_o值为0.7%～1.0%、TOC＞2%；郭旭光等（2019）从TOC、R_o和有机质类型考虑，提出了吉木萨尔凹陷芦草沟组页岩油甜点烃源岩评价参数标准。然而，上述标准未给出页岩油产能的重要指标——含油性界限。同时，准噶尔盆地二叠系页岩油储层岩石类型非常复杂多样，富有机质页岩段及贫有机质层段纵向交互分布，玛湖凹陷风城组（以玛页1井为例）TOC含量大于2%的层段发育有限，其页岩油甜点分布和评价应具有一定的独特性。

第三节　页岩油勘探开发现状

一、国外页岩油勘探开发现状

1. 北美

美国是世界上实现页岩油商业开发最早的国家，也是目前页岩油产量最大的国家。页岩油的成功开发不仅提高了美国原油的供应能力，也对世界原油市场格局产生极大影响（周庆凡等，2019）。页岩油产量的大幅提升使得美国石油的对外依存度从历史最高点67.0%（2006年）降至2018年的25.2%（白国平等，2020）。2019年，美国页岩油产量达到3.35×10^8t，从而使美国跃升为世界第一大产油国，并实现了石油净出口。2020年，美国页岩油产量达到了3.75×10^8t，为世界页岩油勘探开发提供了成功范例。美国页岩油主要产自二叠盆地Wolf Camp和Bone Spring、威利斯顿盆地Bakken、海湾盆地Eagle Ford三大产区（周庆凡等，2019），落基山盆地群和安纳达科盆地的页岩气产量高于页岩油产量；此外，加利福尼亚州圣华金等盆地的中新统Monterey区带也有少量的页岩油产量（图1-3-1）。

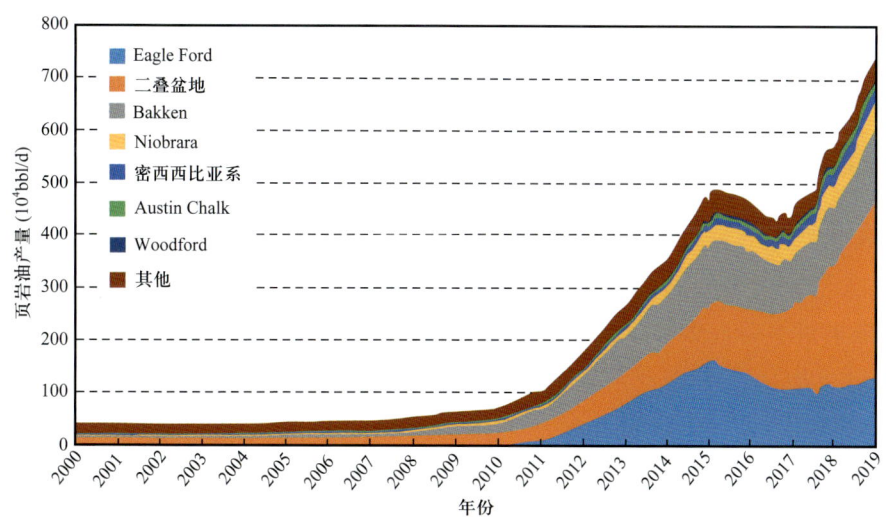

图1-3-1　2000—2019年美国主要页岩区带页岩油产量变化（据EIA，2020）

2019年12月，EIA发布的2018年底美国页岩油剩余探明储量为 31.80×10^8 t，截至2018年底，美国累计产出页岩油 17.89×10^8 t。USGS（2019）评估认为美国页岩油待发现资源量为 155.39×10^8 t。美国页岩油总资源量为 205.08×10^8 t（表1-3-1），其中页岩油累计探明储量（累计产量+剩余储量）49.69×10^8 t，探明率为24.2%。

表1-3-1　美国页岩油资源数据（据USGS，2019；EIA，2018，2020）

盆地	主要产层	时代	累计产量（10^8 bbl）	剩余探明储量（10^8 bbl）	待发现资源量（10^8 bbl）	总资源量（10^8 bbl）	总资源量占比（%）	探明率（%）
二叠盆地	Bone Spring，Spraberry，Wolfcamp	P_1–P_2	45.68	110.96	878.27	1034.91	68.6	15.1
海湾盆地	Austin Chalk，Eagle Ford	K_2	32.99	47.34	115.24	195.56	13	41.1
威利斯顿盆地	Bakken，Three Forks	D_3–C_1	30.49	58.62	81.49	170.6	11.2	52.2
落基山盆地群	Niobrara	K_2	8.37	3.17	16.63	28.17	1.9	41
安纳达科盆地	Mississippian，Woodford	D_3–C_1	5.72	5.6	9.18	20.51	1.4	55.2
阿巴拉契亚盆地	Utica	O_3	1.01	3.45	37.07	41.53	2.8	10.7
其他	Monterey，Haynesville，Yeso，Glorieta等	N_1，J_3，P_2	7.31	4.69	4.65	16.66	1.1	72.1
合计			131.57	233.83	1142.53	1507.94		24.2

注：资料截至2018年底。总资源量=累计产量+剩余储量+待发现资源量，探明率=探明储量（累计产量+剩余探明储量）/总资源量。

加拿大是较早开展页岩油商业开发的国家之一。2005年，在当时高油价和页岩开发技术革命的推动下，加拿大对其南部与美国接壤的巴肯区带页岩油开展了商业开发，日产量为 1.96×10^4 t，约占国内石油总产量的1%。到2014年，加拿大页岩油日产量达到 5.95×10^4 t 的峰值，占当年石油产量的10.2%。产区全部集中在该国的西部省份，包括艾伯塔省、曼尼托巴省、萨斯喀彻温省和英属哥伦比亚省（NEB，2011）。据估计，加拿大页岩油技术可采资源量为 12.06×10^8 t（ARI，2015）。

2. 俄罗斯

据EIA数据，俄罗斯页岩油技术可采资源量 101.77×10^8 t，居世界第二位（ARI，2015）。根据俄罗斯自然资源与环境部评价，仅西西伯利亚地区巴热诺夫组技术可采资源量就达 5×10^8 t；根据俄罗斯石油地质科学院数据，东欧地台多玛尼克层系页岩油技术可采资源量为 83×10^8 t，伏尔加—乌拉尔盆地同一层系的页岩油技术可采资源量高达 178×10^8 t，总技术可采资源量预计达到 266×10^8 t（梁新平等，2019）。

2013年，俄罗斯页岩油日产量曾达到 1.63×10^4 t 的峰值。目前俄罗斯页岩油尚未进行大规模商业开采，仅在巴热诺夫组进行了试验性开采。截至2016年，西西伯利亚巴热诺夫组—阿巴拉组中有 146 口垂直井、36 口水平井在产，垂直井平均日产 10.8t，水平井平均日产 7.5，折算日产油量 1846.8t。

目前俄罗斯正在国内广泛开展页岩油开发试验。艾奎诺在俄罗斯开展页岩油钻探工程，针对多玛尼克页岩布置了 3 口水平井。虽然俄罗斯页岩油勘探整体仍处于初期阶段，但俄罗斯页岩油资源基础雄厚，未来页岩油勘探前景可期。

3. 其他国家

阿根廷页岩油资源丰富，技术可采资源量为 $36.83×10^8$t。其中，内乌肯盆地是阿根廷最具潜力的页岩油富集区，被认为是北美以外最可能实现大规模页岩油开采的盆地，技术可采资源量达 $27.12×10^8$t，超过全国总储量的 70%（姜向强等，2018）。根据阿根廷能源部数据，2018 年 7 月，阿根廷页岩油日产量为 $0.72×10^4$t，占全国日产量 $6.6×10^4$t 的 10.91%。

澳大利亚页岩油技术可采资源量 $21.28×10^8$t，赋存在四个主要盆地中。据中国国家能源局 2013 年报道，澳大利亚自然资源公司在中部阿卡林加盆地发现地质资源量 $316.88×10^8$t 的页岩油，目前仍待进一步勘探。

利比亚页岩油技术可采储量 $35.61×10^8$t。利比亚的页岩油主要分布在三个盆地中，页岩厚度大，埋深相对较浅，具有较大的页岩油开发潜力。

二、国内页岩油勘探开发现状

自 20 世纪 70 年代以来，在中国陆相多个盆地油气勘探中，均发现了裂缝型页岩油，由于不成规模，并未引起广泛关注（金之钧等，2021）。随着北美页岩油气革命对世界油气工业产生的深远影响，中国陆相盆地页岩油的研究逐渐成为关注的新热点，已在多个盆地或坳陷发现规模不等的页岩油资源，部分已商业开发（表 1-3-2）。

表 1-3-2　中国陆相页岩油勘探进展简表（据郭旭升等，2022）

盆地	坳陷/凹陷/地区	层系	勘探进展
准噶尔盆地	吉木萨尔凹陷	芦草沟组	井控储量 $11.12×10^8$t，2022 年产油 $51×10^4$t
	玛湖凹陷	风城组	预测储量 $1.24×10^8$t，钻获多口工业油流井
三塘湖盆地		芦草沟组	资源量达 $10×10^8$t，钻获多口工业油流井
鄂尔多斯盆地	陇东地区	延长组 7 段	探明储量超过 $10×10^8$t，2022 年页岩油产量 $221×10^4$t
四川盆地	川中地区	大安寨段	获得多口工业油流井
		侏罗系	预测储量 $6138.87×10^4$t，多口井获工业油流
南襄盆地		核桃园组	钻获多口工业油流井
江汉盆地		潜江组三段	钻获多口工业油流井

续表

盆地	坳陷/凹陷/地区	层系	勘探进展
渤海湾盆地	东濮坳陷	古近系	钻获多口工业油流井
	济阳坳陷	古近系	控制和预测储量 11.5×10^8t，2022 年产量 13.1×10^4t
	沧东凹陷	孔店组二段	资源量超过 8×10^8t，钻获多口工业油流井
苏北盆地		古近系	预测储量 1.2×10^8t
松辽盆地	南部地区	青山口组	资源量达 15×10^8t，钻获多口工业油流井
	古龙凹陷	青山口组	预测储量 12.68×10^8t，2022 年产量 7×10^4t

中国陆相盆地发育的页岩油主要分布在准噶尔盆地二叠系芦草沟组、风城组，柴达木盆地古近系—新近系，三塘湖盆地二叠系芦草沟组，鄂尔多斯盆地三叠系延长组，四川盆地侏罗系，江汉盆地古近系，渤海湾盆地古近系沙河街组—孔店组，松辽盆地白垩系青山口组（赵靖舟等，2012，2017；柳波等，2012；付小东等，2014；付金华等，2019；邹才能等，2019；李乐等，2019；支东明等，2019，2021；周立宏等，2020，2021；孙龙德等，2021）。然而，迄今为止，仅在准噶尔盆地芦草沟组、鄂尔多斯盆地延长组和渤海湾盆地古近系实现了规模建产和效益开发，其他盆地仍处于单点突破阶段（表 1-3-2）。

1. 准噶尔盆地

准噶尔盆地中—下二叠统发育盆地最重要的烃源岩，以陆相咸化湖盆多源混合细粒沉积为主，岩石类型以薄层状湖相碳酸盐岩、泥岩、砂岩及粉细砂、泥、白云石、方解石等混合的过渡岩类为主，具备良好的页岩油形成条件（支东明等，2019）。目前，吉木萨尔凹陷芦草沟组页岩油已实现了商业开发；玛湖富烃凹陷风城组页岩油勘探取得重大突破，有望成为页岩油接替的主攻领域（支东明等，2019）。

准噶尔盆地页岩油规模勘探始于 2011 年，在吉木萨尔凹陷部署的吉 25 井，芦草沟组压裂试油获得日产 18.25t 的工业油流（支东明等，2019），页岩油勘探取得突破。2012 年，以芦草沟组为目的层部署吉 251 井、吉 174 井、吉 33 井等直井 9 口和吉 172-H 井、吉 251-H 井等水平井 4 口，试油井全部获得工业产量（匡立春等，2020），充分展示了芦草沟组页岩油的勘探潜力。2019 年，确立吉木萨尔凹陷为国家级陆相页岩油勘探开发示范区。

2012—2014 年，对玛湖凹陷风城地区的下二叠统风城组部署风南 7 井、风南 14 井、百泉 2 井等获工业突破，克拉美利山前五彩湾—石树沟凹陷的中二叠统平地泉组部署的火北 1 井、火北 2 井、石树 1 井、石树 2 井等均获得不同程度突破（支东明等，2019）。证明盆地中—下二叠统发育的含白云质陆相湖盆细粒混积烃源岩层系，具备形成页岩油聚集成藏的条件。

根据准噶尔盆地第四次油气资源评价结果，吉木萨尔凹陷芦草沟组上下甜点段地质资源量 $12.4×10^8t$，而最新预测地质资源量近 $15.8×10^8t$。邱振等（2016）对芦草沟组页岩油中的滞留烃资源进行初步估算，认为总地质资源量约 $25.50×10^8t$。玛湖凹陷风城组页岩油目前主要对风南地区开展勘探，有利面积约 $382km^2$，页岩油甜点资源量近 $8.25×10^8t$。目前，玛湖凹陷北部预测储量 $3×10^8t$，玛湖凹陷南部控制储量 $2.2×10^8t$。沙湾凹陷风城组勘探也获得突破，沙探 2 井获得工业油气流，有望形成新的规模储量增长区。盆 1 井西凹陷风城组页岩油勘探获得突破，3 口井获得高产工业油气流（王江涛等，2023）。五彩湾—石树沟凹陷平地泉组页岩油甜点资源量近 $3.20×10^8t$（支东明等，2019）。因此，准噶尔盆地二叠系页岩油领域的资源潜力应该更大。

2. 鄂尔多斯盆地

具有真正意义上的鄂尔多斯盆地页岩油勘探始于 2011 年（付锁堂等，2020），其页岩油主要赋存于三叠系延长组 7 段（简称长 7 段）泥页岩层系中，长 7 段发育细粒沉积，其岩性主要有细砂岩、粉砂岩、黑色页岩、暗色泥岩和凝灰岩共五类，划分为三种页岩油类型（付金华等，2020）：

Ⅰ类页岩油实现商业性规模效益开发，发现 $10×10^8t$ 级庆城大油田，建成百万吨国家级页岩油示范区。长 7 段累计提交页岩油探明地质储量超过 $10×10^8t$、三级地质储量可达 $18.15×10^8t$，初步评价Ⅰ类和Ⅱ类页岩油资源量为 $70×10^8$～$100×10^8t$（付金华等，2020）。

Ⅱ类页岩油风险勘探取得突破，优选湖盆中部部署的城页 1 井和城页 2 井两口水平井试油分别获得 121.28t/d 和 108.38t/d 的高产工业油流（付金华等，2020），该类页岩油有望成为盆地非常规油气勘探的重大接替新领域。

Ⅲ类页岩油为纯页岩型，其勘探开发潜力有待进一步研究探索。

3. 渤海湾盆地

渤海湾盆地在勘探早期即发现页岩油气，如济阳坳陷沾化凹陷 1971 年钻探的义 18 井沙河街组一段、1989 年钻探的罗 42 井和 1996 年钻探的新义深 9 井沙河街组三段下亚段均已获得工业油气流并投入开发（王永诗等，2012）。目前，渤海湾盆地多个富油气凹陷多层系页岩油勘探开发均取得了重要进展。

截至 2018 年底，济阳坳陷有 320 口井页岩段见油气显示，在 66 口井页岩发育段进行测试，其中 40 口井初产达到工业油气流标准，累计产油超过 $11×10^4t$（宋明水等，2020）。各凹陷、多层系均有分布，以沾化、东营凹陷居多（王勇等，2016）。随后部署的 4 口页岩油专探井 BYP1 井、BYP2 井、BYP1-2 井、LY1HF 井和 5 口页岩油兼探井 Y182 井、Y186 井、Y187 井、L758 井、N52 井，试油测试日产油为 2.3～154t，展示出济阳坳陷具有较大的页岩油勘探潜力，但也面临诸多挑战（宋明水等，2020）。

2013 年，渤海湾盆地黄骅坳陷沧东凹陷孔店组二段正式启动深盆湖相区页岩油系统攻关探索（赵贤正等，2020）。2018 年，GD1701H 井和 GD1702H 井 2 口水平井获得高产、稳产工业油流，标志着深盆湖相区一体型页岩油取得了重要勘探进展。目前，沧东凹陷孔店组二段已完钻水平井 46 口、投产 32 口，进入工业化开发阶段。黄骅坳陷井控资源量 14.1×10^8t，2022 年部署效益开发先导试验井组。2021—2022 年日产油量达到 300t，连续两年产油 10×10^4t。

黄骅坳陷歧口凹陷页岩油勘探在 2019 年以来取得重要进展，针对 F38X1 井和 Bin60-56 井的老井复查在沙河街组三段井压裂改造后，试油分别获得日产 50.1t 和 23.59t 的工业油流，随后部署的 F39X1 井，2019 年 8 月试油获得日产 27.7t 的工业油流（周立宏等，2021）。新部署的 QY10-1-1 井、B56-1H 井等水平井亦获得高产油流，进一步证实黄骅坳陷具备良好的深盆湖相区页岩油勘探开发前景（赵贤正等，2021）。

除了上述主要富油凹陷勘探取得重要进展外，在西部凹陷雷家地区沙河街组四段、大民屯凹陷沙河街组四段、束鹿凹陷沙河街组三段、饶阳凹陷沙河街组一段、南堡凹陷沙河街组一段等页岩油勘探也取得新发现和新进展（焦方正等，2020）。

4. 松辽盆地

松辽盆地早在 20 世纪 80 年代初期，即发现了青山口组裂缝型页岩油，发现井英 12 井采用常规开发技术在青山口组一段和青山口组二段获得日产 3.83t 的工业油流（王玉华等，2020）。2011 年以来，进入研究认识阶段，受沉积条件控制，青山口组发育互层型、夹层型、纯页岩型三种不同类型页岩油，目前勘探均已获得突破，其中互层型页岩油实现规模开发；夹层型页岩油部署的齐平 1 井获日产 10.2t 工业油流，齐平 1-1 井日产油 14.3t，实现单点突破；纯页岩型部署在中央坳陷区古龙凹陷的深部位，以青山口组一段下部页理型页岩为甜点靶层，获得日产油 13.5t、日产气 6100m³ 的高产工业油气流（孙龙德等，2021）。

松辽盆地北部部署钻探的古页油平 1 井、英页 1H 井、古页 2HC 井等重点探井获日产油 30m³ 以上高产且试采稳定，其中古页油平 1 井见油生产超 500 天，累计产原油超 6000t，累计产油气当量近万吨，实现松辽盆地陆相页岩油重大战略性突破。平面上已有 43 口直井出油，5 口水平井获高产，2021 年落实含油面积 1413km²，新增石油预测地质储量 12.68×10^8t。

初步估计松辽盆地北部青山口组一段页岩油资源量为 55.93×10^8t，青山口组二段页岩油资源量为 33.38×10^8t；平面上齐家—古龙地区资源量为 60.58×10^8t，大庆长垣南部、三肇地区资源量为 28.73×10^8t，其中 R_o 大于 1.0%、TOC 大于 2.0% 的甜点区资源量为 32.46×10^8t，主要分布在齐家—古龙地区的青山口组一段、二段（王玉华等，2020）。

5. 其他盆地

三塘湖盆地二叠系芦草沟组为咸化湖盆混合细粒沉积，具备页岩油形成条件。页岩油发现始于 20 世纪 90 年代初期，马 6 井裂缝型页岩油初期自喷日产油 22m³，至目

前累计产油近 1.5×10^4t。2018—2020 年，部署钻探的条 34 井体积压裂自喷最高日产油 25.87m³，马 L1-3H 井初期日产油超 20t，显示出页岩油良好的勘探开发前景。预测芦草沟组页岩油资源量约 3.95×10^8t，主要分布于马朗凹陷和条湖凹陷（范谭广等，2021）。

四川盆地元坝、涪陵地区侏罗系大安寨段页岩勘探获得突破，21 口井钻遇大安寨段页岩，页岩厚度 20~80m，孔隙度 4.3%~5.1%，直井压裂测试 12 口井获高产油气流，单井日产油 54~67.8m³，展现出良好的勘探前景（邹才能等，2020）。

江汉盆地潜江凹陷潜江组盐系地层沉积厚度达 6000m，由上、下厚层盐岩层夹持细粒混合沉积（泥级碳酸盐和碎屑）构成的韵律单元，大量油气滞留在泥页岩系统中，钻井过程中共有 128 口井见显示，其中自喷井 32 口，井涌、井溢井 19 口，多口井获工业油流，其中千吨井 3 口，形成了非常丰富的页岩油资源（吴世强等，2013）。

南襄盆地泌阳凹陷核桃园组沉积厚度 2000~3000m，核桃园组二段和三段主要为页岩层系。自 2010 年以来，泌阳凹陷部署的 1 口页岩油兼探直井与 2 口页岩油水平井通过实施分段压裂，获得最高日产 23.6~28.1m³ 工业油流（吕明久等，2012），由于高产期短且稳定产油量较低，距规模商业开采还有较大差距。

苏北盆地古近系阜宁组四段和二段以暗色泥岩为主的烃源岩是本区主要生油岩，多口井试获原油，其中盐城凹陷的 YC1 井在阜宁组二段试获日产油 36.83m³，海安凹陷的 H20 井阜宁组四段累计试获原油 11.65t（程海生等，2015），展现出较好的页岩油勘探开发前景。

第二章 准噶尔盆地页岩形成地质背景

第一节 页岩油储层沉积期古地貌特征

准噶尔盆地蕴藏着丰富的页岩油资源，二叠系主要为一套咸化湖盆白云岩与碎屑岩过渡的云质岩沉积，其大面积分布于二叠纪三大前陆盆地中心区及斜坡带，平面上与烃源岩发育中心区叠置，为页岩油的形成创造有利的沉积条件。准噶尔盆地二叠系页岩油具有广覆式烃源岩、细粒沉积、微纳米级孔喉系统发育、储层致密、源—储一体、大面积含油等特点，以吉木萨尔凹陷芦草沟组咸化湖盆型页岩油和玛湖凹陷风城组碱湖型页岩油最为典型。自吉木萨尔凹陷与玛湖凹陷成盆期以来，准噶尔盆地经历了海西期、印支期、燕山期和喜马拉雅期等多期构造运动，构造背景不仅影响盆地的构造格局，也控制其沉积背景及油气藏的形成与分布。

一、玛湖凹陷

石炭纪，现今准噶尔盆地西北缘和东北缘先后形成前陆盆地（赖世新等，1999；吴孔友等，2005）。石炭纪末至二叠纪，准噶尔盆地已具雏形，至三叠纪形成统一的内陆坳陷沉积盆地（陈业全等，2004）。早—中侏罗世，沉积范围不断扩大，形成大型泛盆沉积格局。中侏罗世以后，博格达地区及准噶尔周边山系进一步隆升，逐渐切断准噶尔盆地与外部联系而形成相对独立的坳陷盆地（陈新等，2002）。新生代以来，准噶尔盆地收缩，其南部地壳受挤不断沉降，从而形成北浅南深的大型类前陆盆地（吴孔友等，2005）。

玛湖凹陷位于准噶尔盆地西北缘，二叠纪开始至侏罗纪早期，玛湖凹陷一直是盆地沉降中心之一，长期接受了大量陆源碎屑沉积，形成了巨厚烃源岩，为中央坳陷内最富的生烃凹陷。二叠纪以来玛湖凹陷主要经历了五个构造演化阶段（吴孔友，2005；雷德文等，2017，2018）（图2-1-1），最终形成现今构造格局。

（1）玛南前陆坳陷发育期：早二叠世准噶尔盆地总体处于前陆挤压环境，西北缘在早二叠世佳木河组沉积期时仍为裂陷环境，玛湖凹陷西部和南部为前陆坳陷沉积期，凹陷沉积中心位于玛南地区（图2-1-1h）。

（2）玛湖凹陷沉积中心向北迁移期：早—中二叠世玛湖凹陷沉积中心由南向北迁移，表现在沉积厚度高值区逐层北迁（图2-1-1g和f）。

（3）玛湖凹陷稳定发育期：随着早二叠世西北缘前陆坳陷期结束，中—晚二叠世是玛湖凹陷大规模稳定发育时期（图2-1-1e和d）。

第二章 准噶尔盆地页岩形成地质背景

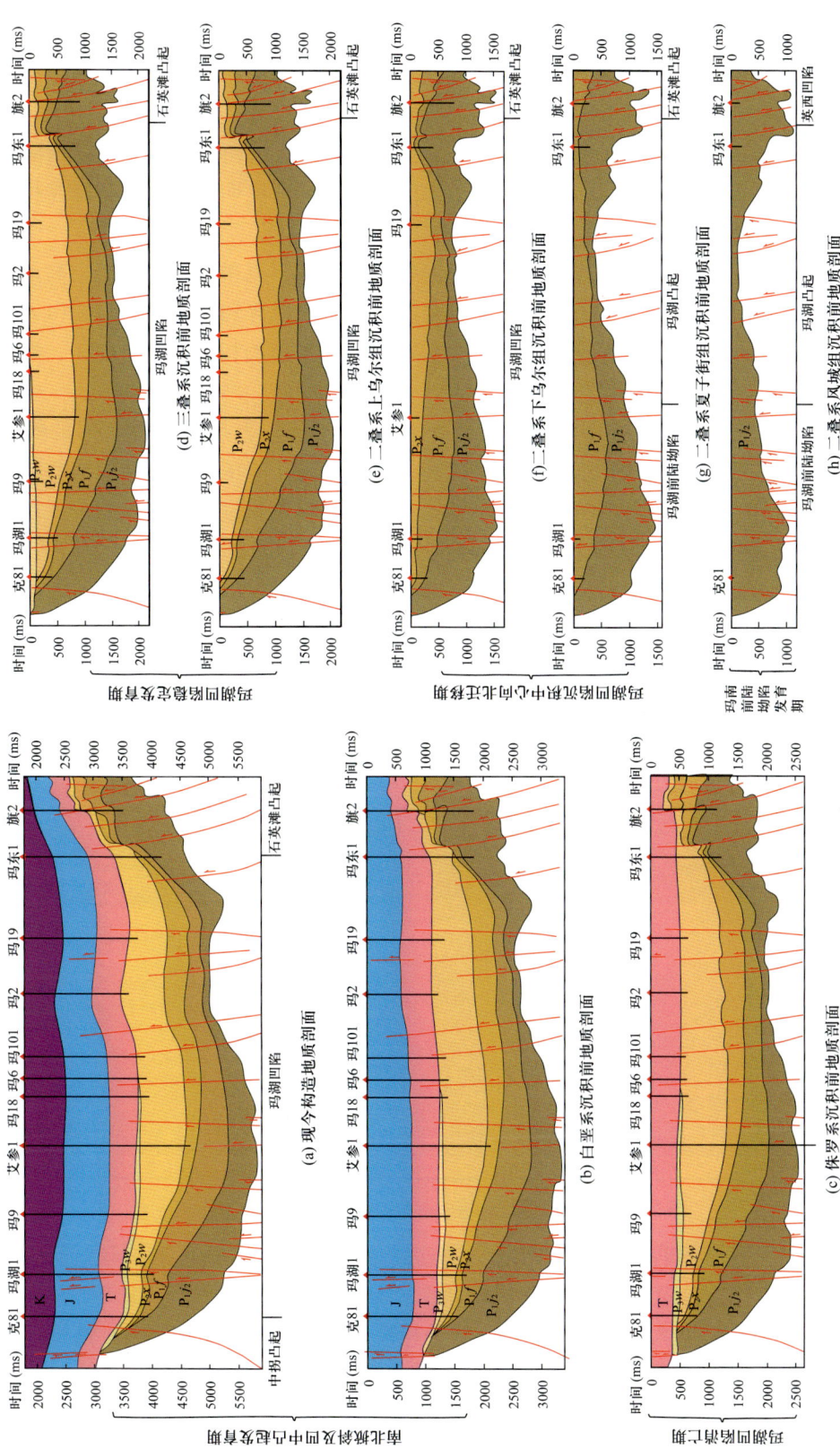

图2-1-1 玛湖凹陷西环南带西—北东向测线构造演化示意剖面图（据雷德文等，2018）

（4）玛湖凹陷消亡期：三叠纪，独立的玛湖凹陷基本消亡，而演化成一个更大范围的坳陷型盆地，即准噶尔盆地西部大型坳陷，玛湖地区地形平坦，南北厚度差别不大（图2-1-1c）。

（5）南北掀斜与凹中凸起发育期：伴随着燕山构造运动，玛湖地区和玛湖南隆起构造开始发育（图2-1-1b），喜马拉雅构造运动使玛湖北部地区明显抬升，且隆起构造特征持续发育（图2-1-1a）。

玛湖凹陷地貌特征为西陡东缓的不对称箕状凹陷，主要有中央凹陷，火山高地与构造坡折等地貌单元。二叠系风城组岩性主要为碎屑岩、云质碎屑岩与火山岩，白云岩为咸水湖相的准同生白云岩。玛湖斜坡区二叠系风城组发育湖泊相、扇三角洲相、辫状河三角洲相及重力流四种沉积相类型。

玛湖凹陷二叠系风城组总沉积厚度800~1800m，总体表现为西厚东薄的楔状分布，反映其沉积时盆地为西陡东缓的不对称箕状凹陷，属于挤压背景下形成的前陆盆地（图2-1-2），具备发育"高山深盆"封闭型湖盆的构造背景条件。前陆盆地层序及其建造特征主要受幕式逆冲挠曲构造运动控制，在玛湖凹陷可能形成三种同沉积构造坡折：逆冲断裂挠曲坡折、逆断裂坡折和隐伏断裂挠曲坡折，发育多级同沉积逆冲断裂挠曲坡折带和逆断裂坡折带，构造坡折对沉积体系控制同地貌坡折类似（冯有良等，2013）。另外，在风城组沉积的早期存在数个火山群（图2-1-3），从喷发特征看，主要为爆发式喷发形成的层状火山，显示在玛湖凹陷分布数个火山高地。

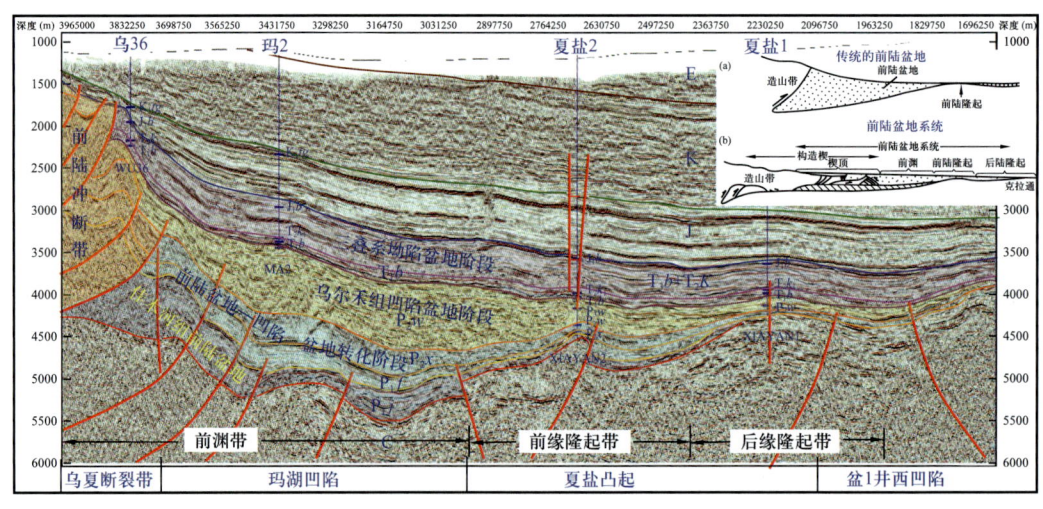

图2-1-2 玛湖地区北西—南东向地震格架解释剖面

总体来说，玛湖凹陷二叠系风城组的古构造特征为西陡东缓的不对称箕状前陆凹陷，为一闭塞型湖泊，其主要地貌单元为中央凹陷、火山高地、构造坡折、中央凹陷西部陡斜坡、东部宽缓斜坡及大小不等的湖湾。这种构造环境易于形成闭塞湖盆，而不利于湖水循环，这对于优质烃源岩的形成十分有利。

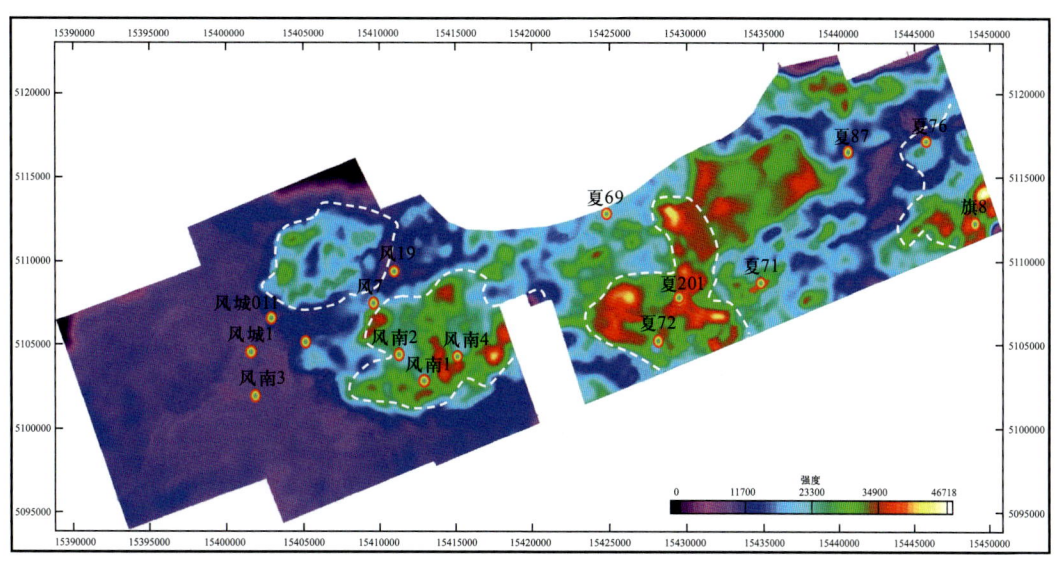

图 2-1-3 二叠系风城组一段火山群在分频均方根振幅图上的反映（60ms，40Hz）

二、吉木萨尔凹陷

吉木萨尔凹陷位于准噶尔盆地东部隆起的西南部，整体发育于前二叠纪褶皱基底之上，为西断东超的箕状凹陷（方世虎等，2007；匡立春等，2012）（图 2-1-4a）。周边边界明显，西面以西地断裂等与北三台凸起相接，北面以吉木萨尔断裂与沙奇凸起毗邻（图 2-1-4b），南面则以三台断裂和后堡子断裂与阜康断裂带相接，向东为一个逐渐抬升的斜坡，逐渐过渡到古西凸起上。该区经历了海西、印支、燕山、喜马拉雅等多期构造运动。

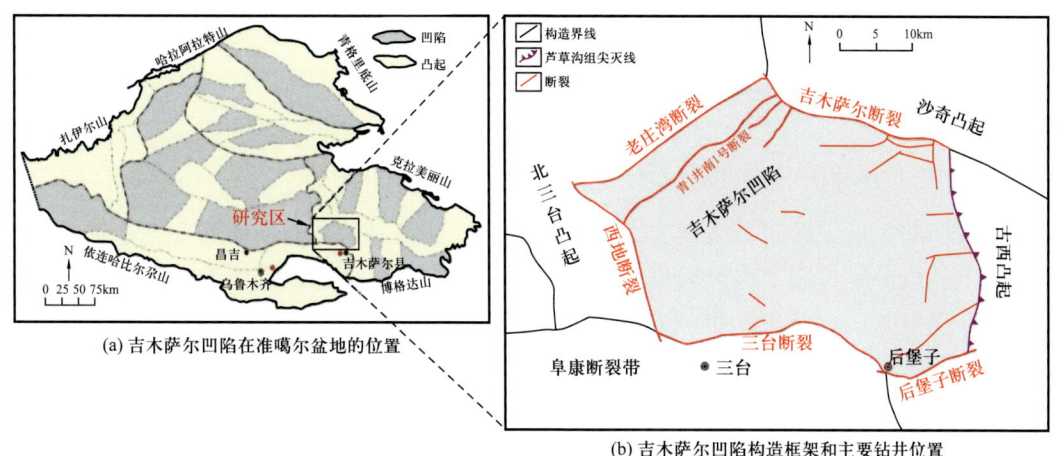

(a) 吉木萨尔凹陷在准噶尔盆地的位置

(b) 吉木萨尔凹陷构造框架和主要钻井位置

图 2-1-4 吉木萨尔凹陷位置图

海西运动是准噶尔盆地的成盆运动，早二叠世晚期，盆地南缘残存的博格达海槽开始闭合造山，形成了博格达山前中二叠世早期的前陆型箕状坳陷，吉木萨尔凹陷与博格达山前凹陷、西部阜康凹陷水体相连，沉积了中二叠统井井子沟组南厚北薄的火山—磨拉石建造。中二叠世晚期，吉木萨尔凹陷封闭，并作为一个相对独立的沉积单元接受了芦草沟组的深湖相—半深湖相沉积，成为该区的主力烃源岩。三叠纪末期的印支构造运动使凹陷东部古西凸起强烈上升，使凹陷东斜坡三叠系、二叠系遭受不同程度的剥蚀，侏罗系与下伏地层不整合接触。燕山期准噶尔盆地构造活动频繁，具有强烈的振荡性，燕山运动在该区有三幕，且三幕运动都很强烈，是吉木萨尔凹陷及周边构造单元的主要改造期。侏罗纪末期的燕山运动Ⅱ幕使沙奇凸起快速强烈隆升，吉木萨尔断裂强烈活动，构造运动使侏罗系遭受严重剥蚀。白垩纪时独立的凹陷格局消失，受燕山Ⅲ幕构造运动的影响，吉木萨尔凹陷东南部逐渐抬升。新近纪—第四纪喜马拉雅运动南北强大挤压应力使北天山快速、大幅度隆升，并向盆地腹部冲断，使阜康断裂带下盘发育了冲断型类似前陆盆地前缘的箕状凹陷，而东部的古西凸起隆升缓慢，整体上凹陷自南向北新近系和第四系呈楔状沉积，地层向东逐渐减薄。

二叠纪芦草沟组沉积期形成了大面积持续沉降的咸化湖盆沉积环境，沉积岩石颗粒较细，普遍发育同生与准同生期白云化作用形成的白云岩。受盆地周围河流、波浪、沿岸流等作用，发育三角洲前缘席状砂、远沙坝、滨岸沙坝及滨浅湖滩坝等沉积。芦草沟组地层厚度大、分布广，整体表现为西厚东薄，厚度大于200m的面积达725km^2，最大厚度350m，表现为源—储一体、近源成藏、纵向上整体含油的特征，是凹陷内主要的页岩油勘探层段。目前，发现上、下两套甜点段，且分布于整个凹陷，其中下甜点段平均厚度为38.4m，上甜点段平均厚度为24.8m，试油见油率高，两套甜点段均获工业油流，展现出了良好的勘探开发前景。

第二节　页岩油储层沉积相发育特征

一、风城组沉积相特征

1. 玛页1井单井沉积相分析

玛湖凹陷风城组纵向上表现为由湖侵到高位再到湖退的完整基准面变化过程。风城组纵向上三段分别代表了由风城组一段湖侵，风城组二段高位，风城组三段湖退的沉积过程，表现为由三角洲前缘到半深湖—深湖再到浅湖的沉积环境演化（图2-2-1）。

风城组一段：表现为浅湖夹半深湖沉积，岩性为含火山岩的淡水或低盐度沉积组合，以火山岩、细砾岩、砂岩、粉砂岩或泥质粉砂岩为主。表现为滨湖亚相内侧至浪基面以上沉积环境，沉积物受波浪作用影响较强。沉积物组成以各种粒级的砂和粉砂为主，也常有砾石沉积，向盆地方向粒度变细。砂岩胶结物以泥质、钙质为主，分选和磨圆较好。层理类型多以水平层理、波状层理为主，砂泥岩交互沉积时可见少量透镜状层理。中部发育厚层块状玄武质安山岩及熔结凝灰岩。

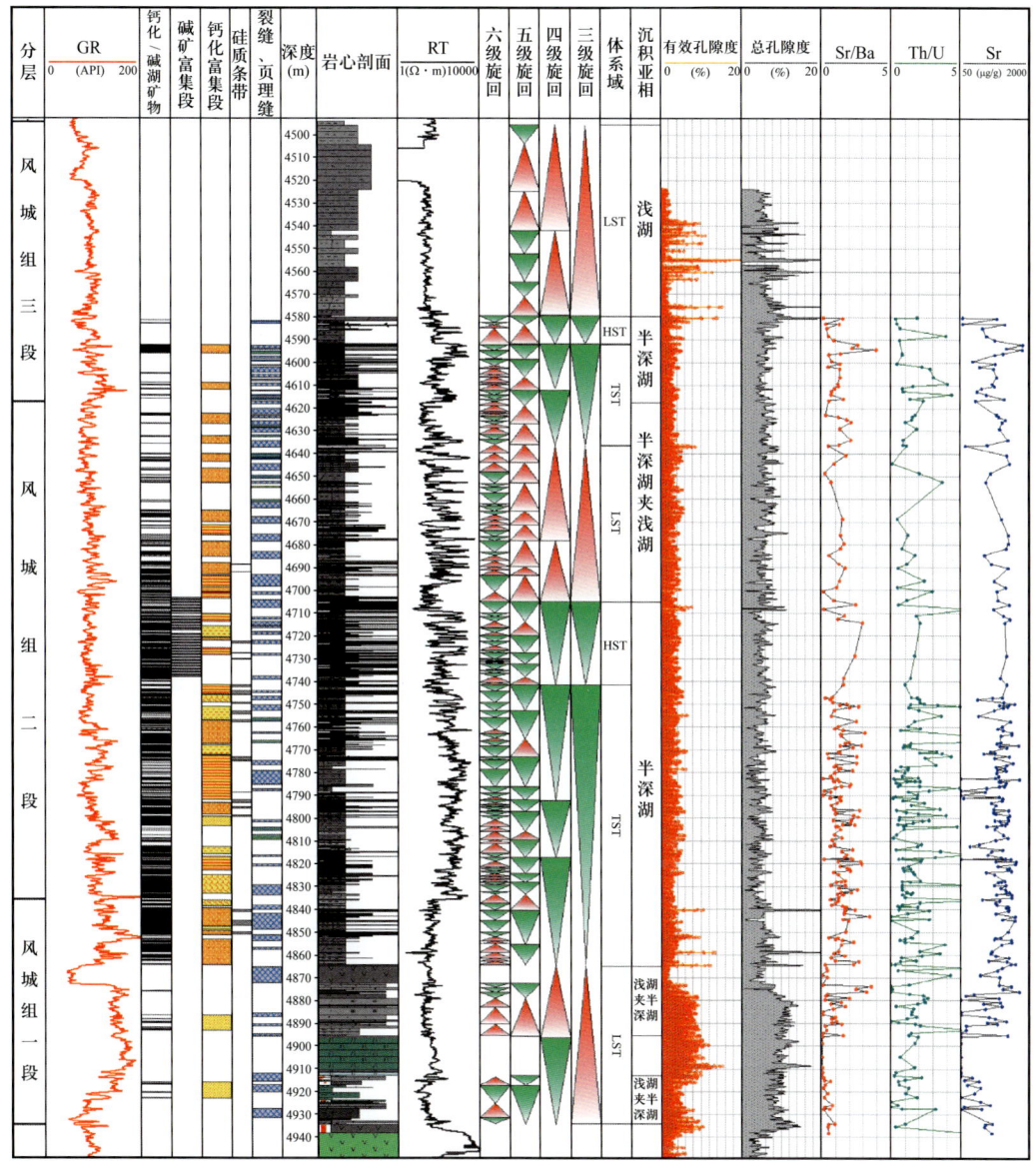

图 2-2-1 玛湖凹陷风城组玛页 1 井综合柱状图

风城组二段：整体表现为半深湖沉积为主体，局部表现为与浅湖高频穿插间互的特点。由于沉积环境多位于正常浪基面之下，水体较深部位，为缺氧的弱还原—还原环境，因此岩性上以灰黑色、深灰色、灰色泥页岩为主要特征，发育水平层理及波纹层理，由于纵向上盐碱程度的差异，局部盐碱类矿物富集，呈现出显著的构造差异，尤其是4700~4750m 深度富集，形成碱湖矿物的富集发育带。因此，根据碱湖矿物发育程度及岩石类型的差异，又可将玛页 1 井风城组二段纵向上划分为三部分沉积组合。

底部咸化沉积段（4750~4860m），以富集云质纹层泥岩为主，夹少量云质粉砂质泥岩或含云泥质粉砂岩纹层或透镜体。岩石类型主要为泥质白云岩、云质泥岩、凝灰质云岩和云质凝灰岩、含云或云质粉砂岩等，为含自生碳酸盐岩类沉积组合，前期以方解石沉积为主，后期主要为白云石沉积，局部或成岩裂缝内含少量碱类矿物沉积，该组合出现的标志为具季节性纹层的深灰色或黑色泥页岩代表深水沉积，也表示湖水已初步浓缩至方解石饱和的沉积，再进一步浓缩，即出现白云石和碱类矿物。作为蒸发过程的产物，该组合岩石中白云石的含量相对较高，即云质岩相对发育，是所谓的云质岩发育的主要沉积组合。

中部碱化沉积段（4700~4750m），以云质、碳钠钙石质、硅硼钠石质泥岩为主，夹少量云质粉砂质泥岩或含云泥质粉砂岩纹层或透镜体。该部分是蒸发盐发育区，常与咸化沉积组合相间出现而构成韵律层理或互层出现，是盐度相对最高的组合。

顶部咸化沉积段（4700~4590m），以富集云质纹层泥岩为主，夹少量云质粉砂质泥岩或含云泥质粉砂岩纹层或透镜体。该部分沉积期，气候变化等原因导致的再次湖进，使得湖水盐度变低、自生蒸发盐类矿物逐步消失，形成类似咸化沉积组合的岩石序列，该段岩石中白云石的含量相对较高，云质岩也相对发育。

风城组三段：表现为浅湖碎屑岩沉积，沉积环境向上逐渐变浅。风城组三段大致可分为两个旋回，两个旋回之间有一定的沉积间断，下部旋回由风城组三段的中部和下部组成（4540~4615m），总体是湖水盐度变低的演化过程。上部旋回（4540~4500m），湖水基本表现为淡水浅湖沉积环境。

2. 连井沉积相分析

从过百泉1井连井沉积及不同类型甜点分布预测图（图2-2-2）上可以看出，从百泉1井所处的斜坡位置往凹陷方向，相变速度快，从斜坡的扇三角洲前缘变到凹陷的浅湖—半深湖—深湖。自下而上从风城组一段到风城组三段，发育的砂体有浅湖沙坝、扇三角洲前缘的水下分流河道和扇三角洲平原的分流河道，往凹陷方向，砂体呈前积叠置关系，岩性变细，砂体变少变薄。

从过风南7井—艾克1井风城组沉积相及不同类型甜点分布预测图（图2-2-3）上可以看出，沉积相为湖泊相，亚相主要有浅湖相—半深湖相、浅湖夹半深湖相、半深湖相、半深湖相—深湖相。发育的甜点类型主要是云质岩类，具体岩性有云质粉砂岩、泥质云岩等。具体来看，风城组一段在风南7井—艾克1井一线，均为浅湖—半深湖沉积，发育的甜点类型主要是云质岩类，在艾克1井东南方向，风城组一段中上部发育盐岩层。风城组二段，在整个风南7井—艾克1井沿线，发育大套的盐岩层，盐岩层厚度大，延伸远，属于蒸发岩类沉积组合，主要岩石类型为含云质硅硼钠石质碳钠钙石岩、灰色碳钠钙石岩、灰色苏打石岩、硅硼钠石质岩石，含硅硼钠石云化粉砂岩，深灰色碳钠钙石质云泥岩。风城组三段，盐岩层消失，在浅湖—半深湖环境中发育云质岩类甜点。

从过百泉1井—风南7井—风南1井—风南4井风城组沉积相及不同类型甜点分布预测图（图2-2-4）上可以看出，主要的沉积相为扇三角洲相和湖泊相，亚相主要有

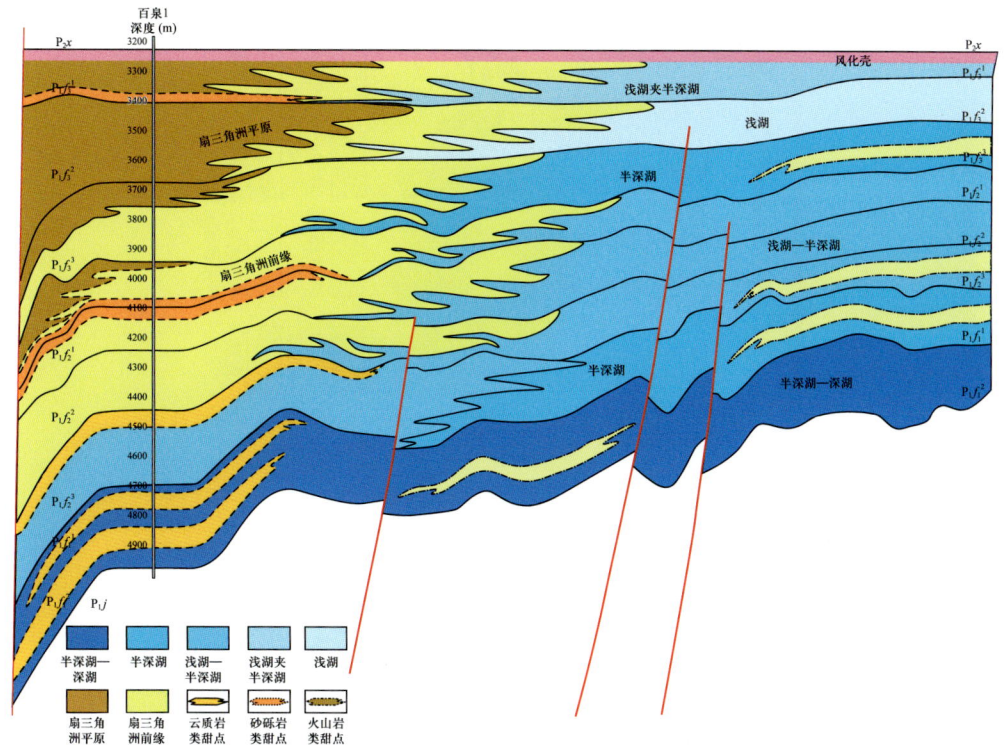

图 2-2-2 过百泉 1 井沉积相及不同类型甜点预测图

扇三角洲平原相、扇三角洲前缘相、浅湖相、浅湖相—半深湖相、浅湖夹半深湖相、半深湖相、半深湖相—深湖相。发育的甜点类型有砂砾岩类、云质岩类、火山岩类。具体来看，风城组一段在百泉 1 井区附近发育云质岩类甜点，主要岩性为云质粉砂岩、云质细砂岩等；往盆地内部到风南 7 井一带，甜点类型仍是云质岩类，只是岩性变细，为云质（灰质）泥岩、泥质云岩；到了风南 1 井、风南 4 井一带，甜点类型变为以火山岩类为主。

风城组二段在百泉 1 井区为扇三角洲前缘相，由于风城组二段总体是湖退过程，在这过程中形成的砂体呈前积叠置关系，主要岩性为灰色砂砾岩、含砾砂岩，局部含凝灰质成分；往东北到盆地内部的风南 7 井一带，发育大套的蒸发盐岩层，蒸发盐岩的主要岩石类型为含云质硅硼钠石质碳钠钙石岩、灰色碳钠钙石岩、灰色苏打石岩、硅硼钠石质岩石，含硅硼钠石云化粉砂岩，深灰色碳钠钙石质云泥岩，盐岩层厚度大，延伸远；再往东北到风南 1 井、风南 4 井一带，盐岩层消失，发育岩性为泥质云岩为主的云质岩类甜点。风城组三段在百泉 1 井附近为扇三角洲平原沉积，主要岩性为红褐色、杂色、灰色砂砾岩；由于风城组三段也是个湖退沉积过程，因此往盆地内部就递变成扇三角洲前缘沉积，砂体颜色变得以灰色为主，粒度也有点变细；到风南 7 井、风南 1 井、风南 4 井一带，由于远离物源区，砂体不发育而发育云质岩类甜点。

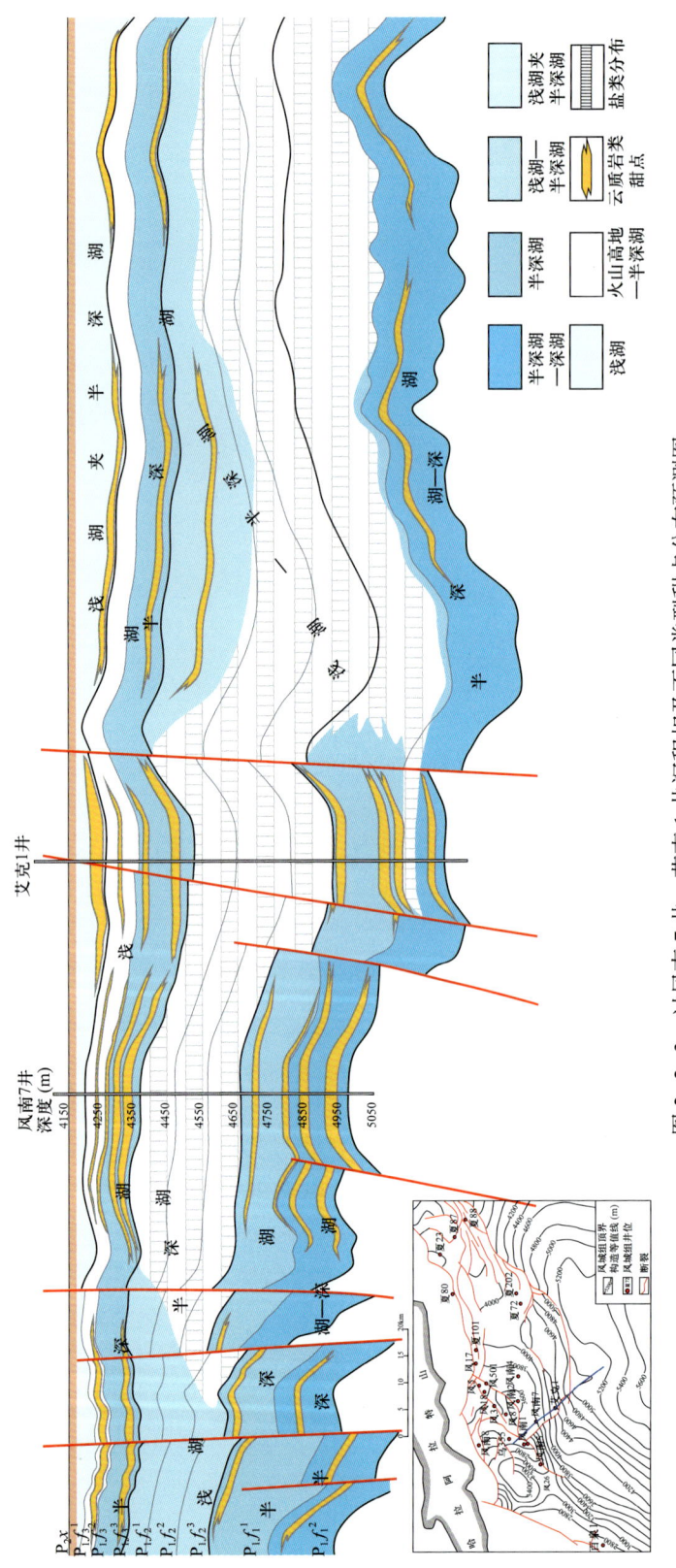

图 2-2-3 过风南 7 井—艾克 1 井沉积相及不同类型甜点分布预测图

第二章 准噶尔盆地页岩形成地质背景

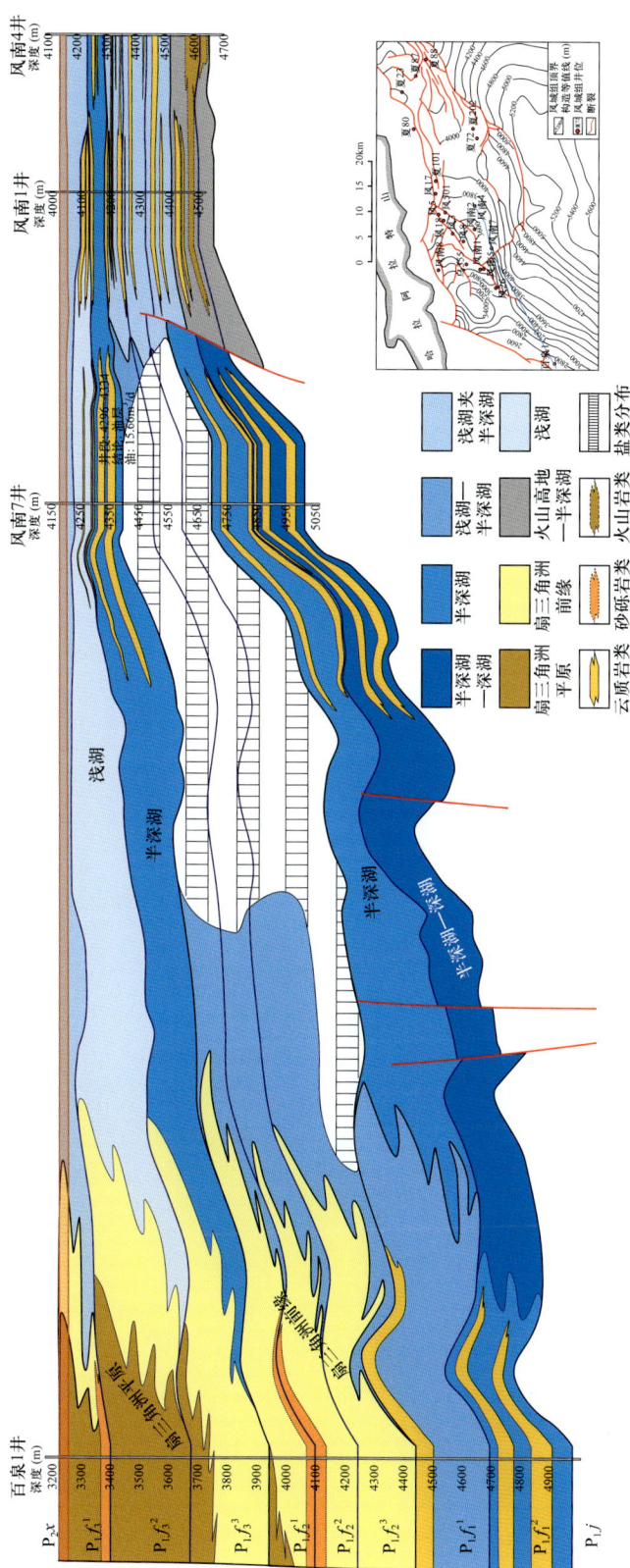

图2-2-4 过百泉1井—风南7井—风南1井—风南4井沉积相及不同类型甜点分布预测图

3. 沉积相展布

1）风城组一段沉积特征

根据录井、测井、岩心等资料，结合地震属性，通过综合研究厘定了各个沉积亚相和岩相的边界线。从风城组一段沉积相图（图2-2-5）上可以看出，主要的沉积相类型有扇三角洲相和湖泊相，具体的亚相类型是扇三角洲前缘相和浅湖相—半深湖相。扇三角洲前缘相沿着哈拉阿拉特山成带状分布，分为东、西两块，扇体最宽处接近10km。西部这块扇体主要为正常碎屑岩沉积，岩性主要为灰色云质粉砂岩、云质细砂岩、细砂岩，砂体包含B2040井和百泉1井，可能有多个分支水流，来自北部的哈拉阿拉特山和西部的扎伊尔山；东部夏子街地区主要为火山碎屑与正常碎屑混合沉积，砂岩中普遍含凝灰质，扇体沿着北部边缘呈带状分布。剩下的范围为浅湖—半深湖沉积。风南3井、风城1井、风9井、艾克1井、风26井等所处位置位于盐岩（内源沉积岩类）发育区；风20井等处于云质岩（混积岩类）发育区；风5井、风7井、夏72井、夏40井等处于凝灰岩、凝灰质云岩、凝灰质泥岩及泥岩（混积岩类）发育区；夏71井、夏77井、夏87井等处于凝灰岩、凝灰质泥岩（火山岩类、混积岩类）发育区。

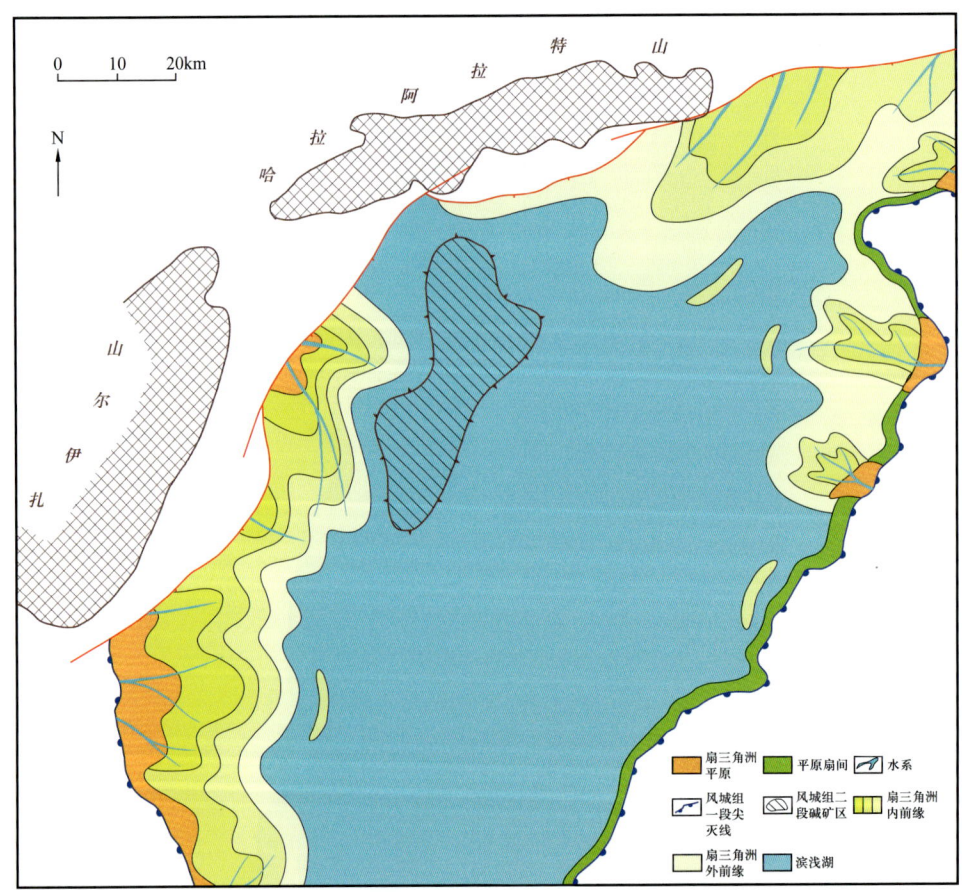

图2-2-5 玛湖西斜坡二叠系风城组一段沉积相图

2）风城组二段沉积特征

前已述及，风城组二段沉积是个湖退沉积。由于基准面的相对下降，导致可容纳空间减小，扇体朝湖盆方向推进，在凹陷的边缘出现了扇三角洲平原沉积（图2-2-6）。风城组二段的扇体规模明显比风城组一段的大，东西两个扇体连为一体，而浅湖相—半深湖相的沉积范围相应的变小。盐岩（内源沉积岩类）分布区明显缩小，先前位于盐岩分布区的艾克1井，此时已经处于云质岩（混积岩类）分布范围内。云质岩分布范围明显变大，向北向西扩展；凝灰岩、凝灰质云岩、凝灰质泥岩及泥岩（混积岩类）和凝灰岩、凝灰质泥岩（火山岩类、混积岩类）两个以凝灰岩为主的岩相区向东缩减，范围显著变小。

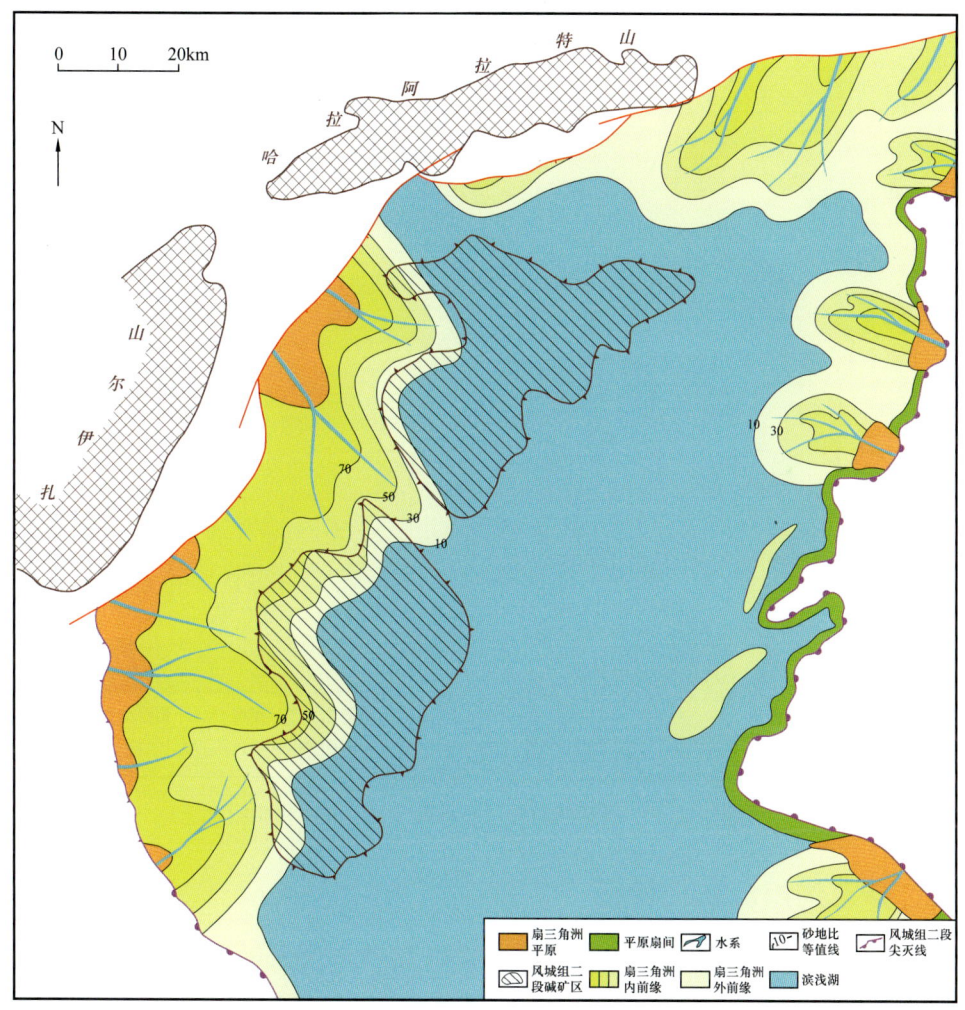

图2-2-6 玛湖西斜坡二叠系风城组二段沉积相图

3）风城组三段沉积特征

风城组三段的主要沉积相类型和风城组二段一样，也为扇三角洲平原、扇三角洲前缘和浅湖—半深湖沉积（图2-2-7）。风城组三段沉积时期依旧是个湖退时期，与风城组二段相比，风城组三段的扇体范围又扩大了一点，相对来说平原亚相的范围扩大得更多，而浅湖—半深湖沉积的范围进一步缩小。盐岩（内源沉积岩类）分布区和两个凝灰岩（火山岩类、混积岩类）发育区已经消失，剩下的全是云质岩（混积岩类）发育区。

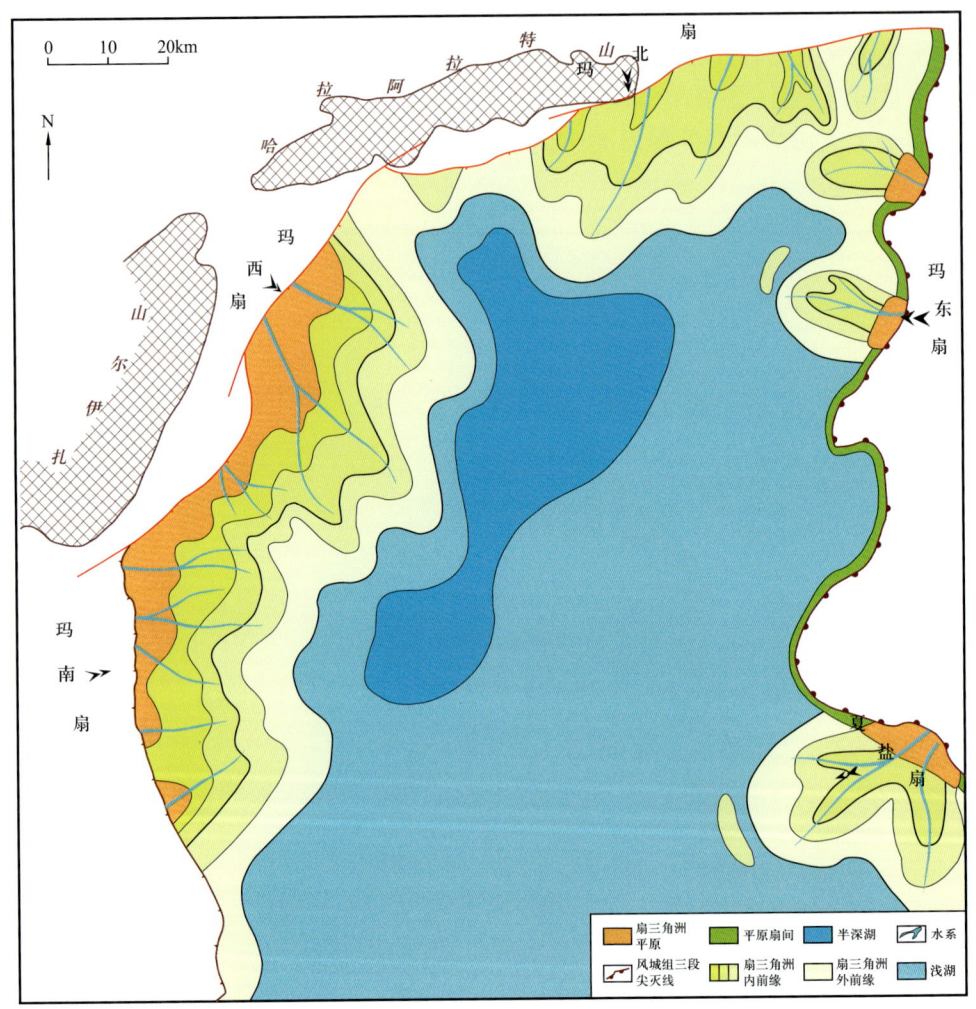

图 2-2-7　玛湖西斜坡二叠系风城组三段沉积相图

二、芦草沟组沉积相特征

吉木萨尔凹陷中二叠统芦草沟组纵向跨度大，最大厚度350m，全凹陷广泛分布，厚度大于200m的分布面积为725km²（图2-2-8）。

芦草沟组分为两段六层组，分别为$P_2l_2^1$、$P_2l_2^2$、$P_2l_2^3$、$P_2l_1^1$、$P_2l_1^2$、$P_2l_1^3$，纵向上岩性发育具有类型多、变化快的特点，根据吉174井全井段取心资料，结合岩性、电性和核磁测井特征的系统分析总结了芦草沟组各层段的主要特征（表2-2-1）。

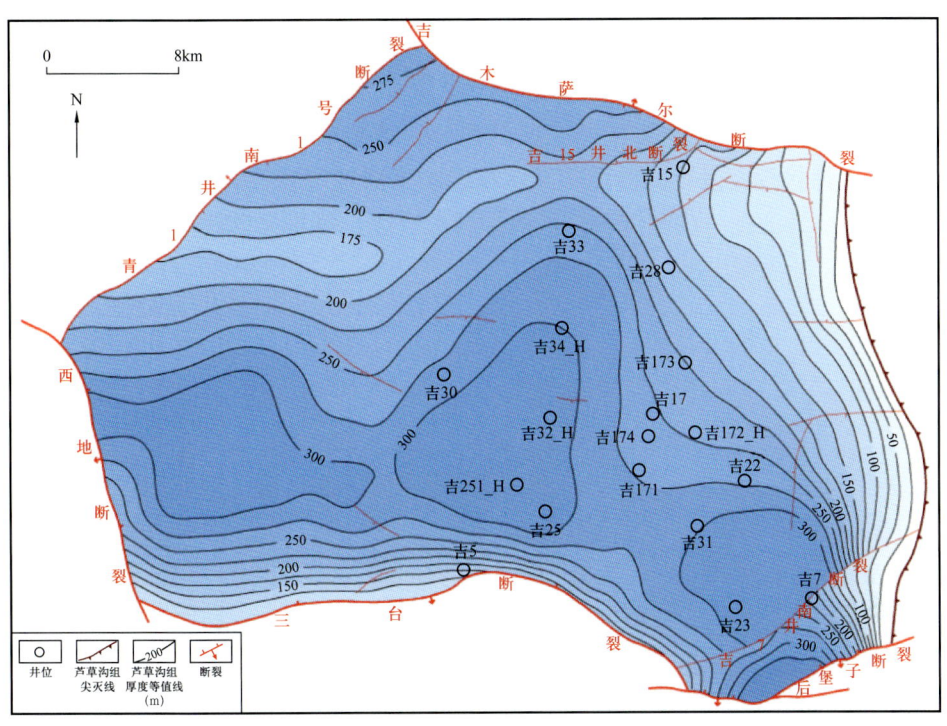

图 2-2-8 吉木萨尔凹陷芦草沟组厚度图

表 2-2-1 芦草沟组岩电特征对比表

地层	岩性	电性	核磁共振测井解释	厚度（m）
$P_2l_2^1$	主要为灰色泥岩，岩性较纯	RT、DEN 值较低，RT 曲线呈指状	核磁共振孔隙度、渗透率、饱和度低	8
$P_2l_2^2$	灰色砂屑云岩、泥质粉砂岩、云屑粉—细砂岩夹灰色泥岩、云质泥岩，砂岩、泥岩呈互层	RT、DEN 值中—高，RT 曲线呈锯齿状	核磁共振孔隙度、渗透率、饱和度较高	35
$P_2l_2^3$	灰色泥岩、灰色云质粉砂岩、灰色泥质粉砂岩等，砂岩、泥岩呈互层状	RT、DEN 值中—低，RT 曲线呈锯齿状	核磁共振孔隙度、渗透率低、饱和度中—低	57
$P_2l_1^1$	灰色粉砂质泥岩、灰色泥岩、灰色（含）云质粉砂岩，砂岩、泥岩呈互层状	RT、DEN 值中—低，RT 曲线呈锯齿状	核磁共振孔隙度、渗透率低、饱和度中—低	56
$P_2l_1^2$	灰色（含）云质粉—细砂岩、泥质粉砂岩夹灰色泥岩或者灰色（含）云质粉砂岩、泥质粉砂岩与灰色泥岩互层，云质成分含量相对较低，钙质成分增多	RT、DEN 值中—高，RT 曲线呈锯齿状	核磁共振孔隙度、渗透率、饱和度较高	62
$P_2l_1^3$	灰色泥岩夹灰色（含）云质粉砂岩、灰色泥质粉砂岩、灰色泥岩、灰色粉砂质泥岩，钙质成分增多	RT、DEN 值中—低，RT 曲线呈锯齿状	核磁共振孔隙度、渗透率低、饱和度中—低	38

1. 吉174井单井沉积相分析

1）芦草沟组二段沉积相特征

3109.1～3119.3m井段为深灰色云质泥岩、云质粉砂岩、砂屑云岩，局部夹较纯的泥晶白云岩。针状溶孔发育，砂泥交互沉积，水平层理发育，局部顺层发育黄铁矿，还原性沉积环境，为滨湖—浅湖沉积，且上部湖水较深，泥质含量较高，下部砂质含量高，湖水相对较浅，甚至露出水面（图2-2-9）。

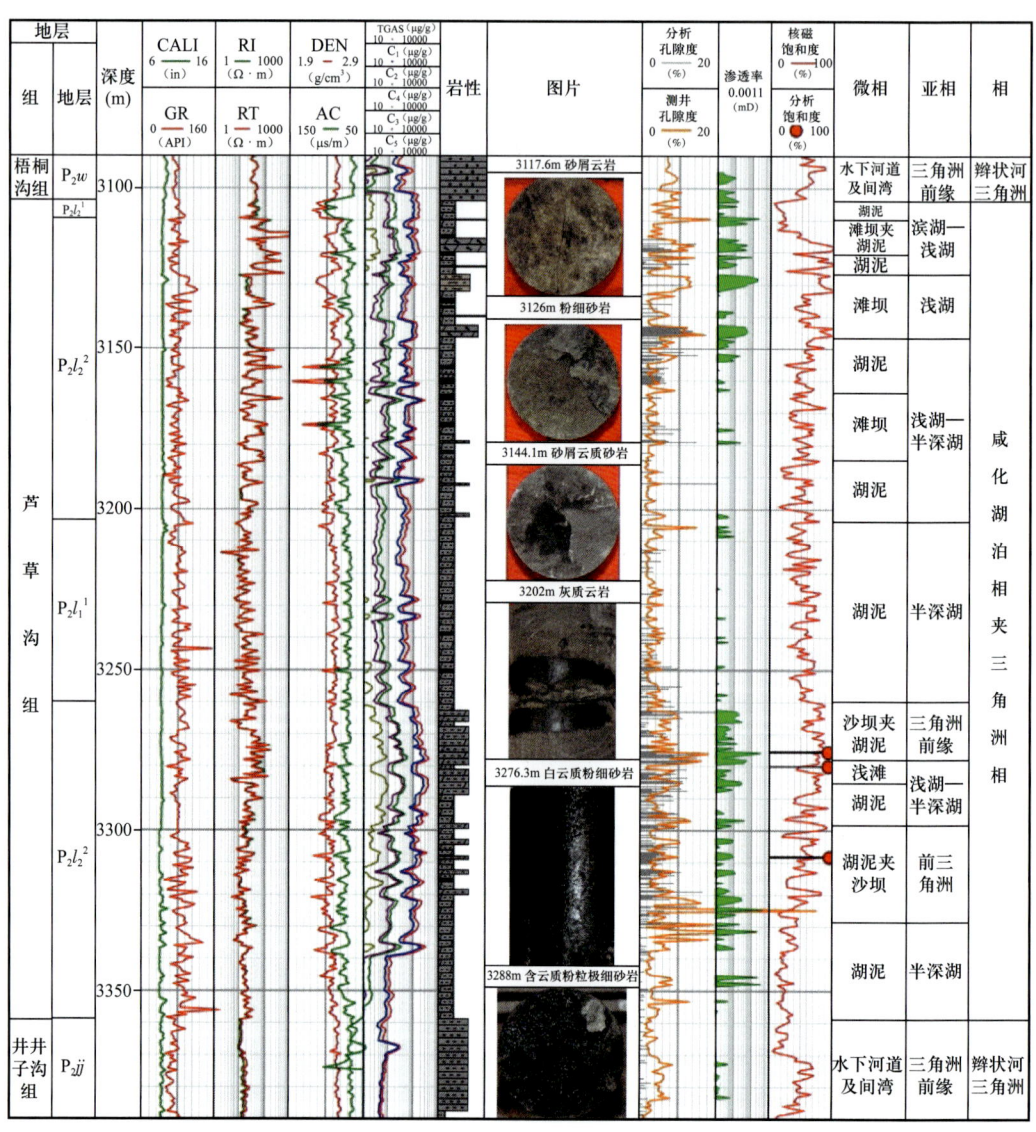

图2-2-9 吉174井芦草沟组综合柱状图

3119.3～3137.51m井段主要为深灰色纹层状含砂—砂质泥岩，中夹一段颗粒较粗的砂岩。平行层理、透镜体状层理发育，局部扰动构造发育，以浅湖相为主，夹滨湖相（滩坝相）、半深湖相，且整体湖水较深。

3137.51～3145.46m 井段主要为浅灰色纹层状含泥云质粉砂岩、砂泥互层，水平层理、透镜状层理发育，局部可见砾屑、准同生断裂构造等，反映浅湖沉积特征，但整体以砂为主，反映沉积时湖水较浅。

3145.46～3156.26m 井段主要为纹层状灰色—深灰色泥质云质粉砂岩、云质泥岩、砂屑白云岩，泥质含量相当。水平层理发育，并可见扰动构造、准同生破碎现象，分析为浅湖沉积，局部滨湖相（滩坝相）发育，局部破碎现象表明湖水相对较浅。

3156.26～3161.08m 井段主要为浅灰色—灰色纹层状含泥云质砂岩，平行层理、透镜状层理发育，底部具类似藻粘结石灰岩的构造。主体仍为砂质，主要为浅湖沉积，夹滨湖相（滩坝相）。

3161.08～3165.74m 井段主要为深灰色云质、粉砂质泥岩，上部含砂量低，底部含砂含云，中间可见强烈的准同生期扰动现象，反映这一时期湖水较为动荡。

3165.74～3171.74m 井段主要为浅灰色—灰色纹层状钙质（含钙）含泥粉砂岩，夹粉砂质泥岩夹层，点酸强烈起泡，亮晶胶结物明显，砂体为主、砂泥互层特征明显，为浅湖沉积，且总体湖水较浅。

3171.74～3180.85m 井段主要为深灰色纹层状粉砂质泥岩，石灰岩夹层、粉砂岩夹层较多，底部可见陆源碎屑，反映湖水总体较浅，上部较深、下部较浅特征。

3180.85～3193.19m 井段主要为深灰色纹层状灰质云质泥岩，石灰岩、白云岩石胶结物多以毫米级细层出现，整体陆源碎屑较少，局部可见陆源成分，中夹石灰岩夹层，亮晶方解石明显。分析为浅湖沉积，但整体水体较深。

3193.19～3204.51m 井段主要为深灰色块状—纹层状含砂灰质泥岩，上部含砂量较大，陆源碎屑较多，下部泥质含量较高，且亮晶胶结物明显，生物作用明显，反映水体较深的浅湖特征。

2）芦草沟组一段单井沉积相分析

3264.27～3273.36m 井段主要为深灰色纹层状、块状含砂—砂质泥岩，局部可见灰质泥岩，底部为含泥云质粉砂岩。从岩石特征来看，砂泥互层明显，但上部以泥质为主，下部以粉砂质为主，反映了浅湖相且湖水有波动，由浅变深的沉积特征。

3273.36～3286.8m 井段主要为灰色块状云质粉砂岩、钙质粉砂岩、深灰色纹层状含泥—泥质砂岩，砂泥互层。其中上部主要为云质粉砂岩，泥质含量很少，厚约3m，反映了浅湖相且水体较浅，短暂近岸沉积特点。下部大段为含泥—泥质粉砂岩，砂泥交互沉积，泥质含量较少，反映了浅湖相且水体较浅的沉积特点。

3286.8～3292.07m 井段主要为灰黑色云质泥岩，无明显层理构造，半深湖相。

3292.07～3315.5m 井段主要为浅灰色纹层状含泥—泥质云质粉砂岩，深灰色含砂—砂质泥岩，砂泥层频互。由砂泥交互频繁、砂泥含量相当可见该期为典型的浅湖相，局部发育半深湖相。

3315.5～3327.71m 井段主要为浅灰色纹层状含泥—泥质粉砂岩，砂质泥岩。与上一段类似的是砂泥交互沉积频繁，但是整体砂质含量较高，反映了浅湖沉积，但水体相对较浅。

3327.71～3355.91m井段主要为浅灰色纹层状泥质粉砂岩，深灰色含砂泥岩，砂泥频繁互层。砂泥交互沉积与上两段类似，但是整体泥质含量较高，反映了浅湖—半深湖沉积，湖水相对较深的沉积特征。

2. 连井沉积相分析

1）芦草沟组二段连井沉积相分析

吉页1井—吉36-11井—吉36井—J10044井—J10025井—吉174井—J10012井—吉43井连井相对比：

上甜点段储层岩石粒度较粗，主要以滨湖相白云质粉砂岩和粉细砂岩为主。吉页1井表现为以泥晶白云岩与泥岩互层沉积，陆源碎屑供给弱，表现为泥晶白云岩滩坝沉积。吉36-11井上甜点段下部为碎屑供给含量较高的碎屑白云岩滩坝沉积，中上部为浅湖泥岩沉积，夹粉细砂岩滩坝沉积。吉36井中上部发育厚层粉细砂岩滩坝沉积，中下部则表现为粉细砂岩与白云岩互层的沉积特点。J10044井与J10025井，浅湖泥岩沉积逐渐增厚，白云岩厚度也逐渐加大，表现为砂屑白云岩滩坝沉积范围扩大的特点。吉174井、J10012井、吉43井水体能力变弱，砂屑含量降低，主要表现为以泥晶白云岩和厚层粉细砂岩沉积互层为主。吉174井上甜点段上部含油性最好，主力储集岩石类型为滨湖相砂屑白云岩，可以达到油浸级别；而下部含油性稍差一些，主要为滨湖相—浅湖相云质粉砂岩沉积。J10012井上甜点段发育大段砂体，储层岩石粒度较粗，表明其离物源区较近。从上甜点段厚度来看，甜点段厚度自西向东先是增厚后减薄。综上，认为上甜点段沉积相由西部吉36-11井附近的浅湖相，向东逐渐过渡为滨浅湖相，到吉43井附近已经过渡为滨湖夹云泥坪相（图2-2-10）。

2）芦草沟组一段连井沉积相分析

吉页1井—吉36-11井—J10060井—吉181井—吉39井—J10027井—J10014井—J10028井连井相对比：

下甜点段岩性互层情况与上甜点段相比更为复杂多变。吉页1井表现为泥晶云岩滩坝沉积与浅湖泥岩的频繁薄互层，中下部粉砂岩滩坝沉积明显，吉36-11井，则整体表现为浅湖泥岩沉积夹泥晶白云岩滩坝的特点，碎屑物源供给较少。J10060井、吉181井、吉39井附近，以泥晶白云岩滩坝沉积为主，云质粉砂岩滩坝沉积阶段性互层，中上部较为明显，表明中上部碎屑物源供给逐渐增多的特点。向东至J10014井与J10028井附近，碎屑物源供给逐渐减弱，表明整体距离物源区较远，形成以浅湖泥岩为主夹少量云质粉砂岩滩坝的沉积。因此，综合近东西向连井剖面下甜点段岩性和厚度，认为从西往东主要为浅湖相夹半深湖相。物源以东南物源为主，下甜点段在凹陷南东部主要为浅湖相，向内向西逐渐向半深湖相演变（图2-2-11）。

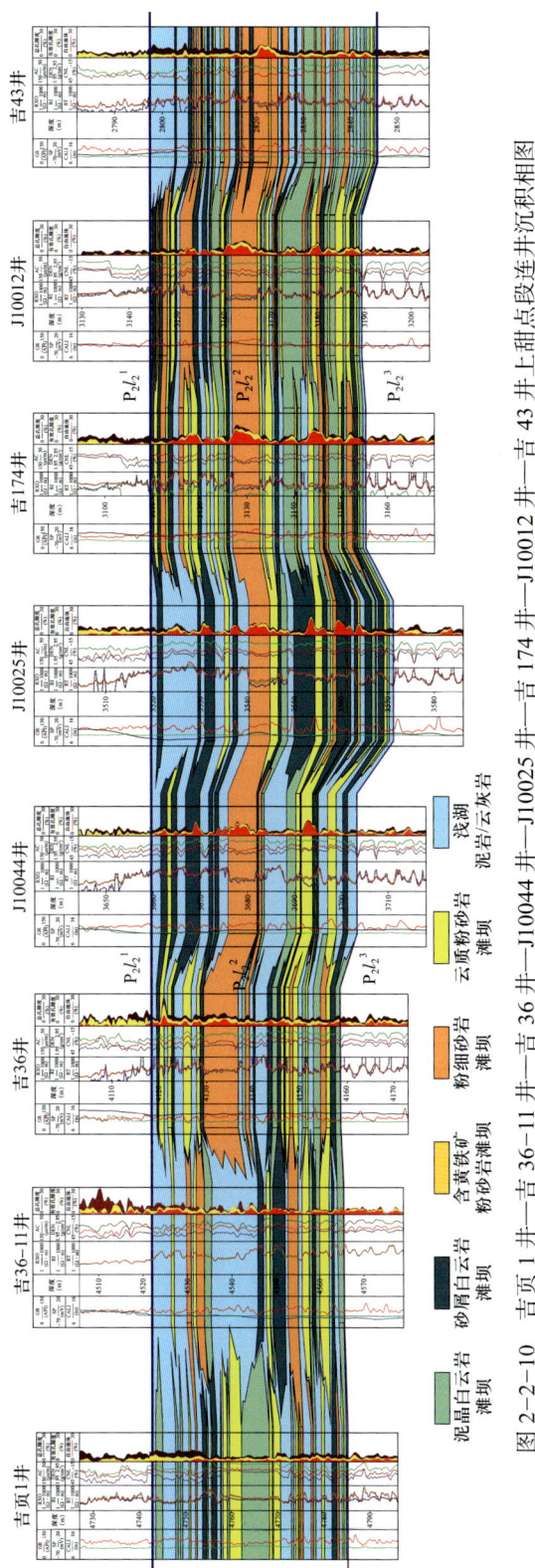

图 2-2-10 吉页 1 井—吉 36-11 井—吉 36 井—J10044 井—J10025 井—吉 174 井—J10012 井—吉 43 井上甜点段连井沉积相图

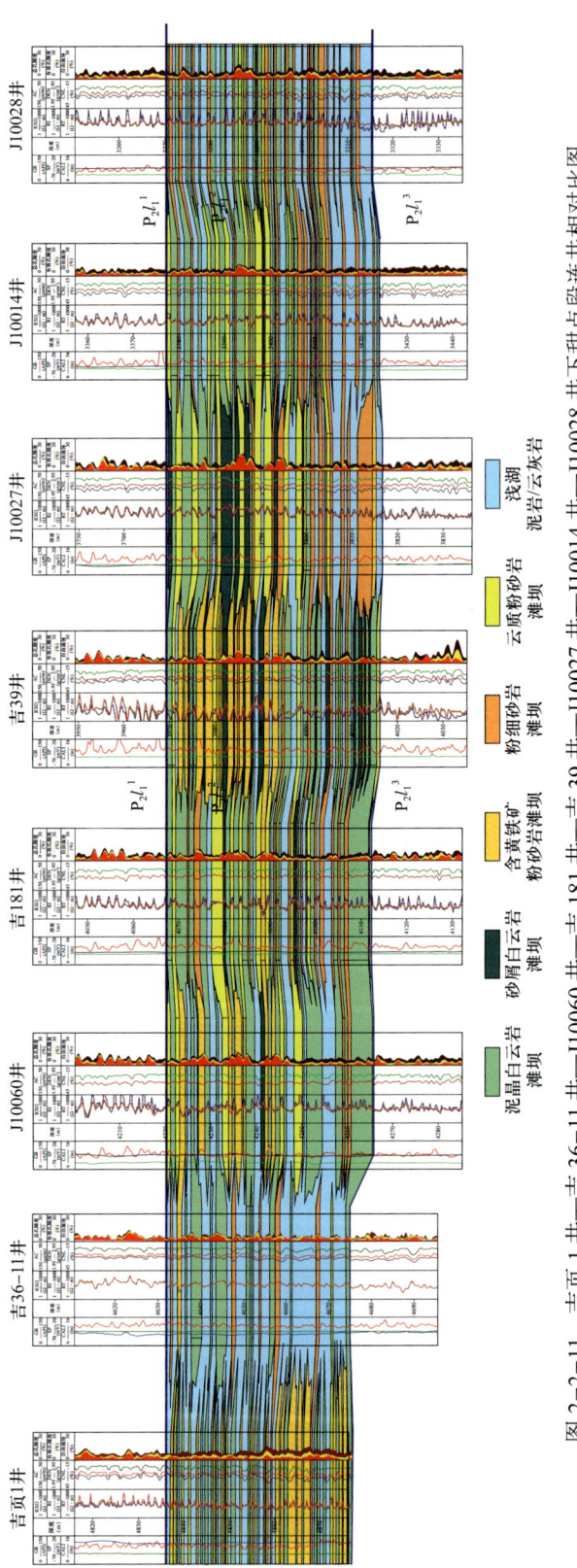

图 2-2-11 吉页 1 井—吉 36-11 井—J10060 井—吉 181 井—吉 39 井—J10027 井—J10014 井—J10028 井下甜点段连井相对比图

3. 沉积相展布

1）上甜点段沉积相展布

通过对吉木萨尔凹陷典型钻井吉30井、吉31井、吉32井、吉174井、吉251井等钻井岩心的观测，结合镜下观察，确定了吉木萨尔凹陷上甜点段主要沉积相类型为滨湖相夹云泥坪相、滨浅湖相、浅湖相。结合现有的地震剖面解释资料、甜点段厚度分布图及储层含油性特征，对研究区内三条典型的连井剖面进行了精细对比分析，在此基础上，总结了上甜点段上述三种微相的分布范围（图2-2-12）。

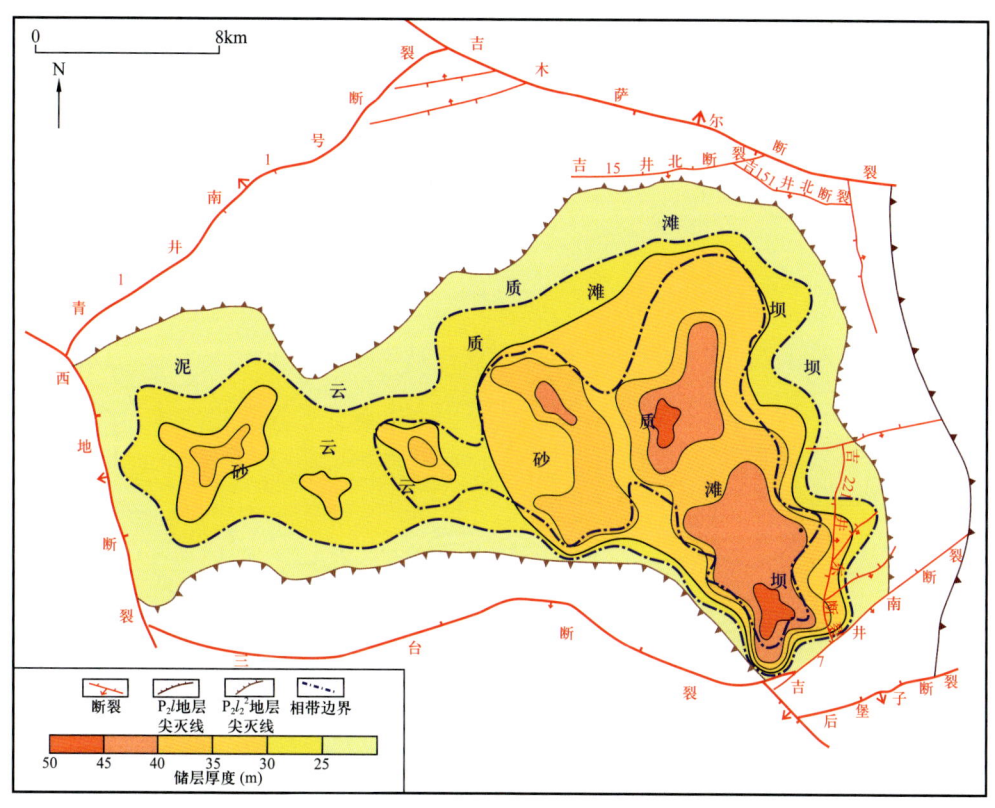

图 2-2-12 吉木萨尔凹陷芦草沟组上甜点段沉积相图

上甜点段在吉木萨尔凹陷内的分布范围不及下甜点段稳定，主要分布在凹陷中东部。在上甜点段分布区内，浅湖相、滨浅湖相、滨湖相夹云泥坪相依次向东展开。其中，凹陷北部、东部、南部主要为滨湖相夹云泥坪相，主要岩石类型为砂屑白云岩、泥晶白云岩和白云石粉砂岩。主力储集岩应为砂屑白云岩和云质粉砂岩，泥晶白云岩储集物性相对较差；中部主要为滨浅湖相，储集岩以云质粉砂岩为主，夹薄层状砂屑白云岩；西部吉30井附近发育浅湖相，主要储集岩为云质粉砂岩，其中白云石含量较少，砂体单层厚度都很薄，但储层与烃源岩匹配关系较好，含油性也很好。

2）下甜点段沉积相展布

通过对典型钻井单井相和野外剖面下甜点段沉积相的分析，确定下甜点段沉积相类型主要为浅湖相、浅湖相夹半深湖相、半深湖相。其中，浅湖相云质粉砂岩是致密油储层发育的优势相带。结合典型钻井连井剖面和下甜点段厚度变化，确定了上述沉积相在吉木萨尔凹陷的展布（图2-2-13）。凹陷的北部、东部、南部浅湖相云质粉砂岩发育，是重要的储集岩发育区；凹陷西部半深湖相较为发育，可能有利于烃源岩的发育。因此，凹陷中部的浅湖相夹半深湖相沉积区烃源—储层配置关系较好，可能具有较好的勘探潜力。

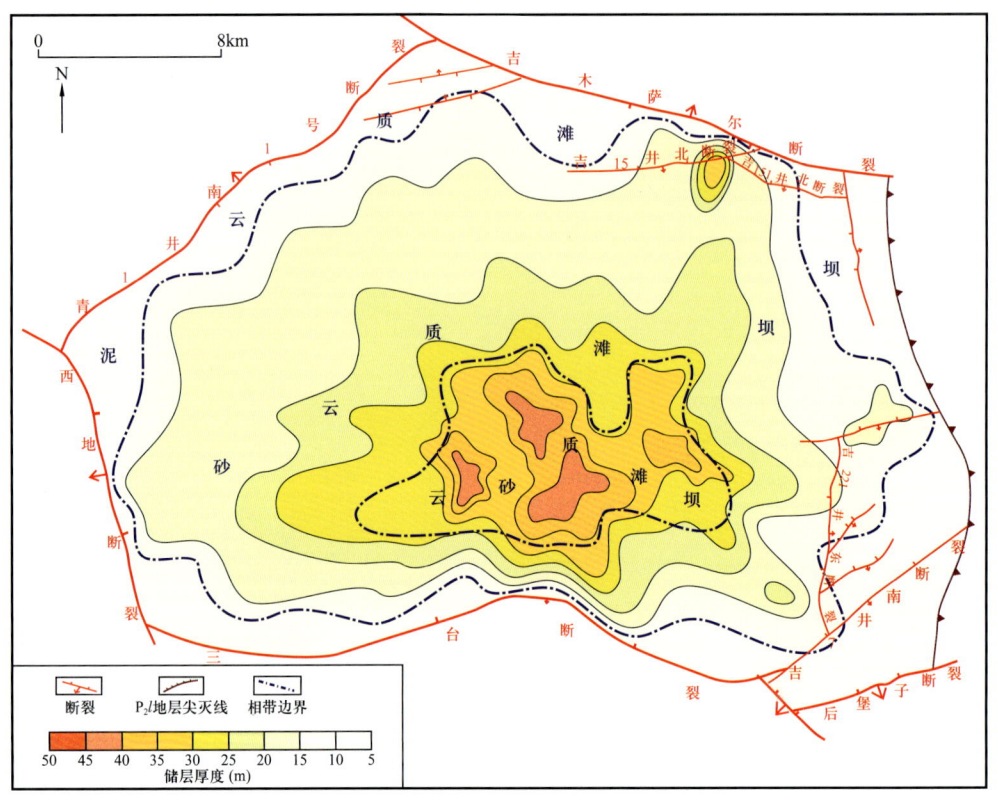

图2-2-13 吉木萨尔凹陷芦草沟组下甜点段沉积相图

第三节 页岩油储层沉积期古气候与古水体特征

一、古气候

盐湖沉积系由淡水湖—咸水湖演变而来，是特定自然地理和地质环境的产物，其发展的各个阶段都详尽保存着周围环境变化的信息，包括一般湖沼相所缺乏的咸化阶段古气候等地质记录。对玛湖凹陷二叠系风城组沉积时的古气候研究表明，植物化石是重要的依据之一。从古植物特征看，玛湖凹陷风城组孢粉组合为具肋双气囊花粉和肋纹花粉（詹家祯等，1998），这些花粉的母体植物适应生活于较干旱炎热环境（詹家祯等，2007），反映风城组为干旱炎热环境沉积。

碳酸盐的 $\delta^{13}C$ 和 $\delta^{18}O$ 值可以用来反映流体的盐度，基本规律就是在其他条件（如温度等）相同的情况下，流体盐度越高，从中沉淀出来的碳酸盐的 $\delta^{13}C$ 和 $\delta^{18}O$ 值越高。用 $\delta^{18}O$ 值反映古盐度的原理是，在蒸发过程中，由于轻的同位素优先被蒸发，雨水中的 $\delta^{18}O$ 值较低。因此，假设一个地区温度不变，$\delta^{18}O$ 值的变化可以认为是因盐度变化而引起的。此外，$\delta^{13}C$ 值也随盐度变化而变化，比如已有学者用动物骨骼的 $\delta^{13}C$ 值来区别海水动物群和淡水动物群。由于大气中 CO_2 的含量很少，溶解在淡水中的 CO_2 多来自土壤和腐殖质，而土壤和腐殖质中的 CO_2 的 $\delta^{13}C$ 值是高负值。因此，淡水河流中的 $\delta^{13}C$ 值很低，在此环境中沉积的淡水碳酸盐岩沉积物的 $\delta^{13}C$ 值多为 $-5‰\sim-15‰$；而海相碳酸盐岩的 $\delta^{13}C$ 值一般较高，多为 $-5‰\sim5‰$。自生碳酸盐矿物的碳氧同位素分析显示（图 2-3-1），风城组自生碳酸盐矿物 $\delta^{13}C_{PDB}$ 基本为正值，$\delta^{18}O_{PDB}$ 正负均有，其投点大多位于第Ⅰ、第Ⅱ象限，这种特点与现今世界最大碱湖纳特龙—马加迪湖和著名的美国大盐湖分布区域一致，表明风城组沉积时的气候环境与东非的纳特龙—马加迪湖相似。

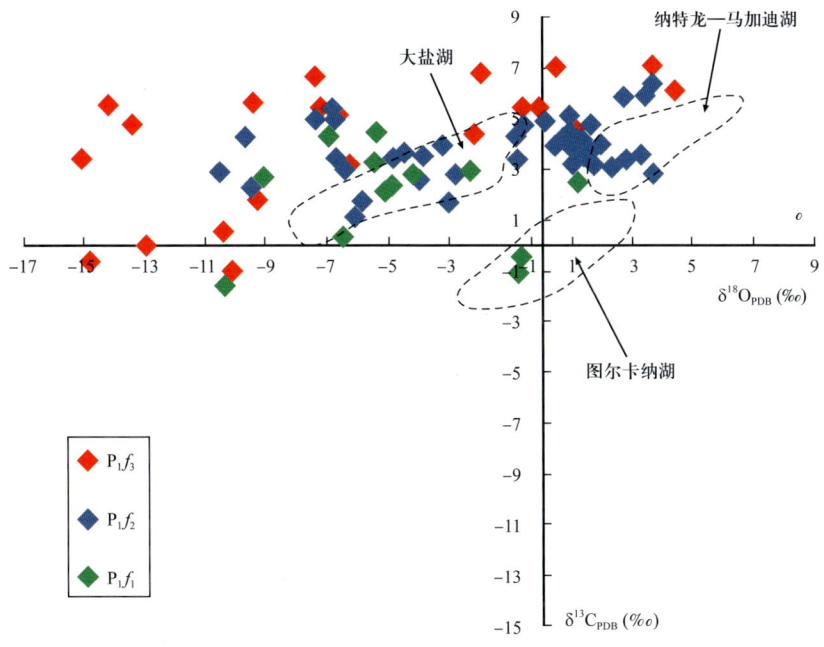

图 2-3-1 玛湖凹陷二叠系风城组自生碳酸盐沉积物碳氧同位素分布图

另外，玛湖凹陷风城组发现典型碱性矿物的层段在风城组二段，碱性矿物层常与暗色泥岩、暗色云质泥岩组成厚度不等的韵律。与在相对干旱时期形成的含碱层不同，暗色泥岩和深灰色云质泥岩形成于相对湿润时期，风城组一段下部和风城组三段上部也是气候相对湿润时期的沉积产物。风城组沉积组合特征亦表明，古气候可能是在以干旱为主的前提下伴随交替出现的相对湿润气候，特征矿物反映当时气温较高。

主微量元素地球化学分析认为，Mg/Ca 与 Mg/Sr 值越大反映气候越干热，含碱层段 Mg/Ca 会出现低值甚至是极低值（汪凯明等，2009）；玛湖凹陷风城组沉积早期开始，Mg/Ca 与 Mg/Sr 值表现为较低值→低值→较高值→持续低值（图 2-3-2）。结合岩性变化，在风城组二段沉积后期沉积了较薄层的碱层，可能在即使干旱环境下也会出现 Mg/Ca、Mg/Sr 值为低值的异常现象。因此，对应着古气候为半干旱→较潮湿→半干旱→干旱→半干旱。古水深的变化几乎和古气候的变化完全吻合。K/Na 和 Sr 值越大反映水体盐度越高（王敏芳等，2006），风城组二段—三段沉积早期古盐度元素比值偏高，表现为高盐度的环境。Sr 大致表现为中低值→低值→中高值→高值→中低值，盐度由偏淡→淡→偏咸→咸→偏淡。因此，从各类证据表明玛湖凹陷风城组古环境具阶段性演化的特点，整体上为高盐度的咸化湖沉积。

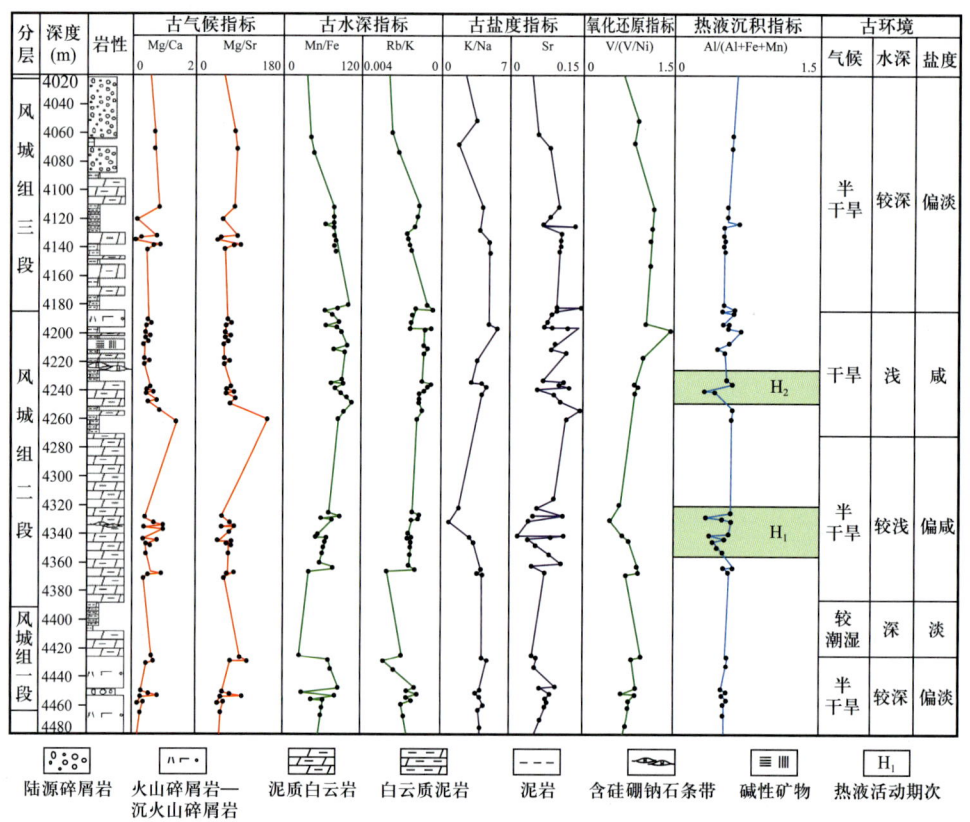

图 2-3-2 准噶尔盆地玛湖凹陷风城组古环境演化（据张志杰等，2018）

古气候对湖泊生产力、沉积水体的氧化还原状态及陆源物质供给具有控制作用，影响沉积物的矿物组成、元素分布及其相对含量。以往的研究认为，不同气候条件下的沉积岩中特定微量元素的含量、比值及分布模式具有不同的特点，利用这些特征可以了解相应的古气候条件（Makeen et al.，2015）。关有志（1992）研究认为，湿润气候型元素（Fe、Mn、Cr、V、Co 和 Ni）和干旱气候型元素（Ca、Mg、K、Na、Sr 和 Ba）的迁移与分布规律，均与古气候密切相关，并将两者的比值称为古气候指数（C），其对古气候变化给出定量分析，C 值越大，气候越潮湿，反之则越干旱。芦草沟组油页岩中 C 值分布在 0.48～0.61 之间（表 2-3-1），表现出下部样品的 C 值（均值 0.57）大于上部（均值 0.51）。根据冯兴雷等（2014）提供的标准，芦草沟组沉积时期主要是半干旱—半湿润的古气候特征,且古气候由沉积早期至晚期逐渐变干旱。陆相沉积盆地内,Sr 元素的高含量一般与干旱炎热气候条件下的湖水浓缩沉积有关(郑一丁等,2015)。通常认为,Sr/Cu 比值在 1.3~5.0 之间时指示温湿气候,大于 5.0 则指示以干热气候为主(陈会军等,2009)。但不同盆地的 Sr/Cu 比值相差很大,刘刚等(2007)对江汉盆地潜江组研究后认为 Sr/Cu 比值介于 1~10 时指示温湿气候,大于 10 时指示干热气候。芦草沟组油页岩 Sr/Cu 比值变化幅度较大,介于 4.88~13.34,下部样品平均值为 5.16,明显小于上部样品(均值 10.46),但总体上呈现出从下至上先变大后变小的特征(表 2-3-1,图 2-3-3)。这说明芦草沟组沉积时期古气候总体上以温湿为主,变化趋势是早期相对温湿,逐渐变为干热,沉积后期再次相对温湿。

表 2-3-1　研究区油页岩部分元素地球化学分析数据(据林晓慧等,2019)

样号	V/Cr	V/(V+Ni)	Cu/Zn	U/Th	Sr/Ba	Sr/Cu	K/Na	P/Ti	古气候指数
DLK1	3.90	0.72	0.80	0.85	0.55	6.40	2.99	0.39	0.54
DLK2	2.40	0.77	0.36	0.28	0.75	8.89	2.30	0.23	0.52
DLK3	3.91	0.83	0.58	0.39	0.89	13.34	3.27	0.81	0.52
DLK4	3.25	0.70	0.61	0.58	0.98	11.31	4.68	1.94	0.49
DLK5	2.77	0.74	0.42	0.41	1.29	12.36	4.15	1.23	0.48
平均值	3.25	0.75	0.55	0.50	0.89	10.46	3.48	0.92	0.51
JJZ5	3.26	0.75	0.75	0.49	0.76	5.34	1.15	0.51	0.57
JJZ4	3.06	0.76	0.56	0.44	0.63	4.88	1.37	0.59	0.61
JJZ3	2.76	0.75	0.73	0.39	0.71	5.43	1.07	0.29	0.56
JJZ2	2.95	0.74	0.62	0.36	0.53	5.16	1.12	0.28	0.61
JJZ1	3.91	0.79	0.62	0.46	0.80	5.00	1.46	0.33	0.51
平均值	3.19	0.76	0.66	0.43	0.69	5.16	1.23	0.40	0.57

二、古水体盐度

古水体盐度指沉积水体介质中所有可溶盐的质量分数,是指示地质历史时期中沉积环境变化的一个重要参数。以下通过矿物学和地球化学方法就玛湖凹陷二叠系风城组古水体盐度特征加以分析。

1. 自生蒸发岩矿物

玛湖凹陷风城组见有丰富的蒸发岩矿物,主要发育在风城组二段,风城组三段下部和风城组一段上部也有少量分布,平面上在凹陷中心地带发育面积约为 300 km²、厚达数百米的含碱层段。蒸发岩矿物的存在表明风城组沉积时水体盐度很高,为盐湖沉积。

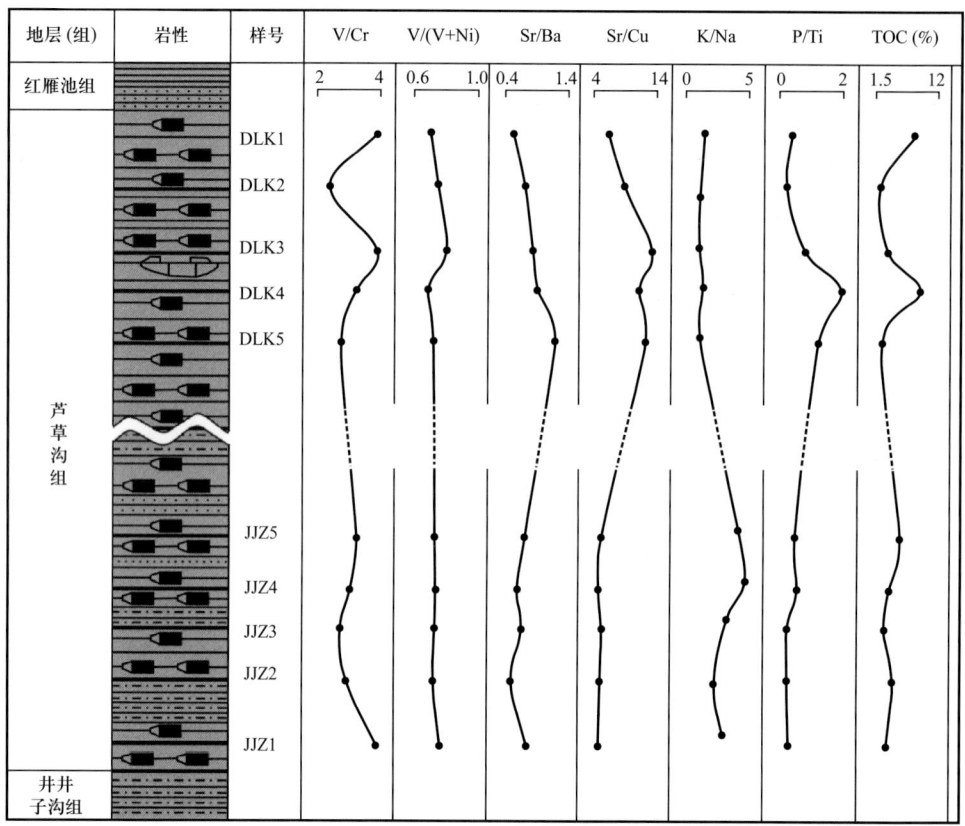

图 2-3-3　芦草沟组油页岩主要元素比值变化及其与 TOC 的关系（据林晓慧等，2019）

2. 微量元素含量

沉积物中的锶元素含量可指示沉积水体盐度。通常认为古代白云岩中的锶元素含量一般不超过 200μg/g，如埋藏白云岩的锶含量为 60～170μg/g，混合带白云岩的锶含量通常为 70～250μg/g。但与蒸发岩相关的超盐水白云岩锶含量较高，可达 550μg/g。玛湖凹陷风城组云质岩类中 Sr 含量较高（平均 447μg/g），说明形成环境可能以盐水为主，与盐水湖环境沉积有关（史基安等，2013）。

黏土中的硼元素含量亦可指示其形成时的古水体盐度。玛湖凹陷风城组泥岩硼含量为 43～325μg/g，平均 220μg/g，远大于一般海相泥岩硼含量（100μg/g）。此外，由于风城组岩石中黏土矿物含量很低，而硼元素主要被黏土矿物吸附，所以风城组沉积时的古水体盐度可能比硼含量所反映的盐度还要高。风城组硼含量较高的另一个表现是自生碱性蒸发岩矿物硅硼钠石分布普遍，是风城组常见的自生矿物，特别在风城组二段，显示当时湖水中具有很高的硼含量，且主要以硅硼钠石自生矿物形式存在，指示高盐度水介质特征。

另外，沉积物中的一些微量元素比值也可以反映沉积水体盐度特征。如当 Sr/Ba 大于 1、B/Ga 大于 7、Th/U 小于 2，稀土元素 δCe 小于 1 反映为盐水（相当海水或盐度更高）

和还原沉积环境。风城组部分探井微量元素比值显示（表 2-3-2），Sr/Ba 比值均大于 1，平均值为 2.99；B/Ga 远大于 7，平均值为 52.55；Th/U 比值除一个数据大于 2 外，其余均小于 2，平均 1.17；δCe 除一个值大于 1 外，其余均小于 1，平均 0.97。

表 2-3-2 玛湖凹陷二叠系风城组微量元素比值

井号	深度（m）	层位	岩性	Sr/Ba	B/Ga	Th/U	δCe
风 20	3152.4	P_1f_3	沉凝灰岩	4.3	22	0.42	1.06
风 23	3443.3	P_1f_3	沉凝灰岩	2.52	12.91	1.16	0.92
风南 4	4228.1	P_1f_3	沉凝灰岩	1.87	17.69	1.68	0.97
乌 353	3120.2	P_1f_3	沉凝灰岩	1.4	20.82	0.8	0.96
风南 2	4102.5	P_1f_2	沉凝灰岩	7.79	76	0.99	0.98
风南 3	4125.2	P_1f_2	沉凝灰岩	3.77	170.72	2.07	0.99
乌 351	3302.5	P_1f_2	沉凝灰岩	1.13	11.15	1.07	0.99
风城 011	3861.6	P_1f_1	沉凝灰岩	3.03	108.38	1.36	0.94
风城 1	4274.6	P_1f_1	沉凝灰岩	1.11	33.27	0.97	0.93
平均值				2.99	52.55	1.17	0.97

以上微量元素分析表明，玛湖凹陷风城组沉积环境主要为盐水沉积，并大致在风城组二段沉积时期盐度达到最高。

3. 碳酸盐岩碳氧同位素

沉积岩碳氧同位素是判断沉积古水体盐度的一个重要指标，淡水石灰岩的 $δ^{13}C$ 多为 $-5‰\sim-15‰$，而海相石灰岩的 $δ^{13}C$ 则为 $-5‰\sim5‰$。根据二叠系风城组 79 个碳酸盐岩样品的分析结果（图 2-3-1），$δ^{13}C$ 为 $-1.6‰\sim7.1‰$，显示其沉积水介质以盐水为主。

Keith 和 Weber（1964）通过分析数百个侏罗纪以来沉积的海相石灰岩和淡水石灰岩同位素测定结果，提出了一个同位素系数（Z）经验公式：$Z=2.048（δ^{13}C+50）+0.498（δ^{18}O+50）$（其中 $δ^{13}C$ 和 $δ^{18}O$ 均为 PDB 标准），认为同位素系数大于 120 时为海相石灰岩，小于 120 时为淡水石灰岩（湖相碳酸盐岩）。对风城组 79 个碳酸盐岩样品的计算表明，所有样品的 Z 值均介于 $120\sim144.98$，平均为 134.35。其中风城组一段 Z 值均介于 $120.14\sim135.17$，平均值为 130.23；风城组二段 Z 值均介于 $128.01\sim143.54$，平均值为 135.69；风城组三段 Z 值均介于 $120\sim144.98$，平均值为 134.08。据此推断玛湖凹陷风城组主要为盐水沉积，且风城组二段古水体盐度大于风城组三段和风城组一段，这与自生蒸发岩矿物分析结果一致，反映风城组二段为碱湖演化鼎盛时期。

古盐度研究是恢复古沉积环境及其演化的重要内容，一些元素的含量或比值常被用于古沉积环境水体盐度的评价。在淡水湖泊中，水介质酸性较强，矿化度低，Sr、Ba 均以重碳酸盐的形式保留在水中，当水体不断咸化，矿化度逐渐增高时，Ba^{2+} 首先以 $BaSO_4$ 形式沉淀，而 Sr^{2+} 只有当水体浓缩到一定程度后才产生 $SrSO_4$ 沉淀，Sr 的含量或 Sr/Ba 比值可指示古盐度（张文正等，2010）。一般认为 Sr/Ba 大于 1 时为咸水环境（刘刚等，2007）。芦草沟组油页岩样品 Sr/Ba 比值大多小于 1（0.55～1.29），平均值为 0.79，总体呈半咸水环境（林晓慧等，2019）。且其上部样品 Sr/Ba 的平均值为 0.89，下部为 0.69（表 2-3-1），总体上呈现出自下而上先变大后变小的趋势。Ca、Cu 与 Ba 相似，入湖河流中 Ca^{2+} 和 Cu^{2+} 的碳酸盐或硫酸盐溶解度相对较小，在湖盆中会先于 Sr^{2+} 沉淀而析出，故 Sr/Ca 和 Sr/Cu 比值上升意味着湖泊盐度增加（Deckker et al., 1988）。芦草沟样品 Sr/Ca 和 Sr/Cu 比值都表现出下部样品低于上部，从下而上先变大后变小的特征（图 2-3-3）。这说明，芦草沟组沉积时期，总体上为半咸水的湖盆环境，沉积早期的水体盐度低于晚期，且有一种先变大后变小的趋势。在沉积过程中，黏土矿物表面会吸附一些水中溶解的化合物，但沉积水体的盐度会影响黏土矿物的吸附能力及对不同离子化合物的吸附量（王敏芳等，2006）。黏土矿物对 K 和 Na 的吸附能力随水体盐度的升高而增大，且对 K 的吸附量更大，介质盐度越高，沉积物 K/Na 比值越大（焦养全等，2004）。芦草沟组油页岩中 K/Na 比值分布较大（1.07～4.68），但下部样品（1.07～1.46）要明显低于上部样品中 K/Na 比值（2.30～4.68）（表 2-3-1）（林晓慧等，2019），这也说明下部样品沉积时的水体盐度要低于上部，即芦草沟组沉积早期的水体盐度要低于晚期，晚期的水体更加咸化一些。这也与其晚期水体的还原性更强相对应。

古水体温度是指示沉积水体特征的一个重要参数，一般采用矿物包裹体、特征矿物相似环境对比等方法来进行研究。在碱性盐湖沉积中，有些自生矿物具有特定结晶温度，是研究湖盆沉积水体温度的良好指示。碱类矿物的沉积，主要受温度和二氧化碳分压（溶解在溶液中的二氧化碳产生的压力）控制，天然碱矿物是在溶液中二氧化碳分压和大气中二氧化碳分压大致相等条件下、温度高于 20℃时形成的；泡碱的形成温度一般低于 20℃，水碱易在高温和二氧化碳分压较低条件下形成，碳酸氢钠是快速蒸发条件下的结晶矿物（Eugster，1980），其形成条件是二氧化碳分压一般要大于大气的 10 倍。

玛湖凹陷风城组含碱层段发育的碳氢钠石和碳钠镁石（图 2-3-4）就是典型的高温矿物。碳氢钠石（$Na_2CO_3 \cdot 3NaHCO_3$）是一种无水碱金属碳酸盐矿物，较天然碱和重碳钠盐更易溶于水，最初发现于美国绿河盆地，1987 年在河南省泌阳凹陷首次发现（杨清堂，1987）。这类矿物晶体呈板状，无色透明，主要产在重碳钠盐组成的碱矿层中，反映二者形成条件类似。

在古水体温度的指相盐类矿物中，与碱性蒸发岩矿物有关的一般是典型暖相和偏暖相天然碱层，普遍形成于亚热带—热带和赤道半干旱或干旱区，以及其他干热区（郑绵平等，1998）。玛湖凹陷风城组蒸发岩矿物组成主要为暖相和广温相矿物，基本不含冷相盐类矿物。因此，风城组沉积时的水体温度可能较高，相当于暖相—偏暖相环境，这与史基安等（2013）等根据碳氧稳定同位素计算的白云岩形成温度（平均温度为 25℃，大部分在 20℃以下）接近。

(a) 碳氢钠石，风南5井，$P_1f_2^2$　　　　　(b) 碳钠镁石，风26井，$P_1f_2^2$

图 2-3-4　玛湖凹陷二叠系风城组碳氢钠石和碳钠镁石特征

三、古水深

1. 玛湖凹陷风城组沉积期

玛湖凹陷二叠系风城组烃源岩主要为暗色细粒沉积，在不少层段常见水平纹层构造，为云质泥岩，岩石中常见细粒星点状黄铁矿，依据传统地质理论，可认为是深湖相停滞静水沉积，但实际情况可能并非完全如此。暗色细粒沉积通常指示相对静止水体和还原环境，但与水深并无必然联系。根据"将今论古"的地质学原理，绝大部分现代碱湖为浅湖，即便在洪水期，水深一般也仅数米（杨清堂，1996），据此推测形成风城组暗色细粒沉积物的环境并不一定都是深水。证据包括以下五点。

1）风城组一段沉积期发育火山群

火山群分布区为地貌高地，沉积水体可能相对较浅。在风城组一段沉积时期发育数个火山群，火山岩岩相以爆发相为主，溢流相分布局限，且为喷发与溢流之间过渡性的喷溢相，尤其是爆发相中占优势的热碎屑流亚相是火山喷发的重要特征，主要岩石类型为熔结凝灰岩，发育在紧邻玛湖凹陷北东翼的乌尔禾—夏子街地区。熔结凝灰岩大部分为水上沉积，所以在火山群分布区（乌尔禾—夏子街）及其周缘（玛湖凹陷）不大可能是深水沉积。

2）风城组各段均见粗碎屑岩

除玛湖凹陷西部边缘外，其他地区常见砂岩或砂砾岩分布，如风南1井—风南4井一带的风城组一段和三段主体为泥岩，夹有不等粒砂岩；艾克1井风城组三段为泥岩夹含砾砂岩，风城组二段见角砾岩，角砾主要为含碳钠钙石云质泥岩。这些相对粗碎屑岩的大量发现指示区域非深水沉积。

3）风城组各段均发育蒸发岩

风城组二段、风城组一段顶部和风城组三段底部发育大量碱性蒸发岩，岩层厚度变化较大，从几毫米至几米，一般层厚数厘米，与深灰色富含星点状黄铁矿的含白云石泥岩、云质凝灰岩、云质粉砂岩、粉砂质泥岩等互层，呈韵律出现。盐类矿物结晶粗大，为浅水快速结晶产物（图2-3-5）。

 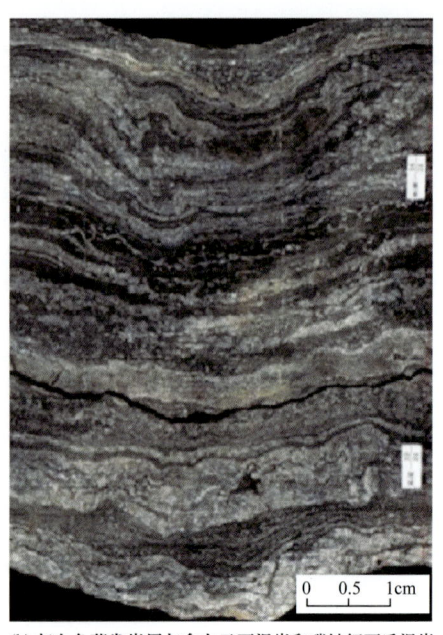

(a) 天然碱，尖头朝上紧密联结的玫瑰花形态，与上覆含白云石泥岩和碳钠钙石质泥岩呈突变接触，风南5井，$P_1f_2^2$

(b) 灰白色蒸发岩层与含白云石泥岩和碳钠钙石质泥岩不等厚互层，层厚0.1~1.0cm，呈厚度不等的韵律，岩层具波状构造，风城011井，$P_1f_2^2$

图2-3-5 玛湖凹陷二叠系风城组中的蒸发岩

4）频繁出现鸟眼构造

鸟眼构造是浅水沉积的指征性沉积构造（薛耀松等，1984）。玛湖凹陷风城组二段是相对盐度较高的层段，大量发育鸟眼构造，有孤立型、蠕虫状、条纹状和不规则状等多种类型，其中又以孤立型和蠕虫状相对较为发育。一般认为，孤立型鸟眼构造是由沉积物中有机质分解产生的气体聚集而成，而蠕虫状鸟眼构造是干燥成因的一种水平收缩孔，一般发生在横向上结合力强、垂向上结合力弱的沉积物中，两者都反映了浅水沉积环境（薛耀松等，1984）。此外，在不同相区和层段，鸟眼构造的充填物不同，主要有碳钠钙石、硅硼钠石、白云石或方解石等，也反映了浅水流体成岩环境。

5）微生物诱发的沉积构造

微生物成因构造是由微生物作用导致的原生沉积构造，一般形成于海相环境中的潮间带和潮上带，或者湖相环境中的浅水带（Noffke et al.，2001）。微生物成因构造在风城组普遍发育，如风南5井和风南3井风城组二段含碱层段的夹层，常与鸟眼构造伴生（图2-3-5），反映为浅水沉积。

2. 吉木萨尔凹陷芦草沟组沉积期

在沉积物搬运过程中Ti稳定性较差，在浅水环境容易富集，Mn较为稳定，可以进行长距离的搬运至深水地区，因此MnO/TiO_2可以较好地反映沉积过程中古水深的变化（彭雪峰等，2012；孙小勇等，2016）。吉 174 井芦草沟组二段 $w(\text{MnO})/w(\text{TiO}_2)$ 主要为 0.05～0.20，平均为 0.18，芦草沟组一段 $w(\text{MnO})/w(\text{TiO}_2)$ 主要为 0.05～0.40，平均为 0.24，指示芦草沟组一段沉积期古水深更深（图 2-3-6）。地球化学特征研究表明，芦草沟组一段沉积期准噶尔盆地吉木萨尔凹陷水体较深，气候干旱，为贫氧—厌氧环境下的咸水沉积，部分层段为半咸水沉积；芦草沟组二段沉积期气候潮湿，陆源淡水注入增多，总体为贫氧环境下的半咸水沉积，部分时期为咸水沉积。

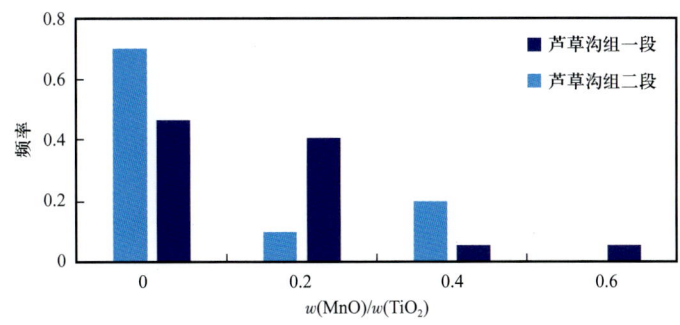

图 2-3-6　吉木萨尔凹陷芦草沟组烃源岩 $w(\text{MnO})/(\text{TiO}_2)$ 频率分布（据蒋中发等，2020）

第三章 准噶尔盆地二叠系页岩油赋存特征及甜点评价

第一节 页岩生烃潜力地球化学评价

一、烃源岩岩性及分布特征

玛湖凹陷风城组主体为半深—深碱湖背景下的多源混合细粒沉积建造。平面上,受控于外部碎屑物源的供应,由边缘砾石沉积向湖盆中心岩性变细,逐渐过渡为云质粉—细砂岩、云质泥岩、泥岩、盐岩沉积;纵向上不同岩性形成频繁的互层结构(支东明等,2021)。风城组烃源岩岩石成分非常复杂,可细分为泥质岩、白云岩、凝灰岩和混积岩四大类(王小军等,2018),其中泥质岩和白云岩是风城组主力烃源岩(任江玲等,2017)。

玛湖凹陷风城组烃源岩厚度为25~300m,平面分布靠近乌夏断裂带的乌尔禾地区最厚,也是页岩油勘探的有利地区,向东部、南部和西部厚度逐渐变薄(图3-1-1)。

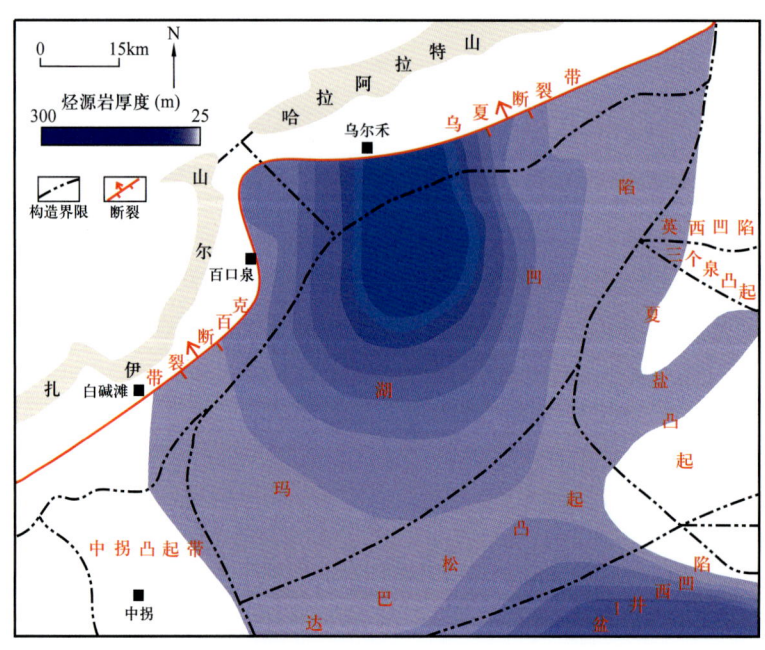

图3-1-1 准噶尔盆地玛湖凹陷风城组烃源岩厚度图(据支东明等,2021)

吉木萨尔凹陷芦草沟组主要为一套沉积于咸化湖泊中,受机械沉积、化学沉积及生物沉积等作用下的粉细砂岩、泥岩、碳酸盐岩的混积岩(匡立春等,2020),普遍发育泥晶、微晶白云石，碎屑粒径普遍较细，粉细砂、泥质及碳酸盐富集层多呈互层状分布。岩石类型主要为粉细砂岩类、泥岩类、碳酸盐岩类。芦草沟组页岩油具有典型的自生自储特点，其烃源岩层也是储层，烃源岩包括泥质岩类、白云岩类、石灰岩类和粉砂岩4种类型。烃源岩厚度大，其中芦草沟组二段烃源岩厚度普遍大于50m、一段烃源岩厚度普遍大于100m（图3-1-2）。

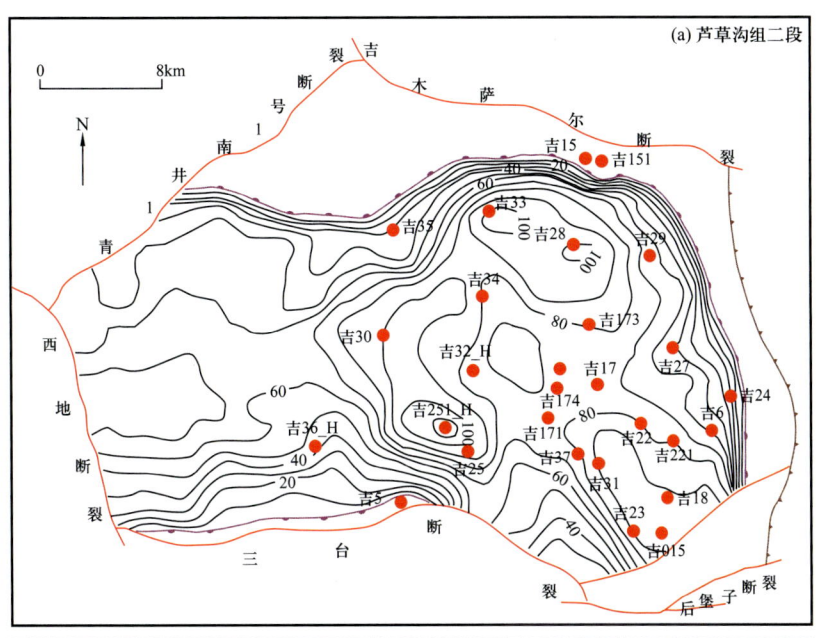

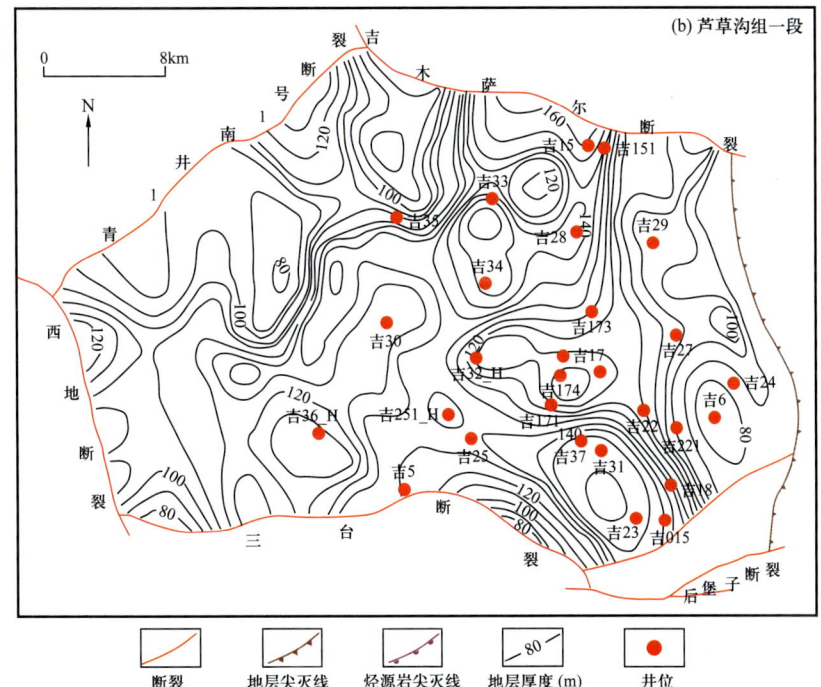

图3-1-2 吉木萨尔凹陷芦草沟组烃源岩厚度图（据支东明等，2019）

二、有机质丰度

烃源岩有机质丰度常用评价指标主要有总有机碳（TOC）、氯仿沥青"A"、生烃潜力（S_1+S_2）和总烃（表 3-1-1 至表 3-1-3）。风城组烃源岩发育于碱湖环境，根据陆相烃源岩有机质丰度评价标准（胡见义等，1991），咸水—超咸水中 TOC 大于 0.6% 即可达到好烃源岩（表 3-1-2），风城组好烃源岩占比为 64.7%（表 3-1-4 和图 3-1-3）。需要注意的是，该标准主要适用于低成熟演化阶段烃源岩的评价，而风城组烃源岩已达到成熟演化阶段。岩性不同，烃源岩有机质丰度分布主频差异明显（图 3-1-3 和图 3-1-4）。

表 3-1-1　陆相淡水—半咸水油源岩评价标准（据胡见义等，1991）

生油层类别 项目	好生油层	中等生油层	差生油层	非生油层
岩相	深湖—半深湖相	半深湖—浅湖相	浅湖—滨湖相	河流相
干酪根类型	腐泥型	中间型	腐殖型	腐殖型
H/C	1.7~1.3	1.3~1.0	1.0~0.5	1.0~0.5
有机碳（%）	3.5~1.0	1.0~0.6	0.6~0.4	<0.4
氯仿沥青"A"（%）	>0.12	0.12~0.06	0.06~0.01	<0.01
总烃（μg/g）	>500	500~250	250~100	<100
总烃/有机碳（%）	>6	6~3	3~1	<1

表 3-1-2　陆相烃源岩有机质丰度评价标准

指标	盆湖水体类型	非生油岩	生油岩类型			
			差	中等	好	最好
TOC（%）	淡水—半咸水	<0.4	0.4~0.6	>0.6~1.0	>1.0~2.0	>2.0
	咸水—超咸水	<0.2	0.2~0.4	>0.4~0.6	>0.6~0.8	>0.8
氯仿沥青"A"（%）	—	<0.015	0.015~0.05	>0.05~0.1	>0.1~0.2	>0.2
总烃（μg/g）	—	<100	100~200	>200~500	>500~1000	>1000
S_1+S_2（mg/g）	—	—	<2	2~6	>6~20	>20

注：表中评价指标适用于烃源岩（生油岩）成熟度较低（R_o 为 0.5%~0.7%）阶段的评价，当烃源岩热演化程度高时，由于油气大量排出及排烃程度不同，上列有机质丰度指标失真，应进行恢复后评价。

风城组烃源岩 TOC 分布在 0.11%~3.19% 之间，平均为 0.75%。岩性不同 TOC 值有较大差异，灰质泥岩、砂质泥岩、云质泥岩和泥岩四种岩石类型中，灰质泥岩和砂质泥岩 TOC、生烃潜力的平均值相对最高，云质泥岩次之，而泥岩最小；氯仿沥青"A"灰质泥岩和泥岩最优，砂质泥岩次之，而云质泥岩最小（表 3-1-5）。从 TOC 分布来看（图 3-1-3），泥岩和云质泥岩分布特征接近，而灰质泥岩和砂质泥岩分布特征相似。

表 3-1-3 未熟烃源岩石油潜能地球化学参数（据 Peters et al., 1994）

石油潜能	TOC（%）	岩石热解		氯仿沥青"A"		烃（μg/g）
		S_1（mg/g）	S_2（mg/g）	（%）	（μg/g）	
差	0~0.5	0~0.5	0~2.5	0~0.05	0~500	0~300
一般	0.5~1	0.5~1	2.5~5	0.05~0.10	500~1000	300~600
好	1~2	1~2	5~10	0.10~0.20	1000~2000	600~1200
很好	2~4	2~4	10~20	0.20~0.40	2000~4000	1200~2400
极好	>4	>4	>20	>0.40	>4000	>2400

表 3-1-4 玛湖凹陷风城组烃源岩有机地球化学数据表

井名	层位	深度（m）	岩性	TOC（%）	氯仿沥青"A"（%）	S_1+S_2（mg/g）	T_{max}（℃）	IH（mg/g）	IO（mg/g）
风南1	P_1f	4092.00	砂质泥岩	1.54	—	3.39	443	211.04	37.01
风南1	P_1f	4095.17	砂质泥岩	1.46	—	7.44	435	400.00	41.78
风南1	P_1f	4096.20	砂质泥岩	0.69	—	2.01	435	256.52	—
风南1	P_1f	4096.44	砂质泥岩	1.84	—	10.25	438	470.65	9.24
风南1	P_1f	4096.48	砂质泥岩	1.22	—	6.98	436	526.23	51.64
风南1	P_1f	4098.55	砂质泥岩	0.88	—	3.87	438	427.27	17.05
风南1	P_1f	4110.00	砂质泥岩	0.70	—	1.29	450	161.43	80.00
风南1	P_1f	4123.05	砂质泥岩	0.89	—	2.21	442	237.08	6.74
风南1	P_1f	4123.27	砂质泥岩	1.57	—	7.61	444	442.04	33.12
风南1	P_1f	4124.72	砂质泥岩	0.98	—	3.61	441	324.49	—
风南1	P_1f	4148.00	砂质泥岩	1.63	—	8.83	446	512.88	36.81
风南1	P_1f	4153.50	砂质泥岩	0.87	—	2.98	438	327.59	14.94
风南1	P_1f	4170.00	砂质泥岩	1.74	—	6.53	438	337.36	32.18
风南1	P_1f	4181.16	砂质泥岩	0.61	—	2.68	436	267.21	129.51
风南1	P_1f	4181.20	砂质泥岩	0.45	—	1.26	437	244.44	51.11
风南1	P_1f	4184.47	砂质泥岩	0.70	—	2.11	437	265.71	31.43

续表

井名	层位	深度（m）	岩性	TOC（%）	氯仿沥青"A"（%）	S_1+S_2（mg/g）	T_{max}（℃）	IH（mg/g）	IO（mg/g）
风南1	P_1f	4188.00	砂质泥岩	1.38	—	7.77	435	468.84	44.93
风南1	P_1f	4193.27	砂质泥岩	0.52	—	1.86	431	242.31	98.08
风南1	P_1f	4195.31	砂质泥岩	1.50	—	1.45	427	84.67	55.33
风南1	P_1f	4195.31	砂质泥岩	0.82	—	2.79	426	271.95	81.71
风南1	P_1f	4195.31	砂质泥岩	0.79	—	2.44	430	272.15	93.67
风南1	P_1f	4195.31	砂质泥岩	0.86	—	3.92	433	304.65	117.44
风南1	P_1f	4196.72	砂质泥岩	0.54	—	1.31	439	216.67	44.44
风南1	P_1f	4196.72	砂质泥岩	0.81	—	4.21	435	343.21	145.68
风南1	P_1f	4210.75	砂质泥岩	0.51	—	1.56	435	268.63	41.18
风南1	P_1f	4213.57	砂质泥岩	1.44	—	6.14	439	411.81	9.72
风南1	P_1f	4231.80	砂质泥岩	0.62	—	2.80	433	279.03	180.65
风南1	P_1f	4232.81	砂质泥岩	0.80	—	3.12	440	361.25	10.00
风南1	P_1f	4234.40	砂质泥岩	0.70	—	2.19	437	277.14	20.00
风南1	P_1f	4238.40	砂质泥岩	0.46	—	0.98	429	195.65	34.78
风南1	P_1f	4238.80	砂质泥岩	0.81	—	3.19	436	317.28	—
风南1	P_1f	4253.90	砂质泥岩	0.88	—	3.30	435	357.95	6.82
风南1	P_1f	4254.45	砂质泥岩	0.56	—	2.06	441	357.14	14.29
风南1	P_1f	4320.87	砂质泥岩	0.48	—	0.70	440	114.58	150.00
风南1	P_1f	4321.80	砂质泥岩	0.69	—	2.51	437	314.49	—
风南1	P_1f	4323.39	砂质泥岩	0.50	—	1.04	427	194.00	58.00
风南1	P_1f	4326.07	砂质泥岩	0.91	—	2.34	434	242.86	—
风南1	P_1f	4329.70	砂质泥岩	0.56	—	1.80	435	307.14	96.43
风南1	P_1f	4336.96	砂质泥岩	0.88	—	3.36	440	311.36	100.00
风南1	P_1f	4338.90	砂质泥岩	0.72	—	3.10	429	334.72	137.50
风南1	P_1f	4339.80	砂质泥岩	1.85	—	11.67	442	622.16	—
风南1	P_1f	4341.75	砂质泥岩	1.21	—	4.09	440	332.23	12.40
风南1	P_1f	4357.51	砂质泥岩	1.12	—	4.97	437	377.68	100.89
风南1	P_1f	4361.20	砂质泥岩	0.51	—	1.44	434	264.71	141.18

续表

井名	层位	深度（m）	岩性	TOC（%）	氯仿沥青"A"（%）	S_1+S_2（mg/g）	T_{max}（℃）	IH（mg/g）	IO（mg/g）
风南1	P_1f	4367.35	砂质泥岩	0.93	—	3.94	433	315.05	—
风南1	P_1f	4368.05	砂质泥岩	0.86	—	2.15	432	236.05	43.02
风南1	P_1f	4369.43	砂质泥岩	0.67	—	2.57	432	308.96	131.34
风南1	P_1f	4422.70	砂质泥岩	0.50	—	1.93	413	218.00	—
风南1	P_1f	4423.05	砂质泥岩	0.69	—	2.94	446	418.84	7.25
风南1	P_1f	4444.16	砂质泥岩	0.90	—	6.60	430	466.67	100.00
风南1	P_1f	4444.26	砂质泥岩	0.46	—	0.96	450	184.78	113.04
风南1	P_1f	4444.60	砂质泥岩	0.41	—	1.42	430	287.80	9.76
风南14	P_1f	4029.97	云质泥岩	0.28	0.037	1.32	447	446.43	—
风南14	P_1f	4036.66	云质泥岩	0.60	0.037	2.01	446	321.67	—
风南14	P_1f	4058.69	云质泥岩	1.16	0.076	4.91	441	389.66	—
风南14	P_1f	4059.79	云质泥岩	1.31	0.067	6.26	446	432.06	—
风南14	P_1f	4063.68	云质泥岩	2.89	0.552	21.97	445	684.08	1.38
风南14	P_1f	4065.15	云质泥岩	2.49	0.251	17.97	439	667.47	—
风南14	P_1f	4078.18	云质泥岩	1.28	0.125	6.22	443	396.88	—
风南14	P_1f	4079.33	云质泥岩	0.58	0.041	2.41	443	306.90	—
风南14	P_1f	4081.12	云质泥岩	1.22	0.211	6.34	436	445.90	0.82
风南14	P_1f	4081.23	云质泥岩	1.09	0.044	3.21	449	266.97	—
风南14	P_1f	4082.28	云质泥岩	1.40	0.117	6.60	450	425.71	—
风南14	P_1f	4084.13	云质泥岩	0.96	0.112	5.02	440	388.54	—
风南14	P_1f	4084.45	云质泥岩	0.57	0.150	1.88	437	270.18	24.56
风南14	P_1f	4089.13	云质泥岩	1.11	0.076	5.74	445	451.35	—
风南14	P_1f	4094.18	云质泥岩	1.13	0.079	6.24	445	501.77	—
风南14	P_1f	4095.04	云质泥岩	1.13	0.082	6.04	442	462.83	—
风南14	P_1f	4104.78	云质泥岩	0.61	0.015	2.07	447	322.95	—
风南14	P_1f	4106.73	云质泥岩	0.64	0.042	2.18	439	279.69	—
风南14	P_1f	4107.73	云质泥岩	1.39	0.124	6.88	444	421.58	—
风南14	P_1f	4109.53	云质泥岩	0.68	0.092	1.69	446	213.24	—

续表

井名	层位	深度（m）	岩性	TOC（%）	氯仿沥青"A"（%）	S_1+S_2（mg/g）	T_{max}（℃）	IH（mg/g）	IO（mg/g）
风南 14	P_1f	4112.62	云质泥岩	1.94	0.054	14.08	438	573.71	2.06
风南 14	P_1f	4112.62	云质泥岩	1.73	0.689	10.10	448	540.46	—
风南 14	P_1f	4161.61	云质泥岩	0.52	0.334	3.20	425	401.92	26.92
风南 14	P_1f	4163.21	云质泥岩	0.63	0.110	2.54	442	274.60	—
风南 14	P_1f	4164.14	云质泥岩	0.78	0.656	6.03	418	407.69	11.54
风南 14	P_1f	4165.31	云质泥岩	2.16	0.119	17.33	453	736.11	—
风南 14	P_1f	4166.80	云质泥岩	1.98	0.110	14.42	446	672.22	—
风南 14	P_1f	4167.52	云质泥岩	0.82	0.322	4.11	439	387.80	26.83
风南 14	P_1f	4168.42	云质泥岩	0.76	0.018	2.65	438	214.47	—
风南 14	P_1f	4170.31	云质泥岩	0.75	0.144	2.89	440	248.00	—
风南 14	P_1f	4171.05	云质泥岩	0.80	0.241	4.56	435	397.50	37.50
风南 14	P_1f	4171.82	云质泥岩	0.77	0.110	3.17	443	280.52	—
风南 14	P_1f	4173.96	云质泥岩	0.83	0.177	4.48	441	342.17	—
风南 4	P_1f	4227.53	泥岩	0.44	0.079	0.89	428	118.18	—
风南 4	P_1f	4228.80	泥岩	2.60	0.425	13.14	445	452.31	8.46
风南 4	P_1f	4256.00	泥岩	0.85	0.560	4.90	442	575.29	—
风南 4	P_1f	4259.00	泥岩	0.51	0.029	0.57	434	100.00	54.90
风南 4	P_1f	4270.00	泥岩	0.81	0.208	2.68	442	301.23	—
风南 4	P_1f	4278.00	泥岩	0.58	0.334	3.95	442	653.45	—
风南 4	P_1f	4322.00	泥岩	0.67	0.155	2.97	443	441.79	—
风南 4	P_1f	4386.00	泥岩	0.78	0.376	3.86	441	475.64	—
风南 4	P_1f	4403.40	泥岩	0.88	0.202	3.85	441	365.91	19.32
风南 4	P_1f	4434.00	泥岩	0.71	0.320	3.40	446	477.46	—
风南 4	P_1f	4522.00	泥岩	0.52	0.060	2.23	438	346.15	—
风南 4	P_1f	4550.00	泥岩	0.93	0.283	2.76	415	230.11	—
风南 8	P_1f	2490.00	砂质泥岩	0.46	—	0.73	434	119.57	—
风南 8	P_1f	2588.00	砂质泥岩	0.65	—	0.95	445	132.31	—
风南 8	P_1f	2702.00	砂质泥岩	1.21	—	2.11	446	161.16	—

续表

井名	层位	深度（m）	岩性	TOC（%）	氯仿沥青"A"（%）	S_1+S_2（mg/g）	T_{max}（℃）	IH（mg/g）	IO（mg/g）
风南8	P_1f	2824.00	砂质泥岩	1.08	—	2.72	443	237.04	—
风南8	P_1f	2888.00	砂质泥岩	1.28	—	5.08	448	360.94	—
风南8	P_1f	3206.00	砂质泥岩	1.65	—	6.77	439	350.91	—
风南8	P_1f	3228.00	砂质泥岩	1.84	—	4.76	443	237.50	—
风南8	P_1f	3284.00	砂质泥岩	0.58	—	1.31	434	182.76	—
风南8	P_1f	3310.00	砂质泥岩	1.01	—	2.71	441	247.52	—
风南8	P_1f	3342.00	砂质泥岩	0.98	—	3.01	442	269.39	—
风南8	P_1f	3366.00	砂质泥岩	1.16	—	3.82	441	306.03	—
风南8	P_1f	3500.00	砂质泥岩	1.29	—	3.39	443	248.84	—
风南8	P_1f	3526.00	砂质泥岩	0.95	—	3.53	438	321.05	—
风南8	P_1f	3550.00	砂质泥岩	1.18	—	4.44	443	338.14	—
风南8	P_1f	3570.00	砂质泥岩	1.94	—	9.26	442	414.95	—
风南8	P_1f	3594.55	砂质泥岩	0.98	—	4.89	437	464.29	—
风南8	P_1f	3595.34	砂质泥岩	3.19	—	18.31	451	554.86	—
风南8	P_1f	3728.00	砂质泥岩	0.75	—	3.64	428	332.00	—
风南8	P_1f	3804.00	砂质泥岩	1.08	—	4.37	432	275.93	—
风南8	P_1f	3912.00	砂质泥岩	1.90	—	8.64	436	285.79	—
风南8	P_1f	3990.00	砂质泥岩	0.49	—	1.19	438	185.71	—
风南8	P_1f	4110.00	砂质泥岩	0.78	—	3.21	438	324.36	—
风南8	P_1f	4198.00	砂质泥岩	0.94	—	3.46	439	318.09	—
风南8	P_1f	4224.00	砂质泥岩	1.41	—	11.65	446	576.60	—
风南8	P_1f	4257.31	砂质泥岩	0.58	—	1.65	443	203.45	—
风南8	P_1f	4282.00	砂质泥岩	1.35	—	7.70	429	326.67	—
玛页1	P_1f	4578.32	灰质泥岩	1.31	0.344	6.80	443	402.29	—
玛页1	P_1f	4578.67	灰质泥岩	2.12	0.768	12.73	444	491.98	—
玛页1	P_1f	4579.72	灰质泥岩	2.44	0.737	14.30	445	516.80	—
玛页1	P_1f	4579.91	泥岩	1.37	0.265	6.93	449	424.82	—
玛页1	P_1f	4580.60	泥岩	2.14	0.536	10.77	446	417.29	—

续表

井名	层位	深度（m）	岩性	TOC（%）	氯仿沥青"A"（%）	S_1+S_2（mg/g）	T_{max}（℃）	IH（mg/g）	IO（mg/g）
玛页1	P_1f	4581.49	泥岩	0.23	0.038	0.49	363	126.09	—
玛页1	P_1f	4583.28	泥岩	0.23	0.011	0.18	447	47.83	—
玛页1	P_1f	4584.48	泥岩	0.26	0.010	0.19	446	50.00	—
玛页1	P_1f	4585.31	泥岩	0.26	0.010	0.20	442	46.15	—
玛页1	P_1f	4586.75	泥岩	0.65	0.346	3.15	383	326.15	—
玛页1	P_1f	4588.11	泥岩	0.24	0.008	0.25	457	58.33	—
玛页1	P_1f	4589.81	泥岩	0.67	0.509	4.84	427	413.43	—
玛页1	P_1f	4590.70	泥岩	0.64	0.409	4.18	431	381.25	—
玛页1	P_1f	4592.45	泥岩	0.96	0.498	5.44	436	363.54	—
玛页1	P_1f	4594.16	云质泥岩	0.45	0.061	1.34	440	240.00	—
玛页1	P_1f	4595.27	泥岩	0.11	0.011	0.12	432	54.55	—
玛页1	P_1f	4596.59	云质泥岩	0.46	0.039	0.23	298	6.52	—
玛页1	P_1f	4596.83	云质泥岩	0.59	0.073	1.43	444	194.92	—
玛页1	P_1f	4598.61	泥岩	0.45	0.069	1.13	439	188.89	—
玛页1	P_1f	4600.07	泥岩	0.19	0.041	0.41	429	105.26	—
玛页1	P_1f	4603.35	泥岩	0.17	0.049	0.37	426	141.18	—
玛页1	P_1f	4605.10	泥岩	0.17	0.041	0.27	433	111.76	—
玛页1	P_1f	4606.00	泥岩	0.17	0.037	0.28	429	111.76	—
玛页1	P_1f	4606.59	云质泥岩	0.62	0.067	1.89	440	262.90	—
玛页1	P_1f	4608.22	泥岩	0.18	0.019	0.43	426	127.78	—
玛页1	P_1f	4609.87	云质泥岩	0.57	0.175	2.52	438	289.47	—
玛页1	P_1f	4610.82	云质泥岩	0.49	0.022	1.13	444	185.71	—
玛页1	P_1f	4612.31	泥岩	0.61	0.657	5.04	424	391.80	—
玛页1	P_1f	4613.03	泥岩	1.06	0.200	5.12	445	386.79	—
玛页1	P_1f	4614.79	泥岩	0.64	0.276	2.90	440	314.06	—
玛页1	P_1f	4617.62	云质泥岩	0.33	0.116	0.82	434	163.64	—
玛页1	P_1f	4619.09	泥岩	0.63	0.249	2.08	437	215.87	—
玛页1	P_1f	4621.59	泥岩	0.76	0.344	3.13	441	284.21	—

续表

井名	层位	深度（m）	岩性	TOC（%）	氯仿沥青"A"（%）	S_1+S_2（mg/g）	T_{max}（℃）	IH（mg/g）	IO（mg/g）
玛页1	P_1f	4623.87	泥岩	0.16	0.005	0.13	429	50.00	—
玛页1	P_1f	4626.71	泥岩	0.58	0.196	1.84	438	232.76	—
玛页1	P_1f	4627.42	泥岩	0.68	0.357	2.34	438	233.82	—
玛页1	P_1f	4629.95	泥岩	2.85	1.265	12.84	435	285.61	—
玛页1	P_1f	4630.56	泥岩	1.26	0.298	4.34	442	277.78	—
玛页1	P_1f	4631.63	泥岩	0.47	0.251	2.51	424	359.57	—
玛页1	P_1f	4632.28	泥岩	0.63	0.164	1.88	435	238.10	—
玛页1	P_1f	4634.98	云质泥岩	0.75	0.006	3.06	442	290.67	—
玛页1	P_1f	4635.33	泥岩	0.79	0.386	3.54	438	305.06	—
玛页1	P_1f	4640.79	泥岩	0.60	0.255	2.25	440	255.00	—
玛页1	P_1f	4641.97	云质泥岩	0.45	0.168	1.43	432	211.11	—
玛页1	P_1f	4645.68	泥岩	0.20	0.024	0.22	436	65.00	—
玛页1	P_1f	4649.31	泥岩	0.84	0.181	2.56	444	225.00	—
玛页1	P_1f	4658.26	泥岩	1.18	0.473	5.74	443	364.41	—
玛页1	P_1f	4659.39	云质泥岩	0.69	0.228	2.23	437	230.43	—
玛页1	P_1f	4662.80	泥岩	1.07	0.365	4.56	440	297.20	—
玛页1	P_1f	4664.53	泥岩	1.29	0.536	6.82	438	365.89	—
玛页1	P_1f	4664.66	泥岩	1.97	1.341	11.24	439	404.57	—
玛页1	P_1f	4667.11	泥岩	0.80	0.335	3.10	434	242.50	—
玛页1	P_1f	4670.04	云质泥岩	0.53	0.117	1.58	437	226.42	—
玛页1	P_1f	4671.85	泥岩	0.76	0.355	2.96	438	253.95	—
玛页1	P_1f	4673.26	泥岩	0.32	0.069	0.69	440	150.00	—
玛页1	P_1f	4675.23	云质泥岩	0.63	0.181	2.07	435	214.29	—
玛页1	P_1f	4675.99	泥岩	0.20	0.010	0.20	434	55.00	—
玛页1	P_1f	4678.77	砂质泥岩	0.32	0.037	0.41	441	100.00	—
玛页1	P_1f	4682.71	云质泥岩	1.41	0.292	5.53	442	312.77	—
玛页1	P_1f	4683.59	泥岩	1.58	0.362	7.35	442	366.46	—
玛页1	P_1f	4684.65	泥岩	0.30	0.133	1.16	421	253.33	—

续表

井名	层位	深度（m）	岩性	TOC（%）	氯仿沥青"A"（%）	S_1+S_2（mg/g）	T_{max}（℃）	IH（mg/g）	IO（mg/g）
玛页1	P_1f	4686.58	泥岩	0.89	0.403	4.07	440	344.94	—
玛页1	P_1f	4689.17	云质泥岩	1.17	0.270	5.72	444	406.84	—
玛页1	P_1f	4691.58	泥岩	0.70	0.199	2.79	441	331.43	—
玛页1	P_1f	4692.08	云质泥岩	0.59	0.201	2.50	438	330.51	—
玛页1	P_1f	4695.43	云质泥岩	0.88	0.399	4.68	443	389.77	—
玛页1	P_1f	4695.80	云质泥岩	0.61	0.207	2.89	443	367.21	—
玛页1	P_1f	4698.41	泥岩	0.89	0.108	3.95	446	394.38	—
玛页1	P_1f	4701.05	砂质泥岩	0.69	0.248	3.12	443	350.72	—
玛页1	P_1f	4701.41	泥岩	0.76	0.329	3.55	443	355.26	—
玛页1	P_1f	4707.67	灰质泥岩	1.28	0.271	5.48	444	339.84	—
玛页1	P_1f	4709.16	泥岩	0.76	0.272	3.12	433	288.16	—
玛页1	P_1f	4712.27	泥岩	0.49	0.212	2.01	427	246.94	—
玛页1	P_1f	4739.26	云质泥岩	0.79	0.318	4.10	442	354.43	—
玛页1	P_1f	4744.84	灰质泥岩	0.82	0.650	5.04	433	389.02	—
玛页1	P_1f	4750.21	云质泥岩	0.59	0.165	2.40	443	311.86	—
玛页1	P_1f	4755.82	灰质泥岩	1.08	0.256	4.93	442	362.04	—
玛页1	P_1f	4766.84	泥岩	0.94	0.401	4.91	440	379.79	—
玛页1	P_1f	4785.47	泥岩	1.80	0.340	8.81	448	441.11	—
玛页1	P_1f	4795.96	泥岩	0.47	0.165	2.25	440	355.32	—
玛页1	P_1f	4804.97	云质泥岩	0.81	0.092	3.83	442	429.63	—
玛页1	P_1f	4813.17	泥岩	0.68	0.158	2.69	441	323.53	—
玛页1	P_1f	4819.18	泥岩	0.44	0.152	1.79	437	306.82	—
玛页1	P_1f	4824.63	云质泥岩	0.63	0.343	3.60	434	368.25	—
玛页1	P_1f	4836.18	泥岩	0.41	0.113	1.62	440	312.20	—
玛页1	P_1f	4840.71	云质泥岩	0.50	0.142	1.50	441	236.00	—
玛页1	P_1f	4848.43	泥岩	0.29	0.189	1.18	405	193.10	—
玛页1	P_1f	4856.60	灰质泥岩	0.67	0.108	2.01	448	253.73	—
玛页1	P_1f	4859.82	云质泥岩	0.69	0.117	1.84	452	224.64	—

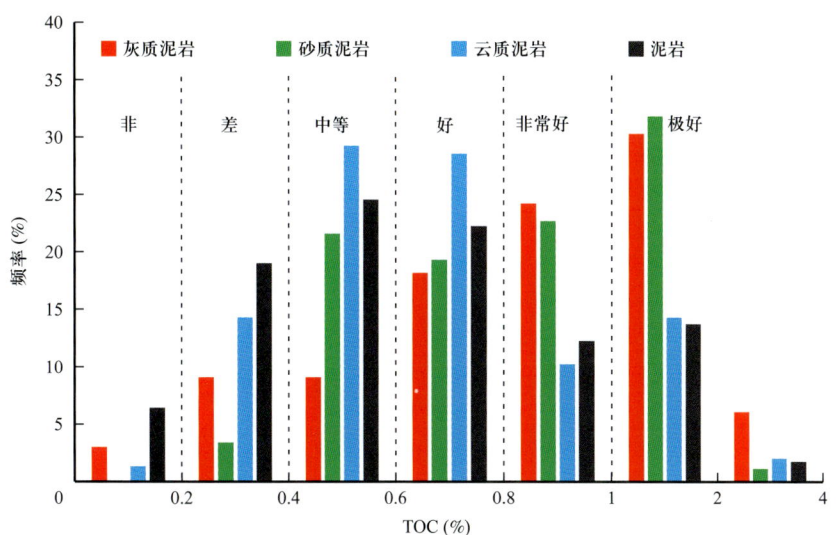

图 3-1-3 玛湖凹陷风城组烃源岩 TOC 分布图

风城组不同岩性的氯仿沥青"A"分布总体形态特征一致，以大于 0.1% 为主，均达到好烃源岩标准以上（图 3-1-4）。

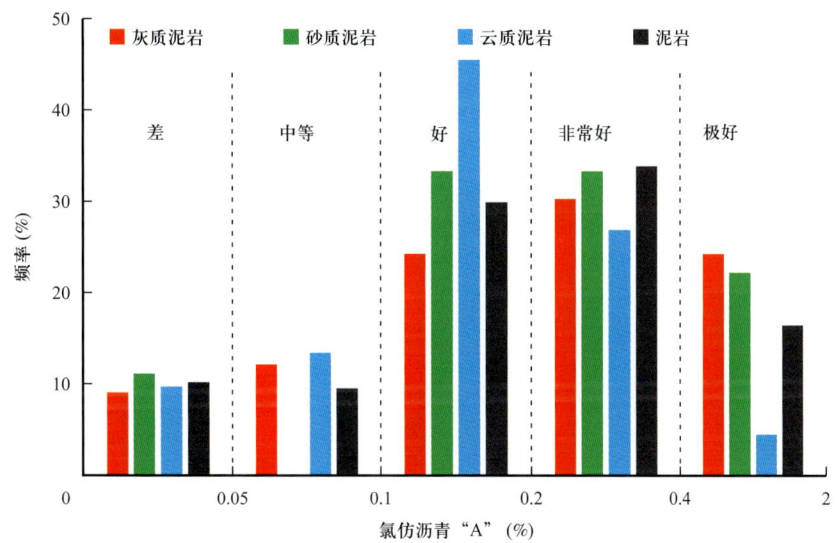

图 3-1-4 玛湖凹陷风城组烃源岩氯仿沥青"A"分布图

不同岩性生烃潜力（S_1+S_2）的平均值为 3.28~4.98mg/g 均没有达到好烃源岩标准，而处于中等烃源岩阶段，这与氯仿沥青"A"和 TOC 反映的风城组烃源岩主体以好烃源岩为主相矛盾，这可能与风城组烃源岩具有高的烃类转化率有关（支东明等，2016；Tang et al.，2021）。TOC 与生烃潜力具有很好的相关性，据此判断风城组烃源岩主体以中等至极好级别为主（图 3-1-5）。

表 3-1-5　玛湖凹陷风城组与吉木萨尔凹陷芦草沟组烃源岩有机质丰度对比表

地区	层位	岩性	TOC（%）	氯仿沥青"A"（%）	S_1+S_2（mg/g）
玛湖凹陷	风城组	灰质泥岩	$\dfrac{0.13\sim2.59}{0.95(34)}$	$\dfrac{0.022\sim0.768}{0.284(33)}$	$\dfrac{0.26\sim15.41}{4.98(27)}$
		砂质泥岩	$\dfrac{0.23\sim3.19}{0.95(88)}$	$\dfrac{0.037\sim0.504}{0.237(9)}$	$\dfrac{0.41\sim18.31}{3.87(85)}$
		云质泥岩	$\dfrac{0.13\sim2.89}{0.73(147)}$	$\dfrac{0.006\sim1.046}{0.188(134)}$	$\dfrac{0.17\sim21.97}{3.54(116)}$
		泥岩	$\dfrac{0.11\sim2.85}{0.69(342)}$	$\dfrac{0.005\sim1.881}{0.257(304)}$	$\dfrac{0.11\sim15.41}{3.28(230)}$
吉木萨尔凹陷	芦草沟组	白云岩	$\dfrac{2.57\sim11.15}{5.96(5)}$	—	$\dfrac{13.92\sim74.08}{33.19(5)}$
		石灰岩	$\dfrac{0.41\sim7.68}{1.80(22)}$	$\dfrac{0.021\sim6.187}{1.353(31)}$	$\dfrac{0.73\sim61.01}{10.65(22)}$
		粉砂岩	$\dfrac{0.26\sim7.21}{1.29(78)}$	$\dfrac{0.019\sim3.156}{1.260(23)}$	$\dfrac{0.53\sim56.46}{4.73(78)}$
		泥岩	$\dfrac{0.34\sim30.1}{4.03(359)}$	$\dfrac{0.007\sim2.478}{0.375(78)}$	$\dfrac{0.59\sim204.69}{21.81(358)}$

注：表中横线下方为平均值，括号内为样品数。芦草沟组白云岩、石灰岩和粉砂岩剔除油迹及其以上含油级别的样品。

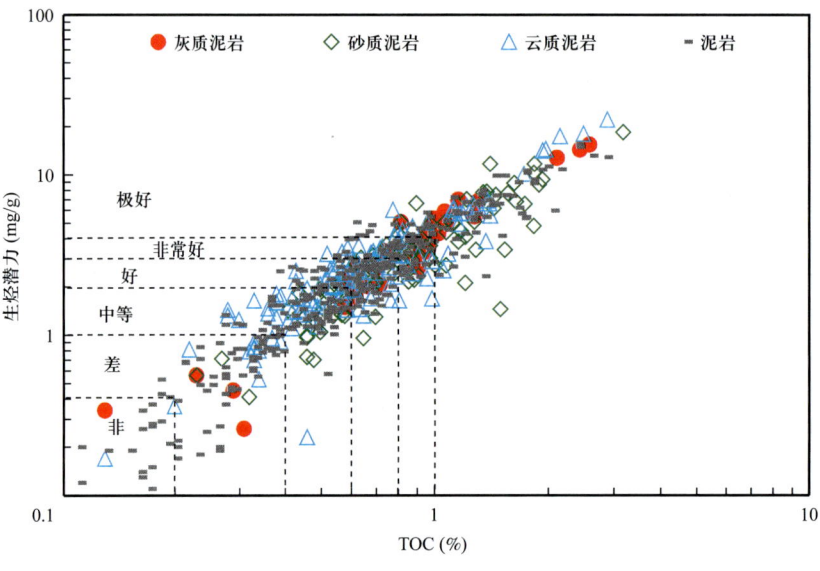

图 3-1-5　玛湖凹陷风城组烃源岩 TOC 与生烃潜力关系图

吉木萨尔凹陷芦草沟组整体为咸化湖沉积，烃源岩有机质丰度指标 TOC 和氯仿沥青"A"分布范围大，主体以 TOC 大于 1%、氯仿沥青"A"大于 0.4% 的极好烃源岩为主（图 3-1-6 和图 3-1-7）。从岩性上来看，除白云岩样品数少而缺少代表性外，泥岩生烃潜力最优，粉砂岩和石灰岩也具有很好的生烃潜力（表 3-1-5 和表 3-1-6）。泥岩生烃潜力（S_1+S_2）平均为 21.81mg/g，高于石灰岩和粉砂岩，是研究区的主力烃源岩类型。

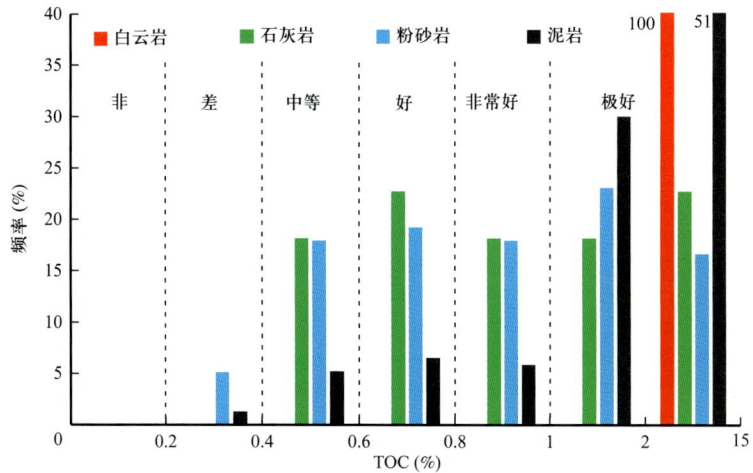

图 3-1-6　吉木萨尔凹陷芦草沟组烃源岩 TOC 分布图

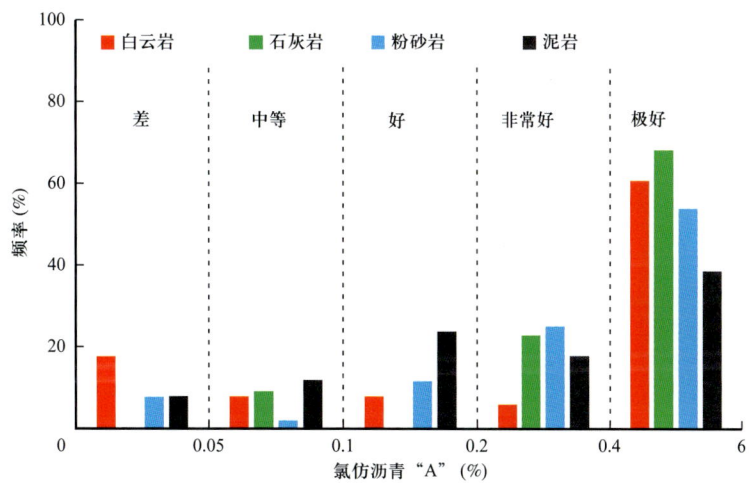

图 3-1-7　吉木萨尔凹陷芦草沟组烃源岩氯仿沥青"A"分布图

对比玛湖凹陷风城组和吉木萨尔凹陷芦草沟组烃源岩有机质丰度特征，虽然均是陆相咸水湖盆，但烃源岩有机质丰度差别显著，芦草沟组烃源岩有机质丰度优于风城组。玛湖凹陷风城组烃源岩 TOC 主频为 0.4%～1.0%，氯仿沥青"A"主频为 0.1%～0.4%，生烃潜力主频为 1～10mg/g；吉木萨尔凹陷芦草沟组烃源岩 TOC 主频大于 1.0%（图 3-1-6），氯仿沥青"A"主体大于 0.4%（图 3-1-7），生烃潜力主频为 1～40mg/g。

表 3-1-6 吉木萨尔凹陷芦草沟组烃源岩有机地球化学数据表

井名	层位	深度（m）	岩性	TOC（%）	氯仿沥青"A"（%）	S_1+S_2（mg/g）	T_{max}（℃）	IH（mg/g）	IO（mg/g）
J10025	P_2l	3480.86	深灰色泥岩	1.11	0.011	2.03	449	179.28	7.21
J10025	P_2l	3512.72	黑色泥岩	6.61	0.830	40.94	447	581.39	0.45
J10025	P_2l	3525.87	灰黑色粉砂质泥岩	12.20	0.377	84.16	444	676.56	0.33
J10025	P_2l	3530.54	深灰色泥质粉砂岩	9.82	0.302	72.87	449	730.86	0.20
J10025	P_2l	3546.17	黑色泥岩	7.09	1.191	50.62	448	669.82	0.00
J10025	P_2l	3548.28	灰黑色云质泥岩	6.42	0.381	47.84	449	734.27	0.78
J10025	P_2l	3567.50	页岩	30.10	0.188	189.59	457	624.92	0.10
J10025	P_2l	3569.20	灰黑色泥岩	5.22	0.133	40.60	449	769.92	0.38
J10025	P_2l	3597.10	深灰色泥岩	4.12	0.367	28.15	449	665.78	0.24
吉174	P_2l	3110.88	黑色泥岩	3.55	0.372	9.01	448	235.21	—
吉174	P_2l	3111.87	黑色泥岩	3.68	1.848	10.37	449	250.00	—
吉174	P_2l	3113.30	深灰色泥岩	2.89	0.751	12.07	441	349.83	—
吉174	P_2l	3114.73	黑色泥岩	1.42	0.110	4.15	451	272.54	—
吉174	P_2l	3117.75	黑色泥岩	5.57	0.138	23.01	449	403.59	—
吉174	P_2l	3118.78	黑色泥岩	9.77	0.124	79.40	453	808.19	—
吉174	P_2l	3120.64	黑色泥岩	6.06	0.197	41.49	451	676.24	—
吉174	P_2l	3122.14	黑色泥岩	2.84	0.158	9.34	448	311.62	—
吉174	P_2l	3122.58	黑色泥岩	3.96	0.127	17.65	450	437.37	—
吉174	P_2l	3129.90	黑色泥岩	2.3	0.093	1.58	448	52.17	—
吉174	P_2l	3130.85	深灰色泥岩	2.11	0.156	2.53	441	100.47	—
吉174	P_2l	3132.58	黑色泥岩	3.65	0.353	13.90	451	359.73	—
吉174	P_2l	3134.05	黑灰色泥岩	6.77	0.501	33.49	444	483.75	—
吉174	P_2l	3134.21	黑色泥岩	6.05	0.589	23.07	448	366.78	—
吉174	P_2l	3135.41	深灰色泥岩	9.34	0.585	56.82	446	599.79	—
吉174	P_2l	3137.01	黑色泥岩	6.25	0.168	33.26	452	526.40	—
吉174	P_2l	3145.44	黑色泥岩	3.73	0.188	25.46	452	669.97	—
吉174	P_2l	3146.16	深灰色泥岩	2.72	0.436	7.77	441	256.62	—

续表

井名	层位	深度 （m）	岩性	TOC （%）	氯仿沥青 "A" （%）	S_1+S_2 （mg/g）	T_{max} （℃）	IH （mg/g）	IO （mg/g）
吉174	P_2l	3146.19	黑色泥岩	1.88	0.177	3.36	445	165.43	—
吉174	P_2l	3150.20	黑色泥岩	2.48	0.166	3.84	448	129.03	—
吉174	P_2l	3152.98	黑色泥岩	13.86	0.221	152.76	454	1097.91	—
吉174	P_2l	3153.65	灰色灰质泥岩	2.14	0.056	1.32	453	56.07	—
吉174	P_2l	3155.32	黑色泥岩	12.42	0.122	176.65	452	1417.07	—
吉174	P_2l	3156.94	黑色泥岩	2.32	0.099	4.47	453	186.21	—
吉174	P_2l	3157.93	深灰色泥岩	0.55	0.037	1.31	445	225.45	—
吉174	P_2l	3158.88	深灰色泥岩	2.54	0.081	13.19	444	509.84	—
吉174	P_2l	3162.02	黑色泥岩	3.22	0.138	10.93	453	334.16	—
吉174	P_2l	3162.39	深灰色泥岩	1.44	0.048	1.46	444	90.28	—
吉174	P_2l	3162.62	黑色泥岩	1.08	0.028	0.96	448	75.00	—
吉174	P_2l	3165.87	黑色泥岩	8.19	0.307	49.71	455	601.10	—
吉174	P_2l	3166.19	黑色泥岩	0.95	0.188	1.76	451	146.32	—
吉174	P_2l	3166.74	深灰色泥岩	0.77	0.188	2.52	448	257.14	—
吉174	P_2l	3168.69	深灰色泥岩	4.02	0.233	26.84	449	657.71	—
吉174	P_2l	3169.19	黑色泥岩	4.03	0.139	17.24	455	420.84	—
吉174	P_2l	3171.29	灰色灰质泥岩	3.65	0.096	27.68	446	750.14	—
吉174	P_2l	3177.55	深灰色泥岩	3.9	0.154	21.63	448	547.95	—
吉174	P_2l	3177.57	黑色泥岩	3.39	0.145	8.01	455	230.09	—
吉174	P_2l	3183.80	黑色泥岩	3.85	0.128	8.07	452	203.90	—
吉174	P_2l	3186.56	黑色泥岩	5.6	0.478	21.32	451	359.64	—
吉174	P_2l	3188.62	灰色灰质泥岩	2.92	0.448	7.54	449	245.89	—
吉174	P_2l	3192.14	黑色泥岩	1.87	0.109	4.90	454	252.41	—
吉174	P_2l	3194.39	黑色泥岩	2.21	0.077	5.37	453	236.65	—
吉174	P_2l	3196.30	深灰色云质泥岩	6.99	0.208	32.55	452	461.09	—
吉174	P_2l	3197.57	黑色泥岩	4.35	0.645	10.35	448	231.26	—
吉174	P_2l	3198.81	黑色泥岩	12.31	1.163	70.60	449	564.42	—

续表

井名	层位	深度（m）	岩性	TOC（%）	氯仿沥青"A"（%）	S_1+S_2（mg/g）	T_{max}（℃）	IH（mg/g）	IO（mg/g）
吉174	P_2l	3201.96	黑色泥岩	1.56	0.104	2.30	450	135.90	—
吉174	P_2l	3203.56	黑色泥岩	6.23	0.056	21.87	447	326.81	—
吉174	P_2l	3204.57	黑色泥岩	4.46	0.850	10.69	447	226.68	—
吉174	P_2l	3208.16	黑色泥岩	2.47	0.275	7.82	449	298.38	—
吉174	P_2l	3212.16	黑色泥岩	1.13	0.064	1.83	449	143.36	—
吉174	P_2l	3214.30	深灰色灰质泥岩	1.46	0.076	1.53	445	88.36	—
吉174	P_2l	3216.70	深灰色灰质泥岩	1.08	0.125	1.32	446	95.37	—
吉174	P_2l	3217.98	黑色泥岩	2.05	0.176	4.96	447	224.39	—
吉174	P_2l	3218.97	深灰色灰质泥岩	1.57	0.115	2.02	450	122.29	—
吉174	P_2l	3223.23	黑色泥岩	1.88	0.960	3.84	441	134.57	—
吉174	P_2l	3224.28	深灰色云质泥岩	7.93	0.319	45.83	449	563.18	—
吉174	P_2l	3227.14	深灰色云质泥岩	3.23	1.060	8.07	447	216.10	—
吉174	P_2l	3228.53	黑色泥岩	1.14	0.076	1.26	443	89.47	—
吉174	P_2l	3312.59	灰色灰质泥岩	0.76	0.461	0.86	441	47.37	—
吉174	P_2l	3313.65	深灰色泥岩	2.2	0.251	3.33	450	139.09	—
吉174	P_2l	3316.35	深灰色泥岩	0.6	0.060	1.01	449	100.00	—
吉174	P_2l	3320.91	灰色泥岩	3.31	2.088	15.84	441	345.92	—
吉174	P_2l	3323.38	深灰色灰质泥岩	4.72	1.129	20.37	449	400.64	—
吉174	P_2l	3327.94	深灰色灰质泥岩	2.91	0.416	10.55	445	338.83	—
吉174	P_2l	3332.81	深灰色泥岩	1.17	0.090	2.35	451	158.97	—
吉174	P_2l	3336.38	深灰色泥岩	3.52	0.457	11.80	454	317.05	—
吉174	P_2l	3341.56	深灰色灰质泥岩	0.36	0.016	0.33	448	47.22	—
吉174	P_2l	3355.65	深灰色灰质泥岩	2.47	0.207	6.86	455	255.87	—
吉251	P_2l	3604.04	深灰色白云质泥岩	2.73	1.018	15.00	443	381.32	—
吉251	P_2l	3605.12	灰色灰质泥岩	5.44	0.302	28.78	447	519.30	—
吉251	P_2l	3610.54	深灰色泥质灰岩	1.38	0.021	1.19	448	74.64	—
吉251	P_2l	3613.73	深灰色泥质灰岩	2.75	0.234	9.09	445	307.64	—

续表

井名	层位	深度（m）	岩性	TOC（%）	氯仿沥青"A"（%）	S_1+S_2（mg/g）	T_{max}（℃）	IH（mg/g）	IO（mg/g）
吉251	P_2l	3618.94	深灰色泥岩	6.76	0.324	33.49	447	484.02	—
吉251	P_2l	3631.25	深灰色泥岩	5.08	0.170	29.54	449	577.17	—
吉251	P_2l	3748.77	深灰色泥岩	0.89	0.087	1.05	446	88.76	—
吉251	P_2l	3753.10	灰色云质泥岩	2.62	0.366	6.07	448	216.03	—
吉251	P_2l	3756.42	灰色泥岩	3.47	0.902	11.93	444	293.66	—
吉251	P_2l	3769.04	灰色泥岩	4.98	0.871	30.72	445	604.02	—
吉251	P_2l	3770.97	灰色云质粉砂岩	1.36	0.872	9.92	437	458.09	—
吉251	P_2l	3771.56	灰色云质泥岩	2.05	0.227	5.11	445	224.39	—
吉251	P_2l	3772.72	灰色泥岩	5.97	1.260	35.66	444	588.61	—
吉251	P_2l	3782.81	灰色灰质泥岩	8.62	1.260	43.74	445	499.19	—
吉251	P_2l	3783.41	灰色泥质粉砂岩	1.08	0.218	1.91	440	148.15	—
吉30	P_2l	4051.20	深灰色泥岩	1.05	0.069	0.53	446	44.76	—
吉30	P_2l	4143.49	灰色粉砂岩	0.33	0.992	0.21	445	60.61	—
吉30	P_2l	4152.22	灰色粉砂岩	0.54	0.336	0.51	450	90.74	—
吉301	P_2l	2747.39	深灰色泥岩	10.01	0.948	63.49	447	605.89	3.30
吉301	P_2l	2762.39	深灰色云质泥岩	6.15	0.323	41.69	448	659.84	4.23
吉301	P_2l	2768.71	深灰色云质泥岩	5.94	0.687	38.64	438	611.28	3.03
吉301	P_2l	2776.77	灰色云质泥岩	2.99	0.039	13.21	443	415.05	0.67
吉303	P_2l	2565.52	深灰色泥岩	8.13	0.884	53.89	446	632.84	3.44
吉303	P_2l	2582.63	深灰色云质泥岩	10.35	0.597	73.52	443	685.80	3.19
吉303	P_2l	2591.21	深灰色云质泥岩	7.34	0.113	58.82	445	753.27	4.50
吉303	P_2l	2602.27	深灰色云质泥岩	3.13	0.024	13.01	441	398.08	1.28
吉305	P_2l	3401.78	泥灰岩	7.17	1.195	48.14	441	617.02	8.09
吉305	P_2l	3403.61	灰质泥岩	9.82	0.689	68.62	448	669.35	3.36
吉305	P_2l	3406.21	灰质泥岩	5.07	1.108	32.63	442	570.81	2.76
吉305	P_2l	3410.55	灰质泥岩	5.98	0.489	33.93	441	546.66	5.18
吉305	P_2l	3415.86	泥岩	13.35	0.236	85.66	451	633.48	13.11
吉305	P_2l	3545.33	云质泥岩	5.43	0.027	36.75	448	661.33	2.58

续表

井名	层位	深度（m）	岩性	TOC（%）	氯仿沥青"A"（%）	S_1+S_2（mg/g）	T_{max}（℃）	IH（mg/g）	IO（mg/g）
吉305	P_2l	3549.41	粉砂质泥岩	5.00	0.208	30.08	446	582.00	2.00
吉305	P_2l	3568.29	云质泥岩	0.63	0.015	0.99	442	117.46	6.35
吉305	P_2l	3573.61	粉砂质泥岩	3.49	0.718	13.22	435	299.43	4.30
吉305	P_2l	3581.84	泥岩	2.31	0.577	15.09	444	551.08	3.03
吉31	P_2l	2718.90	灰色云质粉砂岩	0.53	2.933	0.35	446	66.04	—
吉34	P_2l	3644.21	云质泥岩	4.14	0.485	8.05	445	170.53	2.66
吉34	P_2l	3644.54	云质泥岩	1.36	0.544	5.82	439	314.71	74.26
吉34	P_2l	3644.95	云质泥岩	2.24	1.179	9.51	439	256.25	1.34
吉34	P_2l	3672.04	云质泥岩	3.48	0.732	24.03	444	668.97	16.67
吉34	P_2l	3672.25	云质泥岩	1.34	0.120	7.45	444	528.36	8.96
吉34	P_2l	3672.34	云质泥岩	2.94	0.635	8.62	448	280.27	7.14
吉34	P_2l	3685.95	云质泥岩	4.60	0.126	14.32	449	303.91	6.52
吉34	P_2l	3686.62	云质泥岩	5.26	0.165	2.01	447	32.89	7.03
吉34	P_2l	3781.91	云质泥岩	4.16	0.386	11.59	448	265.63	7.93
吉34	P_2l	3782.61	云质泥岩	0.71	0.253	2.13	436	194.37	4.23
吉34	P_2l	3783.40	云质泥岩	4.36	3.078	10.52	436	172.71	5.05
吉35	P_2l	4077.10	灰色灰质粉砂岩	0.53	0.299	0.29	453	49.06	—
吉35	P_2l	4077.52	灰色灰质粉砂岩	0.55	0.062	0.31	443	54.55	—
吉35	P_2l	4078.54	灰色泥质粉砂岩	0.24	0.023	0.17	446	62.50	—
吉35	P_2l	4082.56	深灰色泥质粉砂岩	0.20	0.025	0.10	444	45.00	—
吉35	P_2l	4085.15	深灰色粉砂质泥岩	0.44	0.061	0.36	448	77.27	—
吉36	P_2l	4146.00	深灰色泥灰岩	0.92	0.081	3.14	443	313.04	—
吉36	P_2l	4192.00	灰色泥岩	7.54	0.611	39.22	449	508.89	—
吉36	P_2l	4228.50	深灰色泥岩	5.24	0.532	37.89	448	715.08	—
吉36	P_2l	4266.00	深灰色灰质泥岩	5.84	0.724	33.47	440	563.36	—

芦草沟组烃源岩 TOC 与生烃潜力也具有很好的相关性（图 3-1-8），但芦草沟组烃源岩 TOC 和生烃潜力均显著高于风城组，仅从这点来看芦草沟组烃源岩质量显著优于风城组，芦草沟组烃源岩主体以极好级别为主。

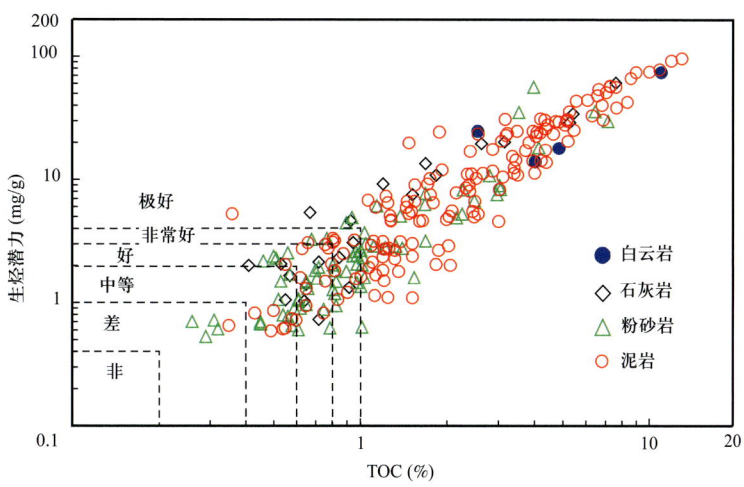

图 3-1-8　吉木萨尔凹陷芦草沟组烃源岩 TOC 与生烃潜力关系图

页岩油储层中有机质丰度可能会受到运移烃和残留烃的影响。为了明确残留烃或运移烃对有机质丰度的影响程度，选取玛湖凹陷风南 14 井风城组（24 块样品）和吉木萨尔凹陷吉 34 井芦草沟组（11 块样品）烃源岩（以云质泥岩为代表），使用有机溶剂三氯甲烷进行抽提前、抽提后 TOC 与热解分析。

玛湖凹陷风城组烃源岩 TOC 抽提前平均为 1.12%（0.29%～2.49%），抽提后 TOC 平均为 0.94%（0.28%～2.31%），相比较于抽提前，抽提后风城组烃源岩 TOC 平均减小率为 17.7%（1.5%～35.5%）（图 3-1-9 和图 3-1-10）。热解烃 S_2 平均减小率为 35.5%（9.7%～61.8%）。抽提前后 T_{max} 值变化规律性不明显，有增加亦有减小。

吉木萨尔凹陷芦草沟组 TOC 抽提前平均为 3.14%（0.71%～5.26%），抽提后 TOC 平均为 2.10%（0.55%～4.43%），与抽提前相比，抽提后 TOC 平均减小率为 29.43%（1.44%～70.91%）（图 3-1-11 和图 3-1-12）。热解烃 S_2 平均减小率为 35.2%（2.4%～70.7%）。

对比玛湖凹陷风城组和吉木萨尔凹陷芦草沟组烃源岩抽提前后 TOC 和热解参数结果，抽提后 TOC 和热解烃 S_2 均有不同程度的减小，反映了运移烃或残留烃对有机质丰度的影响。但对于泥质岩类烃源岩来讲，抽提后仍具有高的 TOC 和热解 S_2（匡立春等，2020），而对于过渡类岩性，以粉砂岩、白云岩或石灰岩为主的储层，抽提后能更客观地反映烃源岩的有机质丰度。

三、有机质类型

烃源岩有机质丰度反映生烃物质的多少，而有机质类型反映生油、生气的潜力大小。烃源岩有机质类型评价指标主要包括热解氢指数（HI）—最高热解峰温（T_{max}）关系图法、干酪根元素分析法（范式图法）、干酪根显微组成及类型指数法、干酪根碳同位素法、生物标志化合物等。每种方法各有优缺点及适用条件，研究中常常采取多种方法相互印证。

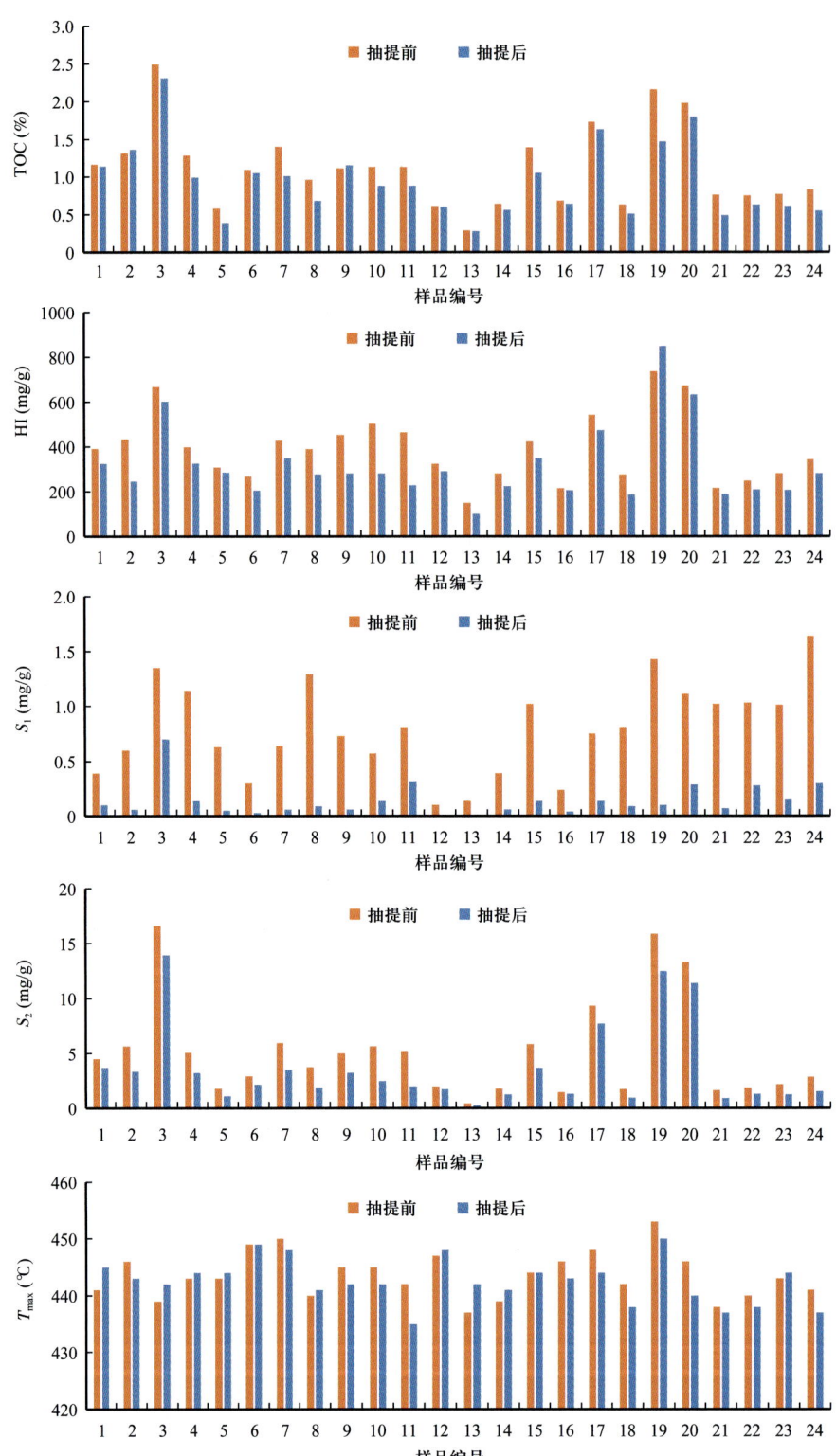

图 3-1-9 玛湖凹陷风南 14 井风城组烃源岩（云质泥岩）抽提前后 TOC、HI、S_1、S_2、T_{max} 对比图

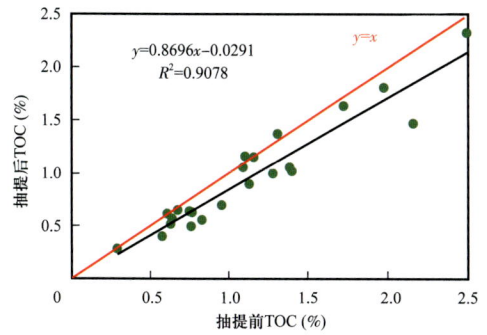
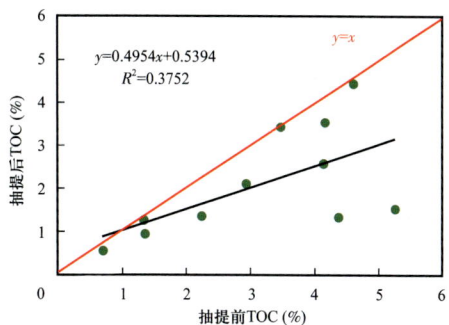

图 3-1-10　风南 14 井云质泥岩抽提前后 TOC 对比　　图 3-1-11　吉 34 井云质泥岩抽提前后 TOC 对比

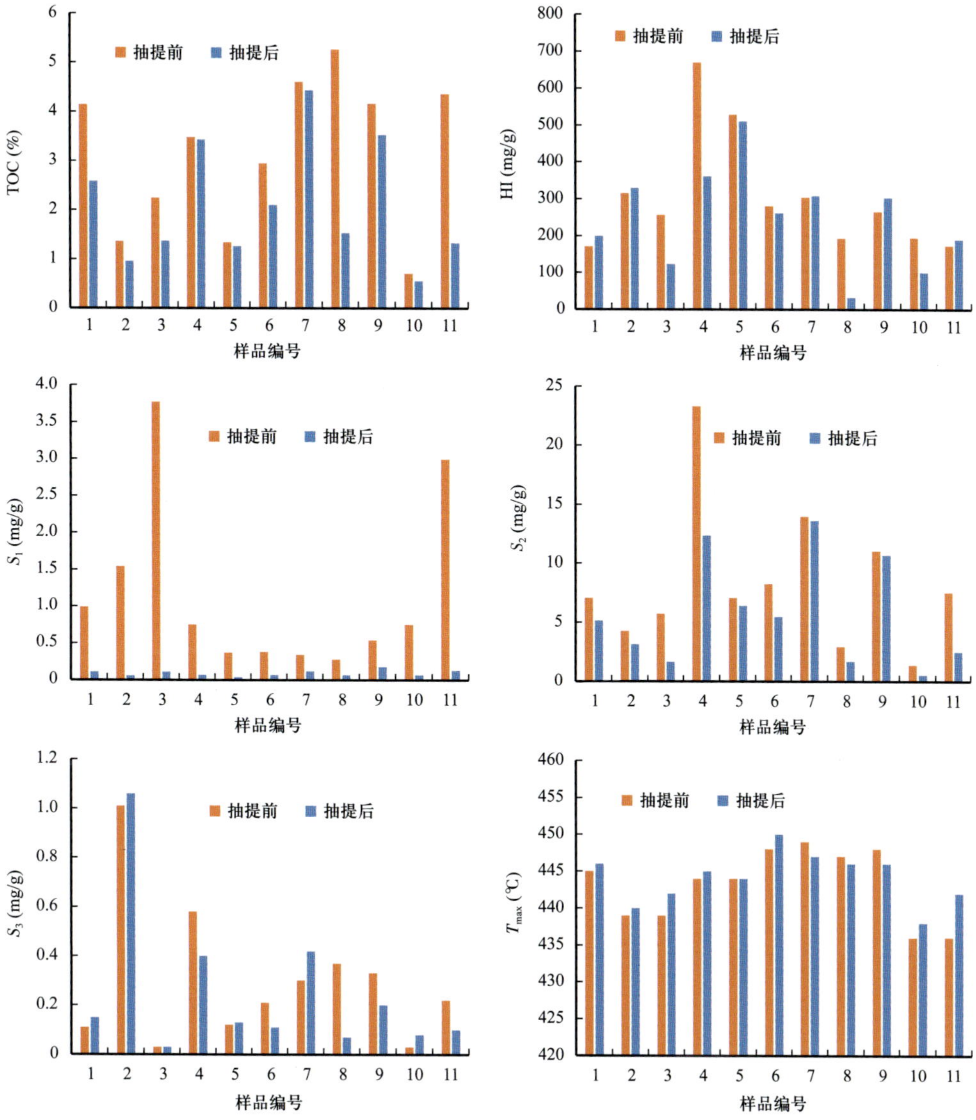

图 3-1-12　吉木萨尔凹陷吉 34 井芦草沟组烃源岩（云质泥岩）抽提前后 TOC、HI、S_1、S_2、S_3、T_{max} 对比图

根据多种烃源岩有机质类型判别方法（图 3-1-13 至图 3-1-23），风城组烃源岩有机质类型以Ⅱ型为主，有少量的Ⅰ型和Ⅲ型，陆源及水生生物均发育，不同岩性的烃源岩有机质类型差别不大。

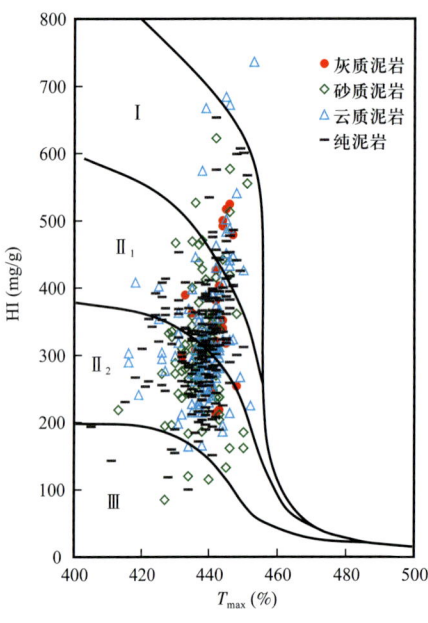

图 3-1-13　玛湖凹陷风城组烃源岩 T_{max} 与 HI 关系图

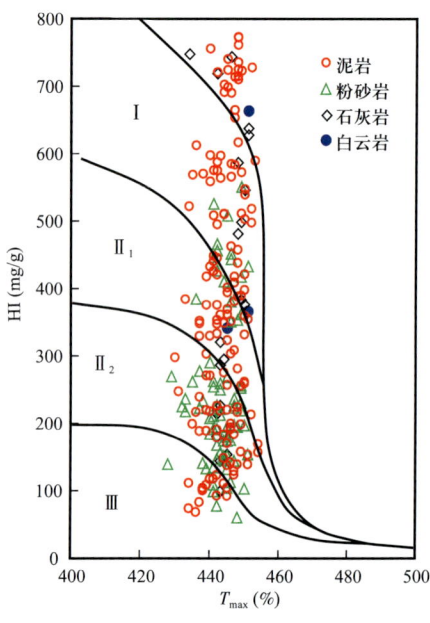

图 3-1-14　吉木萨尔凹陷芦草沟组烃源岩 T_{max} 与 HI 关系图

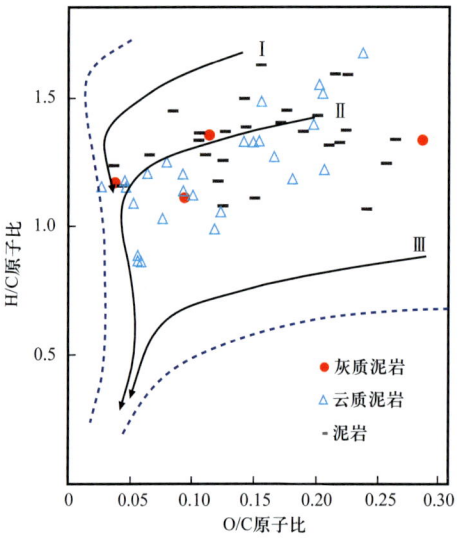

图 3-1-15　玛湖凹陷风城组烃源岩 H/C 原子比、O/C 原子比关系图

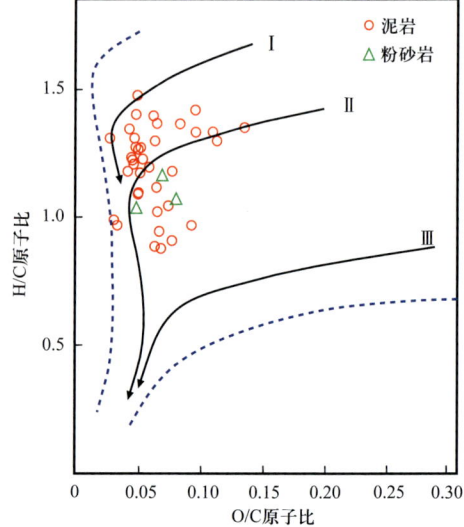

图 3-1-16　吉木萨尔凹陷芦草沟组烃源岩 H/C 原子比、O/C 原子比关系图

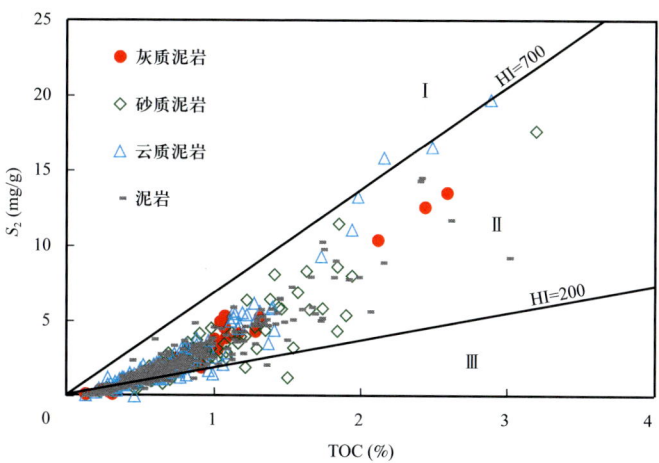

图 3-1-17　玛湖凹陷风城组烃源岩 TOC 与 S_2 关系图

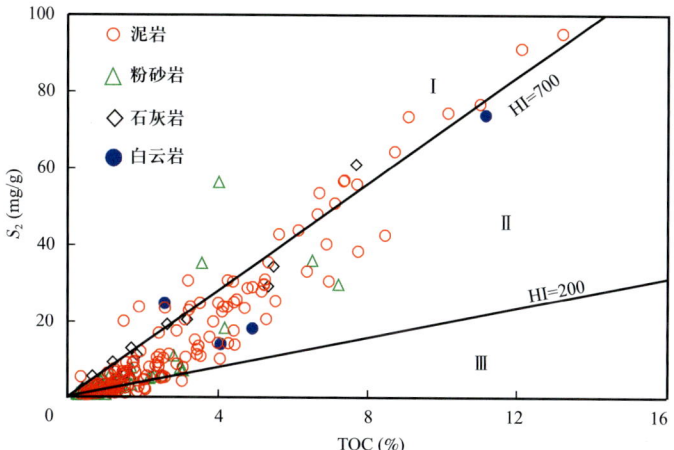

图 3-1-18　吉木萨尔凹陷芦草沟组烃源岩 TOC 与 S_2 关系图

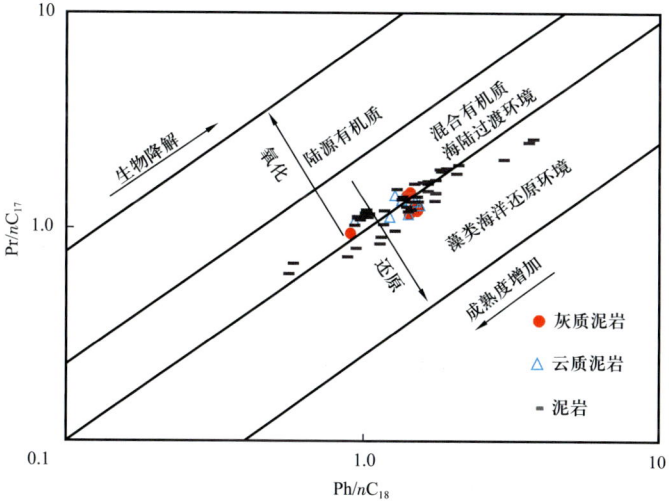

图 3-1-19　玛湖凹陷风城组烃源岩 Pr/nC_{17} 与 Ph/nC_{18} 关系图

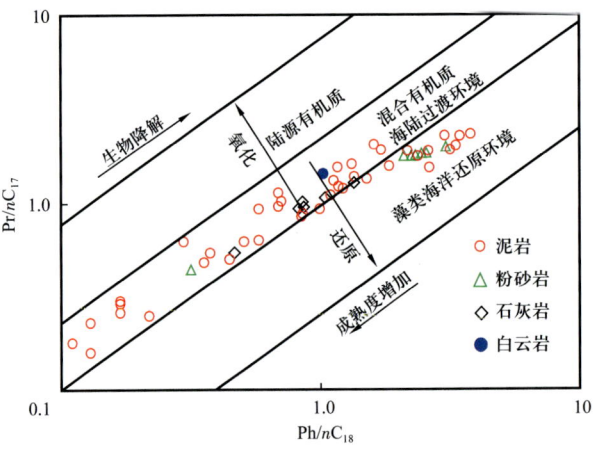

图 3-1-20 吉木萨尔凹陷芦草沟组烃源岩 Pr/nC_{17} 与 Ph/nC_{18} 关系图

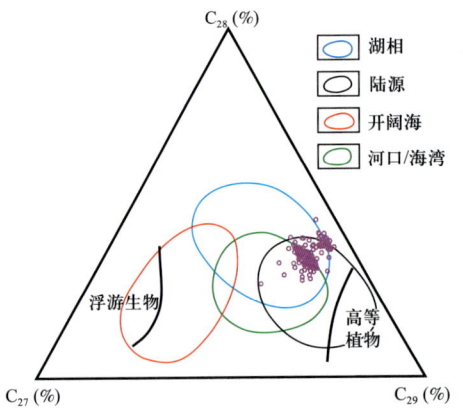

图 3-1-21 玛湖凹陷风城组烃源岩甾烷 C_{27}、C_{28}、C_{29} 关系图

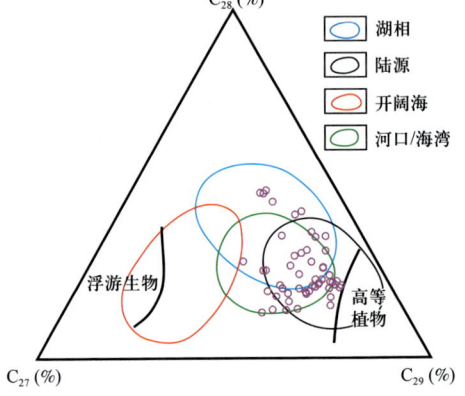

图 3-1-22 吉木萨尔凹陷芦草沟组烃源岩甾烷 C_{27}、C_{28}、C_{29} 关系图

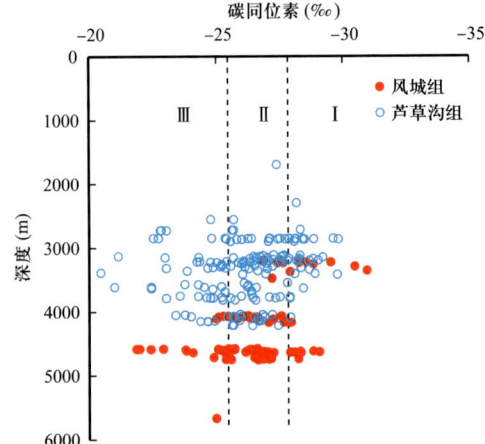

图 3-1-23 玛湖凹陷风城组与吉木萨尔凹陷芦草沟组烃源岩碳同位素与深度关系图

综合多种方法确定的芦草沟组烃源岩以Ⅰ型、Ⅱ型为主，有少量的Ⅲ型。从岩性上来看，泥岩的有机质类型总体好于粉砂岩（图 3-1-14 和图 3-1-16）。

风城组与芦草沟组烃源岩，均具有随有机质丰度（TOC）增大，有机质类型变好的趋势（图 3-1-17 和图 3-1-18），这反映出有机质类型与有机质丰度具有密切的关系。

四、有机质成熟度

1. 镜质组反射率（R_o）

玛湖凹陷风城组烃源岩 R_o 值随深度增加，R_o 值为 0.5%~1.1%，处于成熟演化阶段（图 3-1-24）。由于样品数据点少，且主要分布在风南地区，因此，可以预见玛湖凹陷中心（埋深大于 5000m）风城组烃源岩可以达到高成熟演化阶段。

芦草沟组烃源岩 R_o 值随深度的增加，逐渐增大，上甜点烃源岩 R_o 值为 0.65%~1.05%，下甜点烃源岩 R_o 值为 0.8%~1.1%（图 3-1-25）。总体上芦草沟组上、下甜点的烃源岩均处于成熟阶段，下甜点成熟度高于上甜点。

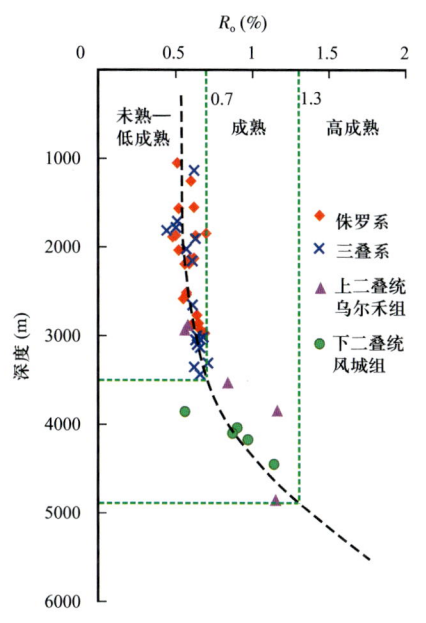

图 3-1-24 玛湖凹陷风城组烃源岩 R_o 与深度关系图

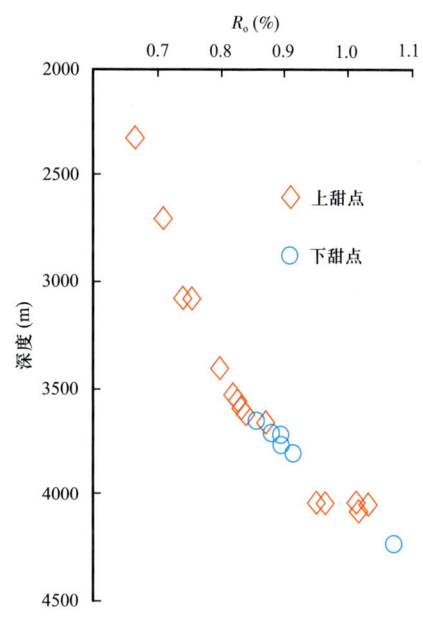

图 3-1-25 吉木萨尔凹陷芦草沟组烃源岩 R_o 与深度关系图（据王剑等，2020）

2. 最高热解峰温（T_{max}）

岩石热解参数受多种因素的影响。当 TOC 含量小于 0.5% 时，热解产物在矿物基质上的吸附会影响 T_{max} 值，对泥质岩的影响更为显著（Peters，1986）。此外，当热解烃 S_2 值小于 0.2mg/g 时，T_{max} 值不可靠，这一标准因有机质类型或岩石基质不同而变化。Riediger 等（2004）、Chen 等（2016）和 Obermajer 等（2007）分别使用 0.5mg/g 和

0.35mg/g 的界限解释 T_{max} 值。

由于风城组不同有机相中 TOC 含量变化，为了消除质量差数据和不同有机质混合对解释结论的影响，研究中将 S_2 大于 0.5mg/g 且 TOC 大于 0.6%（好烃源岩级别）的数据作为有效数据，这样从总数 610 块中剔除了 266 块不可靠样品数据。由风城组 T_{max} 与深度关系图可知（图 3-1-26），85% 的样品 T_{max} 为 435～455℃，主体处于成熟演化阶段。芦草沟组烃源岩 T_{max} 为 429～454℃，超过 93% 的样品 T_{max} 值超过 435℃（图 3-1-27）。风城组与芦草沟组烃源岩均处于生油高峰的成熟演化阶段。

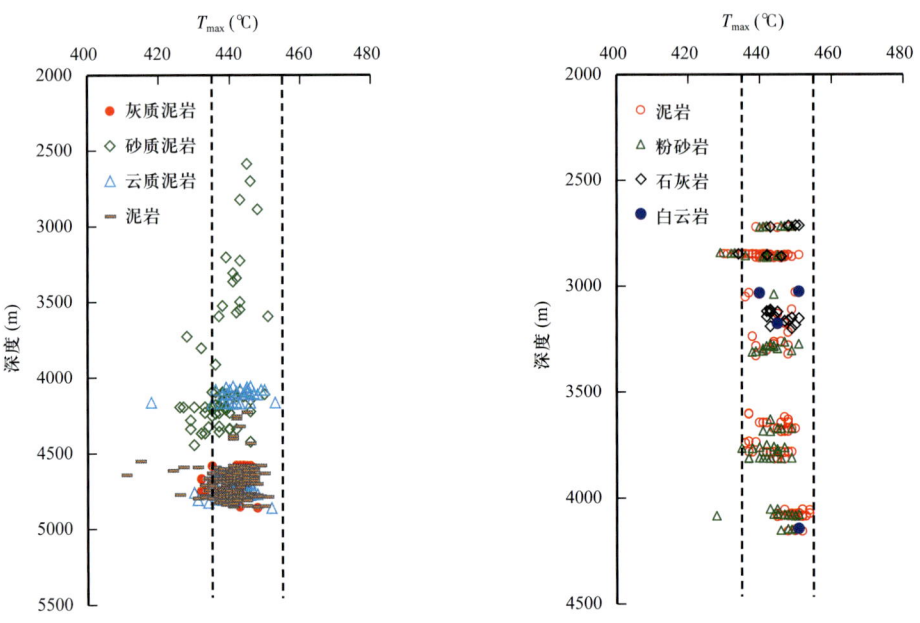

图 3-1-26　玛湖凹陷风城组烃源岩 T_{max} 与深度关系图

图 3-1-27　吉木萨尔凹陷芦草沟组烃源岩 T_{max} 与深度关系图

为了确定可溶有机质对岩石热解参数 T_{max} 值的影响，对玛湖凹陷风南 14 井风城组和吉木萨尔凹陷吉 34 井芦草沟组云质泥岩开展抽提前后 T_{max} 对比研究。研究发现风南 14 井风城组云质泥岩抽提后 T_{max} 值，相比较于抽提前有升高也有降低，抽提前后 T_{max} 差值介于 0～7℃之间，平均为 2.4℃，总体而言抽提后 T_{max} 值以减小为主（图 3-1-28）。吉 34 井芦草沟组云质泥岩抽提后 T_{max} 值有升高也有降低，当抽提前 T_{max} 值高于 446℃时，抽提后 T_{max} 值以减小为主；而当抽提前 T_{max} 值低于 446℃时，抽提后 T_{max} 均有升高，且随着抽提前 T_{max} 值的变小，抽提后 T_{max} 值增加量变大（图 3-1-29），除一个样品外，抽提前后 T_{max} 值变化量不超过 2℃。

T_{max} 值的大小和精度受到多种因素的影响，不同型号的热解仪器、样品加载过程、热解产物 S_2 峰的分辨率和形式等实验问题决定了 T_{max} 数据的质量和可靠性（Yang et al.，2020）。矿物质类型、有机硫元素富集、运移烃及重质沥青的残留等均会对 T_{max} 值产生不同程度的影响（邬立言等，1986；Yang et al.，2020；Katz et al.，2021）。风城组与芦草沟组烃源岩抽提前后 T_{max} 变化的复杂性，一方面可能与重质残留烃量的多少有关（李二庭等，2020）；另一方面可能与烃源岩中有机硫的含量有关，高有机硫含量可以导致抽提后 T_{max} 值降低（Yang et al.，2020），玛页 1 井风城组有机硫含量与 T_{max} 总体呈现负相关（图 3-1-30），出现异常的两个高 T_{max} 点，其中之一与 S_2 值小测量不准有关，另一个样品与高 TOC 含量有关。

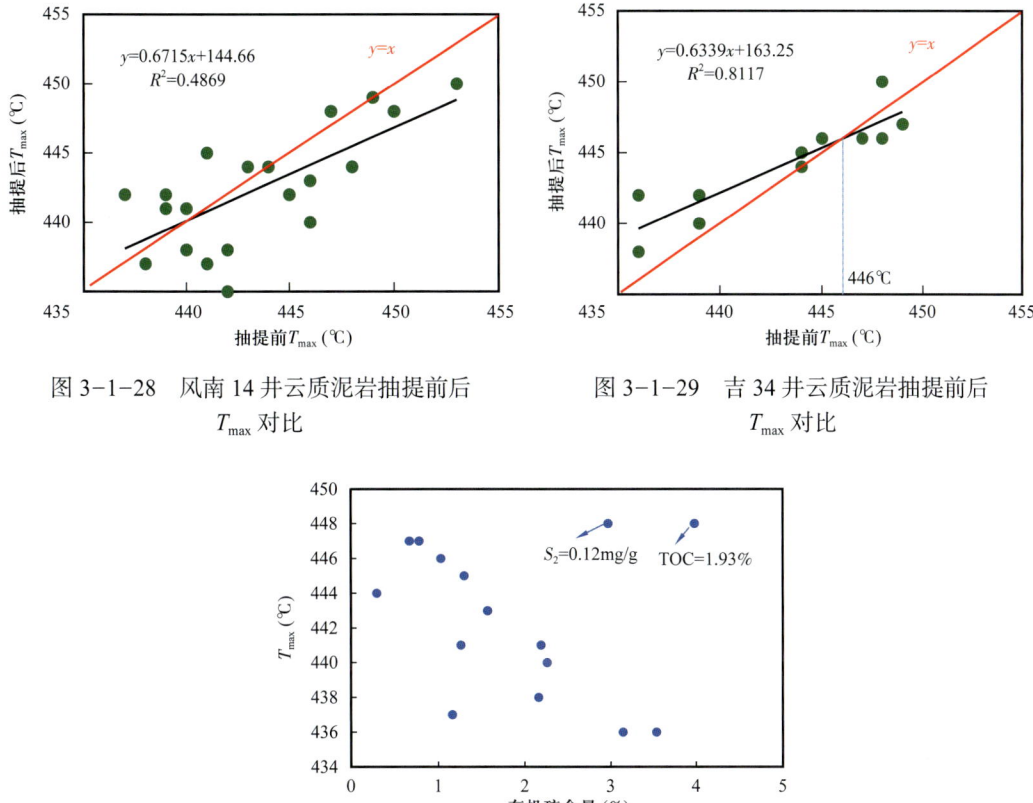

图 3-1-28　风南 14 井云质泥岩抽提前后 T_{max} 对比

图 3-1-29　吉 34 井云质泥岩抽提前后 T_{max} 对比

图 3-1-30　玛页 1 井风城组有机硫含量与 T_{max} 关系图

3. 生物标志物参数

烃源岩甾烷系列中 C_{29} 异构体的比值 $C_{29}20S/(20S+20R)$ 和 $C_{29}\alpha\beta\beta/(\alpha\beta\beta+\alpha\alpha\alpha)$ 是典型的成熟度指标，其反应平衡值分别为 0.52~0.55 和 0.67~0.71（Seifert et al.，1986）。未熟油，$C_{29}20S/(20S+20R)<0.20$，$C_{29}\alpha\beta\beta/(\alpha\beta\beta+\alpha\alpha\alpha)<0.25$；低熟油，$C_{29}20S/(20S+20R)$ 为 0.20~0.35，$C_{29}\alpha\beta\beta/(\alpha\beta\beta+\alpha\alpha\alpha)$ 为 0.25~0.42；成熟油，$C_{29}20S/(20S+20R)$ 为 0.35~0.50，$C_{29}\alpha\beta\beta/(\alpha\beta\beta+\alpha\alpha\alpha)>0.42$（Seifert et al.，1981）。玛湖凹陷风城组 $C_{29}20S/(20S+20R)$ 值与 $C_{29}\alpha\beta\beta/(\alpha\beta\beta+\alpha\alpha\alpha)$ 值范围分别为 0.4~0.5 和 0.35~0.65（图 3-1-31），暗示风城组烃源岩处于成熟阶段。

吉木萨尔凹陷芦草沟组烃源岩 $C_{29}20S/(20S+20R)$ 与 $C_{29}\alpha\beta\beta/(\alpha\beta\beta+\alpha\alpha\alpha)$ 呈正相关性，上、下甜点烃源岩 $C_{29}20S/(20S+20R)$ 值范围为 0.3~0.5（图 3-1-32）。$C_{29}20S/(20S+20R)$ 值显示芦草沟组烃源岩总体处于低成熟—成熟阶段。

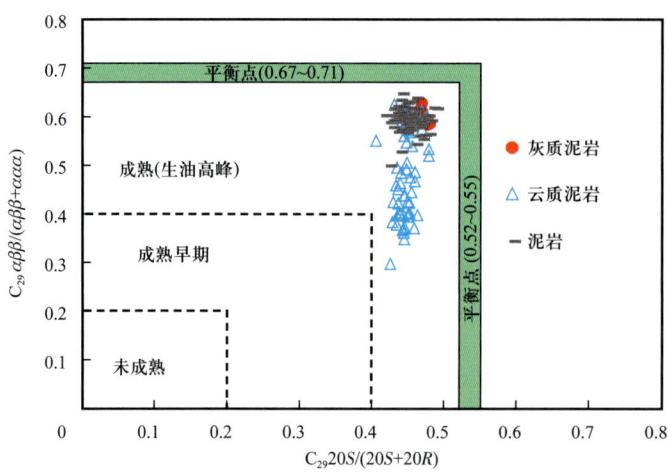

图 3-1-31 玛湖凹陷风城组烃源岩可溶有机质 C_{29} 规则甾烷成熟度参数图

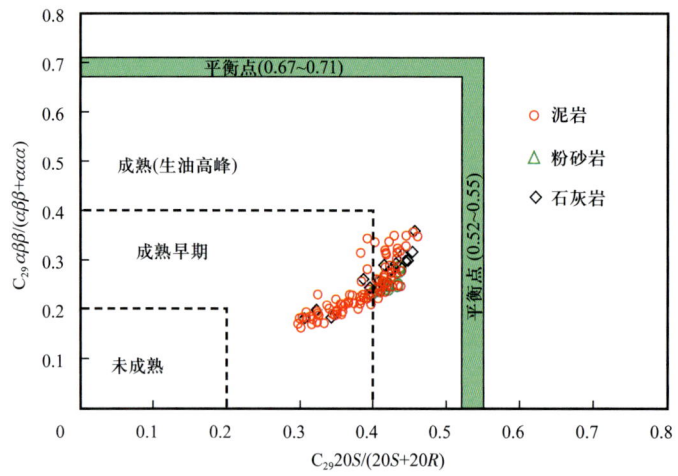

图 3-1-32 吉木萨尔凹陷芦草沟组烃源岩可溶有机质 C_{29} 规则甾烷成熟度参数图

玛湖凹陷风城组和吉木萨尔凹陷芦草沟组烃源岩 $C_{29}20S/(20S+20R)$ 和 $C_{29}\alpha\beta\beta/(\alpha\beta\beta+\alpha\alpha\alpha)$ 值具有随埋藏深度的增加而增大的趋势（图 3-1-33 和图 3-1-34），但玛湖凹陷风城组烃源岩 $C_{29}20S/(20S+20R)$ 值随埋深增大基本不变，同时吉木萨尔凹陷芦草沟组烃源岩该值在深度大于 3250m 后保持不变，暗示达到成熟演化阶段后 $C_{29}20S/(20S+20R)$ 值不再随演化程度的增加而增大，即该生物标志物主要反映处于成熟阶段的烃源岩。

五、烃源岩综合评价

1. 玛湖凹陷风城组

前述表明，玛湖凹陷风城组发育四种不同岩性的烃源岩，但主要以泥质岩和云质泥岩为主。烃源岩地球化学分析表明，风城组烃源岩有机质丰度较高、以Ⅱ型干酪根为主、处于大量生油阶段，总体以中等—极好烃源岩为主。

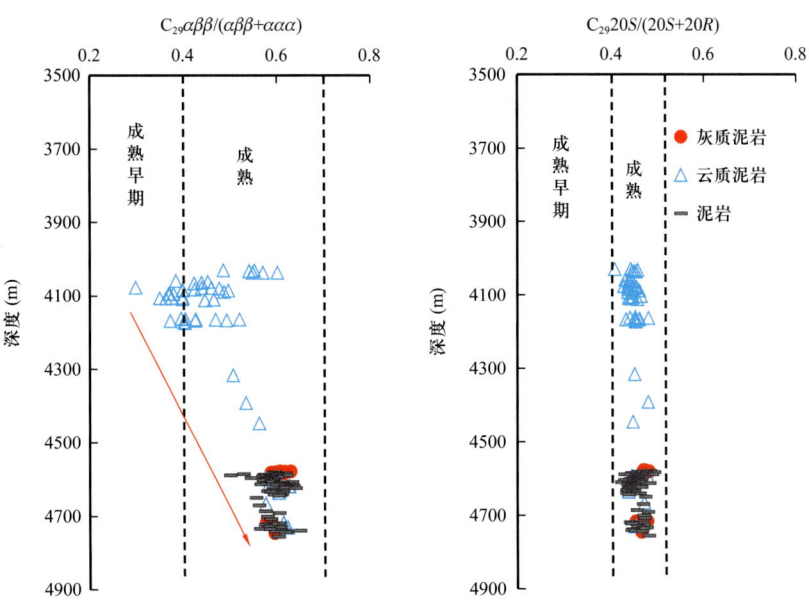

图 3-1-33　玛湖凹陷风城组烃源岩可溶有机质 C_{29} 规则甾烷成熟度参数随深度变化图

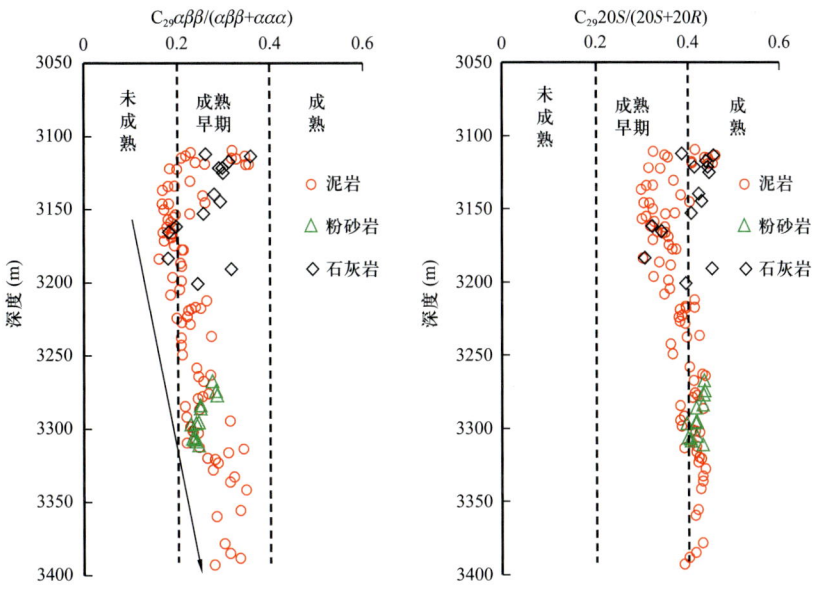

图 3-1-34　吉木萨尔凹陷芦草沟组烃源岩可溶有机质 C_{29} 规则甾烷成熟度参数随深度变化图

玛湖凹陷风南地区玛页 1 井风城组系统取心地球化学分析揭示（图 3-1-35），纵向上风城组烃源岩非均质性强。达到好级别的烃源岩主要分布于风城组二段，风城组三段主体为中等烃源岩，而风城组一段极好烃源岩与非—差烃源岩呈互层分布。综合有机质丰度、类型及热演化程度指标，在玛页 1 井风城组 282m 厚的烃源岩中，极好烃源岩占比 24.6%（厚度 69.4m），好—非常好烃源岩占比 27.0%（厚度 76.1m），中等烃源岩占比 37.4%（厚度 105.6m）。

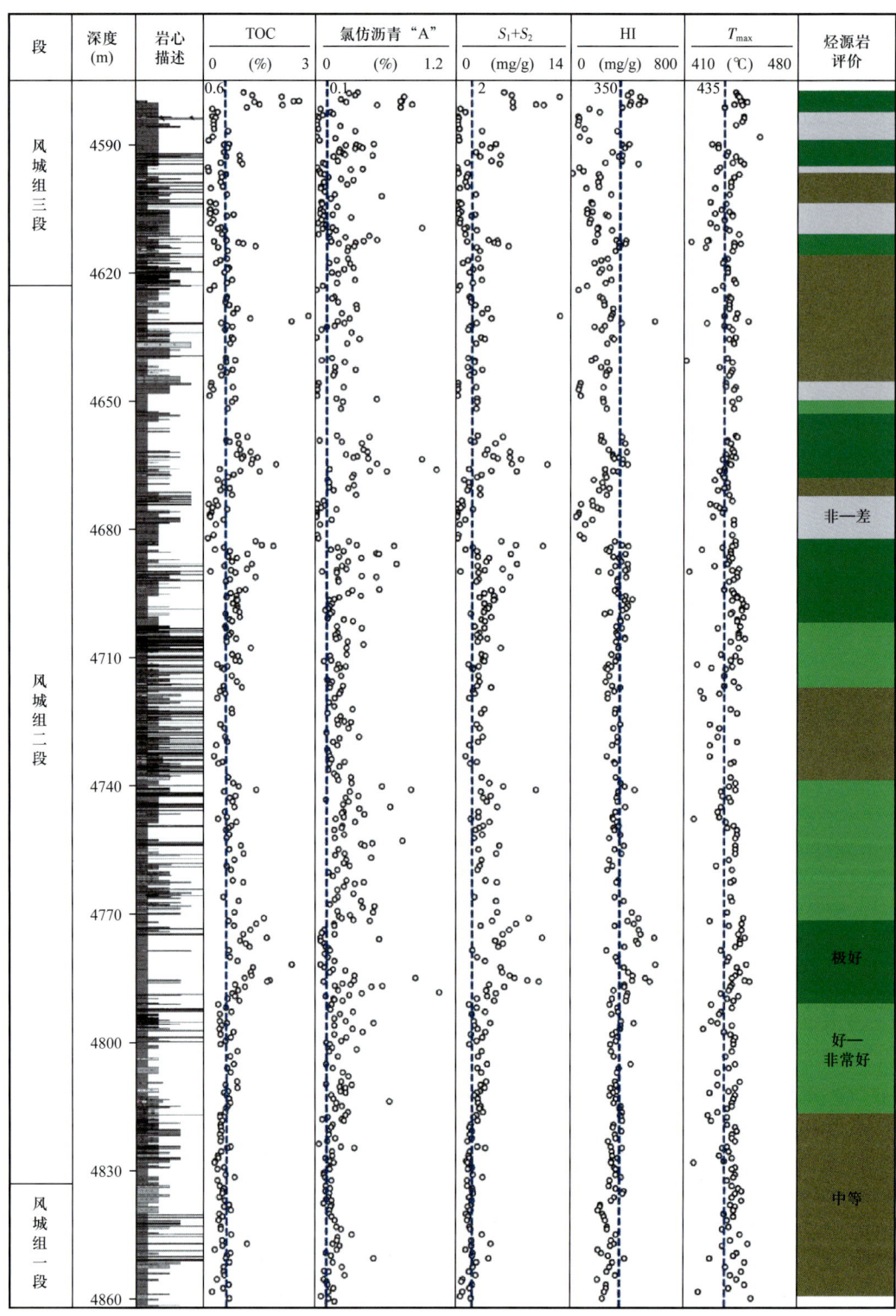

图 3-1-35　玛湖凹陷风城组玛页 1 井烃源岩地球化学剖面及评价图

玛湖凹陷风城组烃源岩分布面积广，厚度主体分布于25～300m（支东明等，2021）。残余有机碳含量大于1.0%的烃源岩厚度平均值为200m；成熟度R_o超过0.7%的优质烃源岩覆盖玛湖凹陷大部分地区，平面上推测玛湖凹陷中心区风城组烃源岩可达到高熟阶段（图3-1-36）。风城组总生油量可达$143×10^8$t，总排油量为$83×10^8$t，剩余未排出烃源岩的页岩油约$60×10^8$t（支东明等，2021）。可见，玛湖凹陷风城组烃源岩生烃潜力大、排烃效率高达60%，并滞留约40%的页岩油资源量，无论是寻找源外常规油、近源致密油，还是源内页岩油均展现出巨大的勘探潜力。

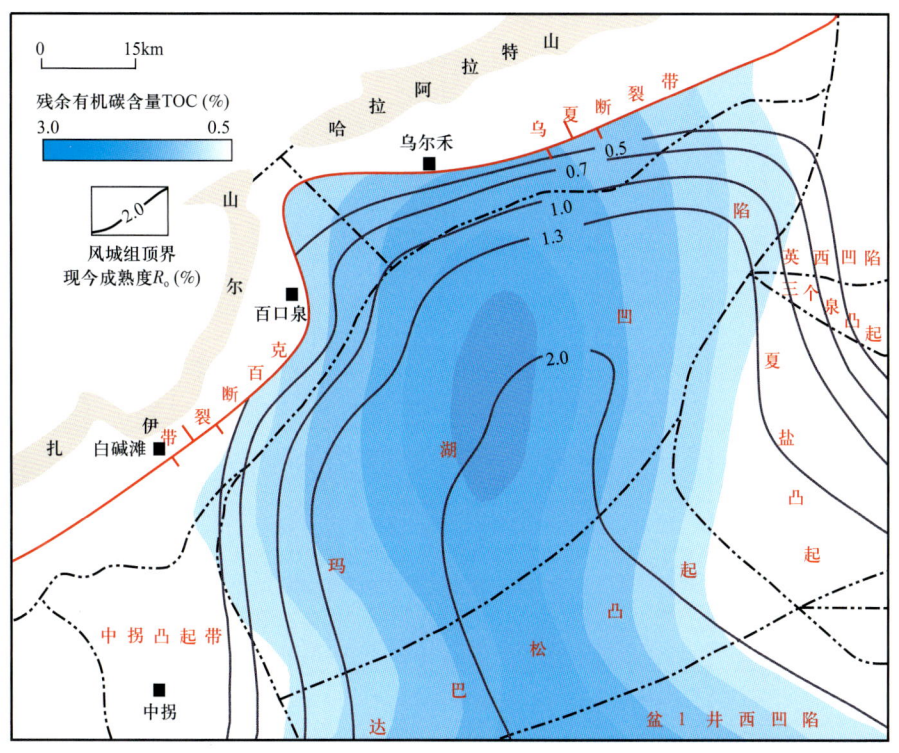

图3-1-36　玛湖凹陷风城组烃源岩有机碳含量与现今成熟度叠合图（据支东明等，2021）

2. 吉木萨尔凹陷芦草沟组

相比玛湖凹陷风城组烃源岩，吉木萨尔凹陷芦草沟组烃源岩主要以泥质岩为主，其次为粉砂质泥岩。芦草沟组烃源岩有机质丰度高于玛湖凹陷风城组；有机质类型以Ⅰ型、Ⅱ型为主，亦优于风城组；有机质热演化成熟度与风城组总体一致，均处于生油高峰阶段，以好—极好烃源岩为主。

吉木萨尔凹陷吉174井芦草沟组系统取心地球化学分析揭示（图3-1-37），纵向上芦草沟组烃源岩以好—极好烃源岩为主，中等烃源岩次之。与玛湖凹陷风城组烃源岩地球化学指标对比，芦草沟组烃源岩的质量更优。在吉174井芦草沟组247m厚的烃源岩中，极好烃源岩占比32.6%（厚度80.6m），好—非常好烃源岩占比45.2%（厚度111.7m），中等烃源岩占比22.2%（厚度54.7m）。

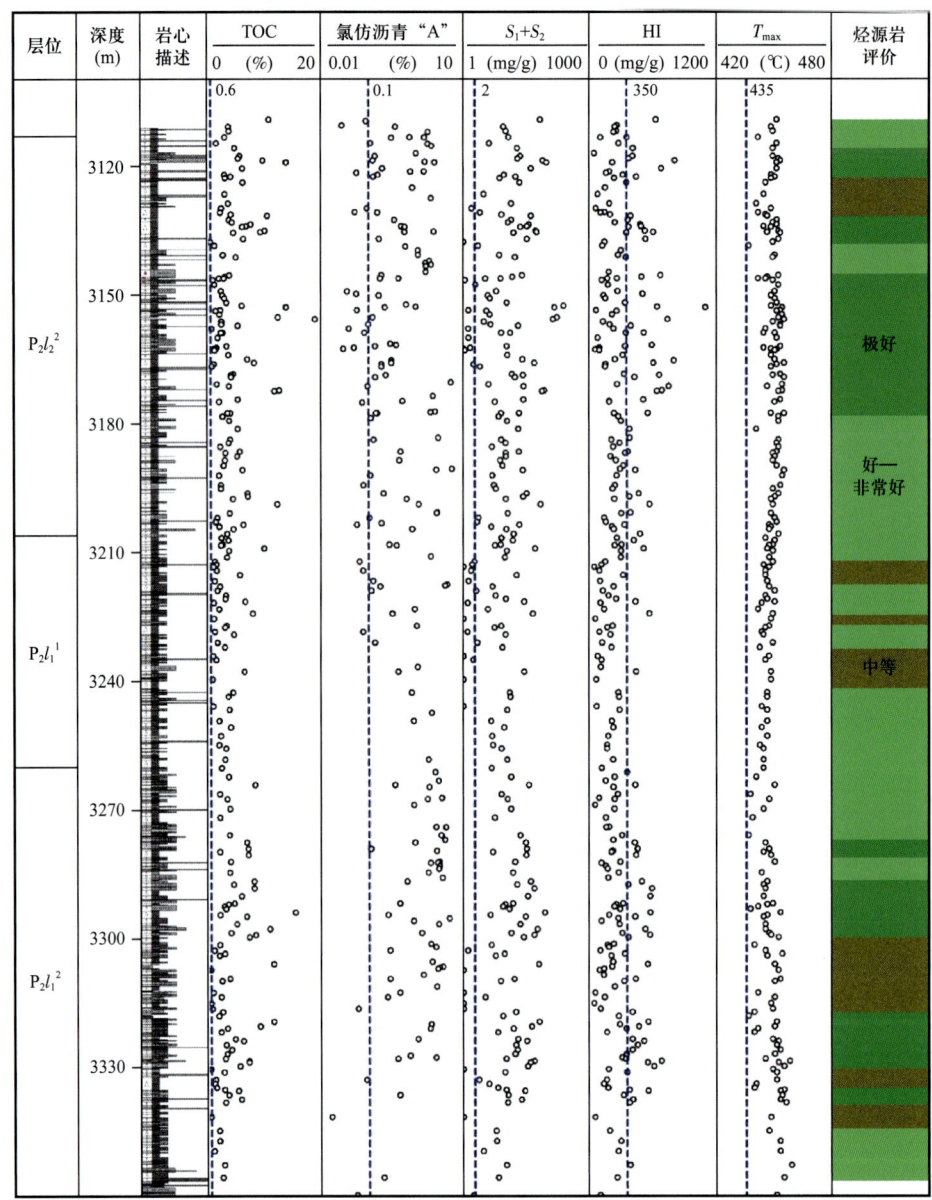

图 3-1-37 吉木萨尔凹陷芦草沟组吉 174 井烃源岩地球化学剖面及评价图

吉木萨尔凹陷芦草沟组烃源岩平面上具有自东而西热演化程度不断增加的特征,西部最高可达成熟演化阶段末期(图 3-1-38)。芦草沟组烃源岩厚度分布稳定,主要分布在 100～250m 之间,分布面积约 1100km² (郭旭光等,2019),展现出良好的资源潜力。

综上所述,玛湖凹陷风城组与吉木萨尔凹陷芦草沟组,均发育于典型的咸化湖沉积环境中,烃源岩岩性及矿物成分混杂,总体均以混积岩为主,但主体岩性不同。烃源岩分布稳定、有机质丰度高、母质类型好、热演化程度适中、生烃潜力大,为页岩油的形成与富集提供资源基础。

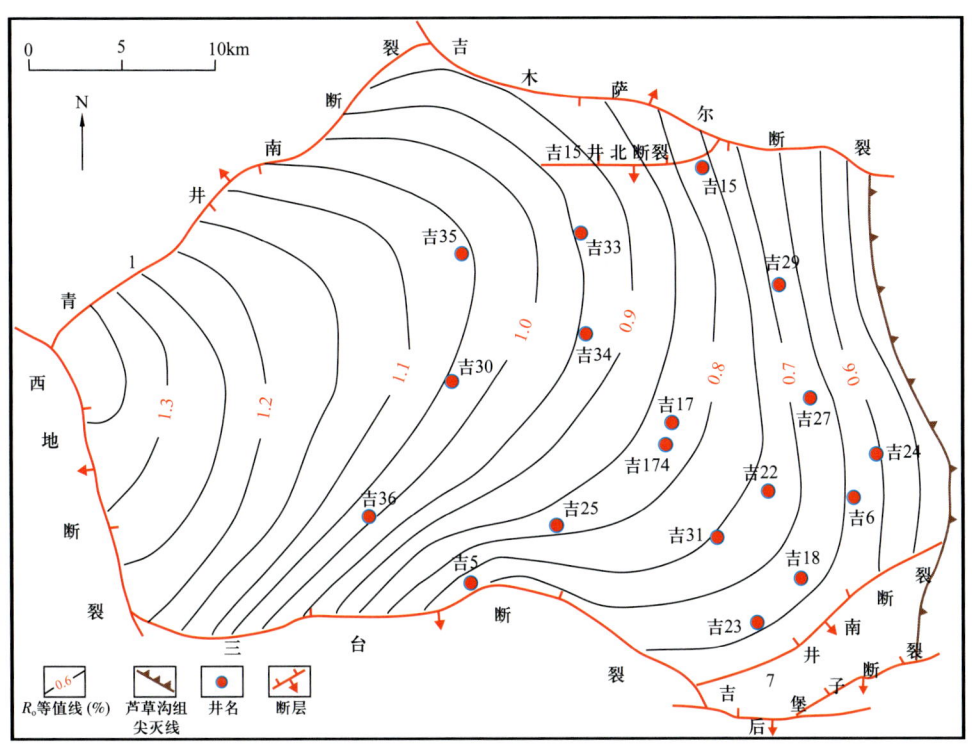

图 3-1-38　吉木萨尔凹陷芦草沟组顶界 R_o 等值线图（据郭旭光等，2019）

第二节　页岩油地球化学特征及含油量

一、原油地球化学特征

1. 族组成特征

玛页 1 井、风南 14 井和风南 5 井风城组原油具有饱和烃含量高、芳香烃和非烃次之、沥青质最低的特征（表 3-2-1 和图 3-2-1）。同一口井、相同层位的原油族组成含量特征相近；相同或相近深度段内同一口井原油族组成含量特征接近，如风南 5 井和风南 14 井。同口井不同深度段原油具有不同的族组成特征，如玛页 1 井 4877~4937m 原油饱和烃含量高于 4579~4852m 处；风城组一段原油饱和烃含量高于风城组二段和风城组三段，而非烃和沥青质含量低于风城组二段与风城组三段，风城组一段下部云质细砂岩石油聚集为邻近源岩近距离运移的结果，而非页岩段（4877~4937m）石油聚集为上部源岩近距离运移的结果。纵向上原油族组成的变化可能主要与不同生源物质导致的有机质类型变化及近距离运聚成藏有关。高饱和烃含量的原油其原油密度较低，反之亦然（表 3-2-1）。

表 3-2-1 玛湖凹陷风城组原油族组成特征统计表

井名	样品编号	层位	顶深（m）	底深（m）	密度（g/cm³）	饱和烃（%）	芳香烃（%）	非烃（%）	沥青质（%）
风南 5	2010-03633	P_1f_1	4394	4445	0.864	80.99	7.02	7.31	4.67
风南 5	2010-03858	P_1f_1	4394	4445	0.864	79.36	9.44	9.73	1.47
风南 5	2010-06403	P_1f_1	4418	4446	0.861	77.66	12.30	8.42	1.62
风南 14	2017-08020	P_1f_2	4316	4356	0.879	56.12	14.23	17.39	12.26
风南 14	2015-11559	P_1f_1	4391	4458	0.897	55.56	22.53	16.67	5.25
风南 14	2015-10335	P_1f_1	4446	4458	0.924	60.00	16.66	20.96	2.38
玛页 1	2019-15144	P_1f_3–P_1f_1	4579	4852	0.882	60.30	19.69	14.38	5.63
玛页 1	2020-01043	P_1f_3–P_1f_1	4579	4852	0.890	62.90	15.64	12.37	9.09
玛页 1	2019-13724	P_1f_1	4877	4937	0.882	74.58	12.71	8.69	4.02
最小值						55.56	7.02	7.31	1.47
最大值						80.99	22.53	20.96	12.26
平均值						67.50	14.47	12.88	5.15

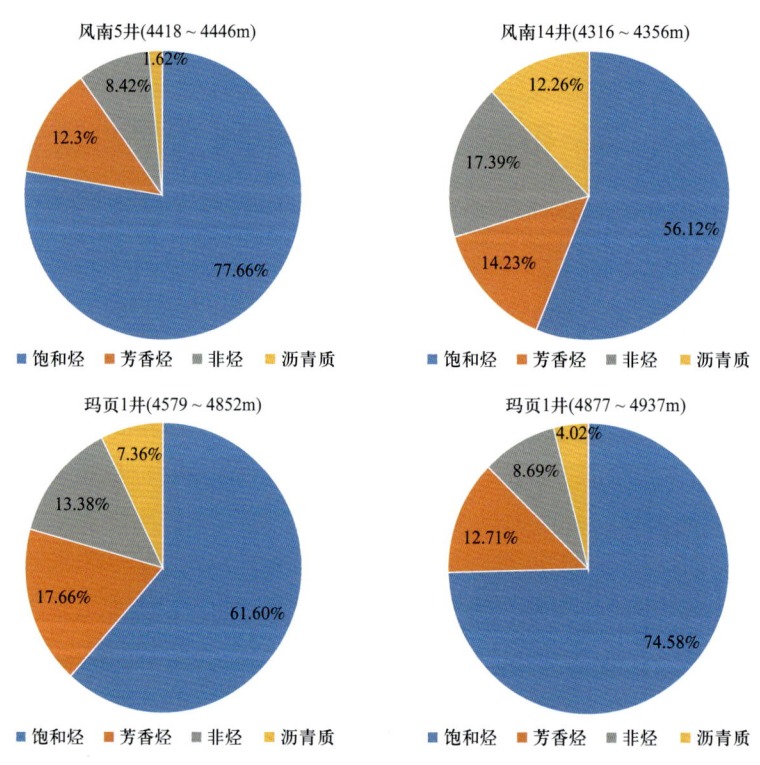

图 3-2-1 玛湖凹陷风城组典型井原油族组成分布饼状图

吉木萨尔凹陷芦草沟组原油总体分布特征与风城组一致，也具有饱和烃含量最高，芳香烃与非烃次之，沥青质最低的特征（表 3-2-2）。然而，风城组原油饱和烃含量高于芦草沟组，而芳香烃和非烃含量低于芦草沟组，说明风城组原油相对更易于流动。芦草沟组二段与一段原油族组成差别明显（图 3-2-2），芦草沟组二段饱和烃含量高于一段，而芳香烃、非烃和沥青质均小于芦草沟组一段，由于芦草沟组一段烃源岩热演化程度高于二段，故此一段与二段原油族组成的差异与成熟度关系不大，而可能主要与生源物质组成及近距离运聚有关（李二庭等，2020）。

表 3-2-2 吉木萨尔凹陷芦草沟组原油族组成特征统计表

井名	样品编号	层位	顶深（m）	底深（m）	饱和烃（%）	芳香烃（%）	非烃（%）	沥青质（%）
吉174	2015-12176	$P_2l_2^2$	3116	3146	65.47	18.75	14.59	1.19
吉176	2015-12177	$P_2l_2^2$	3028	3063	67.13	13.37	17.83	1.67
吉25	2012-08021	$P_2l_2^2$	3403	3425	57.05	12.82	26.60	3.53
吉25	2011-11351	$P_2l_2^2$	3403	3425	59.36	15.20	22.80	2.64
吉301	2016-07488	$P_2l_2^2$	2762	2768	61.30	11.31	26.39	1.00
吉301	2016-07490	$P_2l_2^2$	2762	2776.5	59.57	12.13	27.23	1.08
吉301	2016-07491	$P_2l_2^2$	2762	2776.5	65.37	10.59	23.00	1.04
吉301	2016-05002	$P_2l_2^2$	2762	2776.5	69.01	14.33	13.66	3.00
吉301	2016-07489	$P_2l_2^2$	2773.5	2776.5	60.47	13.57	17.99	7.96
吉302	2016-07492	$P_2l_2^2$	2840	2845	65.41	10.45	23.59	0.54
吉302	2016-10542	$P_2l_2^2$	2853	2870	62.75	16.33	18.92	2.00
吉303	2016-07494	$P_2l_2^2$	2598	2604	65.10	15.39	17.86	1.65
吉303	2016-07493	$P_2l_2^2$	2598	2604	67.19	14.68	17.50	0.63
吉303	2016-07042	$P_2l_2^2$	2598	2604	68.75	14.58	15.48	1.19
吉174	2012-07831	$P_2l_1^2$	3255	3314	48.11	17.30	30.82	3.77
吉174	2012-17954	$P_2l_1^2$	3255	3314	46.56	18.36	29.84	5.24
吉305	2016-12702	$P_2l_1^2$	3565	3588	55.22	18.10	22.70	3.99
吉31	2012-14048	$P_2l_1^2$	2875	2945	47.77	21.34	28.66	2.23
吉31	2012-14707	$P_2l_1^2$	2916	2931	46.45	20.41	29.29	3.85
吉33	2012-17956	$P_2l_1^2$	3664	3717	50.18	18.91	22.19	8.72
吉33	2012-14708	$P_2l_1^2$	3664	3717	55.98	18.24	21.07	4.72

续表

井名	样品编号	层位	顶深（m）	底深（m）	饱和烃（%）	芳香烃（%）	非烃（%）	沥青质（%）
吉38	2016-04687	$P_2l_1^2$	2784	2794	56.80	20.56	19.51	3.13
吉38	2016-04172	$P_2l_1^2$	2784	2794	57.15	17.94	22.19	2.73
吉45	2019-04857	$P_2l_1^2$	3279	3283	33.33	27.54	32.75	6.38
吉28	2012-17958	$P_2l_2^2$—$P_2l_1^3$	3198	3325	66.47	15.76	16.05	1.72
吉28	2012-17162	$P_2l_2^2$—$P_2l_1^3$	3198	3325	69.00	14.04	14.62	2.34
吉30	2012-11880	$P_2l_2^2$—$P_2l_1^3$	4018	4184	61.61	13.93	21.67	2.79
最小值					33.33	10.45	13.66	0.54
最大值					69.01	27.54	32.75	8.72
平均值					58.84	16.15	22.03	2.99

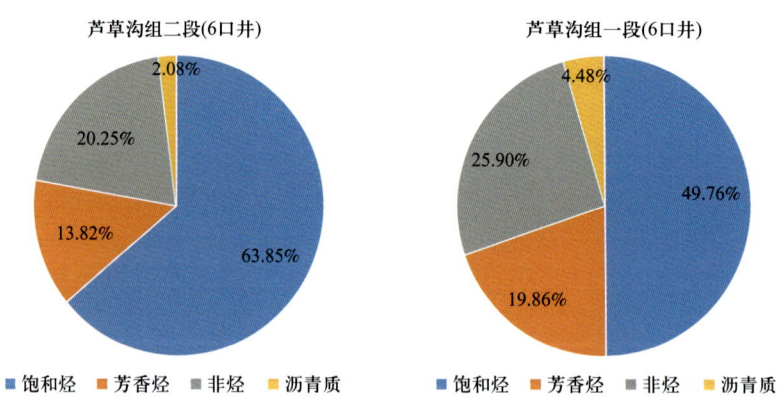

图 3-2-2　吉木萨尔凹陷芦草沟组二段与一段原油族组成分布饼状图

2. 色谱特征

玛湖凹陷风城组原油全烃色谱图显示（图 3-2-3），主峰碳主要以 nC_{19} 或 nC_{14} 为主，色谱图具有多峰分布的特征。玛页 1 井原油主峰碳均为 nC_{19}，轻烃（碳数小于 7）质量占比 24%，除了图 3-2-3b 样品外（轻烃占比仅为 3.2%，该样品饱和烃含量高达 74.58%，轻烃量少可能与损失有关），碳数小于 13 的轻质组分占比约为 39%，在图 3-2-3b 样品中占比为 11%。风南 14 井原油主峰碳为 nC_{19} 和 nC_{14}，主峰碳为 nC_{19} 原油轻烃（碳数小于 7）质量占比 19%，碳数小于 13 的轻质组分占比约为 34%（图 3-2-3c）；而主峰碳为 nC_{14} 的 2 个原油样品轻烃（碳数小于 7）质量占比为 25%～30%，碳数小于 13 的轻质组分占比为 38%～44%（图 3-2-3d）。

玛湖凹陷风城组原油饱和烃色谱图显示（图 3-2-4），主峰碳最小为 nC_{16}，最大为 nC_{25}，具有多峰分布的特征。原油色谱图中 nC_8—nC_{10} 的烷烃基本全部损失。

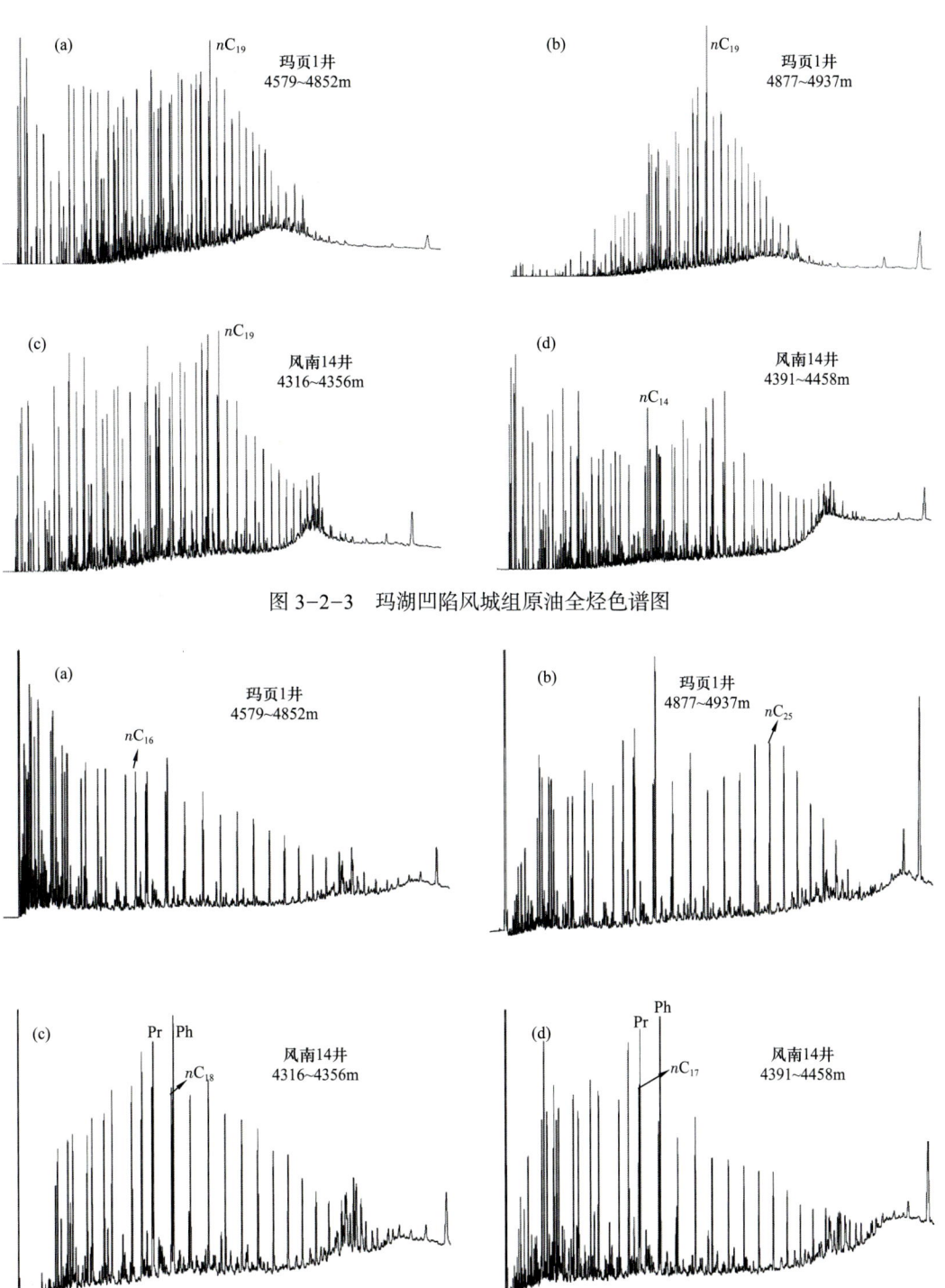

图 3-2-3 玛湖凹陷风城组原油全烃色谱图

图 3-2-4 玛湖凹陷风城组原油饱和烃色谱图

吉木萨尔凹陷芦草沟组原油全烃色谱图显示（图 3-2-5），主峰碳为 nC_{17} 或 nC_{23}，色谱图具有多峰分布的特征。吉 174 井原油（编号 2012-07831）主峰碳为 nC_{17}，轻烃（碳数小于 7）质量占比 23%，碳数小于 10 的轻质组分占比约为 27%（图 3-2-5a）。该井开井 107 天后，原油采样（编号 2012-14951）进行全烃色谱测试，其饱和烃主峰碳为 nC_{23}，原油轻烃（碳数小于 7）质量占比 14%，碳数小于 10 的轻质组分占比约为 22%（图 3-2-5b）。

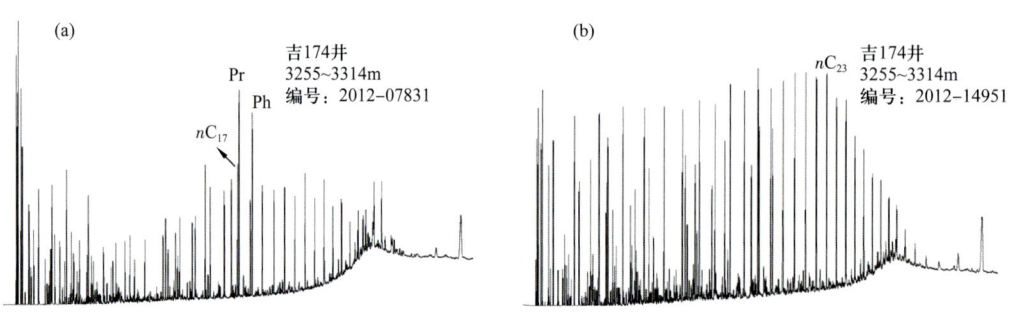

图 3-2-5 吉木萨尔凹陷吉 174 井芦草沟组原油全烃色谱图

吉木萨尔凹陷吉 174 井芦草沟组原油饱和烃色谱图显示（图 3-2-6），3116~3146m 原油饱和烃色谱主峰碳为 nC_{23}，具有单峰分布的特征，C_{10} 以下烃类化合物损失（图 3-2-6a），该井原油族组成饱和烃含量高达 65.47%，地面原油密度为 0.883g/cm³，暗示该井段轻烃损失量多。3255~3314m 深度饱和烃色谱 C_{10} 以下烃类化合物损失，主峰碳为 nC_{17}，单峰分布（图 3-2-6b）。

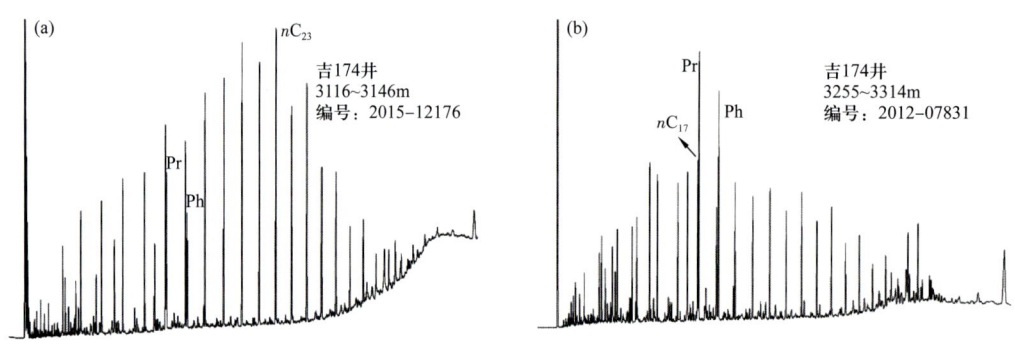

图 3-2-6 吉木萨尔凹陷吉 174 井芦草沟组原油饱和烃色谱图

二、页岩残留烃地球化学特征

1. 族组成特征

玛湖凹陷风城组烃源岩抽提物族组成总体以饱和烃为主（33.52%~68.23%），其次为芳香烃（10.17%~27.49%）和非烃（7.25%~32.60%），少量的沥青质（0.82%~48.35%）（图 3-2-7），但不同族组分含量变化大。

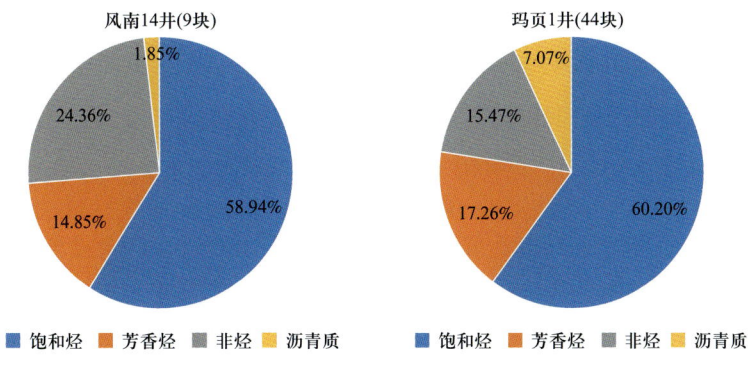

图 3-2-7 玛湖凹陷风城组烃源岩抽提物族组成平均分布饼状图

平面上风南 14 井与玛页 1 井对比发现，烃类含量玛页 1 井显著高于风南 14 井，非烃含量显著低于风南 14 井，而沥青质含量显著高于风南 14 井（图 3-2-7），暗示平面上族组成的差异可能与热演化程度及排烃效率有关。纵向上以玛页 1 井为例，自风城组一段至风城组三段，族组成总体上变化较为稳定，但局部深度段有变化，如在 4575～4620m，自上而下芳香烃经历了减小—增加—减小的变化过程，饱和烃和沥青质也相应发生变化，而非烃变化较小（图 3-2-8）。

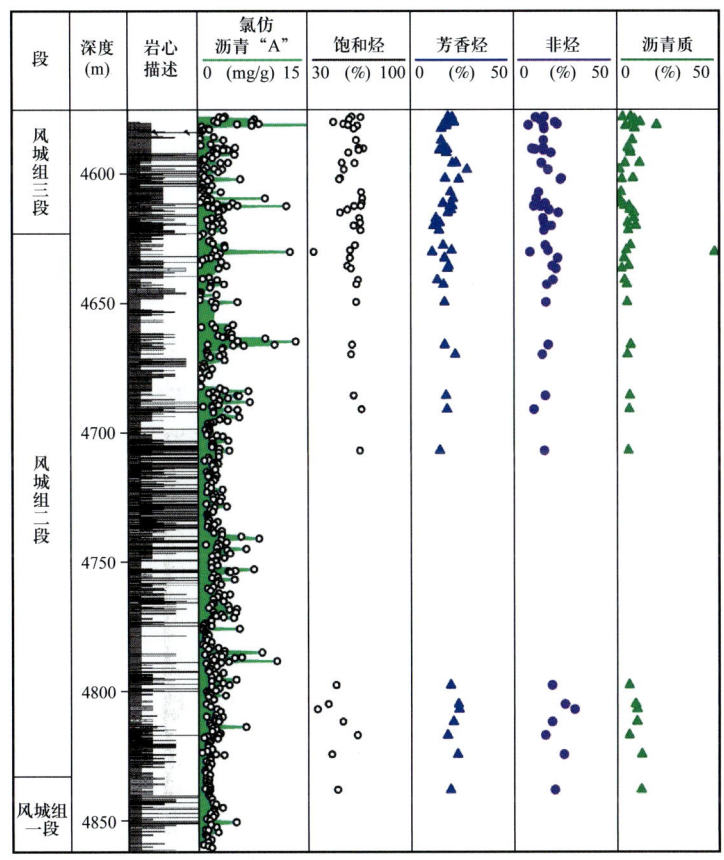

图 3-2-8 玛湖凹陷玛页 1 井风城组烃源岩抽提物族组成纵向分布特征

吉木萨尔凹陷芦草沟组烃源岩抽提物族组成总体以饱和烃为主，芳香烃和非烃次之，而沥青质最低（图3-2-9），这与玛湖凹陷风城组烃源岩族组成特征基本一致，所不同的是芦草沟组烃源岩族组成中饱和烃含量低于风城组，而非烃含量高于风城组。从岩性上来看，粉—细砂岩和泥质灰岩的饱和烃含量显著高于泥岩，非烃和沥青质含量显著低于泥岩，芳香烃含量略低于泥岩（图3-2-9）。从纵向上族组成分布来看，下部的芦草沟组一段饱和烃和非烃含量明显低于上部的芦草沟组二段，而芳香烃含量和沥青质高于芦草沟组二段（图3-2-9和图3-2-10），这可能与芦草沟组一段和二段烃源岩生源物质组成差异及近距离运聚有关（李二庭等，2020）。

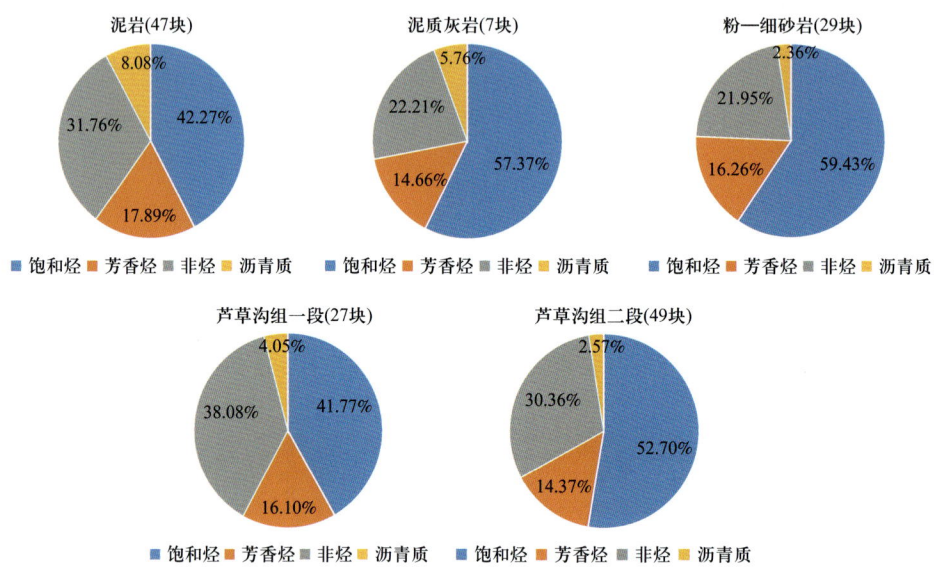

图3-2-9 吉木萨尔凹陷芦草沟组烃源岩抽提物族组成分布饼状图

2. 饱和烃色谱特征

玛湖凹陷风城组页岩抽提物饱和烃色谱参数纵向上具有不同程度的变化（图3-2-11）。姥鲛烷/植烷（Pr/Ph）分布于0.47～1.54之间，平均为0.87，暗示风城组沉积时期整体属于还原的沉积环境，自风城组二段至风城组三段Pr/Ph值具有先减小后增大的趋势，说明风城组二段沉积时水体还原性更强。Pr/nC_{17}值和Ph/nC_{18}值纵向上变化趋势一致且变化幅度更大，其主要反映有机质类型，从岩性上来看，较纯的泥岩Pr/nC_{17}值和Ph/nC_{18}值较低，菌藻类为主要的有机质贡献者；而云质泥岩、灰质泥岩、粉砂质泥岩等岩性其值明显增大，陆源输入有机质增多，表现为混合型有机质特征。碳优势指数（CPI）和奇偶优势比（OEP）平均值分别为1.05和0.96，纵向上变化特征不显著，反映有机质处于成熟演化阶段。nC_{21-}/nC_{22+}平均为0.95（0.35～2.33），$(nC_{21}+nC_{22})/(nC_{28}+nC_{29})$平均为1.74（0.59～4.50），主峰碳最小为C_{15}，最大为C_{37}，主体分布在C_{17}—C_{20}之间，反映了低等生物为主要母质贡献；纵向上轻/重比值变化显著，其中风城组二段纯泥岩段（4770～4796m）比值较高，暗示滞留烃相对低分子量烃类占优势。

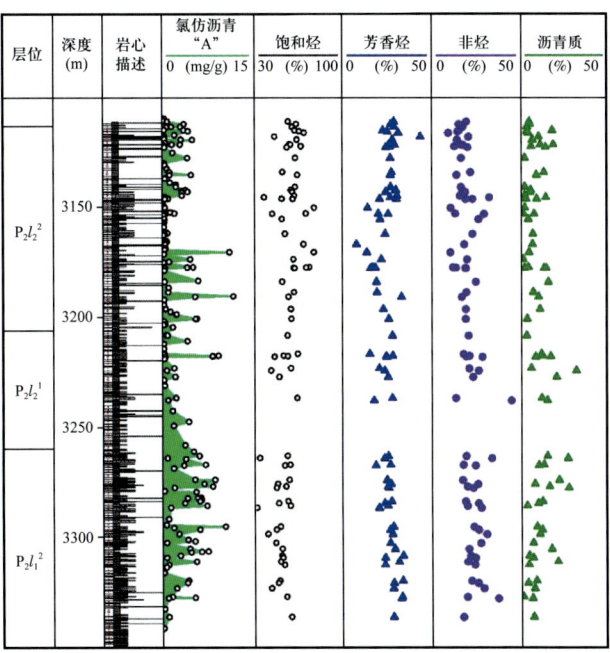

图 3-2-10　吉木萨尔凹陷吉 174 井芦草沟组烃源岩抽提物族组成纵向分布特征

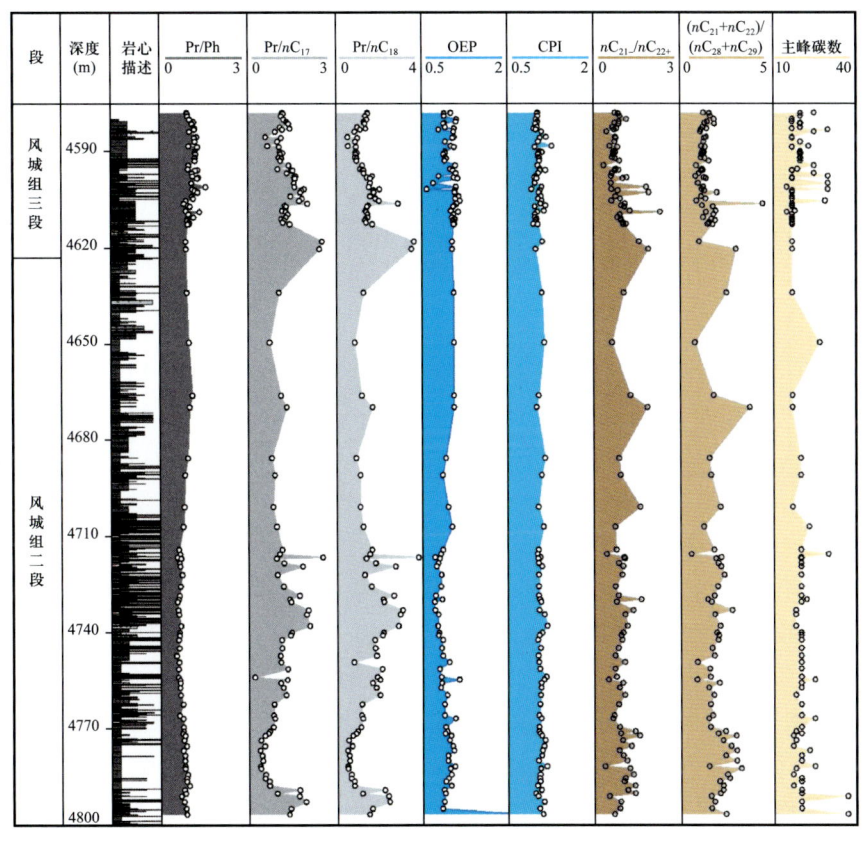

图 3-2-11　玛湖凹陷玛页 1 井烃源岩抽提物饱和烃色谱参数分布

从玛页 1 井（风城组三段）纵向上饱和烃色谱图随纵向变化特征来看（图 3-2-12），云质泥岩、灰质泥岩主峰碳较高，且中等分子和大分子量烃类占比较高；而相比较而言纯泥岩主峰碳明显减小，且低分子量烃类占比明显增大，暗示纯泥岩中滞留烃中相对轻质烃散失量小。

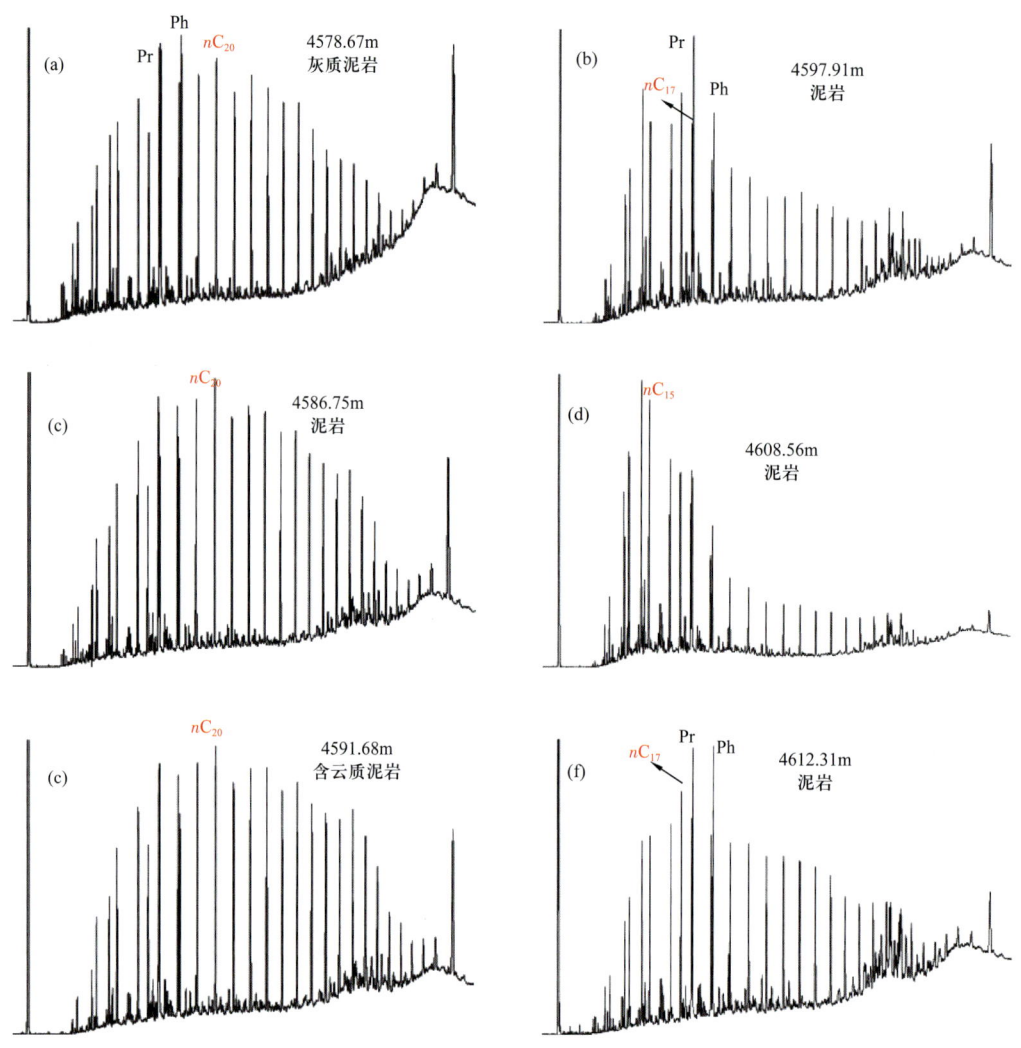

图 3-2-12　玛湖凹陷玛页 1 井风城组烃源岩抽提物饱和烃色谱图

与玛湖凹陷风城组页岩油饱和烃色谱参数对比，吉木萨尔凹陷芦草沟组页岩抽提物饱和烃色谱参数纵向上也具有不同程度的变化（图 3-2-13）。吉 174 井芦草沟组烃源岩姥鲛烷/植烷（Pr/Ph）分布于 0.74~2.1 之间，平均为 1.22，该值比风城组高；自下而上 Pr/Ph 值总体具有增大的趋势，暗示芦草沟组沉积时期仍属于还原的沉积环境。Pr/nC_{17} 值和 Ph/nC_{18} 值纵向上变化趋势一致且变化幅度大，芦草沟组一段显著高于二段，其中埋深 3150~3180m 处该值最低，相对而言芦草沟组二段有机质类型更优。芦草沟组 CPI 和 OEP 平均值分别为 1.25 和 1.22，反映有机质亦处于成熟演化阶段。nC_{21-}/nC_{22+} 平均为

0.97（0.39～2.02），（$nC_{21}+nC_{22}$）/（$nC_{28}+nC_{29}$）平均为 3.37（1.33～17.11），主峰碳最小为 C_{17}，最大为 C_{32}，多数样品主峰碳为 C_{17}、C_{21}、C_{23}，反映了低等生物为主要母质贡献；纵向上轻/重比值 3220～3310m 变化不显著，而芦草沟组二段该值异常明显。

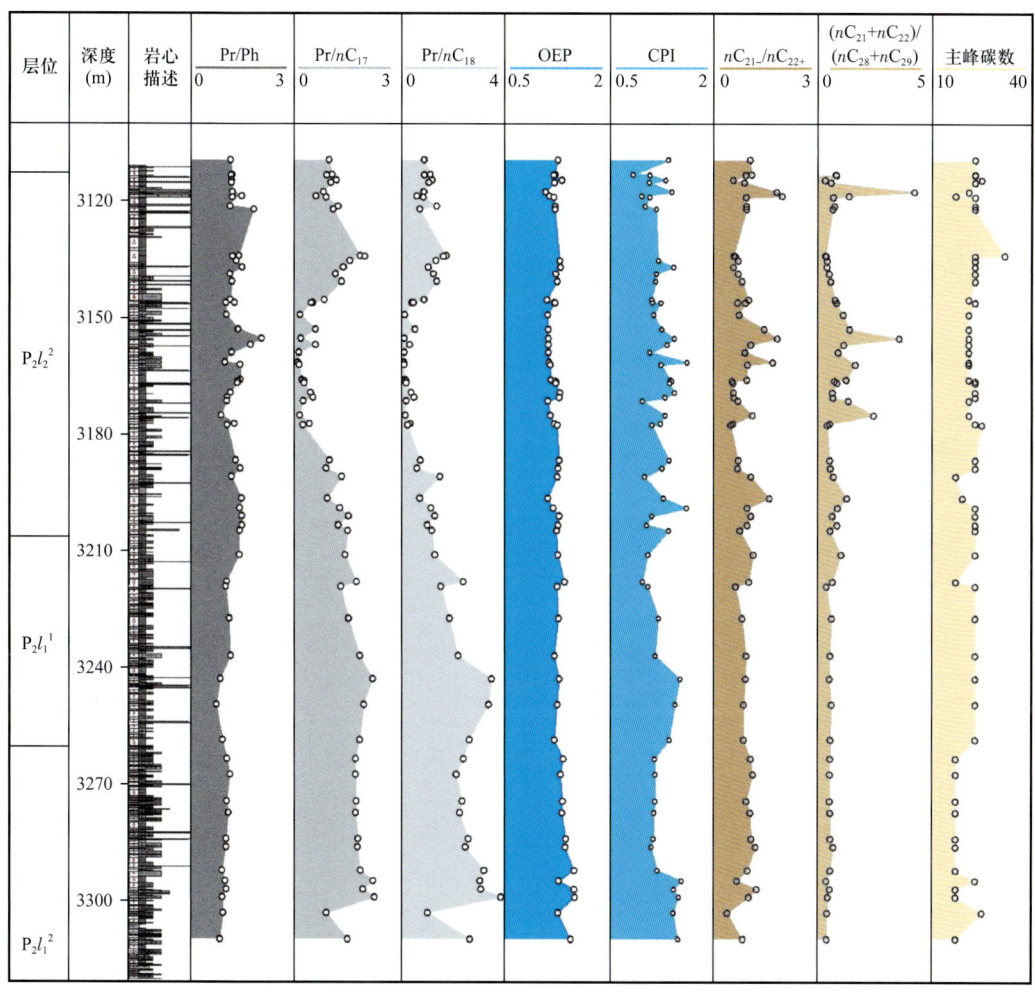

图 3-2-13　吉木萨尔凹陷吉 174 井烃源岩抽提物饱和烃色谱参数分布

吉 174 井不同岩性和埋深的饱和烃色谱图差异显著，泥灰岩和油砂的主峰碳为 C_{21}、C_{23}，而粉砂岩的主峰碳为 C_{17}，相比较而言，粉砂岩中抽提物饱和烃中轻组分含量占比高，提高了页岩油的可流动性。

三、页岩含油量特征

页岩油含油量的评价通常采用热解参数 S_1（游离烃）和氯仿沥青"A"含量表征残留烃和残留油的含量。由于热解参数 S_1 轻烃损失和重烃的缺失、氯仿沥青"A"含量的轻烃损失，因此均不能单独用于原地页岩油含量的表征，需进行恢复后评价。

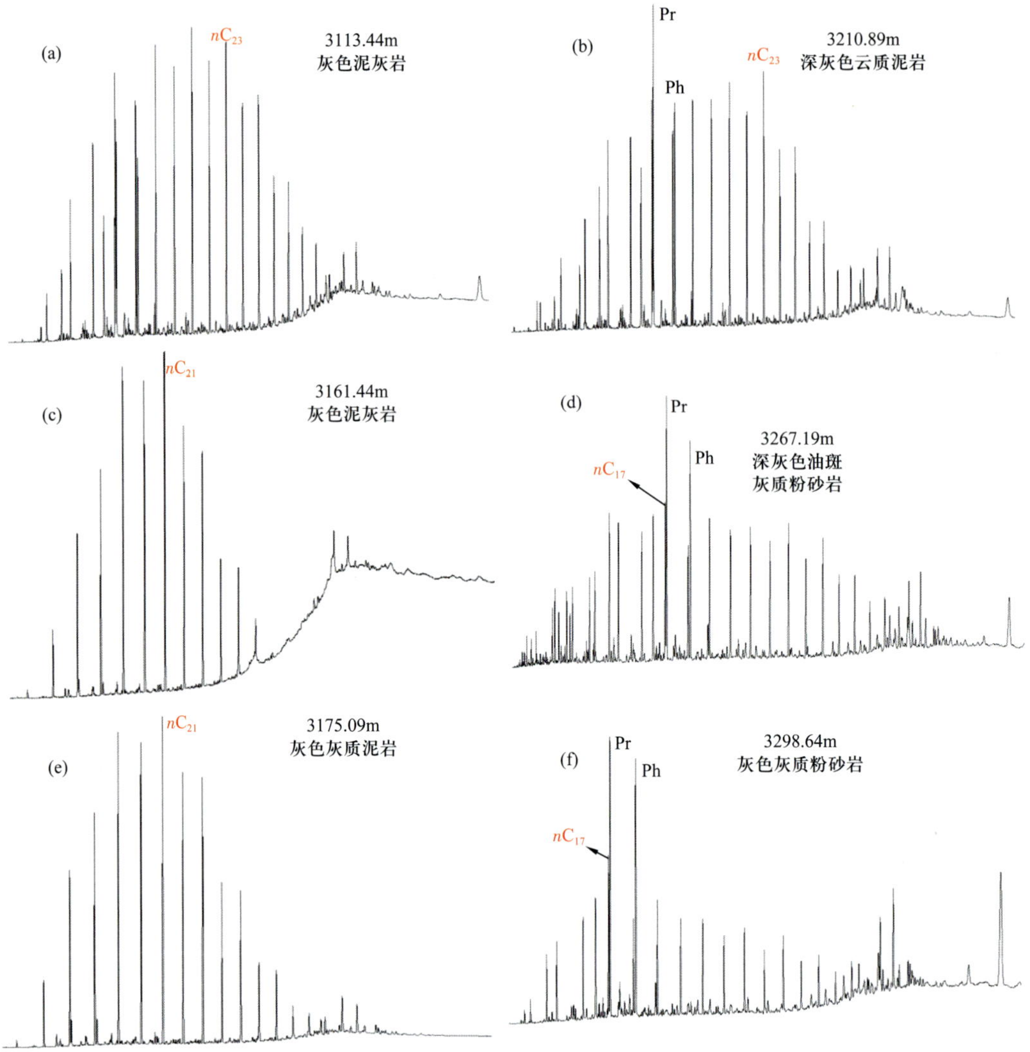

图 3-2-14　吉木萨尔凹陷吉 174 井芦草沟组烃源岩抽提物饱和烃色谱图

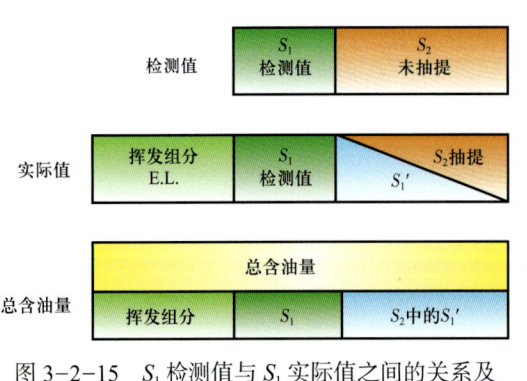

图 3-2-15　S_1 检测值与 S_1 实际值之间的关系及总油含量计算

1. 热解 S_1 轻烃损失量恢复

直接测定页岩含油量的有机地球化学方法主要包括抽提法和热解法。然而，无论哪种方法确定的含油量参数均存在轻烃损失的问题（图 3-2-15），其损失很大程度上取决于有机质富集程度、岩相、原油类型、样品类型和保存方法等因素（Jarvie，2012）。岩石热解方法可以快速获得游离烃（S_1）且成本低，故此广泛应用在页岩油研究中，S_1 蒸发损失量的修正是使实验测试值恢复到原始值的重要步骤。样品中轻烃的损失通常估计为35%（Cooles et al.，1986），由于影响该值的因素多，不同地区的页岩油中轻烃损失量差别非常大。在轻烃恢复的研究方法上，可以通过热模拟化学动力学（薛海涛等，2016）、经验公式（Michael，2013）、物质平衡原理（Chen et al.，2018）、溶解气油比或体积因子（谌卓恒等，2019）等多种方法对轻烃损失量进行近似恢复。在陆相页岩油的研究中，宋国奇等（2013）实验发现新鲜样品是常温下放置一个月样品热解 S_1 值的 1.5~2.0 倍；薛海涛等（2016）研究发现松辽盆地北部青山口组 S_1 值轻烃补偿量为实测值的 0.59 倍。Chen 等（2018）通过物质平衡法恢复了准噶尔盆地吉木萨尔凹陷芦草沟组 S_1 损失量为 0.12~7.25mg/g，实验分析前的轻烃损失量占比 11%~89%。

Michael（2013）提出的经验公式在国外海相页岩油中获得更多的应用，其认为轻烃的散失主要取决于原油的物理性质（密度），表达式为：

$$C_{15-散失} = (API - 20.799)/0.412 \tag{3-2-1}$$

$$S_{1CF} = 1/(1 - C_{15-散失}) \tag{3-2-2}$$

式中　API——近似的地下残余油或死油密度；

S_{1CF}——保留轻烃含量，%。

API 一般先通过索氏抽提后定量，再进行整个抽提物的气相色谱，石油中正构烷烃的归一化斜率与油密度和流体的气油比有关（Kissin，1987；Van Graas et al.，2000）。密度越轻损失量越大，反之损失量越小，API 可用地层原油密度代替。

总的轻烃损失量包括两部分（谌卓恒等，2019），其一为取样过程中的损失量，其二为保存和制样准备阶段的损失量。样品保存期间的轻烃损失与时间、TOC 含量、破碎粒度等因素有关，在暴露于空气中的情况下，样品研磨后立即热解与放置一段时间后热解对比发现，富有机质页岩（TOC 为 11.3%）轻烃损失实验测试值仅为 15%（放置 15 天），而贫有机质页岩（TOC 为 0.87%）轻烃损失验测试值为 38%（放置 21 小时）（Jiang et al.，2016）。页岩样品烃类散失分早期快速散失和后期缓慢散失两个过程，挥发组分主要为 C_{13}—C_{15} 以前的低碳数烃类，原始含油量高、物性好的页岩烃类散失量越大（钱门辉等，2022）。

研究发现，页岩储层中溶解气的气油比与地层体积系数（FVP）具有很好的相关性，样品采集过程中的轻烃损失（S_{1LS}）可用如下公式来计算（谌卓恒等，2019）：

$$S_{1LS} = S_1 \cdot FVP \cdot \rho_{oilS}/\rho_{oilR} \tag{3-2-3}$$

式中　S_1——热解数据，代表样品中残余游离烃量，mg/g（HC/岩石）；

ρ_{oilS}，ρ_{oilR}——分别为地表和油层条件下的原油密度，g/cm^3；

FVP——地层体积系数。

郭秋麟等（2021）提出了一种基于页岩油密度及地层体积系数的蒸发烃损失量计算方法：

$$k_{S1} = (B_o \cdot \rho_{sub}/\rho_{pd}) - 1 \tag{3-2-4}$$

式中　k_{S1}——蒸发烃损失系数（蒸发烃量与总烃量之比，总烃为未恢复蒸发烃的含量）；

　　　B_o——页岩油体积系数；

　　　ρ_{sub}——地层中页岩油的密度，t/m^3；

　　　ρ_{pd}——当前地面页岩油的密度，t/m^3。

计算鄂尔多斯盆地延长组 7 油层组（长 7 油层组）页岩油蒸发烃损失量约占总烃含量的 9%，占 S_1 含量的 29%（郭秋麟等，2021）。

1）玛湖凹陷

放置时间是页岩油轻烃损失恢复的最重要影响因素，样品自地下取到地面，再到实验室测试的周期一般为 1 个月左右，甚至更长。因此，相对贫有机质页岩中的轻质烃基本全部损失。钱门辉等（2022）对江汉盆地潜江凹陷古近系潜江组三段页岩的研究表明，C_{13} 以前的轻质烃在一周内得以保留，一周以后基本散失殆尽，残留的烃类组分基本以 C_{15} 以上的中质—重质烃类为主，在缓慢散失阶段页岩中轻烃的散失恢复系数至少为 1.33～2.89，该值高于前人研究的成熟度 R_o 均为 0.9% 时的校正系数 1.17～1.3（朱日房等，2015；薛海涛等，2016）。

玛湖凹陷风南地区风城组烃源岩 TOC 平均含量不足 0.8%，热解分析结果与岩心出桶的时间间隔至少为 1 个月。故此，研究中认为轻质烃已经损失殆尽，这也与烃源岩抽提物饱和烃色谱图得到的认识一致。钱门辉等（2022）研究认为，在散失早期阶段，样品中烃类散失主要与泥页岩自身的渗透率特征及原始含油量相关，含油量越高的样品经历快速散失阶段所需的时间也越长；长时间放置后，具有较高孔隙度和渗透率的原始含油量高的样品烃类散失程度大，损失比例高（图 3-2-16），且高含油样品的损失量更大（图 3-2-17），其散失后烃类残留量可低于初始含油性一般的致密泥页岩样品。由于玛湖凹陷风城组页岩油勘探区块主要位于风南地区，该区风城组热演化程度接近，烃类组分变化不大，因此页岩有机质丰度、成熟度和烃类组分对风城组轻质烃散失的影响不予考虑。

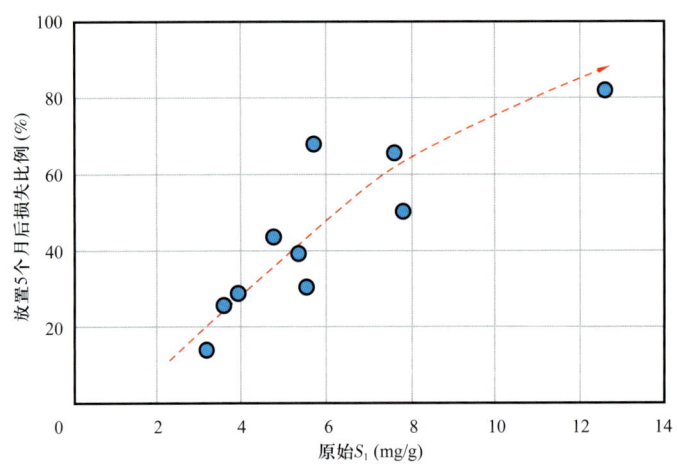

图 3-2-16　泥页岩样品长时间放置后烃类损失比例与原始含油量关系（据钱门辉等，2022）

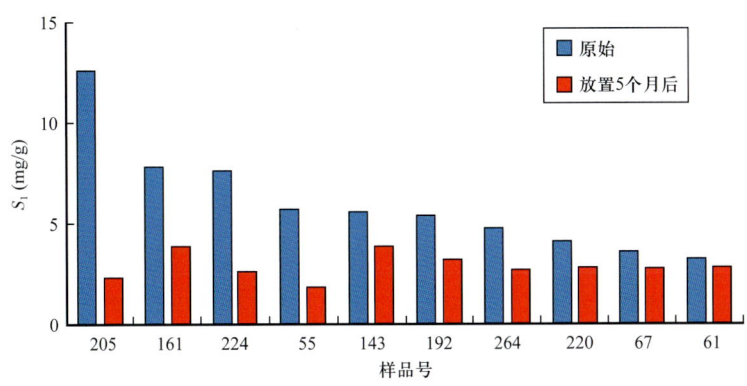

图 3-2-17 不同泥页岩样品原始含油量与长时间放置后含油量对比（据钱门辉等，2022）

玛湖凹陷风城组与江汉盆地潜江凹陷潜江组三段岩性相似，均主要为云质泥岩或泥质云岩；两个地区总体热演化程度接近（平均 R_o 约为 0.9%）；储层孔隙度（29 个样品）风城组平均为 6.45%（2.2%~17.7%），潜江组（15 个样品）平均为 4.45%（0.7%~13.4%）。由于风城组钻井未能获取反映地下条件的原始含油性样品，故此通过类比采用钱门辉等（2022）的研究成果，通过残留 S_1 与原始 S_1 含量的关系（图 3-2-18），恢复了风城组原始 S_1 含量。计算获得风城组轻烃损失 0.57~5.22mg/g，平均为 0.78mg/g；实测热解 S_1 为 0.05~4.7mg/g，平均为 0.76mg/g。由此计算风城组轻烃恢复系数（轻烃损失量$/S_1$）为 0.32~19.40，平均为 2.52。

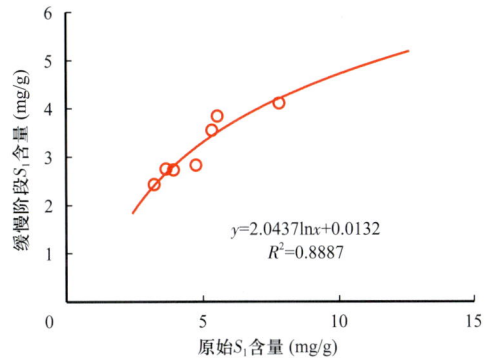

图 3-2-18 缓慢阶段 S_1 与原始 S_1 含量关系
（据钱门辉等，2022，有修改）

2）吉木萨尔凹陷

根据吉木萨尔凹陷地质资料情况，本次研究采用经验公式法（Michael，2013）和地层体积系数（郭秋麟等，2021）两种方法求取轻烃损失系数。根据吉木萨尔凹陷 8 口井芦草沟组原油高压物性分析（表 3-2-3），油层压力下芦草沟组原油平均密度为 0.864g/cm³，计算的重度为 32.3°API，代入式（3-2-1）和式（3-2-2）中，计算的轻烃恢复系数为 1.39。

表 3-2-3 吉木萨尔凹陷芦草沟组地层原油物性特征

井名	层位	射孔井段（m）	取样深度（m）	取样数目	地层压力体积系数	原油密度（g/cm³）		
						油层压力	饱和压力	地面条件
吉 37	P2l22	2830.0~2849.0	2792.3	1	1.060	0.843	—	0.8817
吉 305	P2l22	3411.5~3444.0	3370	3	1.140	—	0.7703	0.8882

续表

井名	层位	射孔井段（m）	取样深度（m）	取样数目	地层压力体积系数	原油密度（g/cm³）		
						油层压力	饱和压力	地面条件
J10025	P2l22	3552.0~3564.0	2800	3	1.082	0.8478	0.817	0.8898
J10050	P2l12	3824.0~3844.0	1800	3	1.017	0.9025	0.8592	0.9033
J10055	P2l12	4040.0~4064.0	800	2	1.034	0.8732	0.8312	0.8887
J10012	P2l12	3328.9~3440.2	2100	3	1.054	0.8722	0.8362	0.9052
吉36-11	P2l12	4645.7~4642.1	4600	3	1.075	0.8425	0.7983	—
吉36-12	P2l12	4636.5~4639.2	4600	3	1.060	0.8663	0.82	—
平均值					1.065	0.864	0.819	0.893

地层体积系数法取芦草沟组地层压力下的体积系数平均值1.065，地下原油密度平均值0.864g/cm³，地面原油密度平均值0.893g/cm³，代入式（3-2-4）中，求得蒸发烃损失系数k_{S1}为0.03。根据吉34井抽提前后热解数据计算的S_1损失量平均为0.11mg/g，抽提前原始S_1平均为1.15mg/g，从而计算的轻烃损失量占S_1含量的比例为13%。

上述两种方法计算的轻烃损失量差别很大，由于影响轻烃损失量恢复的因素非常多，如TOC含量、渗透率、原始含油量等，故此本书保守估计芦草沟组轻烃损失系数平均为1.13~1.39。

2. 热解S_1重烃校正量恢复

烃源岩评价中岩石热解峰S_2为干酪根裂解产生的烃类，然而，国内外大量的实验证实，S_2中不仅包含干酪根裂解产生的烃类，而且包含沸点超过300℃的高碳数烃类和NSO化合物300℃后热裂解生成的烃类。

热解S_1重烃校正通用做法为（Jarvie，2012）：将岩石粉碎至100目后分成两份，其中一份直接热解获得S_1和S_2，另一份先进行氯仿沥青"A"抽提，对抽提后样品进行热解获得S_1'和S_2'，则S_2与S_2'的差值即为页岩油进入S_2的重质组分。$S_{1重校}$正系数可表示为：

$$S_{1重校} = (S_2 - S_2')/S_1 \quad (3-2-5)$$

根据玛页1井风城组14个样品抽提前后热解分析结果，发现$S_{1重校}$与表征成熟度的参数S_1/S_2有很好的相关性（图3-2-19）。故此，$S_{1重校}$的恢复公式为：

$$S_{1重校} = 0.5793(S_1/S_2)^{-0.852} \quad (3-2-6)$$

同样的研究方法获得吉木萨尔凹陷芦草沟组$S_{1重校}$的恢复公式为（图3-2-20）：

$$S_{1重校} = 0.5604(S_1/S_2)^{-0.855} \quad (3-2-7)$$

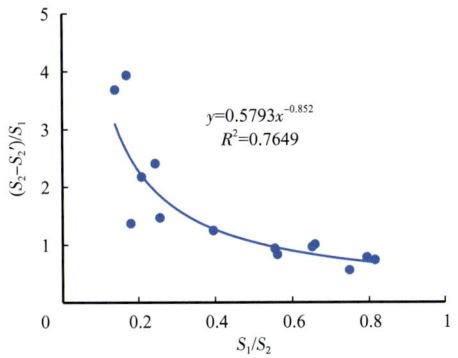 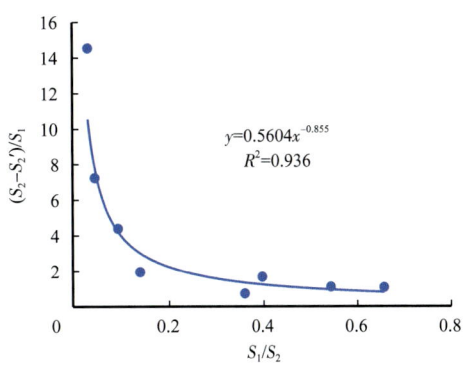

图 3-2-19　玛页 1 井风城组重烃恢复系数　　　图 3-2-20　吉 34 井芦草沟组重烃恢复系数
（S_2-S_2'）/S_1 与成熟度指标 S_1/S_2 相关图　　　　（S_2-S_2'）/S_1 与成熟度指标 S_1/S_2 相关图

根据式（3-2-6）计算的风城组重烃校正系数为 0.53～22.13，平均为 2.41。根据式（3-2-7）计算的芦草沟组重烃校正系数为 0.32～96.28，平均为 10.34。

3. 页岩含油量分布

地层条件下页岩油含量主要包括三部分，其计算公式可用下式表达：

$$总油 = S_{1\text{轻烃恢复}} + S_{1\text{抽提前}} + (S_{2\text{抽提前}} - S_{2\text{抽提后}}) \quad (3-2-8)$$

未经过热解轻烃恢复和重烃校正时，玛湖凹陷风城组烃源岩（泥岩）热解实测 S_1 数值以小于 2mg/g 为主（图 3-2-21），平均值为 0.76mg/g（0.05～4.7mg/g）；储油岩热解分布范围大，游离烃、吸附烃和总烃的变化趋势相似（图 3-2-22），游离烃和吸附烃主体也以小于 2mg/g 为主，平均值分别为 1.99mg/g 和 1.89mg/g；氯仿沥青"A"分布范围跨度较大（0.045～12.646mg/g），平均为 2.19mg/g（图 3-2-23）。

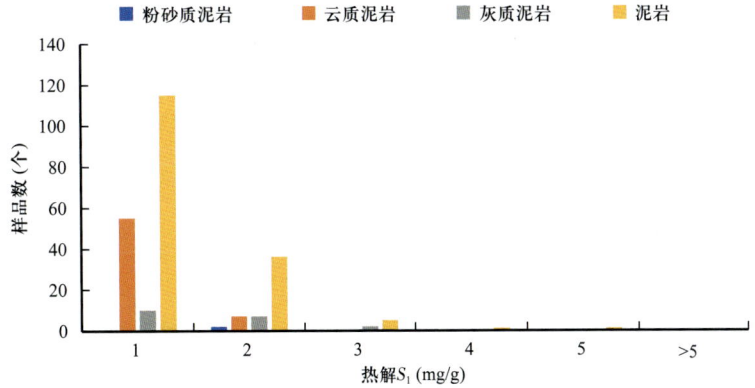

图 3-2-21　玛湖凹陷风城组烃源岩热解 S_1（游离烃）分布特征

风城组不同岩性的烃源岩热解 S_1 和氯仿沥青"A"分布有明显的差别，泥岩中的残留烃 S_1 和氯仿沥青"A"含量显著高于云质泥岩（图 3-2-21 和图 3-2-23）。灰质泥岩和粉砂质泥岩样品有限，对比特征不明显。

吉木萨尔凹陷芦草沟组烃源岩热解 S_1 分布范围较风城组宽（0.04~11.7mg/g），主体以小于 1mg/g 为主，平均为 1.14mg/g，大于 2mg/g 的样品占比为 18%（图 3-2-24）；储油岩热解游离烃、吸附烃分布范围更宽（图 3-2-25），游离烃平均为 7.86mg/g（0.03~31.3mg/g），吸附烃平均为 8.84mg/g（0.1~173.88mg/g）。氯仿沥青"A"平均为 12.92mg/g（0.015~62.304mg/g）（图 3-2-26）。

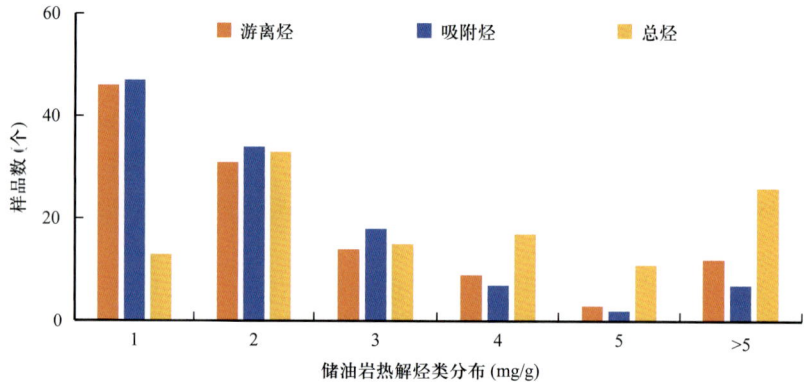

图 3-2-22　玛湖凹陷玛页 1 井风城组储油岩热解烃类分布特征

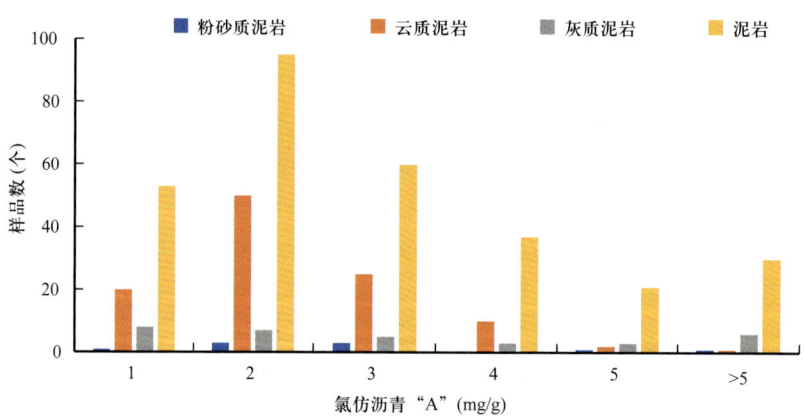

图 3-2-23　玛湖凹陷风城组烃源岩氯仿沥青"A"分布特征

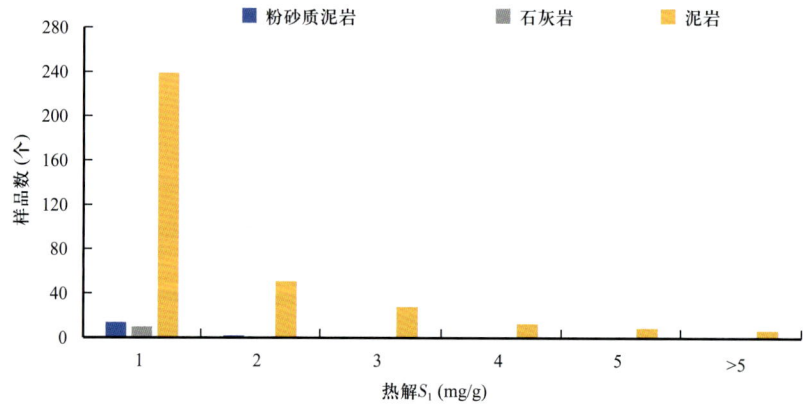

图 3-2-24　吉木萨尔凹陷芦草沟组烃源岩热解 S_1（游离烃）分布特征

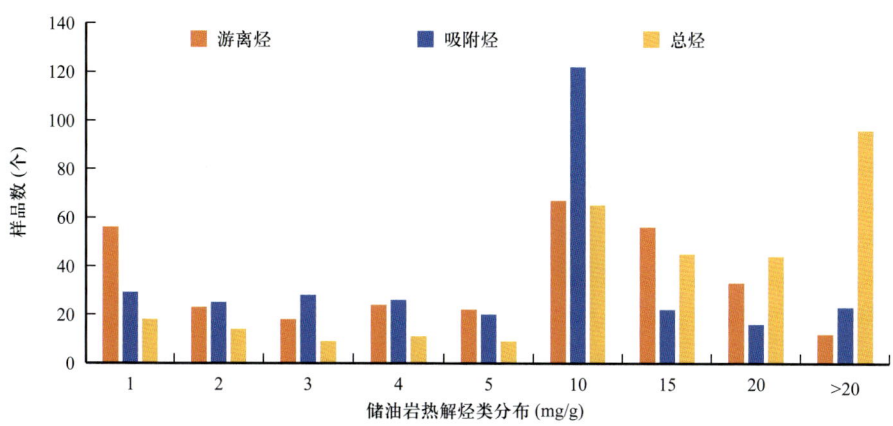

图 3-2-25　吉木萨尔凹陷芦草沟组储油岩热解烃类分布特征

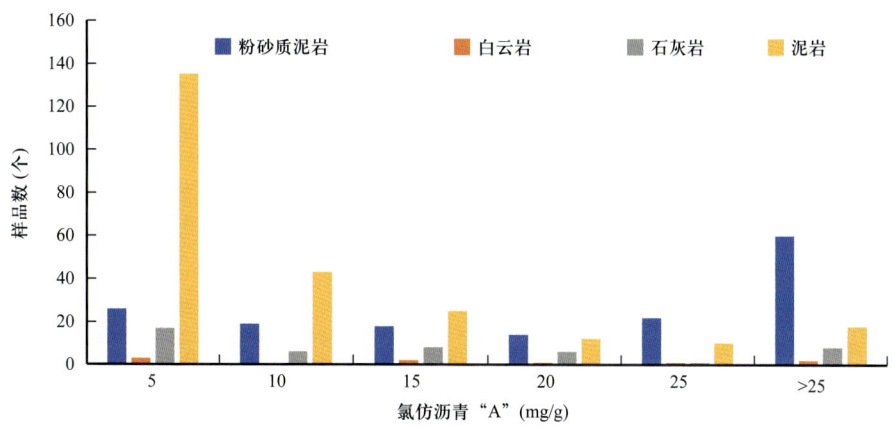

图 3-2-26　吉木萨尔凹陷芦草沟组烃源岩氯仿沥青 "A" 分布特征

芦草沟组不同岩性烃源岩热解 S_1 和氯仿沥青 "A" 分布特征亦有差别，热解 S_1 泥岩高于石灰岩和粉砂质泥岩（图 3-2-24），而氯仿沥青 "A" 含量总体具有粉砂质泥岩高于泥岩、石灰岩和白云岩的特征（图 3-2-26）。

不同岩性的储油岩热解分析对比表明（表 3-2-4）：风城组中游离烃、吸附烃含量泥岩总体高于云质泥岩，灰质泥岩游离烃和吸附烃含量最高（样品少代表性差），而砂质泥岩游离烃和吸附烃含量最低（样品少代表性差）。芦草沟组中白云岩游离烃含量最高（样品少代表性差），其次为细砂岩和粉砂岩，而泥岩和石灰岩最低；吸附烃含量石灰岩最高（样品少代表性差），泥岩和白云岩次之，而粉砂岩和细砂岩最低。风城组和芦草沟组储层热解烃含量对比发现，无论是游离烃还是吸附烃含量，芦草沟组均显著高于风城组，游离烃平均含量芦草沟组为风城组的 3.9 倍，吸附烃平均含量芦草沟组为风城组含量的 4.7 倍。这可能是芦草沟组页岩油取得突破并规模开发的重要原因。然而，风城组烃源岩有机质丰度较低，其 TOC 平均含量约为芦草沟组的 22%。前人研究发现低 TOC 含量会加速轻烃的散失速率，暗示风城组页岩油轻烃损失量高，恢复后评价更为客观。

表 3-2-4　风城组与芦草沟组不同岩性储油岩热解分析数据表

地区	地层	岩性	游离烃（mg/g）	吸附烃（mg/g）	游离烃占比（%）
玛湖凹陷	风城组	砂质泥岩	$\dfrac{0.38\sim0.68}{0.53\,(2)}$	$\dfrac{040\sim1.10}{0.75\,(2)}$	$\dfrac{38.20\sim48.72}{43.46\,(2)}$
		灰质泥岩	$\dfrac{0.29\sim8.00}{3.15\,(6)}$	$\dfrac{0.49\sim26.73}{6.75\,(6)}$	$\dfrac{15.46\sim72.33}{39.86\,(6)}$
		云质泥岩	$\dfrac{0.02\sim9.33}{1.34\,(25)}$	$\dfrac{0.31\sim5.11}{1.21\,(25)}$	$\dfrac{3.70\sim77.21}{46.35\,(25)}$
		泥岩	$\dfrac{0.01\sim9.72}{2.07\,(78)}$	$\dfrac{0.01\sim9.06}{1.82\,(78)}$	$\dfrac{0.01\sim97.50}{51.04\,(78)}$
吉木萨尔凹陷	芦草沟组	细砂岩	$\dfrac{0.06\sim17.65}{8.30\,(20)}$	$\dfrac{0.01\sim17.26}{6.14\,(20)}$	$\dfrac{14.22\sim87.18}{57.93\,(20)}$
		粉砂岩	$\dfrac{0.03\sim27.64}{9.22\,(143)}$	$\dfrac{0.14\sim43.06}{7.33\,(143)}$	$\dfrac{2.91\sim81.72}{54.19\,(143)}$
		白云岩	$\dfrac{1.76\sim31.30}{14.74\,(4)}$	$\dfrac{5.76\sim18.81}{9.89\,(4)}$	$\dfrac{8.56\sim77.84}{55.85\,(4)}$
		石灰岩	$\dfrac{0.13\sim29.23}{6.20\,(38)}$	$\dfrac{0.79\sim173.88}{13.32\,(38)}$	$\dfrac{2.72\sim69.42}{40.88\,(38)}$
		泥岩	$\dfrac{0.13\sim26.99}{5.70\,(80)}$	$\dfrac{0.10\sim50.86}{9.78\,(80)}$	$\dfrac{1.45\sim78.72}{39.01\,(80)}$

第三节　页岩油赋存机理及可动性评价

一、页岩油赋存状态

1. 岩心含油特征

岩心观察可直观判断页岩的含油性特征及赋存特征。从玛页1井岩心观察来看（图3-3-1），薄层粉砂岩、裂缝发育处、溶蚀孔发育位置含油性明显好于基质泥页岩，肉眼可见的油迹、油斑级以上的含油显示，原油的赋存状态以游离烃居多，这也是目前可采原油的主要贡献者。

吉木萨尔凹陷芦草沟组岩心含油性明显好于风城组，含油性好的也主要发育在粉砂岩、细砂岩发育位置，裂缝发育带含油性变好，而基质孔隙发育的纯泥岩含油性较差（图3-3-2）。含油级别最高可达饱含油，原油外渗非常明显，从含油产状来看发育条带状、斑点状和大面积油浸等多种形态。

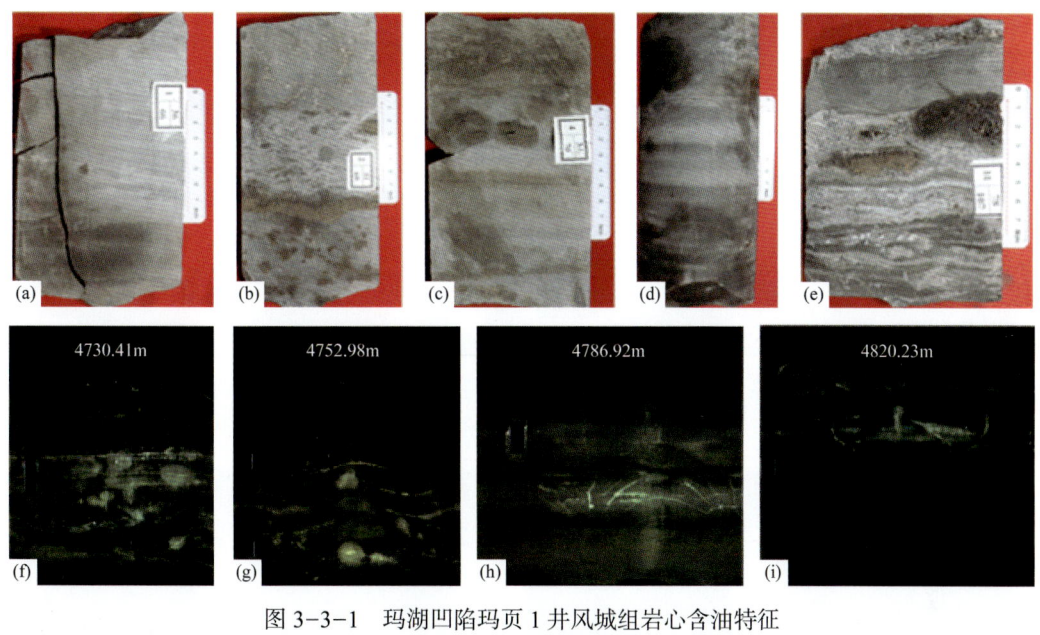

图 3-3-1　玛湖凹陷玛页 1 井风城组岩心含油特征

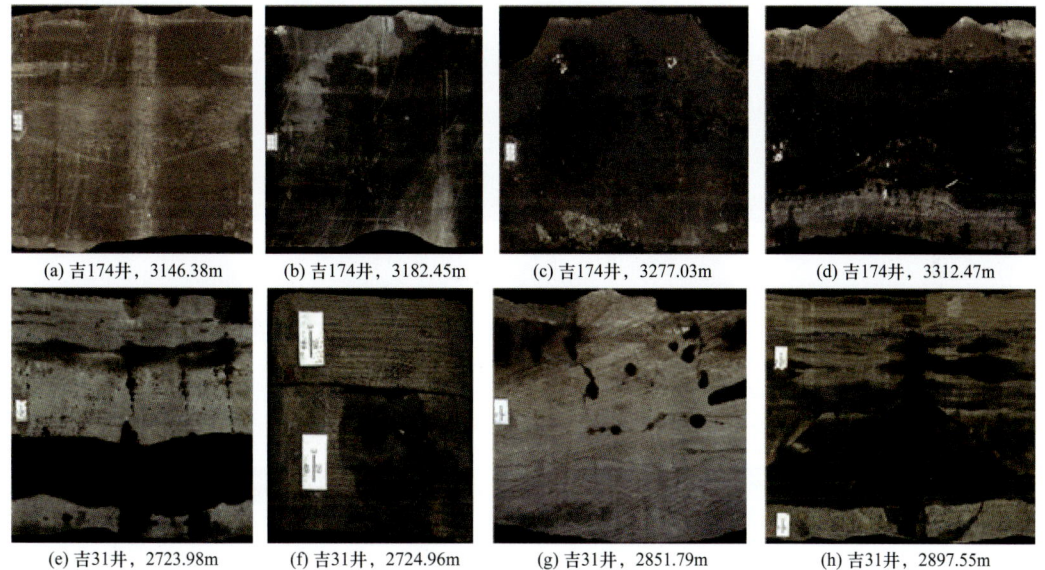

图 3-3-2　吉木萨尔凹陷芦草沟组岩心含油特征

2. 显微观察法

宏观岩心观察含油性的差异，体现在微观上原油的含量及赋存状态的差异。扫描电镜能够直观观察孔隙形貌特征和孔隙内原油的赋存状态。用扫描电镜观察玛湖凹陷风城组玛页 1 井岩心，可见在云质粉砂岩中，矿物颗粒表面以吸附态存在的油脂薄膜和溶孔、粒间孔中存在的游离态石油（图 3-3-3）。在荧光显微镜下，肉眼观察含油性较差的纯泥岩的孔隙中发亮黄色的荧光，这些残留在泥岩内部的原油主要以游离态存在于孔隙或微裂缝中（图 3-3-4）。

图 3-3-3　玛湖凹陷玛页 1 井风城组储层含油性扫描电镜特征（据支东明等，2021）
（a）4612.31m，含云质粉砂岩，基质中溶孔与粒间孔的油浸现象；（b）4612.31m，含云质粉砂岩，基质孔中的油膜

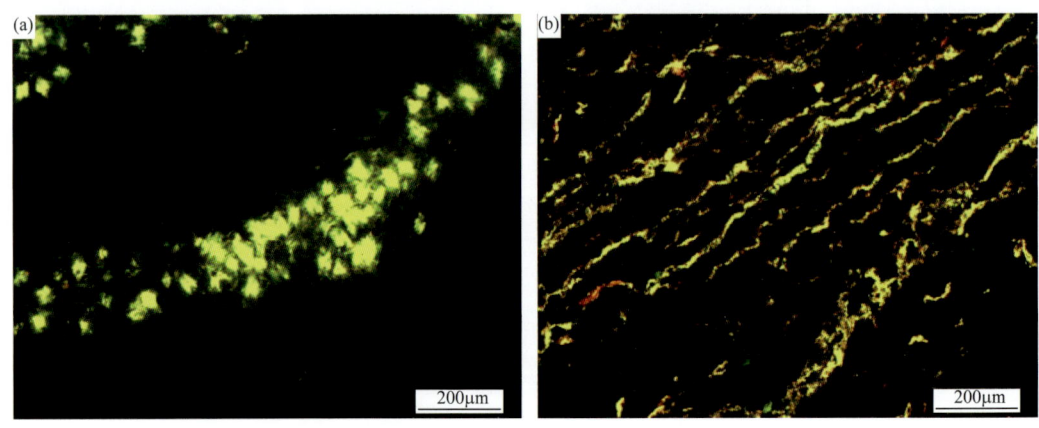

图 3-3-4　玛湖凹陷玛页 1 井风城组泥岩显微荧光特征
（a）4839.33m，树根状云质泥岩，亮黄色荧光；（b）4833.90m，似纹层状含云灰质泥岩，黄色荧光

用扫描电镜观察到，吉木萨尔凹陷吉 174 井芦草沟组泥灰岩孔隙中呈吸附态存在的油膜和粉砂岩的晶间孔中充填游离态的石油（图 3-3-5）。扫描电镜和荧光薄片虽然能观察原油赋存状态，但不能实现游离油和吸附油的定量评价。

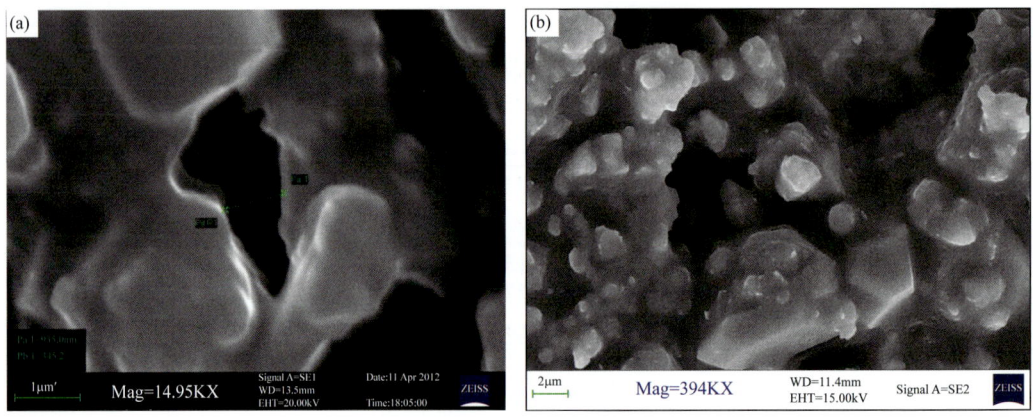

图 3-3-5　吉木萨尔凹陷吉 174 井芦草沟组储层含油性扫描电镜特征
（a）3190.57m，灰色泥灰岩，基质方解石晶间孔中的油膜；（b）3695.55m，粉砂岩，晶间孔中充填石油

3. 抽提与热解实验法

页岩油的赋存状态主要以游离态和吸附态为主，吸附态页岩油可以通过抽提前后热解实验获得。Jarvie（2012）提出吸附油计算公式为：

$$吸附油 = S_{2抽提前} - S_{2抽提后} - S_{1抽提后} \quad (3\text{-}3\text{-}1)$$

若不考虑轻烃损失，从游离烃 S_1 和氯仿沥青"A"关系图来看（图3-3-6和图3-3-7），风城组泥岩氯仿沥青"A"为游离烃 S_1 的2.73倍，芦草沟组泥岩氯仿沥青"A"为游离烃 S_1 的3.38倍，对比结果表明芦草沟组页岩吸附烃占比高于风城组。

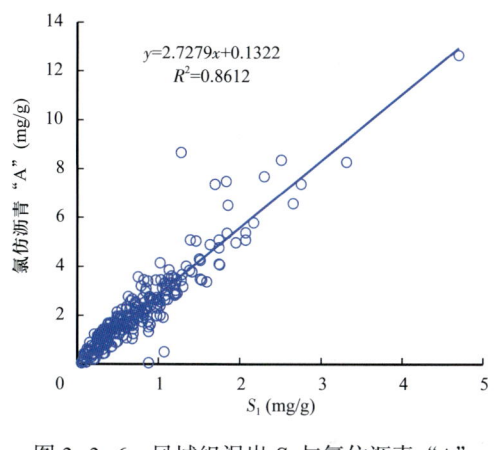

图3-3-6 风城组泥岩 S_1 与氯仿沥青"A"关系图

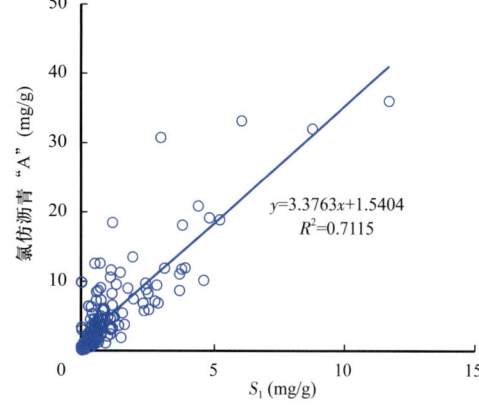

图3-3-7 芦草沟组泥岩 S_1 与氯仿沥青"A"关系图

游离烃 S_1 与总油（不考虑轻烃损失）关系揭示，风城组泥岩热解总油为 S_1 值的1.6倍（图3-3-8），芦草沟组泥岩中热解总油为 S_1 值的2.1倍（图3-3-9）；风城组热解总油为氯仿沥青"A"的0.719倍，芦草沟组热解总油为氯仿沥青"A"的0.622倍。反映了芦草沟组泥岩中吸附烃占比高于风城组，暗示风城组泥岩虽然游离烃 S_1 值显著低于芦草沟组，但风城组泥岩中游离烃占比较高，原油的可动性更好。

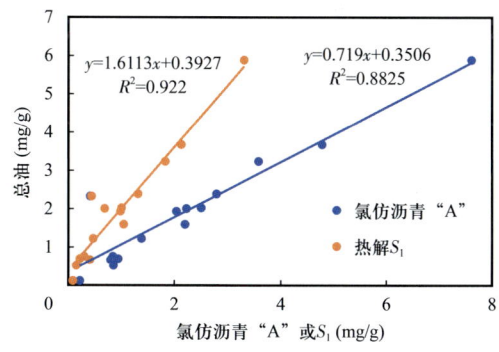

图3-3-8 玛页1井风城组泥岩 S_1、氯仿沥青"A"与总油关系

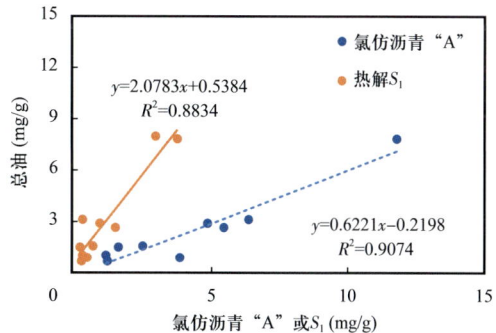

图3-3-9 吉34井芦草沟组泥岩 S_1、氯仿沥青"A"与总油关系

抽提前后热解 S_1 对比发现，风城组泥岩抽提后仍然保留了平均 21% 的残留烃（图 3-3-10），Jarvie（2012）认为该部分残留烃为污染所致，故此在计算吸附油时要减去该值；芦草沟组泥岩抽提后的热解 S_1 仅为抽提前的 0.9%（图 3-3-11）。风城组泥岩抽提后热解 S_2 平均为抽提前的 0.84 倍（图 3-3-12），芦草沟组泥岩抽提后热解 S_2 平均为抽提前的 0.65 倍（图 3-3-13），反映芦草沟组泥岩中吸附油占比高于风城组。

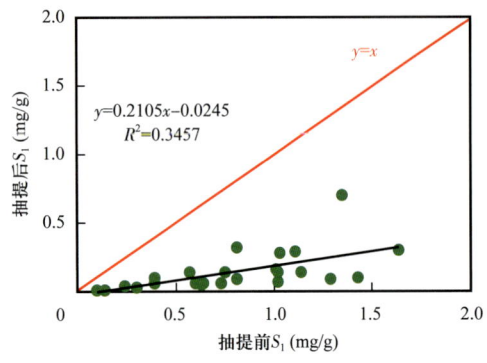

图 3-3-10　风南 14 井云质泥岩抽提前后 S_1 对比

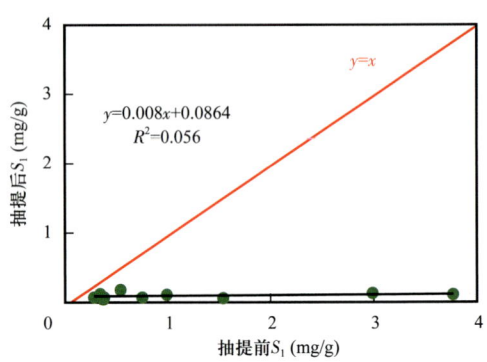

图 3-3-11　吉 34 井云质泥岩抽提前后 S_1 对比

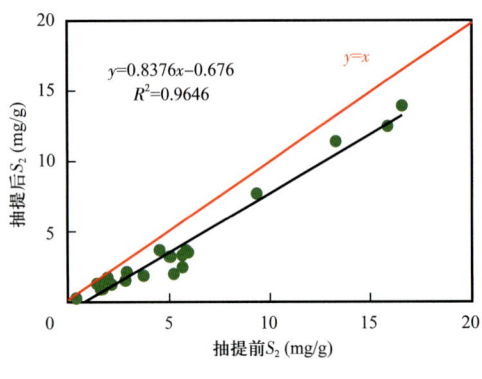

图 3-3-12　风南 14 井云质泥岩抽提前后 S_2 对比

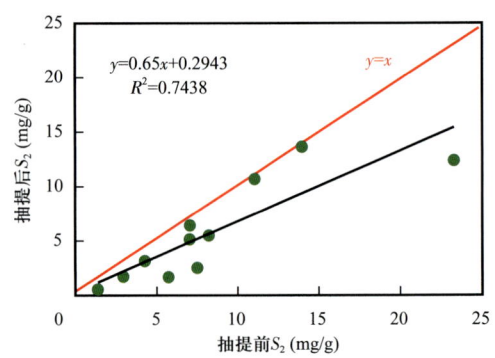

图 3-3-13　吉 34 井云质泥岩抽提前后 S_2 对比

根据式（3-3-1）计算的吸附油含量，若不考虑轻烃损失，计算求得风城组泥岩中游离油占比为 18.8%～82.9%，平均为 44.7%（图 3-3-14）。吉 34 井芦草沟组泥岩游离油占比为 7.04%～80.00%，平均为 42.77%。

4. 分步热解方法

传统热解方法获得的游离烃 S_1 为温度小于 300℃之前获得的烃类，温度介于 300～650℃反映的是干酪根热解烃（S_2）。然而，越来越多的研究发现，传统热解方法获得热解烃 S_2 并非全部为干酪根裂解产生，其包含了一部分相对分子质量大的重烃的裂解。

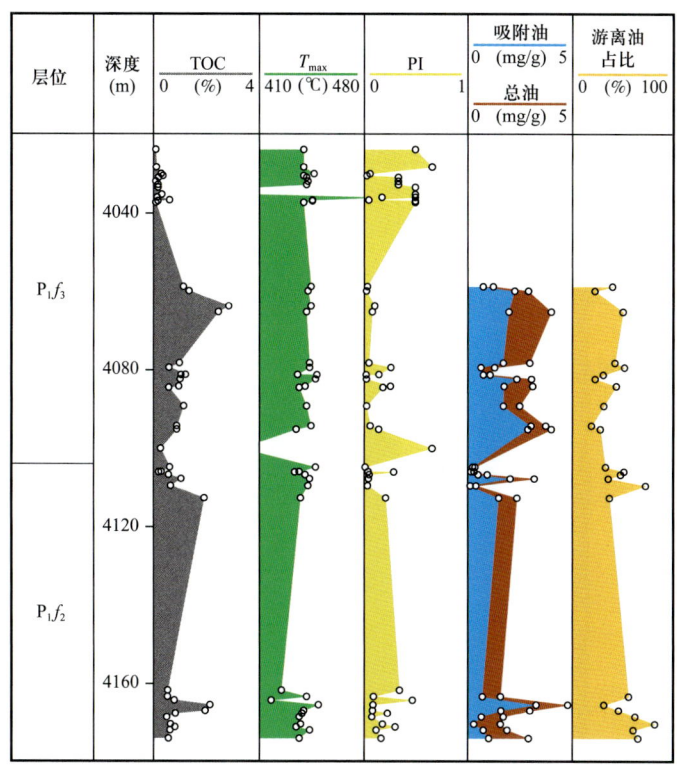

图 3-3-14 风南 14 井云质泥岩游离油、吸附油分布特征

通过逐步升温的多温阶热解方法，可以获得不同赋存状态的烃类，同时也可以通过设置温度界限区分吸附烃和干酪根裂解烃（图 3-3-15）。多温阶热解 S_1 分为两部分，温度小于 200℃ 获得轻质烃（S_{1-1}），加热温度 200～350℃ 获得轻—中质烃（S_{1-2}），二者均为游离烃；热解 S_2 也分为两个温度间隔，350～450℃ 为吸附烃（S_{2-1}），成分主要为胶质、沥青质和重烃，450～600℃ 为干酪根热解烃（S_{2-2}）。具体的实验流程和步骤，以及获得不同性质原油的依据详见蒋启贵等（2016）的阐述。

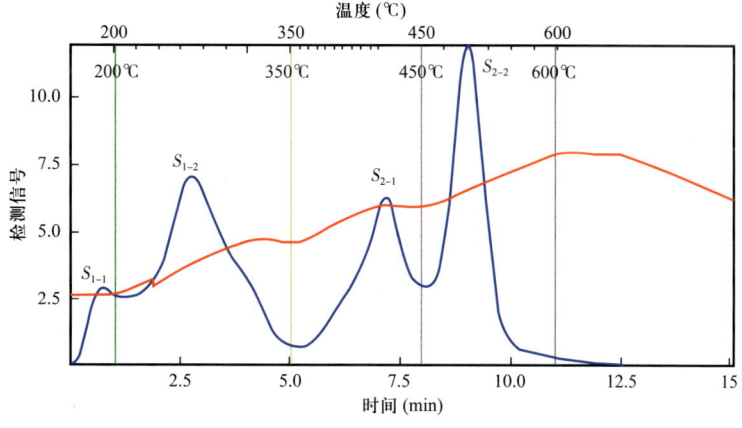

图 3-3-15 多温阶热解升温程序图

通过多温阶热解技术，实验测得玛页 1 井游离油平均占比 52.52%（21.03%~75.0%）。相对而言在 4590~4665m、4720~4730m、4750~4775m 游离烃含量和占比高（图 3-3-16），页岩油的可动性好。

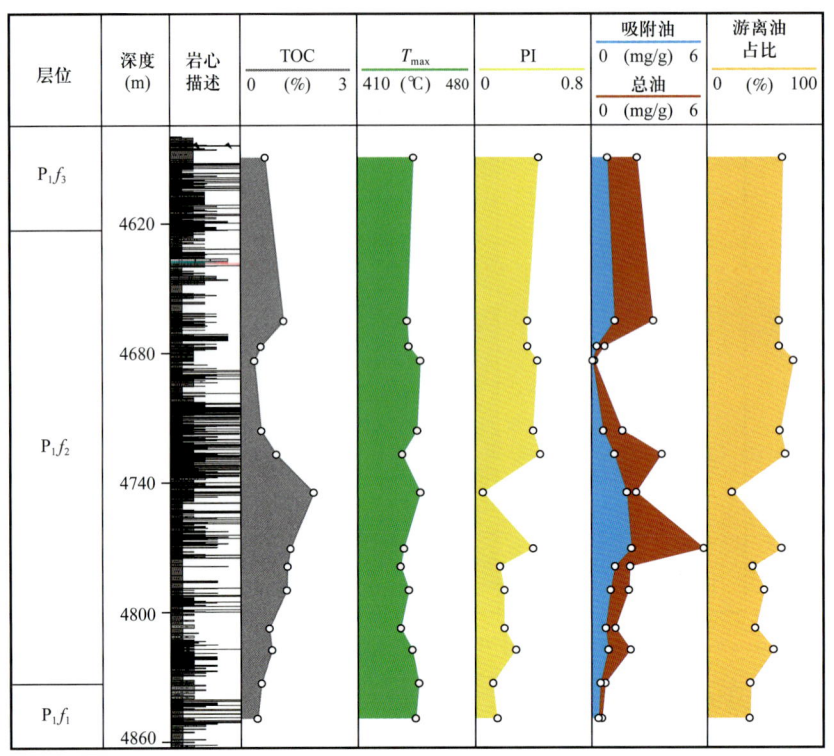

图 3-3-16　玛页 1 井云质泥岩游离油、吸附油分布特征

二、页岩油赋存机理

1. 有机质吸附作用

有机质含量是影响页岩油吸附的主要因素，随 TOC 含量增加，游离油和吸附油含量均增大。页岩的润湿性对吸附作用也产生重要影响，吉木萨尔凹陷芦草沟组为中性润湿（支东明等，2019）。

多温阶热解游离烃与 TOC 总体表现为正相关，但吸附烃与 TOC 的正相关性更好（图 3-3-17 和图 3-3-18），暗示 TOC 含量主要影响吸附烃含量的高低，但也对游离烃有重要影响。当 TOC 含量大于 1.5% 时，玛页 1 井其中 1 个样品的游离烃含量仅为 0.49mg/g，风南 14 井 TOC 含量与游离烃表现出线性增加的趋势，但吸附烃与 TOC 关系图上这些数据点偏离了总体的趋势线。由此看出，TOC 含量对游离烃的影响也较为复杂，并不是一成不变的关系。

吉木萨尔凹陷芦草沟组烃源岩 TOC 与游离油的关系较为复杂（图 3-3-19），呈现出先增加后减小的趋势，二者 TOC 界限值约为 2.5%，TOC 与吸附油的关系也表现出先增加后减小的趋势，二者 TOC 界限值约为 3.5%。这可能与芦草沟组烃源岩的岩性复杂、储层物性相对较好有关；同时，岩心自地下到地表后，含油样品的轻烃散失量较大。

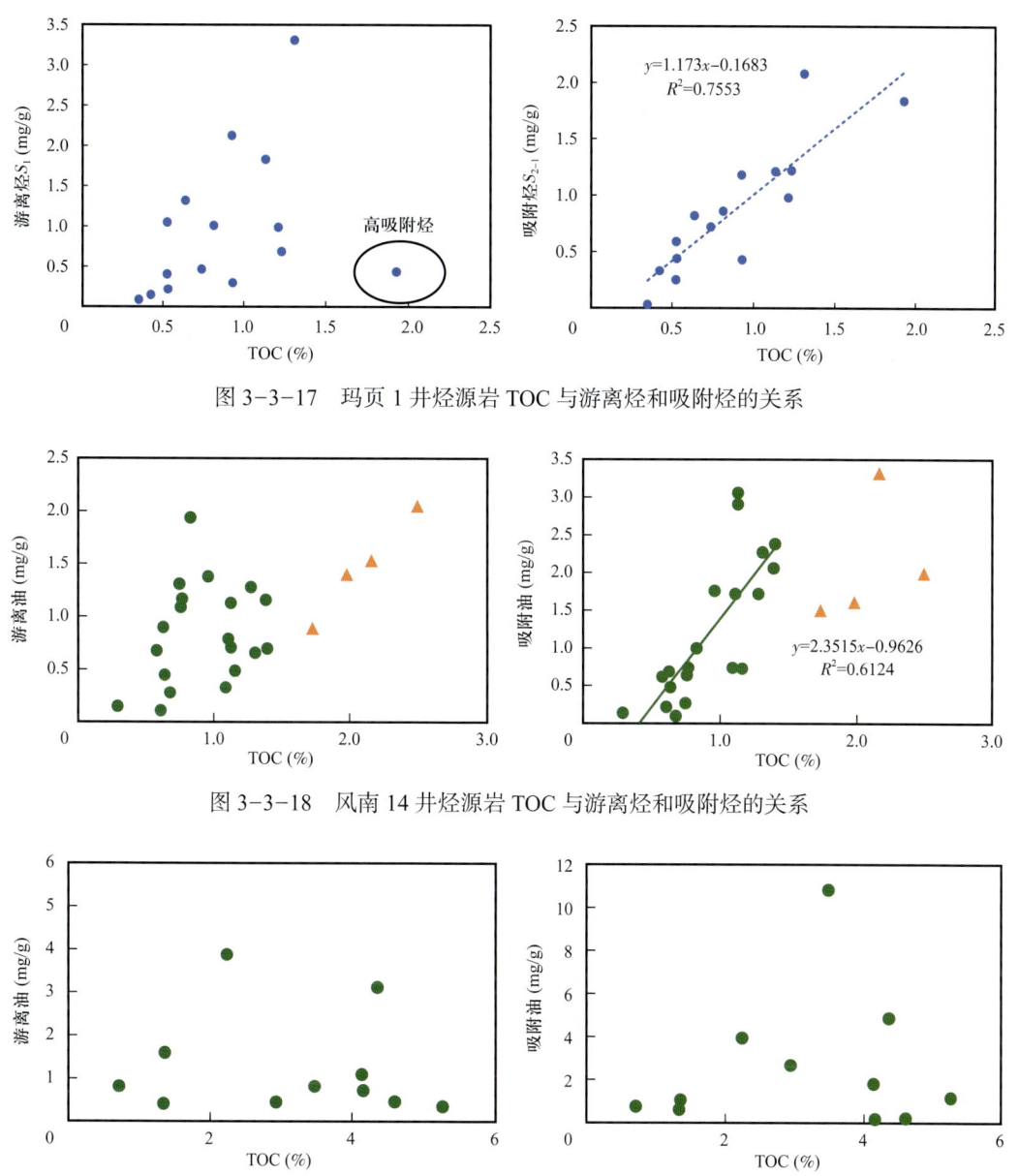

图 3-3-17　玛页 1 井烃源岩 TOC 与游离烃和吸附烃的关系

图 3-3-18　风南 14 井烃源岩 TOC 与游离烃和吸附烃的关系

图 3-3-19　吉 34 井烃源岩 TOC 与游离烃和吸附烃的关系

有机质对页岩油的吸附作用，还体现在轻重比（nC_{21-}/nC_{22+}）与 TOC 的关系图上（图 3-3-20），随着 TOC 含量增加，nC_{21-}/nC_{22+} 比值呈逐渐减小的趋势，当 TOC 大于 1% 时更为显著；氯仿沥青"A"含量增加，nC_{21-}/nC_{22+} 比值亦呈现逐渐减小的趋势。这反映出 TOC 对页岩油赋存烃类组分具有控制作用。

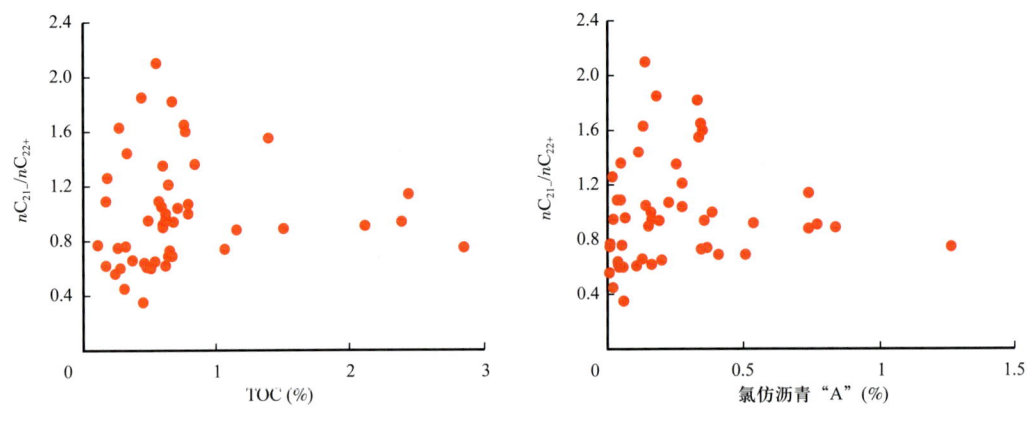

图 3-3-20 玛湖凹陷风城组轻重比与 TOC 和氯仿沥青 "A" 的关系

2. 原油化学性质

页岩的吸附作用与残留油的族组成具有密切的关系。吸附烃与饱和烃含量总体具有负相关性，与非烃含量的正相关性更强（图 3-3-21），暗示非烃含量的高低是影响吸附量大小的重要因素。芳香烃和沥青质与吸附烃的相关性较弱。

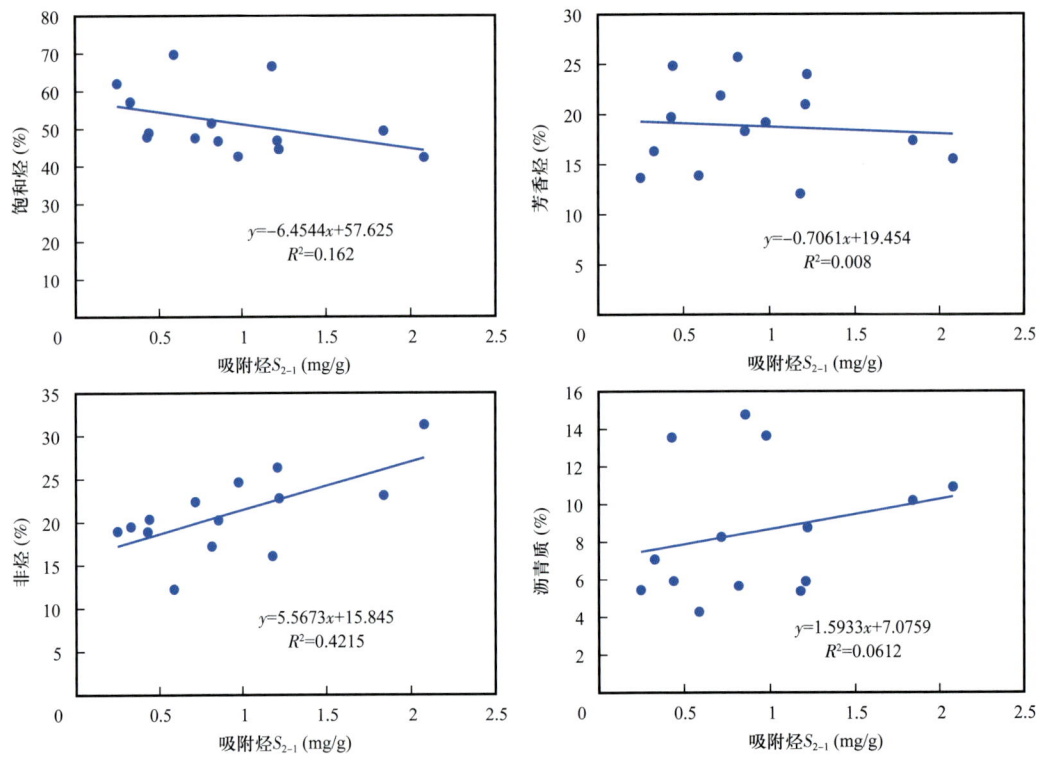

图 3-3-21 玛湖凹陷玛页 1 井风城组吸附烃与族组成的关系

3. 无机矿物含量

矿物含量及组成对烃类的赋存也具有重要影响。石英与长石总含量与储层热解游离烃的相关性不强，碳酸盐岩含量与储层热解游离烃具有微弱的负相关关系。石英与长石总含量与储层热解吸附烃具有较明显的负相关性，泥岩的负相关性更强；碳酸盐岩含量与储层热解吸附烃具有较明显的正相关性，特别是泥岩的相关性最好，然而当碳酸盐岩含量大于30%时，吸附烃含量变小，游离烃含量亦如此（图3-3-22），这种现象的原因可能与轻烃的大量散失及运移油的贡献有关。

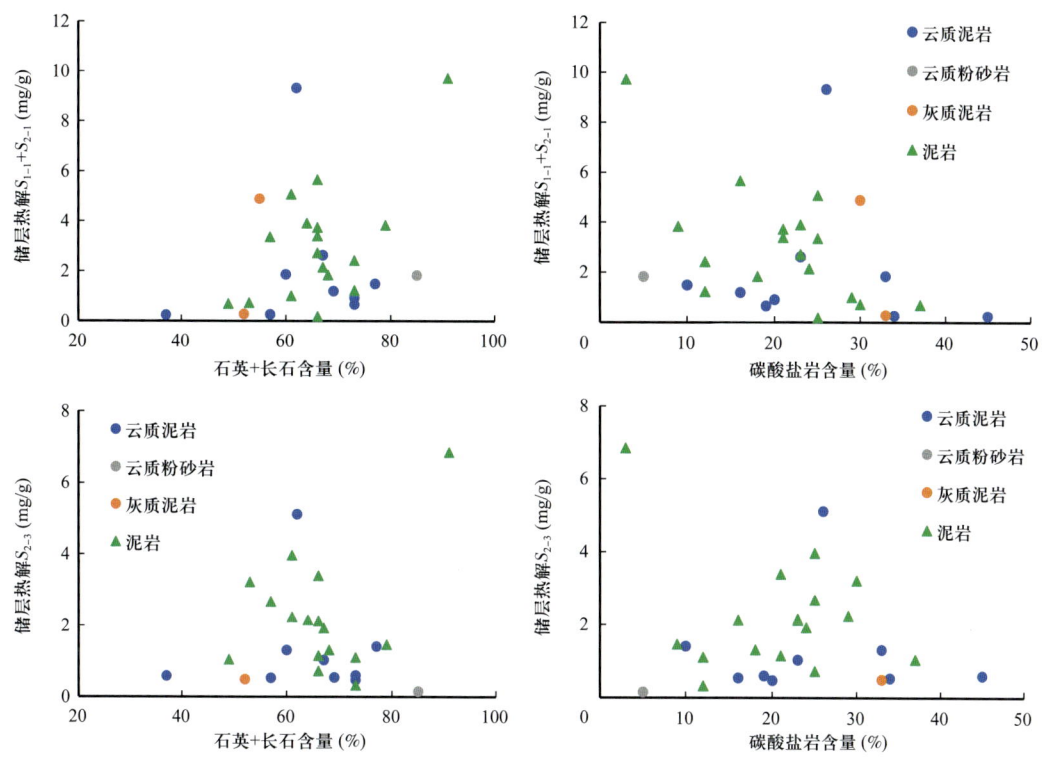

图 3-3-22　玛页 1 井风城组矿物含量与储层热解游离烃关系图

泥岩矿物组成及含量与游离烃的关系比较复杂。总体而言，随着石英、碳酸盐岩含量的增加，游离烃呈现先增加，而后减小的趋势，黏土矿物含量与游离烃总体表现为负相关关系（图 3-3-23），暗示黏土含量对页岩油具有吸附性。当石英含量大于 50%，碳酸盐含量大于 35% 时，游离烃含量明显减小，这可能与轻质烃类的大量散失有关。

4. 有效孔隙度

页岩油储层孔隙度的大小对烃类的含量及赋存状态具有重要的控制作用，储层热解游离烃含量随着孔隙度的增加而明显增大，然而，孔隙度与吸附烃的关系较复杂（图 3-3-24）。

三、页岩油可动性评价

页岩油勘探有效动用资源是页岩层系中的游离油，游离油是理论上的最大可动量，在现有经济和技术条件下，仅部分游离油可以开采出来，而影响页岩油可动性和可动量的因素涉及地质及开发等各个方面。页岩含油性、页岩油分子组成与储集空间的匹配关系及地层压力是页岩油可动性最直接的主控因素。

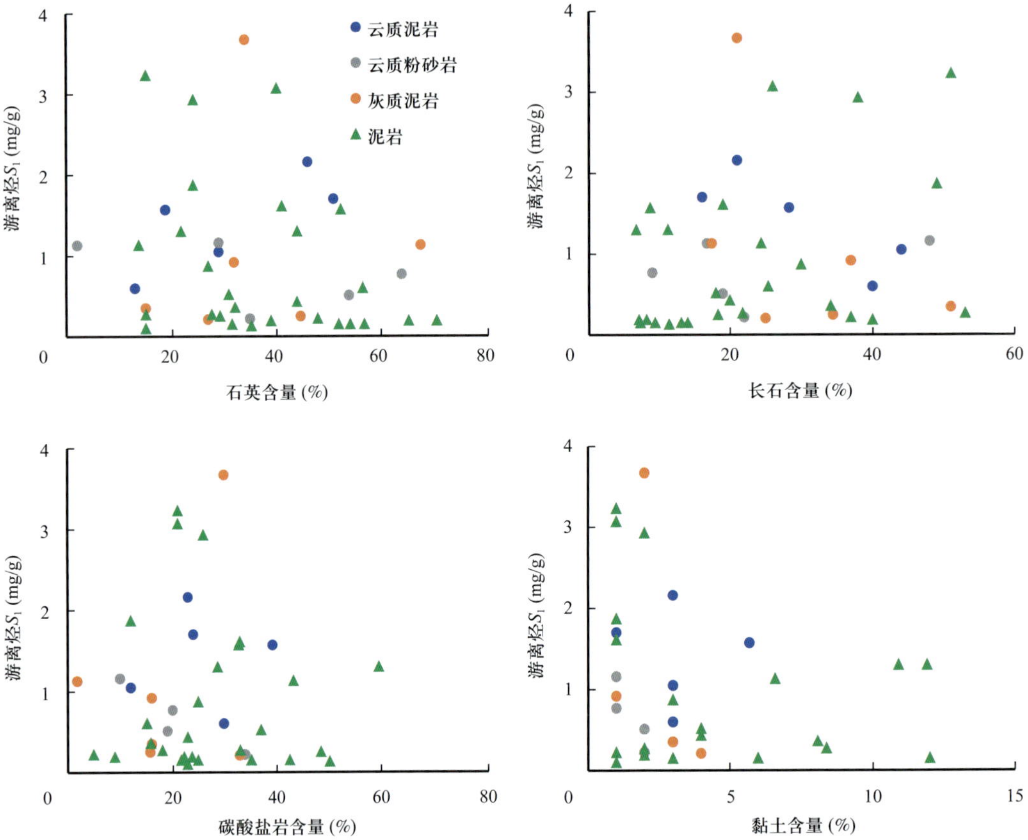

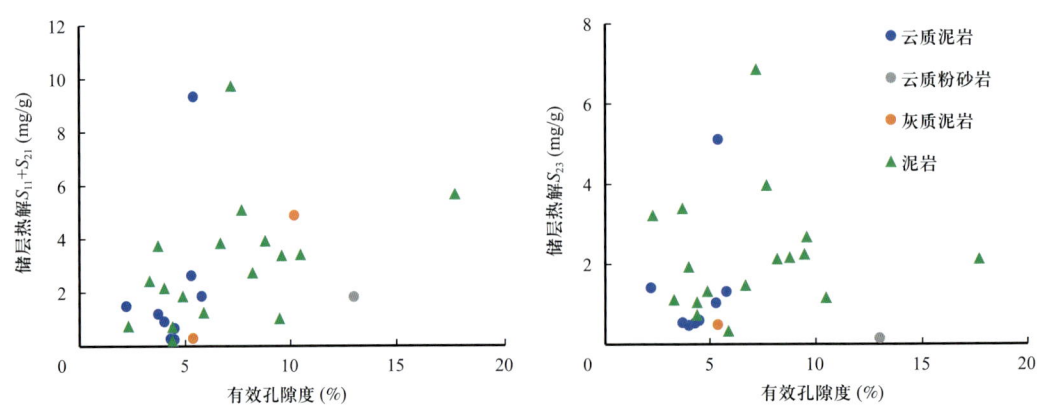

图 3-3-23　玛页 1 井风城组矿物含量与烃源岩游离烃关系图

图 3-3-24　玛页 1 井风城组烃源岩有效孔隙度与储层热解游离烃、吸附烃关系图

页岩可动油含量的认识存在较大分歧。Jarvie（2012）认为 S_1/TOC 大于 100mg/g 为可动油的门限，Michael（2013）认为几乎所有的 S_1 都是可动的，而重烃校正的液态烃仍

为吸附状态。多数学者认为，可动烃是热解至200℃（S_{1-1}）之前释放的可动烃（蒋启贵等，2016；Li et al.，2020），这部分是现实可动的。因此，可动烃量为蒸发损失量与热解S_{1-1}之和。

1. 油饱指数（OSI）法

油饱指数法（OSI）广泛应用到判断页岩油可动性及有利层段选取的重要依据。然而国内外对OSI的界限值仍存在不同的认识。此外，Jarvie（2012）提出的OSI界限为100mg/g，游离烃S_1值是未经轻烃损失校正参与计算的，这会严重低估地层条件下真正的OSI值。因此，轻烃恢复后的OSI法更符合地质实际。

风城组页岩油大量排烃时的T_{max}值约为442℃，根据Jarvie等（2007）提出的计算镜质组反射率公式：$R_o=0.018T_{max}-7.16$，计算R_o约为0.80%。有利页岩油赋存的多温阶热解T_{max}区间为436~446℃（图3-3-25），镜质组反射率为0.70%~0.87%。

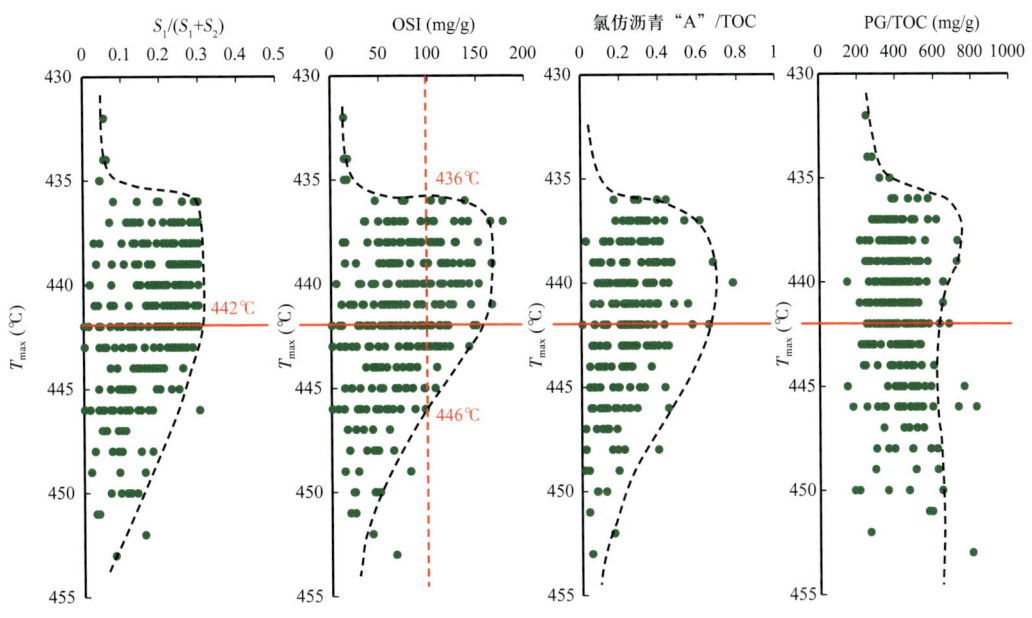

图3-3-25 玛湖凹陷风城组烃源岩生烃转化率与T_{max}的关系

芦草沟组页岩油大量排烃时的T_{max}值约为442℃，根据Jarvie等（2007）提出的计算镜质组反射率公式：$R_o=0.018T_{max}-7.16$，计算R_o约为0.80%，这与风城组的排烃成熟度界限一致。然而，芦草沟组页岩油赋存的有利热解T_{max}区间为436~454℃（图3-3-26），镜质组反射率为0.70%~1.01%，热解T_{max}分布范围大于风城组。

2. 热解方法

多温阶热解350℃前的轻质烃（S_{1-1}）和轻—中质烃（S_{1-2}）之和与常规岩石热解S_1表现出显著的正相关性（图3-3-27），前者约为后者的1.15倍。多温阶热解实验中低于

200℃的游离烃是现实可动的,再加上轻烃挥发损失量,二者之和即为现实可动烃量。玛页1井风城组可动烃占游离烃比例为26.79%~92.16%,平均为57.89%;可动烃占总烃的比例为19.21%~89.53%,平均为41.03%(表3-3-1)。

吉木萨尔凹陷芦草沟组页岩未开展多温阶热解分析,采用抽提前后热解方法确定总油(Jarvie,2012),再加上轻烃损失量即可获得近似原地滞留烃(总烃)。轻烃损失采用经验值35%(Cooles et al.,1986),200℃的游离烃借鉴风城组常规S_1与多温阶热解S_{1-1}关系式确定(图3-3-28)。研究及计算表明,吉34井芦草沟组可动烃占游离烃比例为43.04%~63.55%,平均为50.36%;可动烃占总烃的比例为3.09%~29.59%,平均为16.90%(表3-3-2)。

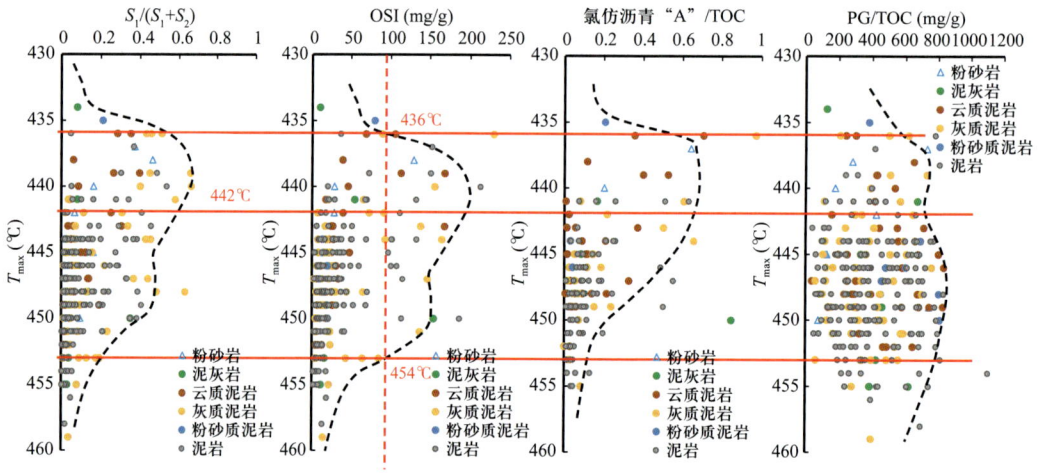

图3-3-26 吉木萨尔凹陷芦草沟组烃源岩生烃转化率与T_{max}的关系

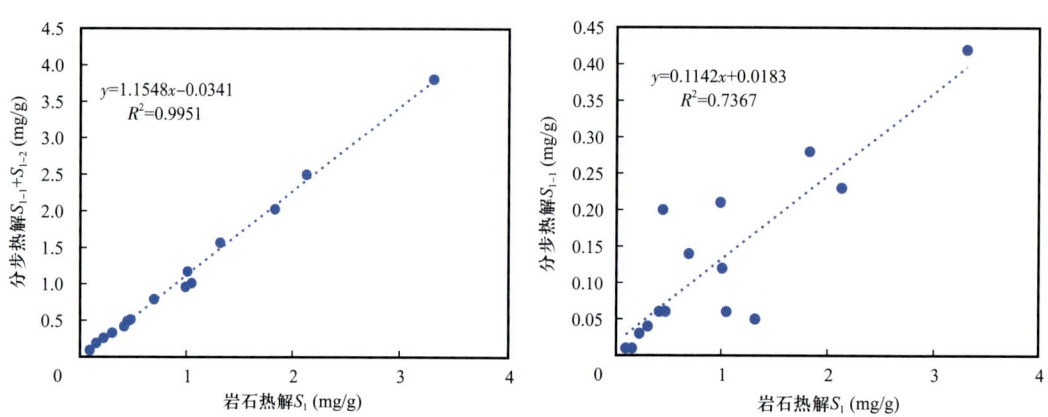

图3-3-27 玛湖凹陷玛页1井风城组常规热解S_1与多温阶热解游离烃的关系

图3-3-28 玛湖凹陷玛页1井风城组常规热解S_1与多温阶热解游离烃S_{1-1}的关系

表 3-3-1 玛湖凹陷玛页 1 井轻烃恢复后计算可动烃含量及比例分布

埋深（m）	层位	计算原始 S_1 含量（mg/g）	常规热解 S_1（mg/g）	游离烃 S_{1-1}（mg/g）	游离烃 S_{1-2}（mg/g）	多温阶热解游离烃总量（mg/g）	多温阶热解转换到 300℃ 游离烃（mg/g）	轻烃损失量（mg/g）	200℃ 游离烃+轻烃损失量（mg/g）	可动烃占游离烃比例（%）	可动烃占总烃比例（%）
4589.52	P_1f_3	1.90	1.32	0.05	1.52	1.57	1.39	0.51	0.56	26.79	19.21
4665.23	P_1f_2	2.43	1.83	0.28	1.75	2.03	1.79	0.65	0.93	34.59	23.81
4677.02	P_1f_2	1.21	0.41	0.06	0.36	0.42	0.39	0.82	0.88	70.99	59.09
4683.65	P_1f_2	1.04	0.09	0.01	0.08	0.09	0.11	0.93	0.94	92.16	89.53
4716.02	P_1f_2	1.66	1.05	0.06	0.95	1.01	0.90	0.76	0.82	46.23	34.65
4727.00	P_1f_2	2.82	2.13	0.23	2.27	2.50	2.19	0.62	0.85	27.31	19.82
4744.65	P_1f_2	1.23	0.44	0.20	0.29	0.49	0.45	0.78	0.98	77.14	31.48
4770.52	P_1f_2	5.02	3.31	0.42	3.39	3.81	3.33	1.69	2.11	38.36	27.83
4778.81	P_1f_2	1.39	0.69	0.14	0.65	0.79	0.71	0.68	0.82	55.75	30.46
4789.86	P_1f_2	1.61	0.99	0.21	0.75	0.96	0.86	0.75	0.96	56.19	35.73
4807.50	P_1f_2	1.25	0.47	0.06	0.45	0.51	0.47	0.78	0.84	65.10	41.77
4817.44	P_1f_2	1.63	1.01	0.12	1.05	1.17	1.04	0.59	0.71	40.20	26.99
4832.81	P_1f_2	1.11	0.22	0.03	0.23	0.26	0.25	0.85	0.88	79.31	56.82
4849.30	P_1f_1	1.07	0.15	0.01	0.18	0.19	0.19	0.88	0.89	83.10	63.45
4863.80	P_1f_1	1.15	0.30	0.04	0.29	0.33	0.32	0.84	0.88	75.12	54.87

表 3-3-2 吉木萨尔凹陷吉 34 井轻烃恢复后计算可动烃含量及比例分布

埋深（m）	层位	抽提前热解 S_1（mg/g）	抽提前热解 S_2（mg/g）	抽提后热解 S_1（mg/g）	抽提后热解 S_2（mg/g）	轻烃损失量（mg/g）	总烃（mg/g）	计算 200℃ 游离烃（mg/g）	可动烃（mg/g）	可动烃占游离烃比例（%）	可动烃占总烃比例（%）
3644.21	P_2l_2	0.99	7.06	0.11	5.14	0.35	3.15	0.13	0.48	47.25	15.19
3644.54	P_2l_2	1.54	4.28	0.06	3.16	0.54	3.14	0.19	0.73	43.79	23.36
3644.95	P_2l_2	3.77	5.74	0.11	1.68	1.32	9.04	0.45	1.77	43.04	19.56
3672.04	P_2l_2	0.75	23.28	0.07	12.38	0.26	11.84	0.10	0.37	46.74	3.09
3672.25	P_2l_2	0.37	7.08	0.04	6.42	0.13	1.12	0.06	0.19	48.66	16.98
3672.34	P_2l_2	0.38	8.24	0.07	5.49	0.13	3.19	0.06	0.19	52.38	6.10

续表

埋深 (m)	层位	抽提前热解 S_1 (mg/g)	抽提前热解 S_2 (mg/g)	抽提后热解 S_1 (mg/g)	抽提后热解 S_2 (mg/g)	轻烃损失量 (mg/g)	总烃 (mg/g)	计算200℃游离烃 (mg/g)	可动烃 (mg/g)	可动烃占游离烃比例 (%)	可动烃占总烃比例 (%)
3685.95	P_2l_2	0.34	13.98	0.12	13.64	0.12	0.68	0.06	0.18	63.55	25.94
3686.62	P_2l_2	0.28	2.96	0.07	1.73	0.10	1.54	0.05	0.15	56.97	9.64
3781.91	P_2l_1	0.54	11.05	0.18	10.69	0.19	0.91	0.08	0.27	61.13	29.59
3782.61	P_2l_1	0.75	1.38	0.07	0.55	0.26	1.77	0.10	0.37	46.74	20.67
3783.4	P_2l_1	2.99	7.53	0.13	2.53	1.05	8.91	0.36	1.41	43.68	15.79

传统热解方法获得的 S_1 代表游离烃，S_2 代表干酪根热解烃，由于吸附烃与有机质丰度关系密切，因此 S_1/S_2 比值可反映游离油与吸附油的相对比例，该值越大代表游离油占比越高。风城组 S_1/S_2 比值与 T_{max} 具有负相关性，随着热演化程度增加，S_1/S_2 比值减小。当 T_{max} 小于435℃时，高 S_1/S_2 比值以运移油为主；当 T_{max} 值为435～445℃时，为源内滞留页岩油的主要富集区间，相对高比值的 S_1/S_2 流动性好；当 T_{max} 大于445℃时，页岩生成的石油已大部分排出，由于排烃效率高，页岩内滞留烃相对较少，不是页岩油的勘探甜点区。吉木萨尔凹陷芦草沟组 S_1/S_2 比值与 T_{max} 总体具有负相关性，T_{max} 为436～450℃时，S_1/S_2 比值具有较多的高值，反映页岩油的可动性好；当 S_2 值小于10mg/g 时，S_1 值较高，反映页岩油流动性好（图3-3-29）。

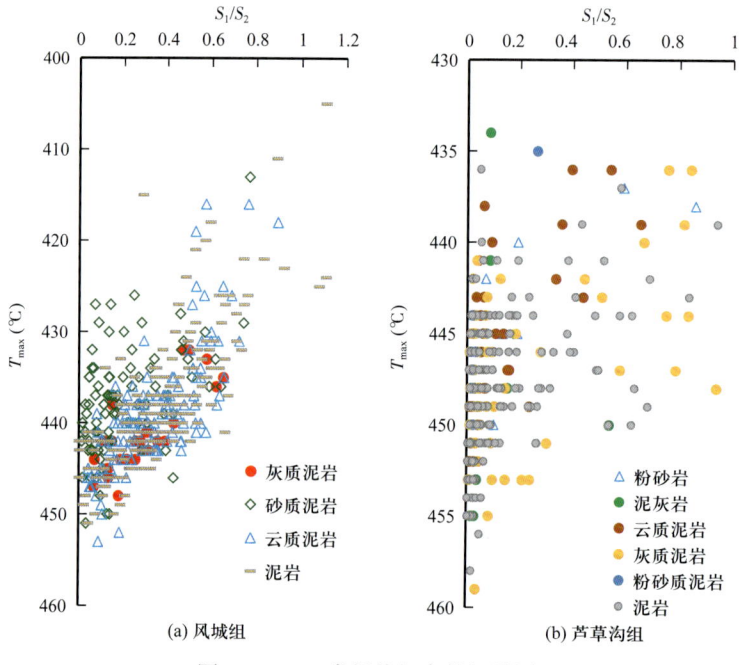

图 3-3-29 常规热解参数相关图

第四节 页岩油甜点地球化学评价

一、页岩油甜点地球化学参数评价标准

烃源岩品质是评价和优选页岩油甜点区的重要指标之一。前人研究表明，高有机碳含量大多预示着高的页岩油资源量。卢双舫等（2012）根据页岩含油量与TOC关系的"三分性"，对中国东部部分盆地进行研究后，按富集程度将页岩油资源分为分散（无效）资源（TOC小于1%）、低效资源（TOC为1%~2%）和富集资源（TOC大于2%）三个级别，相应的S_1分界点为0.5mg/g和2mg/g，氯仿沥青"A"分界点为0.1%和0.4%。邹才能等（2015）亦认为页岩油地质甜点有机地球化学指标TOC大于2%，S_1大于2mg/g。邱振等（2016）对吉木萨尔凹陷芦草沟组进行研究后认为页岩油的最有利层段R_o值为0.7%~1.0%、TOC大于2%。

由于影响页岩油富集的地质因素多，且各因素之间具有复杂的相互作用，如高有机碳含量并不一定总对应着高的资源量或可动油含量，因为有机碳含量越高则吸附油含量也越高，相对而言可动油越少。国外页岩油勘探表明，页岩高可动油段实际上是TOC相对较低的层段，或者在一定的TOC范围内。TOC含量异常高、异常低的两个极端可能并不利于页岩油富集段和高可动油段的形成。此外，以往建立的页岩油分级评价烃源岩参数标准，如氯仿沥青"A"和游离烃S_1的分级界限，均是未考虑轻烃恢复的损失量，而是从"残留油"或"残留烃"含量给出的标准，并不代表地下原始的含油状态，由此可能会导致对页岩油富集或甜点评价的误判。

从有机地球化学角度，影响页岩油甜点富集及可动性的主要因素包括有机质丰度（TOC）、有机质类型、热演化程度及含油量（氯仿沥青"A"、热解游离烃S_1）等4个关键参数，由于TOC含量与有机质类型有关，同时玛湖凹陷风南页岩油探区面积较小，风城组页岩热演化程度差异较小。故此，本书选取TOC和含油量（氯仿沥青"A"、热解游离烃S_1）参数，通过相关性的分析，建立了页岩油地质甜点地球化学分级评价标准。

1. 有机质丰度标准

TOC含量与氢指数具有较好的正相关性（匡立春等，2021），随着TOC含量的增加，氢指数增大，反映有机质的类型逐渐变好。根据TOC与HI的关系，将风城组泥岩细分为富有机质泥岩（TOC大于0.8%）、含有机质泥岩（TOC为0.3%~0.8%）和贫有机质泥岩（TOC小于0.3%）三类（图3-4-1），相对应的有机质类型从Ⅰ—Ⅱ型，Ⅱ型，逐渐过渡到Ⅲ型。芦草沟组烃源岩富有机质、含有机质和贫有机质的TOC界限分别为3.0%和1.0%（图3-4-2），有机质类型从以Ⅰ型为主，以Ⅱ型为主，演变为以Ⅲ型为主。

2. 氯仿沥青"A"标准

在TOC与氯仿沥青"A"关系图上（图3-4-3和图3-4-4），TOC含量随氯仿沥青"A"的增加表现出较明显的三段式特征。玛湖凹陷风城组泥岩TOC含量小于0.3%时

（界限1），氯仿沥青"A"呈稳定低值；当TOC含量大于0.8%时（界限2），氯仿沥青"A"总体呈稳定高值；当TOC为0.3%~0.8%时，氯仿沥青"A"呈现显著增高趋势。根据卢双舫等（2012）提出的方法确定风城组氯仿沥青"A"的分级界限标准，在TOC与氯仿沥青"A"关系图中（图3-4-3和图3-4-4），外包络线与界限1的交点为分散资源的氯仿沥青"A"上限，而外包络线对应的氯仿沥青"A"稳定段高值和界限1对应的氯仿沥青"A"值的平均值，确定为富集资源的下限。风城组氯仿沥青"A"小于0.15%为分散资源，氯仿沥青"A"大于0.45%为富集资源，介于二者之间的为低效资源（图3-4-3）。同样的方法确定了芦草沟组页岩油氯仿沥青"A"分级界限为1.0%和2.5%（图3-4-4）。

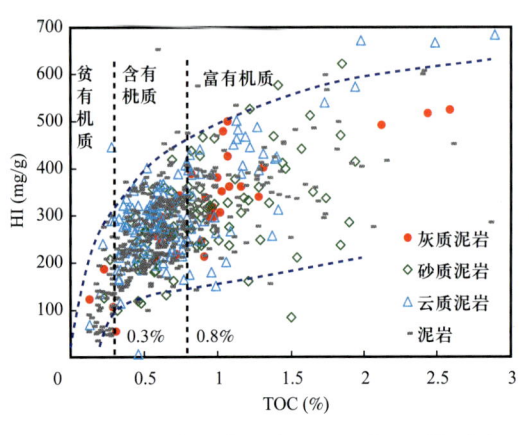

图3-4-1 玛湖凹陷风城组TOC与HI关系图

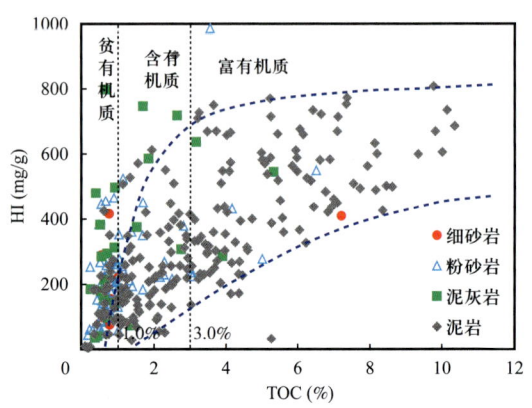

图3-4-2 吉木萨尔凹陷芦草沟组TOC与HI关系图

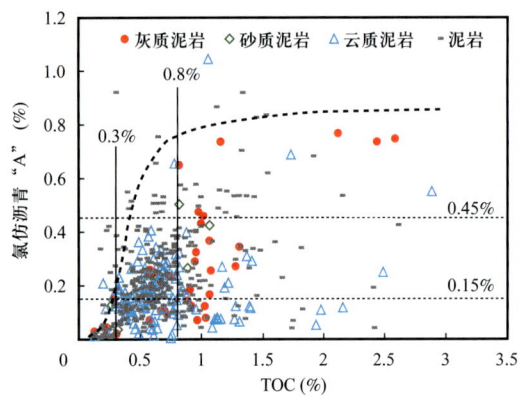

图3-4-3 玛湖凹陷风城组TOC与氯仿沥青"A"关系图

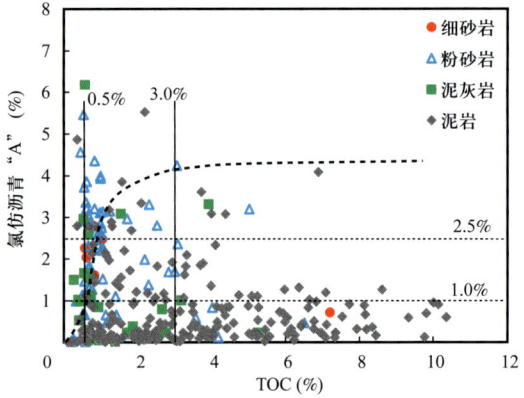

图3-4-4 吉木萨尔凹陷芦草沟组TOC与氯仿沥青"A"关系图

3. 游离烃（S_1）标准

TOC与游离烃S_1散点关系图也表现为三段式（图3-4-5和图3-4-6），当TOC较高时，S_1为相对稳定高值；当TOC较低时，S_1保持低值；而TOC介于之间时，S_1表现出快速上升特征。卢双舫等（2012）在TOC与S_1关系图中根据外包络线与相应低TOC分界线交点（界限1）定为无效资源与低效资源的分界线；而低效资源与富集资源的 S_1 界限（界限2）为外包络线稳定段 S_1 与界限1对应的 S_1 的平均值。根据上述方法确定了风城组 S_1 的分级界限标准，S_1 小于 0.5mg/g 为分散资源，S_1 大于 1.5mg/g 为富集资源，介于二者之间的为低效资源（图 3-4-5）。同样的方法确定了芦草沟组页岩油 S_1 分级界限为 1.0mg/g 和 3.5mg/g（图 3-4-6）。

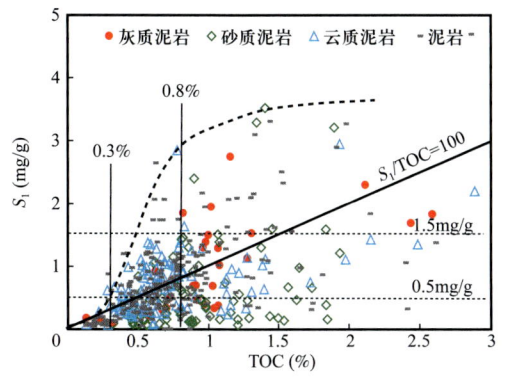 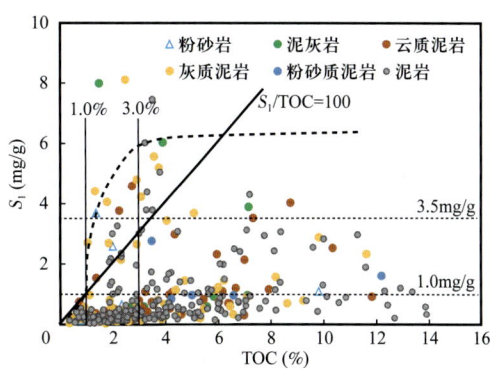

图 3-4-5 玛湖凹陷风城组 TOC 与 S_1 关系图（岩性）

图 3-4-6 吉木萨尔凹陷芦草沟组 TOC 与 S_1 关系图（岩性）

4. 成熟度（R_o）标准

成熟度是影响页岩油生成产物类型、生烃量及流体性质的重要因素。玛湖凹陷风城组计算成熟度依据 Jarvie 等（2007）提出的公式 $R_o=0.018T_{max}-7.16$，吉木萨尔凹陷芦草沟组 R_o 值以郭旭光等（2019）绘制的芦草沟组顶部镜质组反射率平面分布为约束（统计地化分析井在 R_o 平面图上的位置）。研究发现，由于风城组和芦草沟组烃源岩均位于生油窗阶段，成熟度范围较为集中，因此不同富集程度的页岩油其镜质组反射率的差别较小（图 3-4-7 和图 3-4-8），相对而言风城组中等富集—富集资源的 R_o 为 0.7%~0.85%，而无效—低效级别的 R_o 为 0.7%~1.0%；芦草沟组中等富集—富集资源 R_o 为 0.8%~0.9%，而无效—低效级别的 R_o 为 0.7%~1.0%。

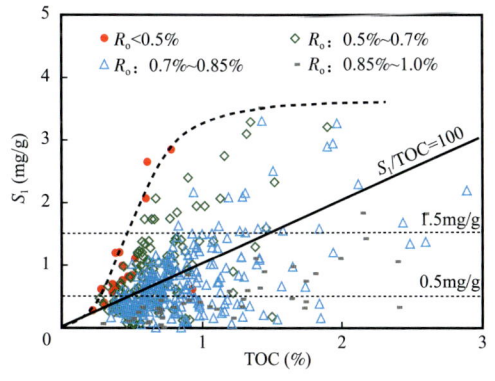 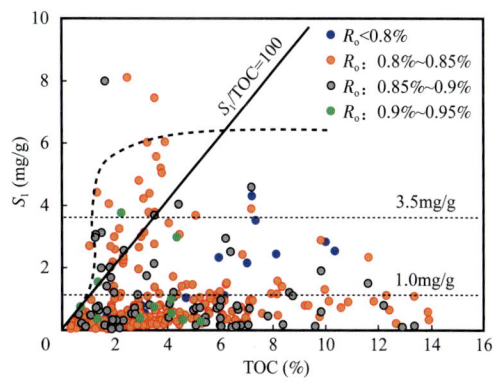

图 3-4-7 玛湖凹陷风城组 TOC 与 S_1 关系图（R_o）

图 3-4-8 吉木萨尔凹陷芦草沟组 TOC 与 S_1 关系图（R_o）

综合以上分析，确立了玛湖凹陷风城组和吉木萨尔凹陷芦草沟组页岩油甜点地球化学分级评价标准，具体指标和界限如表 3-4-1 所示。风城组与芦草沟组页岩油甜点地球化学评价标准在含油性指标上（S_1 和氯仿沥青"A"）差别显著，分析认为这主要与有机质丰度的显著差别有关，进而体现在含油性上，风城组烃源岩 TOC 显著小于芦草沟组，相对而言风城组属于贫有机质烃源岩，而芦草沟组为富有机质烃源岩。风城组烃源岩中页岩油主要由排烃后的滞留烃及运移烃组成，且运移烃占有一定的比例，而芦草沟组烃源岩（泥岩）中的页岩油以滞留烃为主（图 3-4-9 和图 3-4-10）。由此反映出，相对于芦草沟组页岩油，风城组页岩油可动性更好，更有利于页岩油开发。

表 3-4-1 玛湖凹陷风城组与吉木萨尔凹陷芦草沟组页岩油甜点地球化学评价标准

级别	玛湖凹陷风城组				吉木萨尔凹陷芦草沟组			
	S_1（mg/g）	氯仿沥青"A"（%）	OSI（mg/g）	R_o（%）	S_1（mg/g）	氯仿沥青"A"（%）	OSI（mg/g）	R_o（%）
富集资源	>1.5	>0.45	>100	0.7~0.85	>3.5	>2.5	>100	0.8~0.9
中等富集资源	0.5~1.5	0.15~0.45	>100	0.7~0.85	1.0~3.5	1.0~2.5	>100	0.8~0.9
低效资源	0.5~1.5	0.15~0.45	<100	0.7~1.0	1.0~3.5	1.0~2.5	<100	0.7~0.9
无效资源	<0.5	<0.15	<100	0.7~1.0	<1.0	<1.0	<100	0.8~1.0

从 T_{max} 与产率指数关系上，当 T_{max} 小于 435℃时，此时干酪根尚未成熟，不会生成大量的石油，其高的产率指数（PI）代表了近源运移的石油，这在风城组表现尤为突出（图 3-4-9）；T_{max} 为 435~445℃时为大量生油阶段的早期，在风城组和芦草沟组发育页岩油资源，其中一部分为运移油，主体以页岩自生自储为主；T_{max} 大于 445℃时为生油高峰阶段，由于此阶段石油大量生成并排出，所以产率指数较小，并且随着 T_{max} 升高而持续减小（图 3-4-9 和图 3-4-10）。

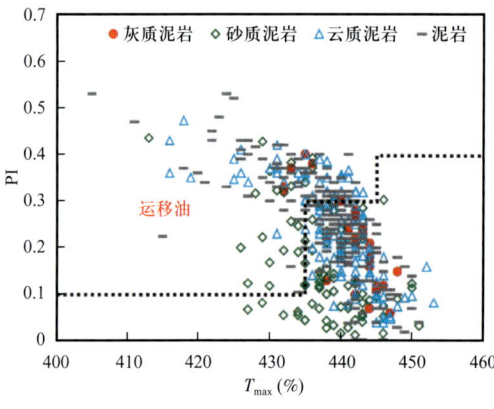

图 3-4-9 玛湖凹陷风城组烃源岩 T_{max} 与 PI 关系图

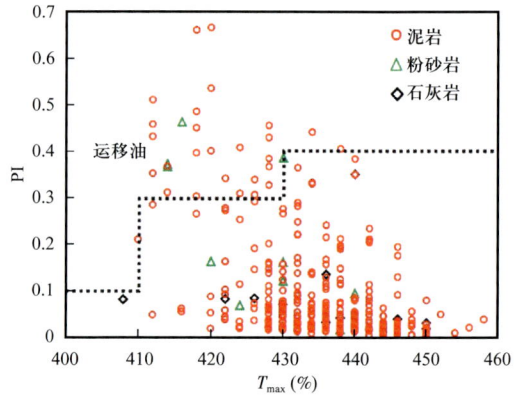

图 3-4-10 吉木萨尔凹陷芦草沟组烃源岩 T_{max} 与 PI 关系图

国内较多的学者曾对中国不同盆地提出过页岩油地球化学甜点评价标准，对咸水湖盆提出的标准如下：杨智等（2015）提出吉木萨尔凹陷芦草沟组页岩油地质甜点 TOC 大于 4%，R_o 为 0.8%～1.1%，S_1 大于 4mg/g；郭旭光等（2019）从有机质丰度（TOC）、有机质类型和有机质热演化成熟（R_o）方面，提出芦草沟组地质甜点分级评价标准（表3-4-2）；李志明等（2020）通过对江汉盆地潜江凹陷潜江组潜 3^4-10 韵律盐间细粒岩（泥质白云岩、云质泥岩、灰质泥岩）出油井与不出油井的统计，获得出油井地球化学参数 TOC 大于 1.0%，S_1 大于 3.5mg/g。李国新等（2022）通过对柴达木盆地英雄岭古近系下干柴沟组上段咸化湖相页岩油的研究，提出该地区页岩油甜点分级评价标准，Ⅰ类页岩油 TOC 不小于 0.8%，R_o 为 1.0%～1.3%；Ⅱ类页岩油 TOC 为 0.6%～0.8%，R_o 为 0.8%～1.0%；Ⅲ类页岩油 TOC 为 0.4%～0.6%，R_o 小于 0.8%。

表3-4-2　吉木萨尔凹陷芦草沟组页岩油甜点评价标准参数（据郭旭光等，2019）

评价参数	Ⅰ级甜点	Ⅱ级甜点	Ⅲ级甜点
TOC（%）	>3.5	2.0～3.5	1.0～2.0
R_o（%）	0.7～1.0	1.0～1.3	0.5～0.7
有机质类型	Ⅰ	Ⅰ—Ⅱ$_1$	Ⅱ$_1$—Ⅱ$_2$

由以上的评价标准可以看出，对于不同的页岩油勘探层，由于有机质丰度、类型及热演化程度的不同，甜点评价的地球化学标准差异较大。因此，建立地区性的标准是非常有必要的，位于准噶尔盆地不同凹陷的二叠系风城组和芦草沟组页岩油，芦草沟组有机质丰度显著高于风城组，有机质类型也好于风城组，热演化程度略高于风城组（特指风南地区），因此以 TOC 和含油量为基础建立的页岩油分级评价标准差别较大，在勘探过程中应按各自的甜点标准选区、选段评价。

二、页岩油甜点地球化学评价

不同岩性的风城组泥岩中均存在运移油的特征（高 PI，高 OSI，低 T_{max}）。贫有机质及含有机质的层段，运移烃含量高，页岩油可动性好。风城组烃源岩纵向上发育多个有机质富集段，与贫有机质段间互分布。富有机质段残留烃含量高，页岩油富集。贫有机质段有运移油贡献时，油饱指数高，原油可动性好。玛湖凹陷风城组玛页1井纵向上岩性复杂且变化快，发育各种沉积和成岩形成的构造现象，页岩油选段评价时，首选富集程度高的富有机质、游离烃含量高且 OIS 值大于 100mg/g 的层段，其次为贫有机质，但含油量 S_1 较高的层段，具体评价结果如图3-4-11所示，相同的评价思路对风南1井、风南7井、风南8井和风南14井进行了富集段评价（图3-4-12至图3-4-15）。

对吉木萨尔凹陷芦草沟组两口典型井进行了页岩油富集段评价（图3-4-16和图3-4-17），其中吉174井前期研究中识别的上甜点段和下甜点段已经产出工业油流，本书从地球化学角度对上、下甜点段中间的大套泥页岩储层进行评价后，提出 3174～3218m 可能是该井下一步页岩油勘探选段的主要目标，岩性以黑色泥岩夹灰质泥岩和云质泥岩为主，其平均TOC含量为3.3%（0.36%~12.31%），同时具有高的氯仿沥青"A"含量和热解游离油，具备页岩油勘探的潜力。

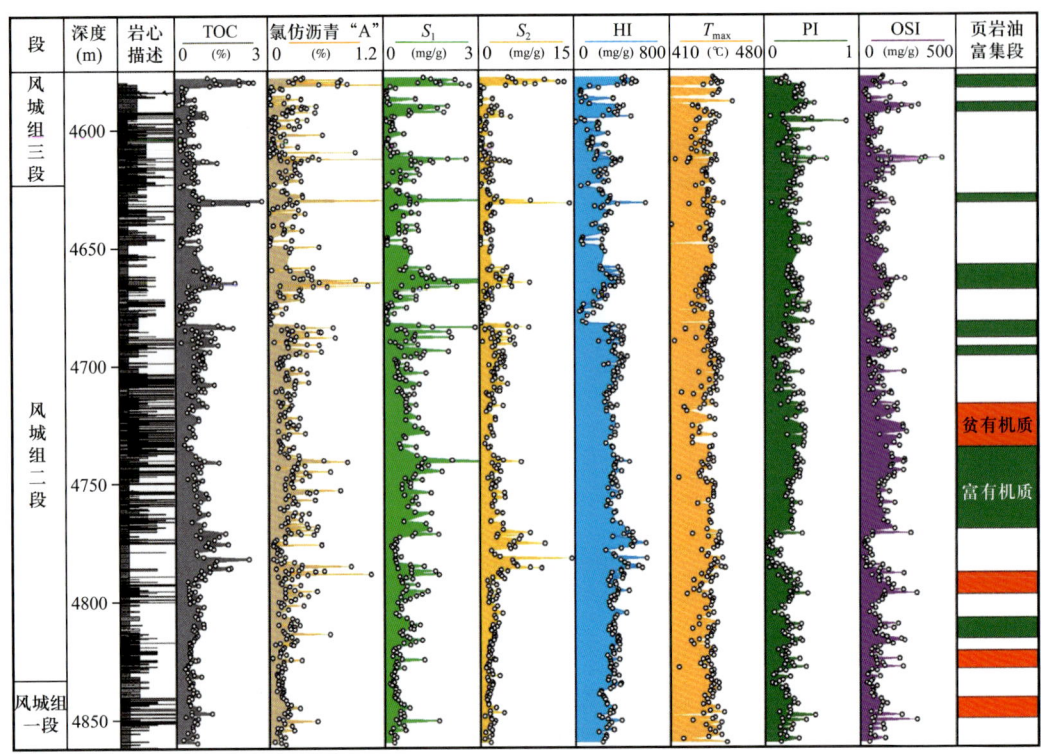

图3-4-11 玛湖凹陷玛页1井风城组页岩油甜点地球化学评价

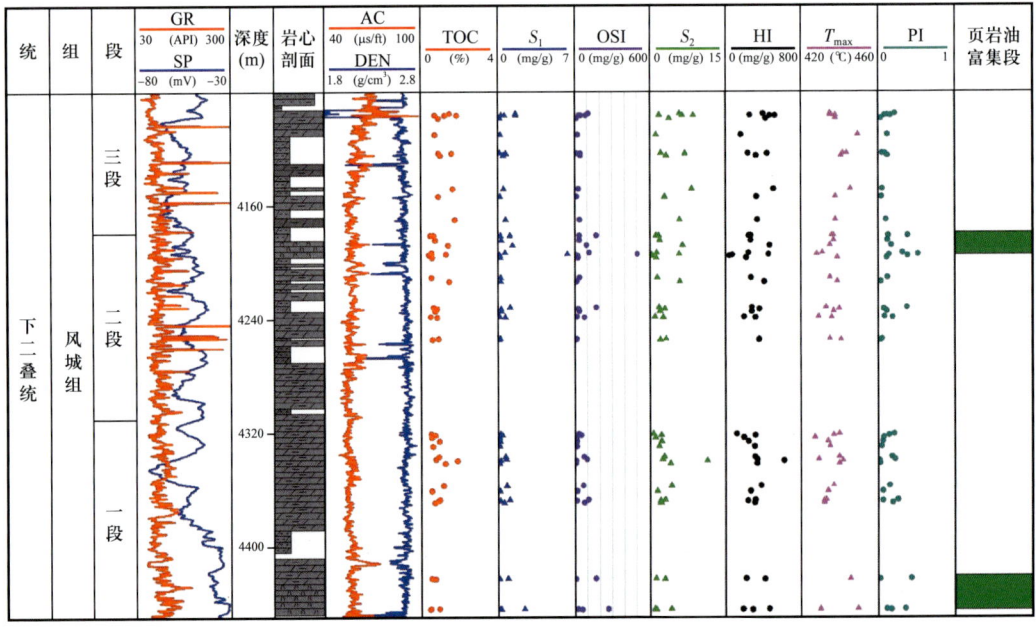

图3-4-12 玛湖凹陷风南1井纵向上含油性与烃源岩地球化学参数关系

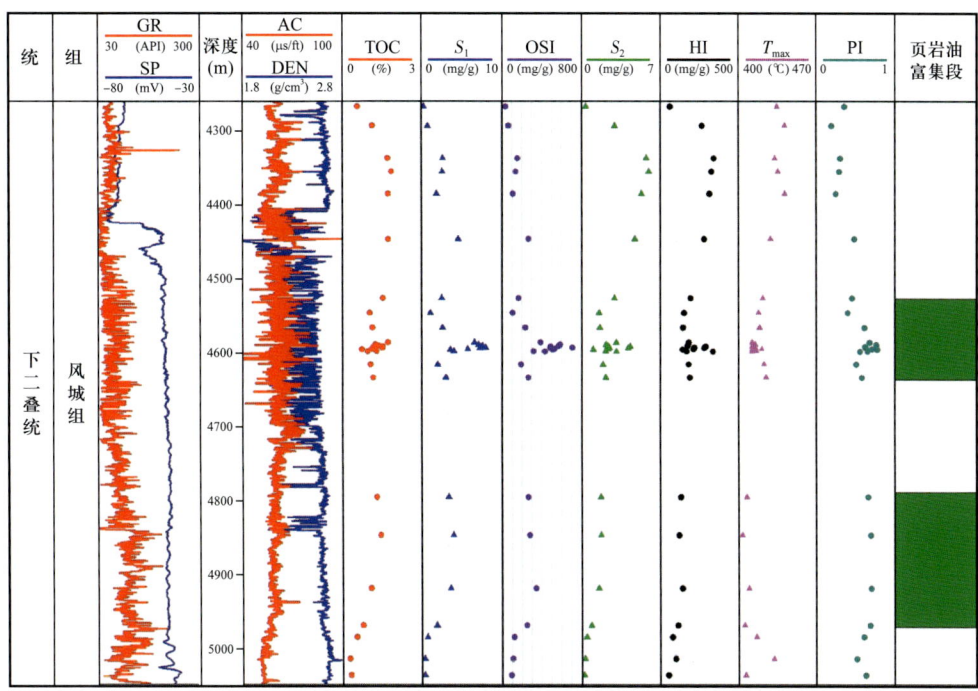

图 3-4-13 玛湖凹陷风南 7 井纵向上含油性与烃源岩地球化学参数关系

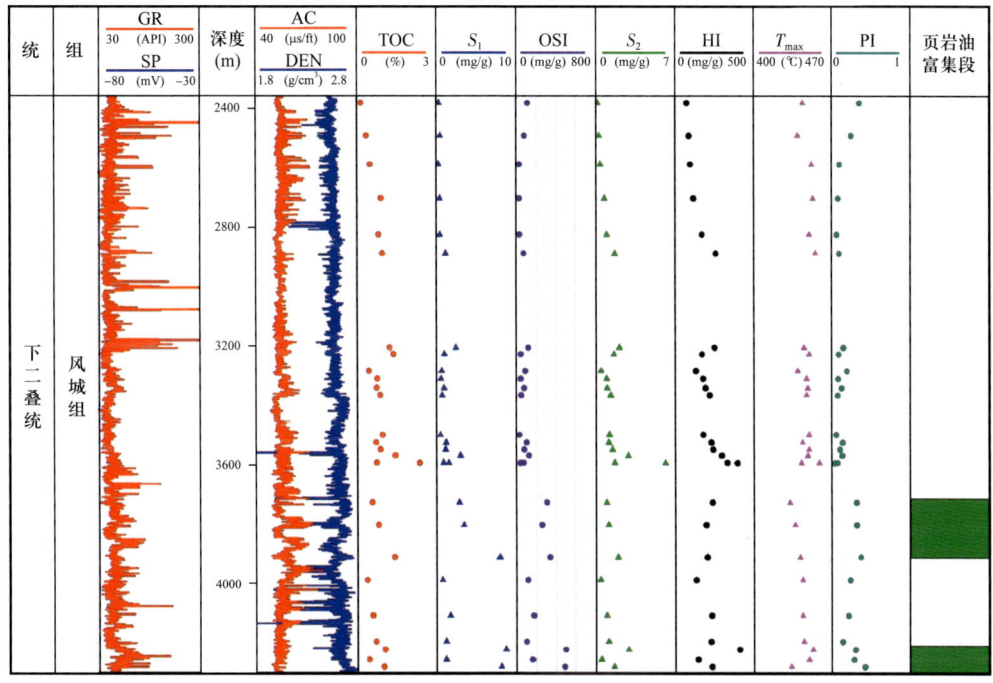

图 3-4-14 玛湖凹陷风南 8 井纵向上含油性与烃源岩地球化学参数关系

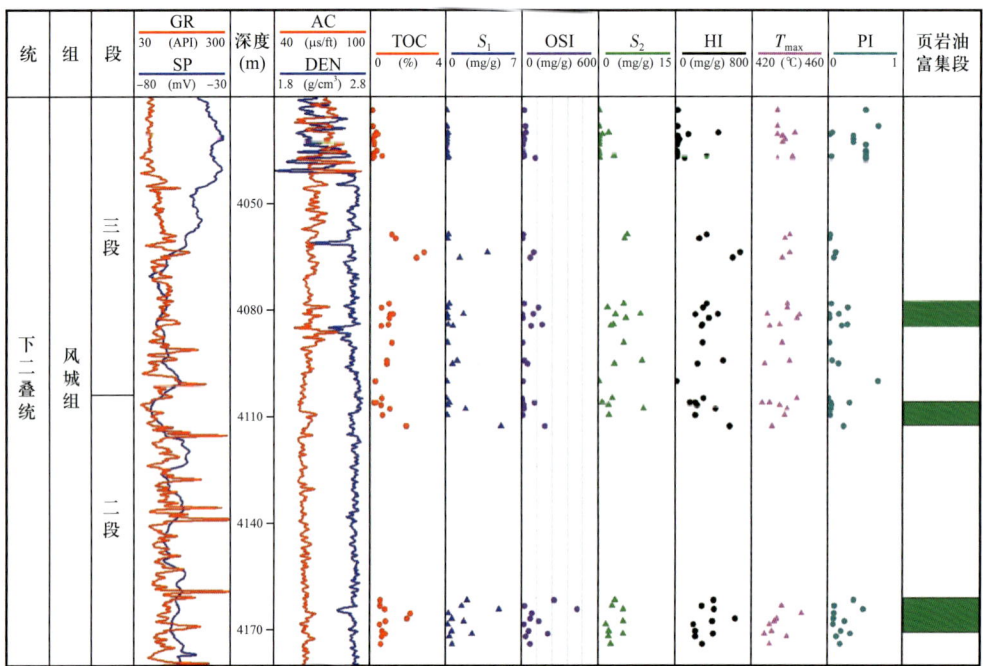

图 3-4-15 玛湖凹陷风南 14 井纵向上含油性与烃源岩地球化学参数关系

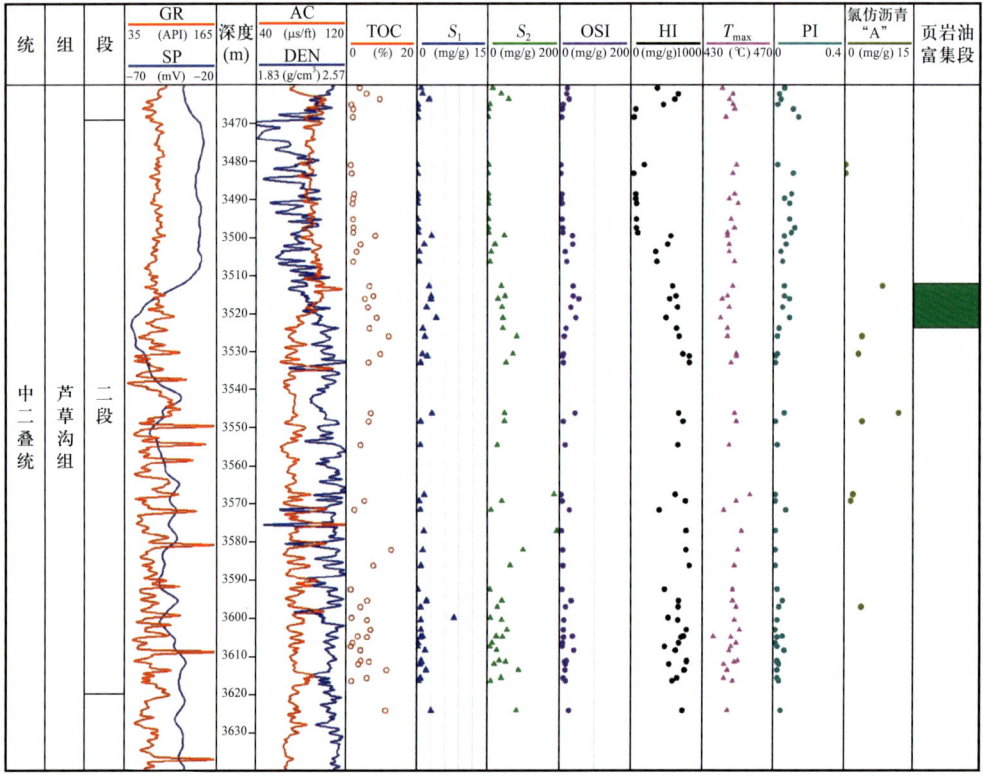

图 3-4-16 吉木萨尔凹陷 J10025 井芦草沟组页岩油甜点地球化学评价

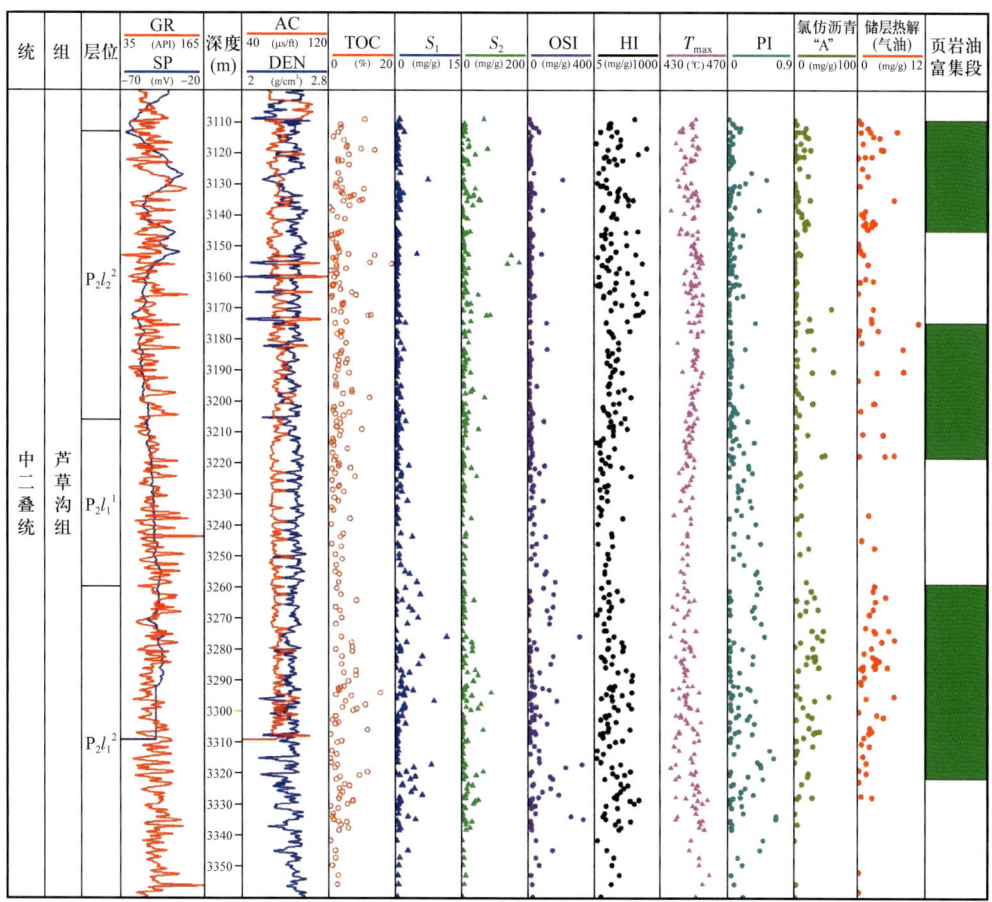

图 3-4-17 吉木萨尔凹陷吉 174 井芦草沟组页岩油甜点地球化学评价

第四章　准噶尔盆地页岩储层发育特征

第一节　页岩油储层岩性—岩相类型

细粒沉积岩岩相划分方案具有多样化的特点。学者们主要通过野外露头及岩心薄片观察、化验分析、测井、地震等多种手段，选取如颜色、矿物成分、沉积结构、层理类型、生物化石等特征对页岩油储层进行岩相分类。同一地区同一研究目的层可能由于学者关注的重点不同，岩相的分类也形成显著差异。玛湖凹陷风城组及吉木萨尔凹陷芦草沟组研究程度具有明显不同，形成了各具特色的岩相划分方案。

一、风城组页岩油储层岩性—岩相特征

风城组页岩油储层岩石类型多样，成分复杂多变，从陆源碎屑岩到内源岩均呈不同程度发育。X 射线衍射全岩分析发现，乌夏地区风城组中许多泥质岩类和凝灰岩类均发生了不同程度的白云岩化作用。在发生白云岩化的细粒原岩成分中，主要以隐晶质的石英、斜长石和钾长石为主，平均含量分别为 20.2%、17% 和 10.5%；黏土矿物含量较低，风城组样品黏土矿物平均含量 7.6%（图 4-1-1）。另外，根据对白云岩进行取样分析发现，在白云岩化强烈的岩石中，石英和长石的含量略低于白云石，白云石含量变化较大，主要分布于 5%~45% 之间，罕见白云石含量超过 50% 的岩石（图 4-1-2）。可见，风城组所谓的"白云岩非常罕见"，是因为大部分"白云岩"实际上为云质岩类。细粒沉积物矿物成分除隐晶质石英、长石、碳酸盐矿物之外，还具有大量的自生矿物硅硼钠石与黄铁矿，成分的复杂程度在国内外页岩油储层中实属罕见。

在高分辨率岩心观察描述的基础上，对玛湖凹陷风城组页岩油储层类型进行详细刻画，以岩性、粒度、构造为主要依据，对不同页岩油储层特征进行识别总结并统计。准噶尔盆地玛湖凹陷风城组储层主要包括 4 大类 9 小类储层类型（表 4-1-1），主要包括砂砾岩类、内源岩类、混积岩类及火山岩类。其中 9 小类主要为砾岩、砂岩、粉砂岩、页岩、泥岩、白云岩、蒸发岩、安山岩、凝灰岩。

1. 砂砾岩类储层

玛湖凹陷风城组砂砾岩类储层在风城组一段、二段、三段中均有分布，其中砾岩类储层主要分布于一段，从薄层、中薄层到厚层均有发育，但主体表现为以中厚层状为主（图 4-1-3）。其主要发育岩性为细砾岩与砂质细砾岩。细—粗砂岩类储层主要分布于风城组一段与二段，岩性发育较砾岩类丰富，局部发育钙质/云质胶结。粉砂岩类储层在风城组三个段中均有分布，主要表现为两种岩相类型：云质粉砂岩与含云泥质粉砂岩。重

点井岩性分析表明，砂砾岩类储层主体厚度范围 1~40cm（图 4-1-3），表现为高频次出现的特点，以薄层、纹层、透镜状为主，中厚到厚层状、块状砂岩段主要分布于风城组一段底部，局部表现为中粗砂岩、粗砂岩、砂质细砾岩的岩性发育特点，砂质细砾岩最厚可达 2~3m（图 4-1-4）。

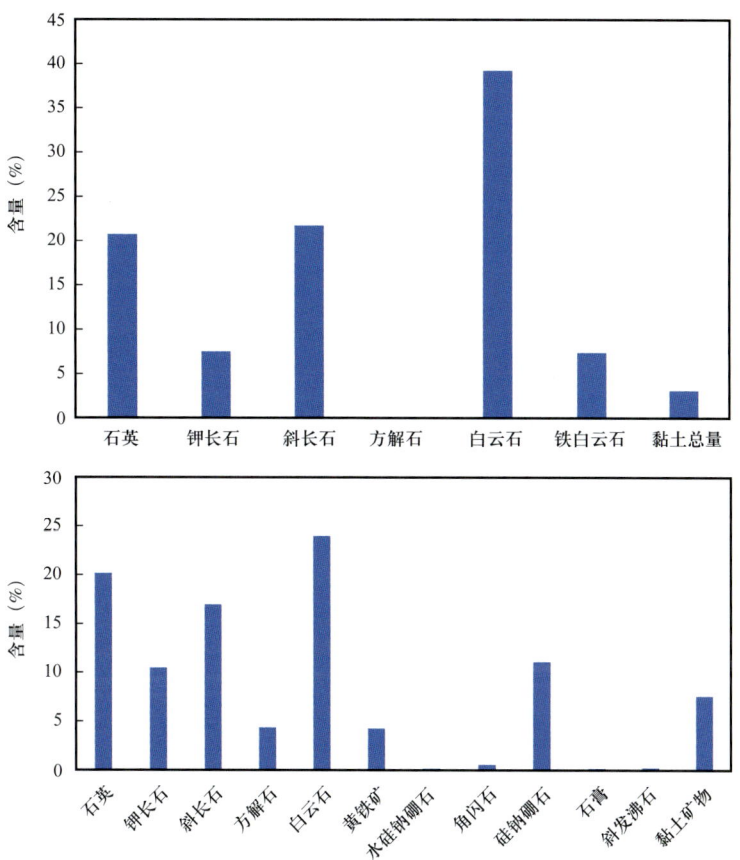

图 4-1-1 准噶尔盆地乌夏地区风城组云质岩类 X 射线衍射全岩分析矿物分布直方图
上图数据来源于风南 1 井、风南 4 井和风 5 井；下图数据来源于风 26 井、风 4 井、风 5 井、风 503 井、夏 101 井和夏古 3 井

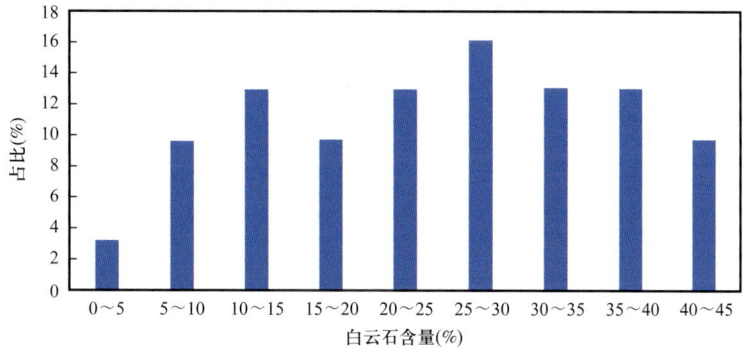

图 4-1-2 准噶尔盆地乌夏地区风城组白云石含量直方图

表 4-1-1　准噶尔盆地玛湖凹陷风城组页岩油储层岩相类型划分

大类	小类	亚类	种	分布层位
砂砾岩类（Ⅰ）	砾岩	巨厚（>1.0m）	细砾岩 砂质细砾岩	风城组一段
		厚层（1.0～0.3m）		
		中层（0.3～0.1m）		
		薄层（<0.1m）		
	砂岩	巨厚（>1.0m）	含砾粗砂岩 中粗砂岩 细砂岩 粉细砂岩 钙质/云质中细砂岩 泥质粉细砂岩	风城组三段 风城组二段 风城组一段
		厚层（1.0～0.3m）		
		中层（0.3～0.1m）		
		薄层（<0.1m）		
	粉砂岩	厚层（1.0～0.3m）	云质粉砂岩 含云泥质粉砂岩	风城组三段 风城组二段 风城组一段
		中层（0.3～0.1m）		
		薄层（<0.1m）		
混积岩类（Ⅱ）	页岩	无纹层	黏土质泥/页岩 云质泥/页岩 云质/粉砂质泥/页岩 含云粉砂质泥/页岩 含膏云质泥/页岩	风城组三段 风城组二段
		纹层状/似纹层状		
	泥岩	纹层状/似纹层状		风城组三段 风城组二段 风城组一段
		树根状		
		鸟眼状/棉絮状		
		雪花状		
		星点状		
内源岩类（Ⅲ）	白云岩	薄层（<0.1m）	砂屑/泥质/灰质白云岩 碳钠钙石岩 苏打石岩	风城组三段 风城组二段
	蒸发岩			
火山岩类（Ⅳ）	安山岩	巨厚（>1.0m）	玄武质安山岩	风城组一段
	凝灰岩	巨厚（>1.0m）	熔结凝灰岩	

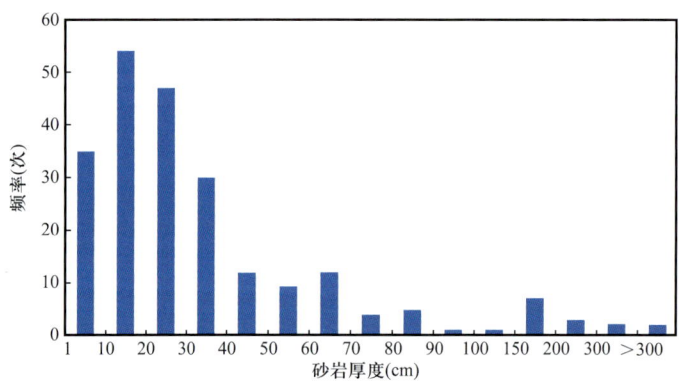

图 4-1-3　玛湖凹陷玛页 1 井不同砂岩厚度发育频率特征

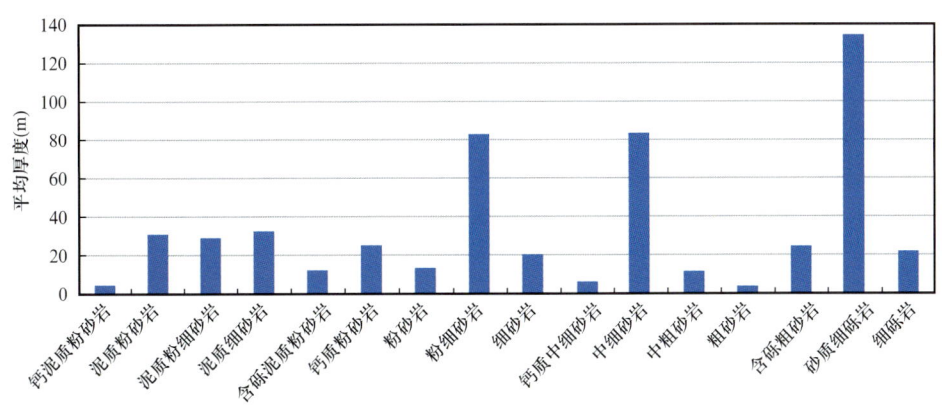

图 4-1-4　玛湖凹陷风城组砂砾岩储层厚度分布特征

2. 内源岩类储层

内源沉积岩（endogenetic sedimentary rock），亦称内生沉积岩，其构成岩石的原始物质主要来自陆源溶解物和生物源，少部分来自深源气水热液和深卤，在沉积盆地中通过生物化学作用和化学作用沉积形成的岩石。即主要物质直接来自沉积盆地的溶液或沉积场所的溶液，是溶液中溶解物质通过化学或生物化学作用沉淀的。这些溶解物就其前期历史来说可能来自陆壳的化学风化，也可能来自火山活动或地下热液。内源沉积岩的主要矿物成分种类很多，常见的有铝的氢氧化物（三水铝石，一水硬铝石，一水软铝石），铁的氢氧化物和氧化物（针铁矿、硬锰矿、水锰矿等），磷酸盐矿物（胶磷矿、磷灰石），氧化硅矿物（蛋白石、玉髓、石英），碳酸盐矿物（方解石、白云石），硫酸盐类矿物（石膏、硬石膏、天青石、重晶石），卤化物（石盐、钾石盐、光卤石等）和有机质等。

内源岩矿物种类虽然多，但由于它们主要是通过化学或生物化学作用从溶液中沉淀出来的，故其形成时主要受物理、化学、生物化学条件的支配。所以在一定条件下，一般只有一种矿物沉淀，生成一种岩石，因此每种内源沉积岩中主要的矿物成分和化学成分都比较简单。内源沉积岩类一般具有特定的沉积结构，如晶粒结构主要是由化学沉淀或重结晶作用形成的结构，这种结构与岩浆岩的结构类似，结构要素也基本相同。按其结构程度可分为非晶质结构，隐晶质结构和显晶质结构，其他类型的结构有生物骨架结构、粒屑结构和交代残余结构等。

风城组的内源自生矿物主要有碳酸盐类矿物（方解石、白云石、碳酸钠钙石等）、氧化硅矿物（蛋白石、玉髓、石英）和有机质，少量硫化物（黄铁矿）、硅酸盐（自生钠长石和沸石、黏土类矿物），偶见卤化物（石盐）、硫酸盐类矿物（石膏）。风城组内源沉积岩类最典型的为蒸发岩类，主要岩石类型为碳钠钙石岩、苏打石岩和硅硼钠石岩，少量的白云岩、泥质白云岩、凝灰质白云岩、灰质白云岩和石灰岩，总体来说，内生矿物虽然较为发育，除蒸发岩类相对较发育外，其他种类单独成岩较少。

苏打石岩（图 4-1-5a 至 c）：灰白色、浅灰色或灰色，薄—厚层，含少量硅硼钠石、氯碳钠镁石，岩层较厚的岩石一般结晶粗大，粗晶结构、块状构造（图 4-1-5c），有的岩石与云质岩类或火山碎屑沉积岩呈不等厚互层出现，大颗粒的苏打石或碳钠钙石矿物中常包裹方解石、白云石或长石类矿物，显示为较晚的结晶产物。

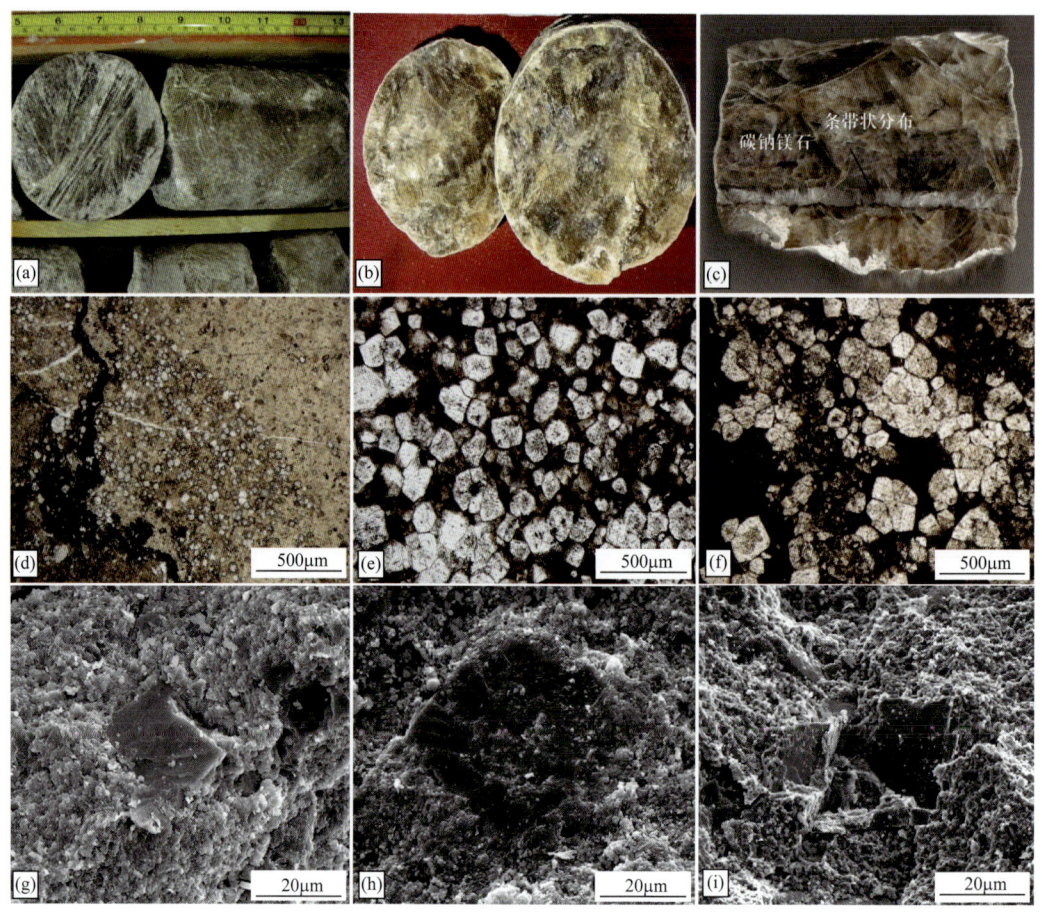

图4-1-5　玛湖凹陷风城组内源岩类储层

（a）风南5井，苏打石（NaHCO$_3$）；（b）苏打石，风20井，3247m；（c）苏打石中的碳钠美石条带，风南7井，4596m；（d）细粉晶白云岩，风5井，3191m，单偏光；（e）粗粉晶白云岩，风南1井4183.5m，单偏光；（f）细晶白云岩，风5井3221.5m，单偏光；（g）细粉晶白云岩，风5井，3191m，扫描电镜；（h）粗粉晶白云岩，风南1井4183.5m，扫描电镜；（i）细晶白云岩，风5井，3221.5m，扫描电镜

硅硼钠石（NaBSi$_3$O$_8$）质岩：颜色为灰色或浅灰色，在风城组中分布较普遍，但含量变化大，既可零星分布，也可高度富集成硅硼钠石岩，多数呈密集的条带状和透镜状夹于纹层状灰黑色—灰色云化凝灰岩中，条带宽1~20mm，局部呈互层状产出，或为呈稀疏的条带夹于含云泥岩中。

碳酸盐类岩石主要有泥粉晶白云岩、泥质白云岩、凝灰质白云岩、灰质白云岩等（图4-1-5d至i）。白云岩的白云石含量在80%左右，纯的白云岩较不发育，晶粒粒径为0.1~0.2mm，呈鱼子状、填嵌状，为准同生白云岩，一般在不同的地区和井段零星出现，这些白云岩通常不是主要岩石类型。泥质白云岩和凝灰质白云岩是风城组白云岩类的主要岩石类型，一般为灰色、深灰色，白云石含量大于50%，晶粒大小多在0.1~0.25mm之间，和泥质混生或夹有凝灰质、粉砂质条带及硅质条带，并有微量有机质分布；风古3井见含砂屑团块鲕粒灰岩（鲜继渝，1985），鲕粒粒径一般为0.25~0.5mm，最大为0.5~0.7mm，最小为0.1mm，多为表鲕，少量为复鲕及0.1~0.2mm的灰泥团块，结晶透明度差，鲕核常由中性长石组成，鲕粒含量为60%左右。砂屑粒径为0.1~0.25mm，成分主要为中性长石、石英，磨圆差，多为棱角状，含量10%左右。胶结物含量30%，其中方解石25%，泥质5%。除此之外，玛南地区玛湖39井、玛湖26井、玛湖54井均不同程度见鲕粒发育，表现为陆源碎屑颗粒鲕核，白云石包壳。然而，大部分的碳酸盐类岩石仅以夹层或细纹层出现其他岩石中，总体而言，典型的碳酸盐岩不甚发育，含量较少，岩层薄，常呈条带状、团块状或香肠状、透镜状分布。

碱类蒸发岩主要发育在凹陷的中心风城1井—风南5井—艾克1井一线以南，最大厚度超过200m，分布面积约300km^2，可能是国内目前已知时代最古老的碱湖和大型天然碱矿床。白云岩类分布相对较广但不集中。

3. 混积岩类储层

在玛湖凹陷，分布最广的页岩油储层类型是由陆源碎屑、火山碎屑（或火山岩）及内源沉积产物以不同方式和比例混合沉积形成的混积岩，具有粒度细、颜色深，纵横向变化较大的特点，因此，不同学者对风城组的岩石类型的认识并不统一。岩心和镜下观察及电子探针分析表明，风城组的碎屑颗粒成分以长英质为主，火山岩碎屑沉积发育于风城组一段。细粒岩石的岩矿分析数据表明，风城组的矿物成分大致可分为四类：（1）与陆源碎屑有关的矿物成分，主要为长石、石英和黏土矿物等，长石的含量远高于石英。（2）与火山沉积作用有关的矿物成分，主要为斜长石、钾长石及石英晶屑等，少部分为难以鉴定的微细火山颗粒如火山尘等。（3）与自生化学沉积相关的矿物，如碳酸钠钙石、硅硼钠石、苏打石、氯碳钠镁石等盐类矿物；方解石、白云石等碳酸盐类矿物和沸石类（如方沸石）矿物。化学沉积的盐类矿物在纵、横向上的分布具明显的规律性，主要分布于凹陷中心区的风城组一段上部和风城组二段，个别地区的风城组三段下部亦有少量出现。（4）成岩胶结作用或交代作用形成的相关矿物成分，（铁或含铁）方解石、（铁或含铁）白云石、沸石类（如方沸石、斜发沸石、浊沸石）及石英、黄铁矿、菱铁矿、石膏、硬石膏等。由于岩层薄、变化大，以及取样位置等原因，不同研究人员、不同分析单位给出的不同类型岩石的矿物含量结果差异较大，但总体与上述四类矿物类型基本一致。

风城组的混积岩有两种类型，一种是上述不同源区的物质以不同的比例混合沉积，形成了所谓的狭义上的混积岩，是风城组分布最广的，如云质沉凝灰岩（图4-1-6和图4-1-7），是由火山碎屑和内源的白云石和方解石以不同比例混合沉积，火山碎屑主要是棱角状的长石晶屑、脱玻化的凝灰岩屑、已发生蚀变的闪石类矿物及少量的陆源碎屑如泥质等；含粉砂云质泥岩，岩石主要由以陆屑为主的泥质成分、粉砂—泥级大小的长英质成分、内生的草莓状白云石、黄铁矿（图4-1-8）。大部分所谓的云质岩的岩石较致密、坚硬，常夹有多层硅质条带或砂质条带，以及凝灰质条带，具水平层理、微细层理，有的发育缝合线，有的发育裂缝，大部分被白云石、方解石、硅质、片沸石、方沸石充填。硅质条带最厚处可达 6mm，最薄只有 0.2mm。来自陆源碎屑的泥质成分以伊利石和绿泥石为主，具一致消光方位。另一种为火山尘脱玻化或蚀变而成的黏土矿物，多伴随有凝灰质晶屑，这些岩石中的白云石好像镶嵌在泥质中，常和粉砂条带、凝灰质条带呈互层，粉砂成分主要是长石、石英、火山岩块和泥质粉砂团块。凝灰质条带呈灰黑色，晶屑为长石和石英（有时具尖角状或熔蚀边）。白云石含量变化较大一般10%～30%，粒径与白云石的成因类型有关，变化很大，岩石中常含数量不等的方解石，有时含数量不等的沸石、自生钠长石及碳钠钙石和硅硼钠石等蒸发岩类矿物。

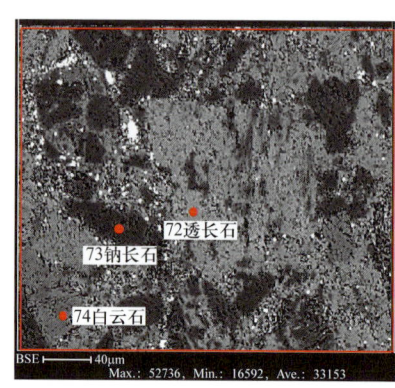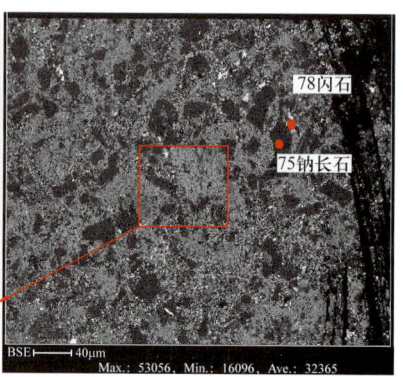

图 4-1-6　以不同源区成分混合沉积形成的混积岩
风南 1 井，含云质沉凝灰岩，4155m，P_1f_3

另一种是陆源碎屑岩与碳酸盐岩岩层之间频繁交替形成的地层剖面上的互层和夹层现象，被认为是广义的混合沉积的范畴（沙庆安，2001）。已有研究者将这种互层和夹层组合命名为"混积层系"（郭福生等，2003），混积层系和混积岩一起构成了广义的混合沉积，在风城组这种混积层系较为发育，常见的是云质泥岩或凝灰质泥岩与碳酸盐岩（图 4-1-9）、碳钠钙石岩、天然碱的互层。

对风城组岩石类型的认识存在争议，其原因并不仅仅是因为多数岩石为混积成因，更主要的是岩石中黏土矿物含量低、长英质矿物含量高，且细粒岩石中的岩屑大部分为火山岩或凝灰岩屑，由于粒度较细不易判定是飘落的凝灰质成分还是陆源碎屑。造成这种现象的主要原因是，在风城组中确实存在大量飘落的细小火山碎屑，特别是在风城组一段，玛湖凹陷乌夏地区发育数个火山群，火山岩以爆发相为主，火山爆发形成的火山灰流可大面积分布，飘落的细小火山灰分布面积更广，尽管目前在风城组二段和三段尚未发现大规模的火山群，但零星的资料仍显示当时应存在火山喷发作用，所以在岩石中发现凝灰质成分是正常的。另外，风城组沉积时的气候环境为半干旱—干旱环境，在干旱、半干旱的气候环境源区岩石风化以物理风化为主，加之玛湖凹陷沉积区离物源很近，坡降大，搬运距离近，而风城组物源区为火山岩分布区，玛湖凹陷风城组为碱湖沉积，通常在碱湖湖盆周缘一般为碱性的水土条件，不利于长石的化学风化（黏土化），酸性斜

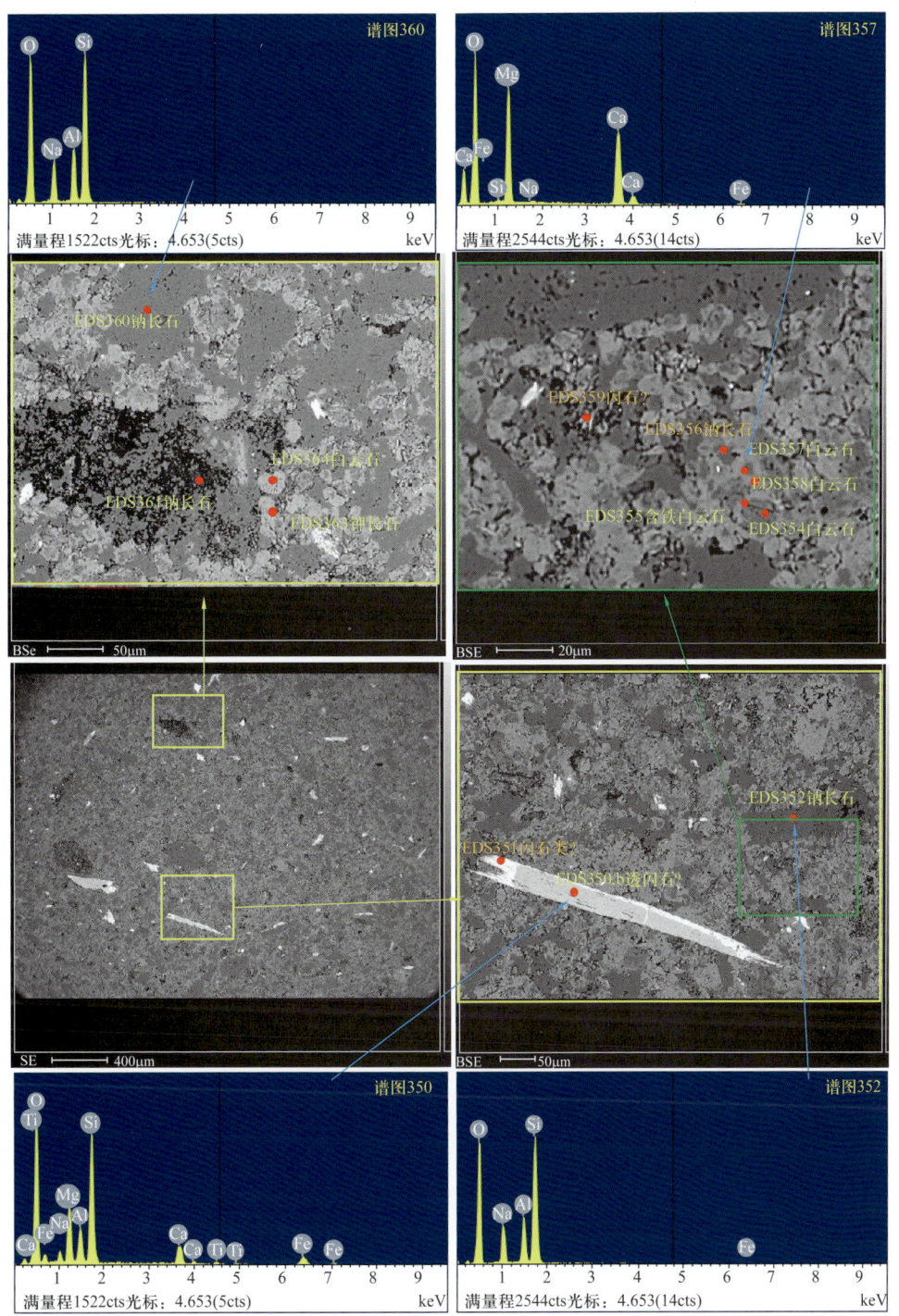

图 4-1-7　风南 3 井，3957.35m，深灰色，含泥含粉砂云质沉凝灰岩

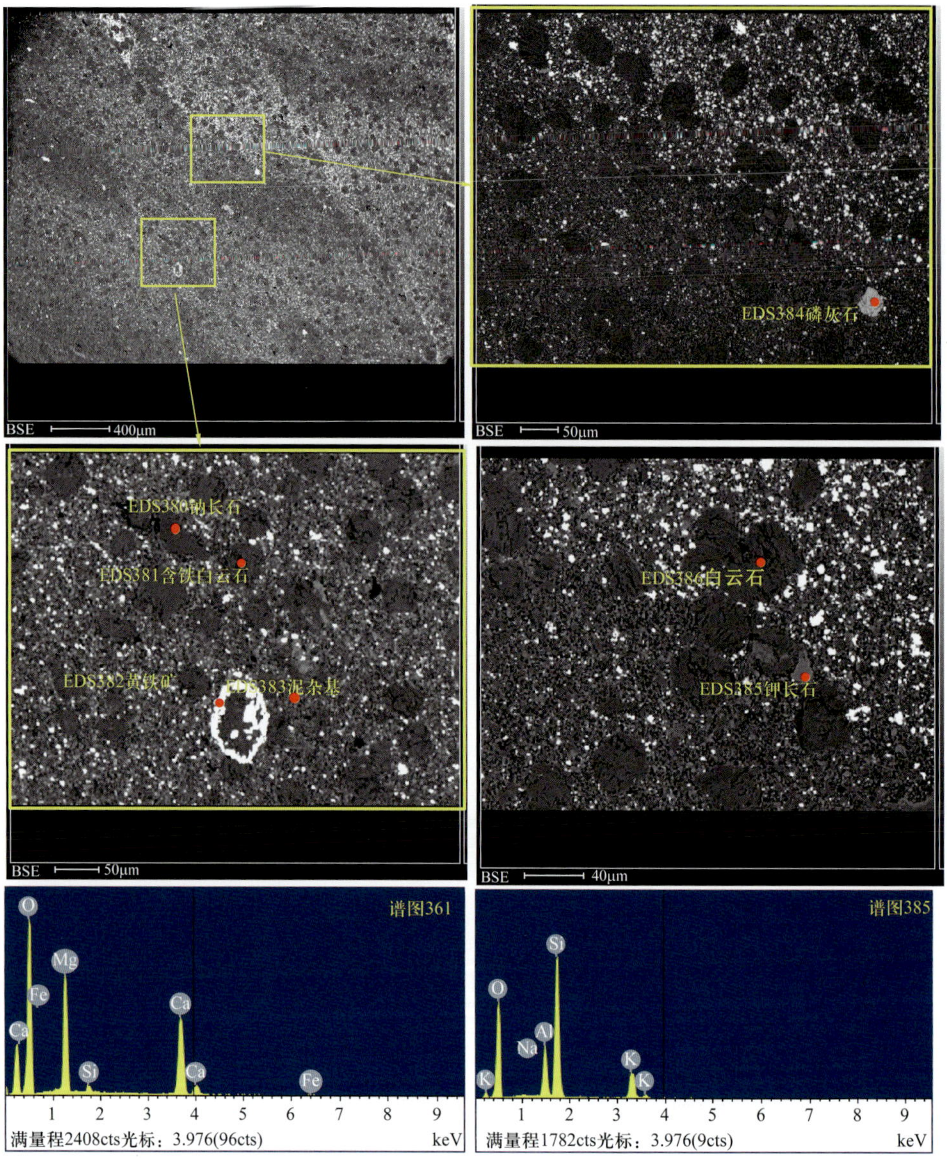

图 4-1-8　风南 1 井，4124.53m，深灰色云质泥岩，含藻球粒白云石和草莓状黄铁矿

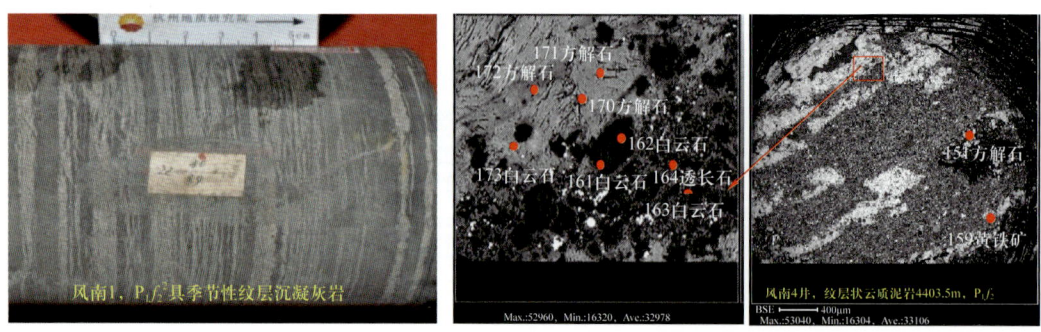

图 4-1-9　两种或两种以上岩石以纹层或不等厚互层方式出现的混积层系

长石和碱性长石在碱性水体中比较稳定，不易黏土化，偏基性斜长石在高 pH 值、富钠的沉积水体内以钠长石化为主，碱湖环境有利于白云石等碳酸盐类矿物的形成，有利于凝灰质成分的碳酸盐化，使得不同类型白云石和方解石的共存于细粒岩石中。因此风城组从源区岩石的风化、沉积及后成岩过程均不利黏土矿物的形成，陆源碎屑也是火山岩石物理风化产物，所以风城组的暗色细粒岩石中黏土矿物含量较低，长英质矿物含量较高，同时陆源区的火山岩和风城组同期喷发的火山岩的类型差别较小，细小的碎屑颗粒难以分辨是飘落的火山灰或是陆源碎屑，由于岩石中含有相当数量的内源沉积产物，初步的计算表明，当内源沉积占比为 30% 左右时，如果岩石中的黏土矿物含量达 20% 左右时基本可以认为陆源碎屑沉积岩，但这并不意味着黏土矿物含量更低时不是沉积岩，而一定是沉火山碎屑岩或其他岩石。

混积岩类储层表现为泥级细粒沉积物类型，对玛湖凹陷区风城组泥级细粒沉积物进行全岩 X 射线衍射分析表明，泥级细粒沉积物中均不同程度发育云质及灰质成分，其含量 15%～50% 不等（图 4-1-10），极少数透镜状夹层直接表现为云质岩的特点。数据分析表明，风城组不同层段之间成分差异较大（图 4-1-11）。风城组一段主要表现为以长英质矿物为主，风城组三段黏土质含量相对较高，风城组二段中黏土质矿物、长英质矿物和灰质/云质成分总体相对含量差别较小，纵向上各层段内部差异也具有明显的不同。

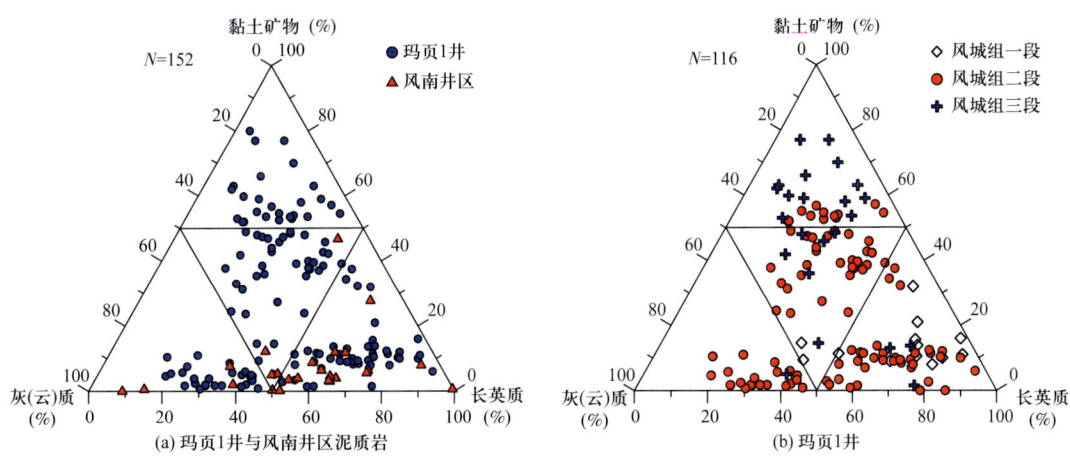

图 4-1-10 玛湖凹陷风城组泥质岩类页岩储层岩性三角图特征

以广义的混积岩概念为基础，根据构造发育情况，将玛湖凹陷区风城组混积泥岩划分为混积页岩与混积泥岩两大类，并进一步区分为七个亚类。

混积页岩类为页理发育类混积泥岩，根据灰质或云质纹层是否发育可进一步分为两类：无纹层页岩与纹层状/似纹层状页岩（图 4-1-12），主要发育岩性：黏土质泥页岩，云质页岩，云质/粉砂质页岩，含云粉砂质页岩，含膏云质页岩。无纹层页岩通常表现为不发育明显云质或灰质纹层的特点，页理发育显著，层厚由中层状到厚层状均有发育。纹层状/似纹层状页岩表现为云质或灰质纹层或薄纹层富集的特点，表现为毫米级到微米级的发育特点，多呈近似水平状发育，此类页岩其厚度从薄层状到厚层状均有发育。

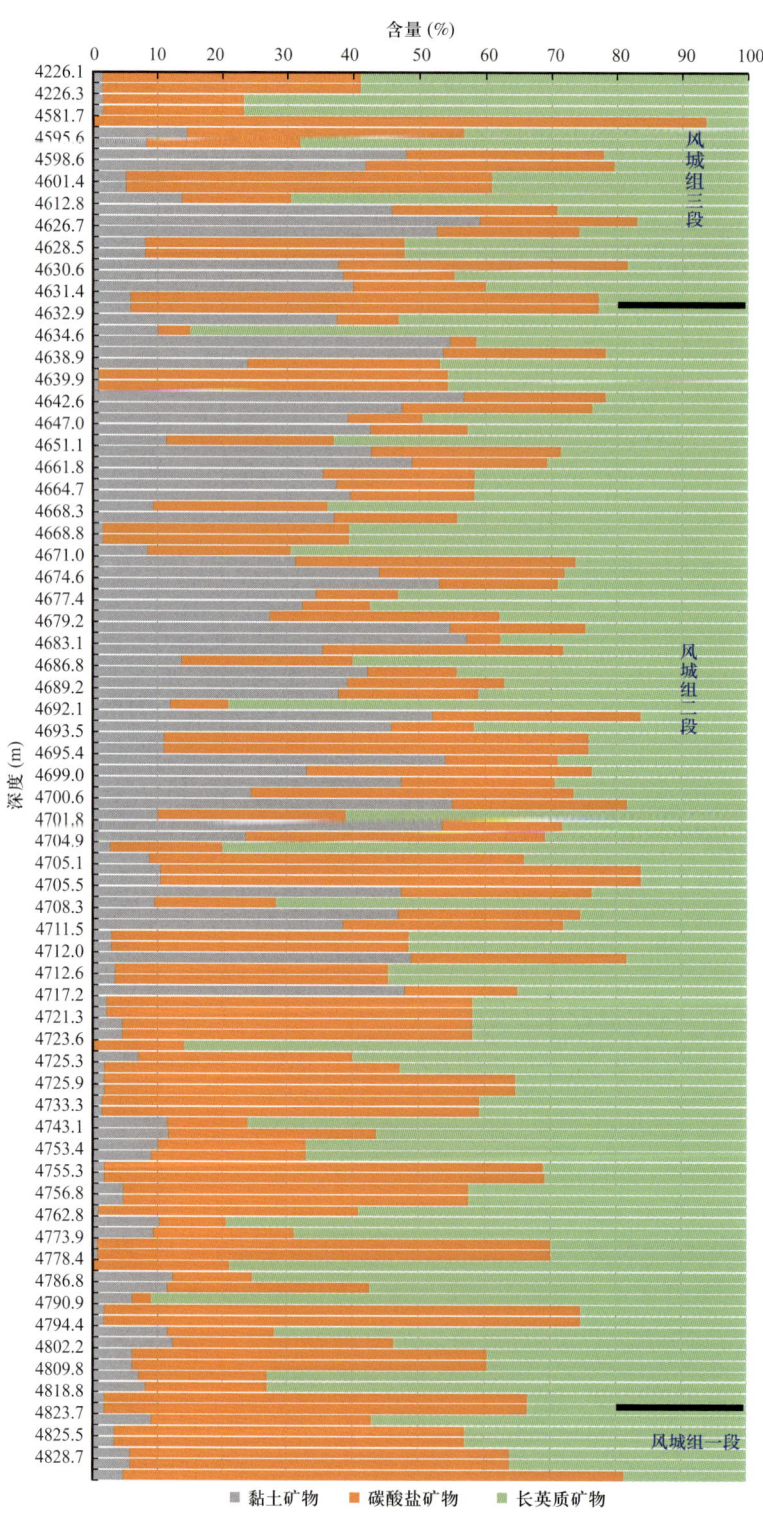

图 4-1-11　玛湖凹陷玛页 1 井细粒沉积岩矿物成分随深度变化特征

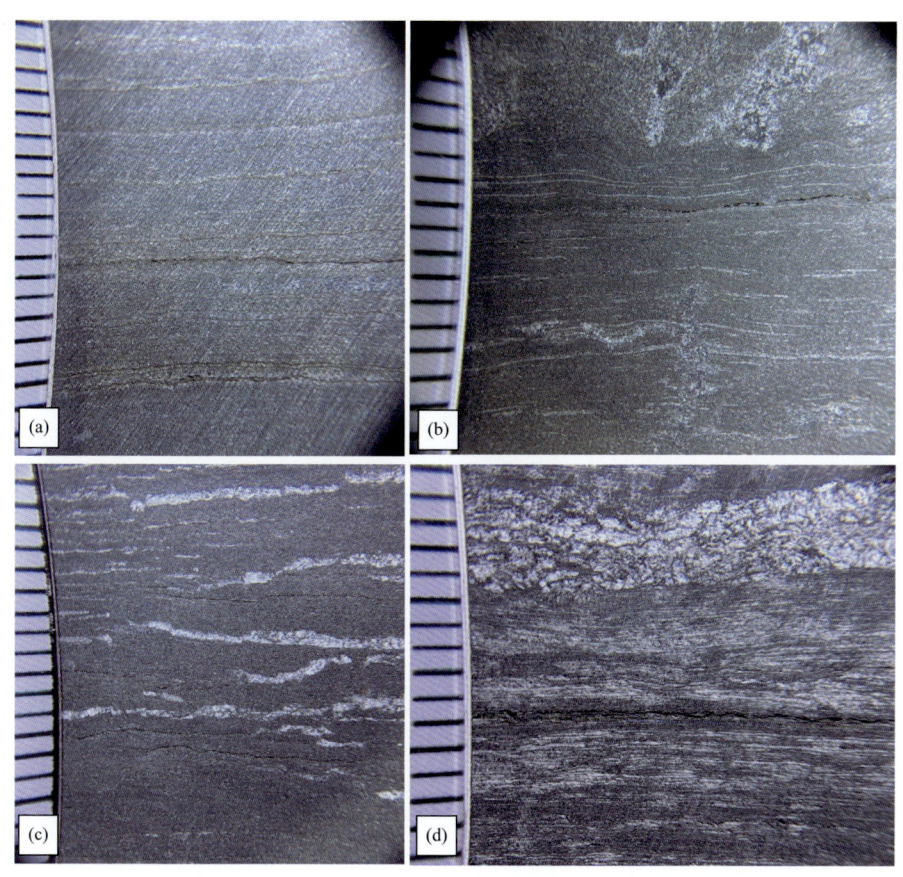

图 4-1-12 玛湖凹陷风城组混积页岩页理发育特征

（a）页岩，页理平直，云质或灰质纹层不发育；（b）薄纹层页岩，页理平直，发育云质薄纹层；（c）纹层/似纹层状页岩，页理平直富集，发育连续的云质或灰质纹层；（d）纹层状页岩，页理平直，富集云质薄纹层和纹层

混积泥岩类页理发育不明显，发育不同程度云质、灰质或硅硼钙质的特点，根据云质、灰质或硅硼钙质的发育特征，将其划分为五个亚类：纹层状/似纹层状、树根状、鸟眼状/棉絮状、雪花状与星点状。

1）纹层状/似纹层状混积泥岩

纹层状/似纹层状混积泥岩具有相对较富集的云质或灰质纹层（图 4-1-13a 至 c），表现为近水平状发育，纹层厚度主体表现为毫米级为主，少有纹层达到厘米级，滴酸不同程度冒泡。纹层之间泥岩厚度差别较大，显微镜下观察表明，纹层之间的泥岩内部也表现为纹层状发育的特点，主体呈现为微米级纹层。

2）树根状混积泥岩

树根状混积泥岩的云质或灰质发育表现为杂乱无章的树根状或网状发育的特点（图 4-1-13d 至 f），树根状或网状云质或灰质具有与泥岩的模糊渐变式边界特点，这与虫孔形成的物质成分差异具有明显的不同，且树根状或网状云质或灰质区域宽度或粗细不均，形态不规则，呈现随机发育或随机分布的特点，层内垂向发育，类似树根向地下

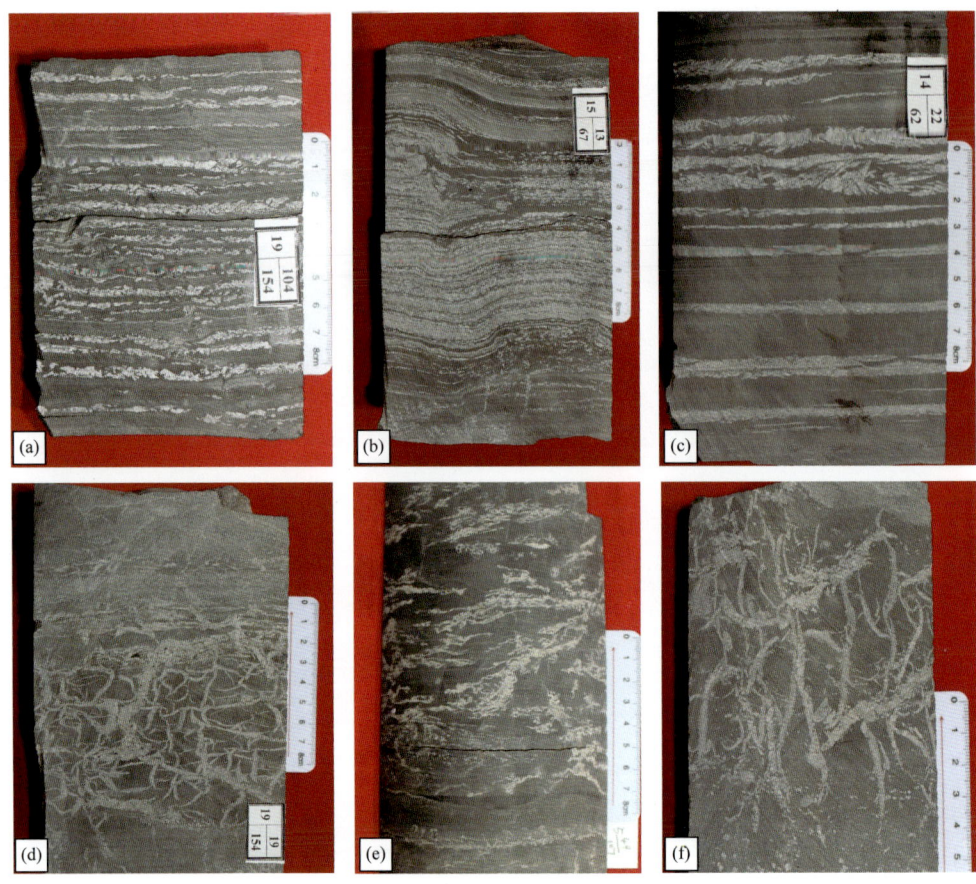

图 4-1-13 风城组纹层状混积泥岩与树根状混积泥岩岩心特征
（a）纹层状，玛页 1 井，4854.2m；（b）纹层状，玛页 1 井，4790.9m；（c）纹层状，风南 14 井，4778.6m；（d）树根状，4836.8m；（e）树根状，4810.5m；（f）树根状，玛页 1 井，4825.8m

生长的状态。树根状混积泥岩发育段常表现为孤立发育的特点，分布于纹层状或似纹层状混积泥岩内，表现为夹层或透镜状发育的特点。

3）鸟眼状/棉絮状混积泥岩

鸟眼状/棉絮状混积泥岩中云质或灰质表现为厘米级团块发育的特点（图 4-1-14a 和 b），鸟眼状/棉絮状灰云质发育团块长轴方向表现为近似定向或水平发育的特点，团块孤立，通常表现为厘米级大小，长轴延伸可达 1～3cm，发育体积占比 20%～30%。

4）雪花状混积泥岩

雪花状混积泥岩中云质或灰质呈现稀疏无序雪花状分布的特点（图 4-1-14c 和 d），其大小一般小于 1cm，发育体积占比 25%～35%。

5）星点状混积泥岩

星点状混积泥岩表现为密集细小点状分布的特点（图 4-1-14e 和 f），星点状表现为毫米级别大小，云质、灰质及硅硼钙质成分含量较高，发育体积占比可达 40%～50%，含量最高的可达 80%。

图 4-1-14 玛页 1 井风城组鸟眼状混积泥岩、雪花状混积泥岩岩心特征
（a）鸟眼状，4682.9m；（b）鸟眼状，4665.2m；（c）雪花状，4818.1m；（d）雪花状和棉絮状，4819.5m；（e）星点状，4760.3m；（f）星点状和纹层状，4791.7m

4. 火山岩类储层

风城组火山岩类储层主要分布在风城组一段，主要表现为两种岩性：熔结凝灰岩和玄武质安山岩。熔结凝灰岩具有大量未充填气孔，玄武质安山岩具少量未充填气孔（图 4-1-15），部分气孔被绿泥石与方解石充填。

二、芦草沟组页岩油储层岩性—岩相特征

吉木萨尔凹陷芦草沟组总体为一套细粒沉积，岩石类型包括粉砂岩类（泥质粉砂岩、云质粉砂岩、钙质粉砂岩）、白云岩类（泥晶白云岩、砂屑白云岩、粉砂质白云岩）、石灰岩类（鲕粒灰岩、颗粒灰岩等）和泥岩类（粉砂质泥岩、云质泥岩等）。岩心观察显

示，吉木萨尔凹陷芦草沟组页岩油储层岩性的最大特点之一是优质储层岩性为粉砂岩与白云岩的混积过渡岩类，如云质粉砂岩和粉砂质白云岩，而较纯的泥晶白云岩与粉砂岩含油性往往较差。

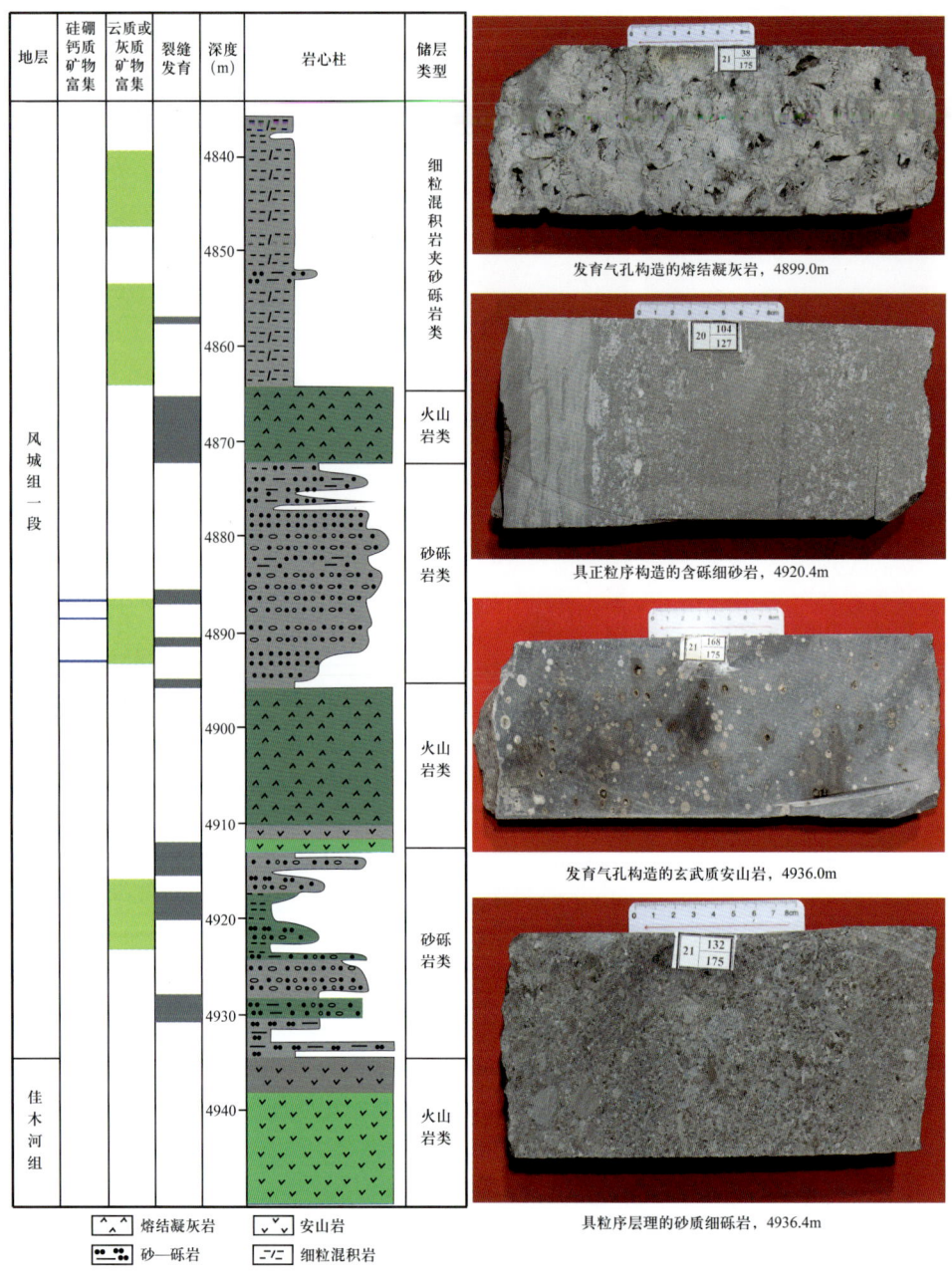

图 4-1-15 风城组火山岩发育特征

通过对吉木萨尔凹陷吉174井、吉251井、吉31井、吉30井岩心及野外剖面的观察，认为芦草沟组储层段在纵向上以砂屑云岩、云质粉砂岩、云质泥岩等的交互沉积为主要特征（图 4-1-16 和图 4-1-17）。如吉 174 井，上储层段主要以粗粒的砂屑云岩和细粒的云质泥岩频繁互层为主要特征，在底部发育两层云质粉砂岩。该储层段有效储集岩为砂屑云岩，而砂屑云岩单层厚度往往较小，多在 1m 左右，相比而言，云质泥岩厚度较大，可达 4m 左右；下储层段以云质粉砂岩和云质泥岩的频繁互层为主要特征，局部发育薄层钙质砂岩。该储层段页岩油主要赋存于云质粉砂岩中，与上储层段相比，有效储集岩（云质粉砂岩）单层较厚，接近 2m。云质泥岩单层厚度也较小，一般小于 2m。

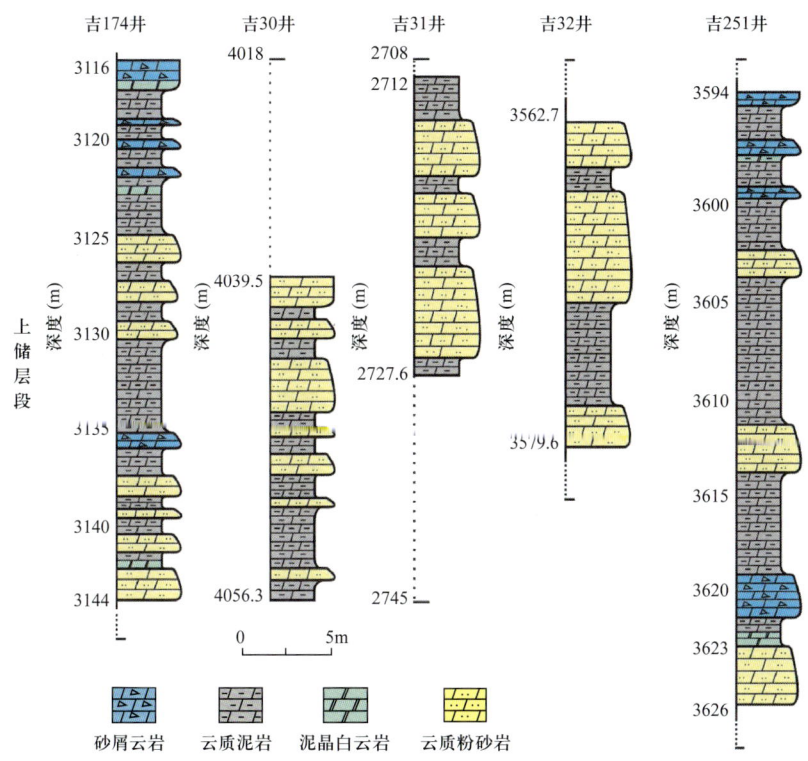

图 4-1-16　吉木萨尔凹陷芦草沟组上甜点段重点井岩性剖面图

上甜点段以云质长石粉砂岩为主，另可见较多的砂屑白云岩、泥晶白云岩。下甜点段以云质长石粉砂岩为主，其他岩性较少，局部可见泥晶白云岩等。野外剖面也显示出同样的韵律结构。如吉木萨尔县大有乡小龙口砖厂剖面，其下储层段由 2 个云质粉砂岩—云质泥岩韵律组合构成。受露头出露状况的限制，无法与钻井岩心一一对应。与吉 174 井不同的是，该剖面云质泥岩单层厚度较大，可达 6m。吉 30、吉 31 井岩心观测结果也进一步证明了上、下储层段岩性组合在空间上的不均一性。吉 30 井上储层段主要储集岩为云质粉砂岩，其单层厚度及与云质泥岩的韵律组合形式与吉 174 井类似。而吉 31 井与上述两口井差异较大，该井上储层段云质粉砂岩单层厚度明显增大，可以达到近 5m。云质泥岩的单层厚度则明显减薄，其厚度小于 1.5m。

从吉木萨尔凹陷芦草沟组上甜点段重点井岩性剖面（图 4-1-16）和芦草沟组下甜点段重点井岩性剖面（图 4-1-17）看出，吉木萨尔凹陷芦草沟组页岩油储层段岩性在纵向上具有不均一性，作为有效储集岩的砂屑云岩和云质粉砂岩往往与云质泥岩呈韵律互层出现。在平面上，上、下储层段岩性组合形式在不同地区也有差异，可能与沉积水体的水深及水动力条件有关。

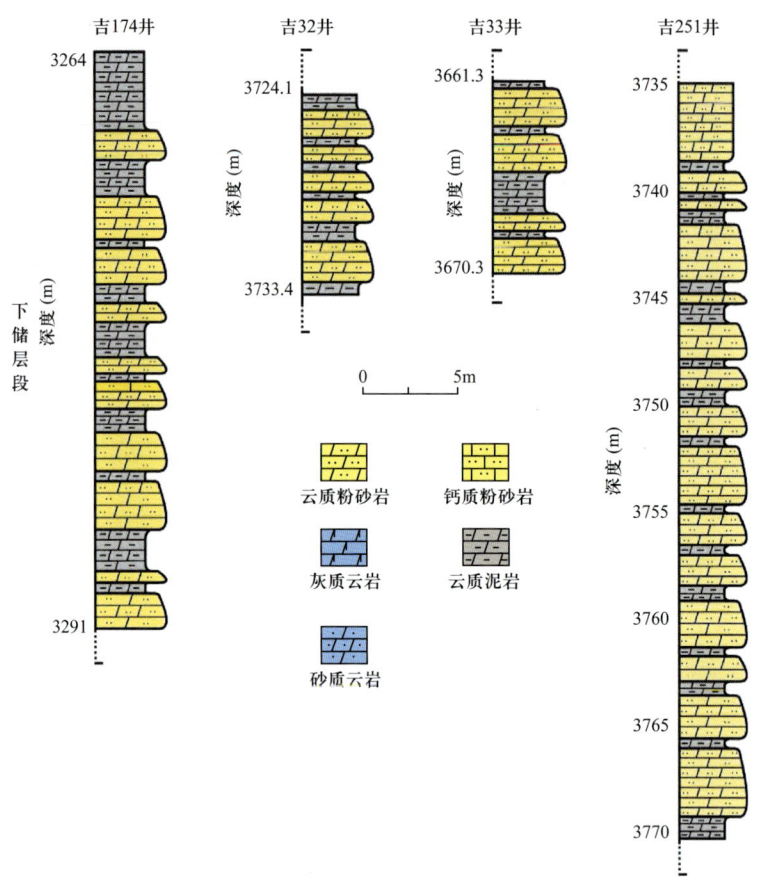

图 4-1-17　吉木萨尔凹陷芦草沟组下甜点段重点井岩性剖面图

1. 粉砂岩类储层

1）云质粉砂岩特征

云质粉砂岩在吉174井、吉251井、吉31井、吉30井、吉32井等多口钻井均有发育，并是吉174井等的主要储集岩（图4-1-18）。手标本为浅灰色块状、颗粒感明显的岩石，与云质泥岩互层产出，是芦草沟组最主要的储集岩，含油性好，可达油浸级别。云质粉砂岩主要由钠长石、粉晶白云石、钾长石等组成，具钙质或泥质胶结，粒间溶孔发育。白云石晶体多呈菱形，含量小于30%，晶体大小为10～30μm。钠长石边缘多被溶蚀成锯齿状、港湾状，含量一般超过60%，大小为5～50μm，分选性差，在粒间孔隙中常发育自生钠长石。电子探针元素分析结果（表4-1-2）显示，白云石主要为含铁白云石，在部分白云石边部 FeO 的含量可超过10%，说明在成岩期的还原条件下有大量 Fe 进入白云石晶格。

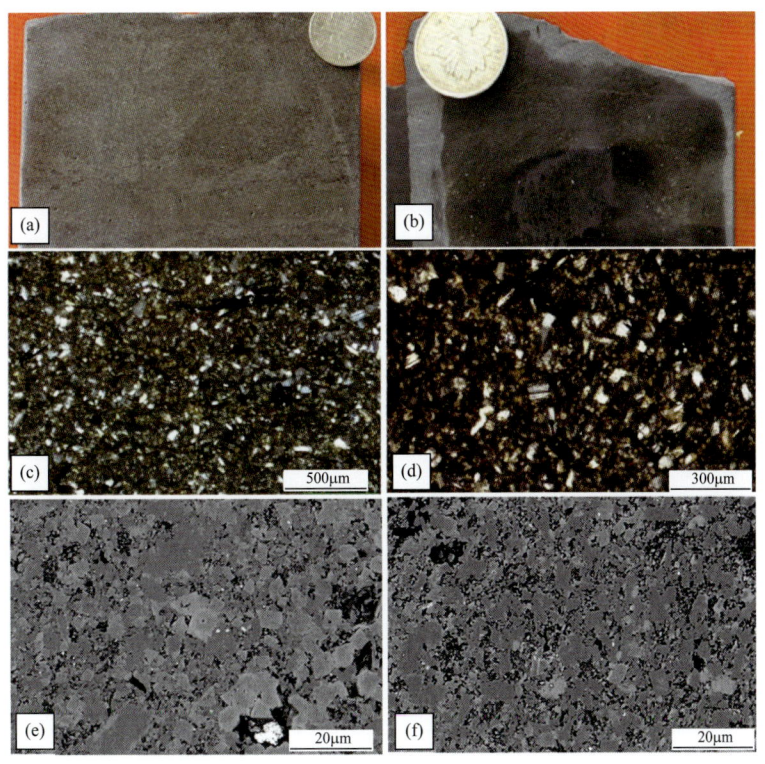

图 4-1-18　云质粉砂岩岩心及显微鉴定照片

（a）吉 174 井（3116.4m）上甜点段云质粉砂岩岩心标本；（b）吉 174 井（3273.8m）下甜点段云质粉砂岩岩心标本；（c）吉 174 井（3267.2m）下甜点段云质粉砂岩，正交偏光 ×5，主要由长石、白云石及泥质胶结物构成，长石颗粒多细小，粒度小于 100μm；（d）吉 32 井（3725m）下甜点段云质粉砂岩，正交偏光 ×10，主要由长石、白云石及泥质胶结物构成，长石颗粒多细小，粒度小于 100μm；（e）吉 174 井（3274m）下甜点段云质粉砂岩电子探针背散射图像，主要由钠长石和白云石构成，白云石自形程度高，长石边部溶蚀强烈，粒间溶孔发育；（f）吉 174 井（3275.2m）下甜点段云质粉砂岩电子探针背散射图像，主要由钠长石和白云石构成，白云石多为自形，钠长石边部溶蚀呈锯齿状、港湾状

表 4-1-2　云质粉砂岩电子探针定量分析结果

化学成分	白云石含量（μg/g）			钾长石含量（μg/g）
K_2O	0.05	0.041	0.0455	9.528
Na_2O	0.192	0.211	0.2015	0.044
FeO	0.006	0.005	0.0055	—
CaO	38.754	39.663	39.2085	0.158
MgO	19.181	17.717	18.449	0.041
MnO	0.007	—	—	—
TiO_2	0.019	0.031	0.025	0.024
Al_2O_3	0.04	—	—	20.5
SiO_2	0.09	0.069	0.0795	69.459

注："—"表示低于检测限。

2）钙质粉砂岩特征

据现有资料，钙质粉砂岩在吉 174 井较为发育，在野外露头和其他钻井岩心中尚未见到。钙质粉砂岩主要在吉 174 井上、下甜点段底部，下甜点段更为常见。手标本为浅灰色纹层状、颗粒感较为明显的岩石，滴酸起泡强烈。方解石主要以颗粒形式存在，未见方解石胶结物。钙质粉砂岩的矿物组成主要为钠长石、方解石、钾长石和黏土矿物等（表4-1-3），泥质胶结明显。长石粒长度多小于 20μm，方解石颗粒相对较大，多为 50~200μm，方解石边部多呈锯齿状，溶蚀强烈。偏光显微镜下长石为一级灰白干涉色，聚片双晶常见，方解石呈较大颗粒状，高级白干涉色；电子探针背散射图像观测及主量元素定量分析表明，这类砂岩主要由钠长石、方解石及少量的钾长石等组成。常见钾长石交代钠长石现象，同时，自生钠长石也较为常见。此外，局部可见白云石交代方解石现象，溶蚀孔隙发育。

表 4-1-3　钙质粉砂岩电子探针定量分析结果

化学成分	钠长石含量（μg/g）		方解石含量（μg/g）		钾长石含量（μg/g）	
K_2O	0.08	0.069	0.021	0.016	9.542	11.596
Na_2O	7.603	7.926	0.353	0.008	0.058	3.5
FeO	0.007	—	—	0.018	0.039	—
CaO	0.058	0.008	62.439	70.757	0.013	0.084
MgO	—	—	0.686	0.771	—	—
MnO	0.008	—	0.002	0.016	0.015	—
TiO_2	—	0.013	—	0.048	0.048	—
Al_2O_3	22.545	22.441	0.015	—	21.968	20.859
SiO_2	69.919	68.925	—	0.003	68.717	63.24

注："—"表示低于检测限。

3）泥质粉砂岩特征

泥质粉砂岩在吉 174 井、吉 251 井均有发育。在矿物组成上，除了黏土矿物外，泥质粉砂岩还常含有方解石与白云石，属于过渡岩类。矿物结构特征与云质粉砂岩、钙质粉砂岩类似。

2. 内源岩类储层

白云岩类岩性特征：据钻井取心资料，芦草沟组很少发育纯白云岩，大多含有一些陆源碎屑矿物，如钠长石等，在矿物组成上均为过渡类岩石或混积岩（表 4-1-4），受陆源碎屑影响较大。较纯的白云岩主要为砂屑白云岩和泥晶白云岩，砂屑白云岩主要发育在上甜点段，这已被钻揭芦草沟组钻井岩心所证实。较纯的泥晶白云岩在吉木萨尔凹陷内较少见，但在乌鲁木齐附近蝴蝶沟剖面下甜点段较为发育。

表 4-1-4 吉木萨尔地区芦草沟组白云岩成分特征

井名	样品深度（m）	层位	岩石定名	方解石（%）	白云石（%）	泥质（%）	粉砂质（%）	黄铁矿（%）	硅质（%）
吉 25	3410.76	$P_2l_2^2$	泥晶白云岩	2	63	10	20	5	
吉 25	3412.36	$P_2l_2^2$	泥晶白云岩		85	15			
吉 27	2296.34	$P_2l_2^2$	泥晶白云岩		97	3			
吉 27	2297.53	$P_2l_2^2$	泥质白云岩		60	40			
吉 27	2295.66	$P_2l_2^1$	含云泥岩	6	10	74	10		
吉 23	2319.46	$P_2l_2^2$	粉晶白云岩	4	95				1
吉 23	2319.8	$P_2l_2^2$	泥晶白云岩		99				1
吉 23	2322	$P_2l_2^2$	灰质泥晶白云岩	35	60	5			
吉 22	2541.44	$P_2l_2^2$	泥晶白云岩	3	92	3	2		
吉 22	2542.56	$P_2l_2^2$	泥晶白云岩		96	4			
吉 22	2616	$P_2l_2^2$	粉砂质泥质泥晶白云岩		50	25	25		
吉 22	2541.26	$P_2l_2^2$	泥晶白云岩	3	80	15		2	
吉 22	2542.1	$P_2l_2^2$	细晶白云岩	15	80	2			3
吉 174	3113.42	$P_2l_2^2$	含泥粉晶团粒白云岩	4	80	15		1	
吉 174	3115.40	$P_2l_2^2$	泥晶白云岩		100				
吉 174	3116.55	$P_2l_2^2$	含粉砂泥晶白云岩		90	9	1		
吉 174	3122.00	$P_2l_2^2$	粉砂质泥晶白云岩		69		30	1	
吉 174	3137.20	$P_2l_2^2$	微晶白云岩		97		1		2
吉 174	3145.16	$P_2l_2^2$	粉砂质白云岩		70		30		
吉 174	3170.50	$P_2l_2^2$	砂屑白云岩		90		10		
吉 174	3200.57	$P_2l_2^2$	砂屑白云岩	10	70	15	5		
吉 174	3210.75	$P_2l_2^1$	粉砂质白云岩		60	10	29		
吉 174	3246.85	$P_2l_2^1$	泥晶白云岩	1	93		5	1	
吉 174	3251.34	$P_2l_2^1$	泥晶白云岩		97	3			
吉 174	3271.54	$P_2l_1^2$	粉砂质白云岩		60		40		
吉 174	3276.89	$P_2l_1^2$	粉砂质白云岩		69		30	1	
吉 174	3282.85	$P_2l_1^2$	含粉砂白云岩		76		20	4	

续表

井名	样品深度（m）	层位	岩石定名	方解石（%）	白云石（%）	泥质（%）	粉砂质（%）	黄铁矿（%）	硅质（%）
吉174	3282.97	$P_2l_1^2$	含泥粉晶白云岩	20	64		15	1	
吉174	3310.34	$P_2l_1^2$	粉砂质白云岩		70		30		
吉174	3154.48	$P_2l_1^2$	泥晶白云岩		91	3		1	

1）泥晶白云岩特征

手标本为浅灰色或灰褐色块状岩石，可见油斑或油迹。据钻井岩心，泥晶白云岩在上、下储层段均有发育，上储层段更为常见。在乌鲁木齐附近的蝴蝶沟剖面上，泥晶白云岩更为发育，并且主要发育在下储层段，往往以纸状—薄层状产出。在矿物组成上，主要由泥粉晶白云石及少量方解石、钠长石、石英组成（图4-1-19）。其中，白云石多为菱形晶体，大小为5～20μm。晶体之间往往为点—线接触，尽管岩石较为致密，但是未见镶嵌接触现象，这都表明白云石未经受强烈的重结晶作用。电子探针元素分析表明，白云石主要为含铁白云石（表4-1-5）。

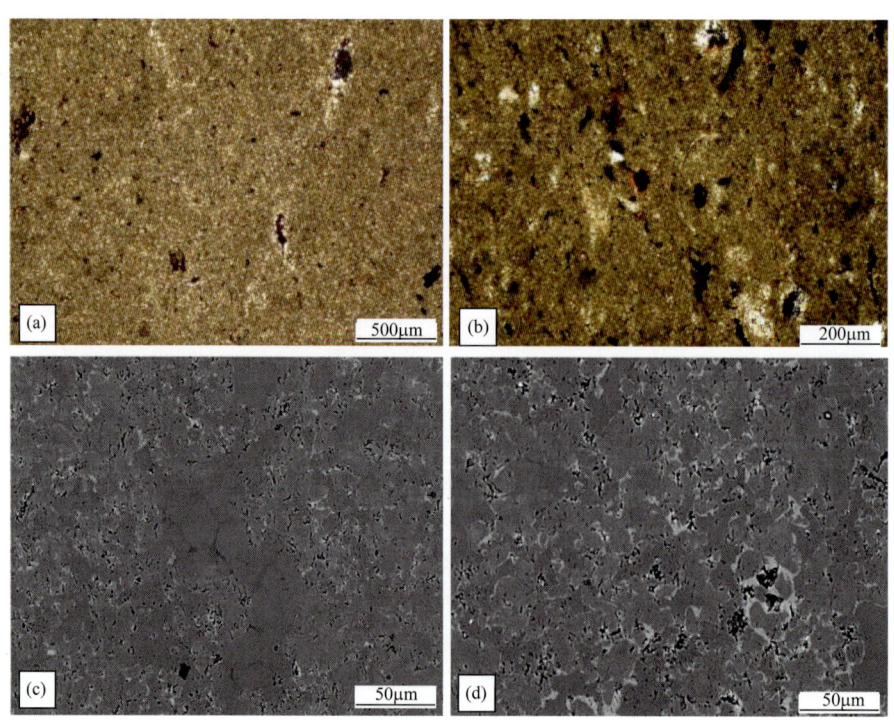

图4-1-19 泥晶白云岩显微照片及背散射图像

（a）吉31井（2714.8m）上甜点段泥晶白云岩，正交偏光×5，主要由微晶白云石构成；（b）吉251井（3594.2m）上甜点段泥晶白云岩，正交偏光×5，主要由微晶白云石及少量长石、有机质构成；（c）吉174井（3116m）上甜点段泥晶白云岩背散射图像，主要由微晶白云石及少量石英构成，白云石颗粒细小，粒度多小于10μm；（d）吉32井（3116m），上甜点段泥晶白云岩背散射图像，主要由微晶白云石及少量石英、方解石构成，白云石颗粒细小，粒度多小于10μm

表 4-1-5 泥晶白云岩电子探针元素定量分析结果

化学成分	白云石含量（μg/g）					
K_2O	—	0.001	—	0.005	—	—
Na_2O	0.09	0.162	0.134	0.152	0.051	0.1178
FeO	0.695	0.853	1.57	1.014	8.806	2.5876
CaO	38.796	39.898	36.712	39.506	37.233	38.429
MgO	22.557	26.321	25.151	24.742	16.834	23.121
MnO	0.039	0.05	0.231	0.04	1.087	0.2894
TiO_2	0.008	—	0.004	—	0.004	—
Al_2O_3	0.011	0.022	0.019	0.036	0.01	0.0196
SiO_2	0.046	0.015	0.045	0.025	0.016	0.0294

注："—"表示低于检测限。

2）砂屑白云岩特征

砂屑白云岩是一类具有碎屑岩结构、成分以微晶白云石为主的特殊碳酸盐岩，主要以夹层形式产出，单层厚度一般小于1m，但物性较好，含油性好，是上储层段的重要储集岩。手标本为浅灰色块状、较为均一、颗粒感明显的岩石，主要由砂屑和充填于砂屑间的钠长石、石英组成（图4-1-20）。砂屑呈椭球状，磨圆好，砂屑大小为20～500μm，分选差，砂屑内部主要由泥粉晶白云石和少量钠长石组成，石英少见，晶体大小为10～20μm，砂屑间溶蚀孔隙较为发育。砂屑之间主要为钠长石和少量石英，钠长石含量小于40%，石英含量小于10%，钠长石溶蚀强烈，粒间溶孔发育。电子探针元素分析表明，构成砂屑的泥粉晶白云石主要为含铁白云石（表4-1-6）。

3）粉砂质白云岩特征

粉砂质白云岩在矿物组成类型与结构上基本与云质粉砂岩类似，只是白云石的相对含量有所区别。根据对吉174井、吉31井的岩心观测结果，粉砂质白云岩也是重要的储集岩，但云质粉砂岩的储层物性及含油性偏好。

4）灰质白云岩特征

据现有资料，灰质白云岩见于吉174井，上、下甜点段之间较为少见，手标本为浅灰色含纹层状石灰岩，点酸强烈起泡；正交偏光下主要为呈高级白干涉色的碳酸岩颗粒和少量一级灰白干涉色长石组成。定量分析表明，该类岩石的碳酸岩颗粒主要为白云石，颗粒内部多有残余的方解石，交代现象明显，长石颗粒主要为钠长石，自生钠长石多分布在粒间孔隙中（表4-1-7）。

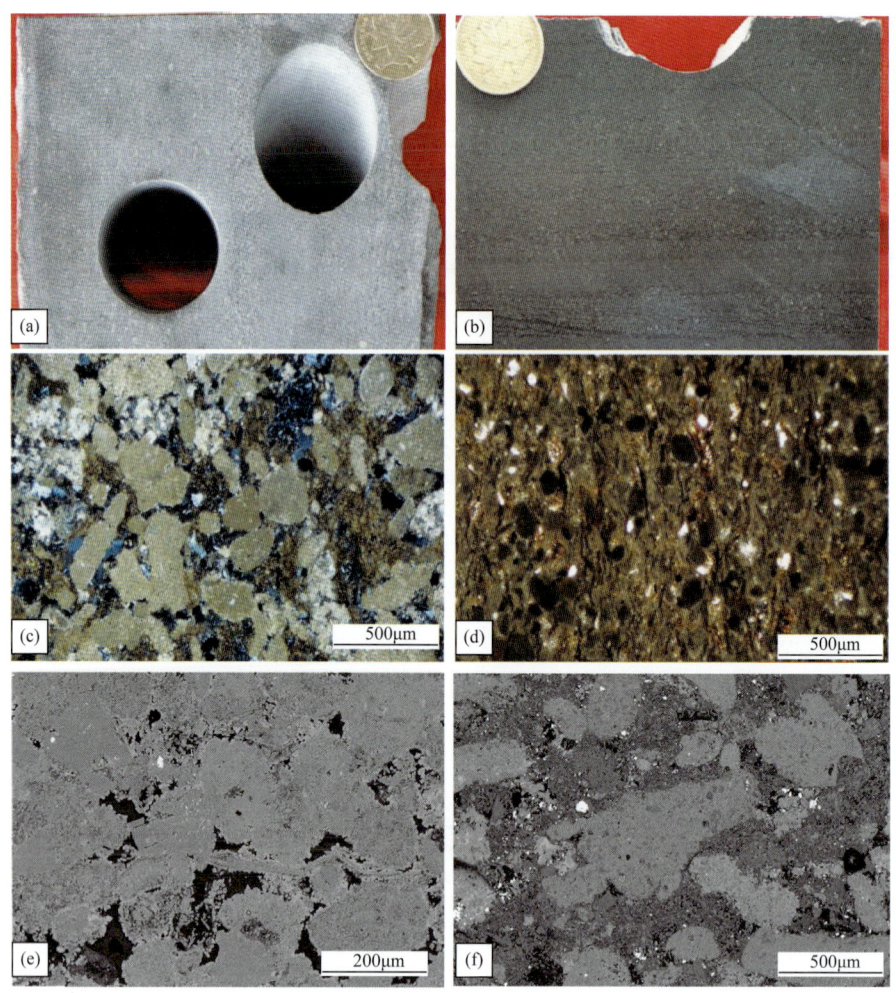

图 4-1-20 砂屑白云岩岩心及显微鉴定照片

（a）吉 174 井（3152.8m），上甜点段砂屑白云岩岩心标本；（b）吉 174 井（3159.5m），上甜点段砂屑白云岩岩心标本；（c）吉 174 井（3122.2m），上甜点段砂屑白云岩，正交偏光 ×5，主要由砂屑、长石及泥质胶结物构成，长石颗粒多细小，砂屑粒度较大，多大于 200μm；（d）吉 251 井（3632.4m），上甜点段砂屑白云岩，正交偏光 ×5，主要由砂屑和少量泥质胶结物构成；（e）吉 174 井（3114.7m），上甜点段砂屑白云岩电子探针背散射图像，主要由砂屑和钠长石构成，砂屑主要由微晶白云石和少量长石构成，粒间溶孔发育；（f）吉 174 井（3122.2m），上甜点段砂屑白云岩电子探针背散射图像，主要由砂屑和钠长石构成，砂屑主要由微晶白云石和少量长石构成，粒间溶孔发育

表 4-1-6　砂屑白云岩电子探针定量分析结果

化学成分	白云石含量（μg/g）			钠长石含量（μg/g）		
K_2O	0.007	0.001	0.004	0.037	0.034	0.0355
Na_2O	0.189	0.075	0.132	8.315	8.491	8.403
FeO	3.075	4.047	3.561	0.068	0.03	0.049
CaO	42.543	41.163	41.853	0.108	0.023	0.0655

续表

化学成分	白云石含量（μg/g）			钠长石含量（μg/g）		
MgO	20.199	16.226	18.2125	0.028	—	0.028
MnO	0.163	0.292	0.2275	0.005	0.009	0.007
TiO_2	—	—	—	—	—	—
Al_2O_3	0.005	0.004	0.0045	22.462	22.24	22.351

注："—"表示低于检测限。

表 4-1-7　灰质白云岩电子探针定量分析结果

化学成分	方解石含量（μg/g）			白云石含量（μg/g）			
K_2O	—	0.007	—	0.010	0.014	0.009	0.011
Na_2O	0.082	0.035	0.059	0.039	0.144	0.249	0.144
FeO	0.385	0.127	0.256	4.573	4.767	6.792	5.377
CaO	67.080	68.874	67.977	36.377	38.759	37.353	37.496
MgO	0.356	0.195	0.276	23.327	19.849	21.252	21.476
MnO	0.267	0.135	0.201	0.317	0.316	0.192	0.275
TiO_2	—	—	—	0.022	0.057	0.073	0.051
Al_2O_3	0.003	0.008	0.006	—	—	—	—
SiO_2					0.187	0.252	

注："—"表示低于检测限。

5）石灰岩类特征

尽管在相关测井资料解释及科研报告中介绍过吉木萨尔凹陷芦草沟组发育石灰岩，而在本书中，我们观察了大量的钻井岩心，并对样品进行了系统的显微鉴定，发现石灰岩发育较少，仅在吉 30 井上储层段发现局部发育薄层状鲕粒灰岩。鲕粒主要为正常鲕、放射鲕，粒径 50～200μm，分选较差，基质中可见白云石及少量长石（图 4-1-21），这表明鲕粒灰岩形成于水动力环境较强且有陆缘输入的鲕粒滩环境。

3. 泥岩类储层

泥岩主要有粉砂质泥岩和云质泥岩，后者是泥岩类的主要岩石类型（图 4-1-22）。岩心观察表明，泥岩呈深灰色—灰黑色纹层状，含有一定量的砂质组分，当含量较高时往往呈透镜状或纹层状夹层。砂质矿物成分主要为长石，石英少见。大部分泥质岩中的细粒组分并非全为黏土矿物，而是含有大量的微晶白云石，尤其是在靠近白云岩和云质岩发育段，泥岩中的微晶白云石含量明显增加。

图 4-1-21 鲕粒灰岩显微照片

（a）吉 30 井（4049.7m），上甜点段鲕粒灰岩，单偏光 ×5，鲕粒主要为正常鲕；（b）吉 30 井（4049.7m），上甜点段鲕粒灰岩

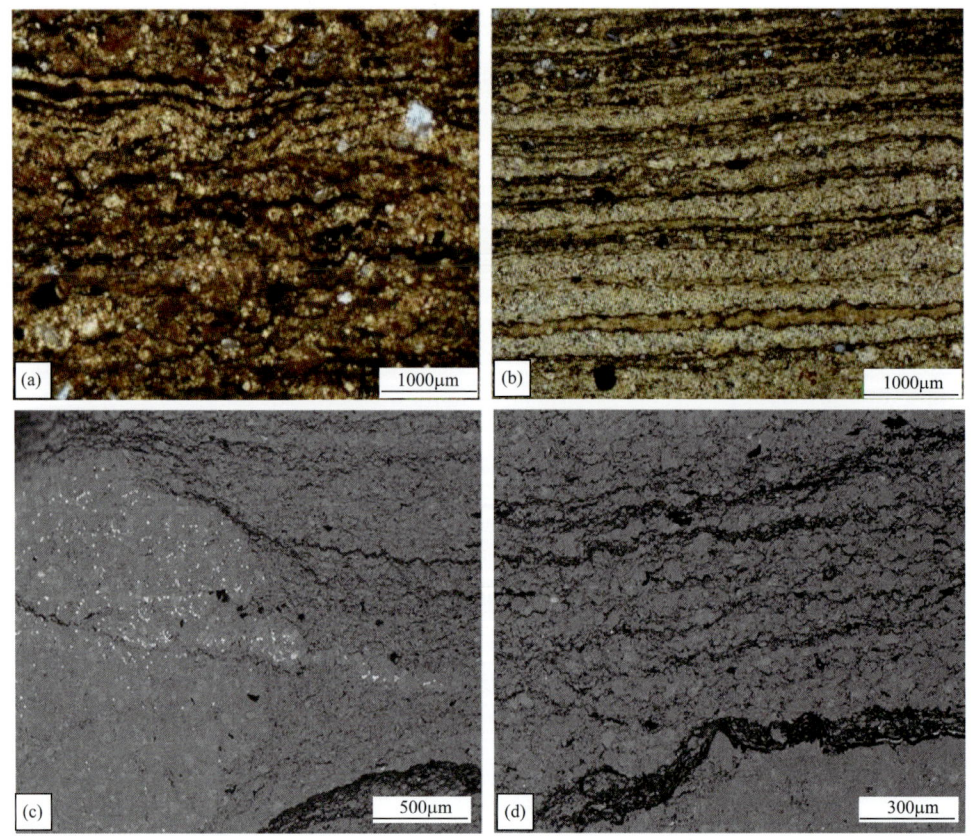

图 4-1-22 吉 174 井芦草沟组泥岩类岩性微观特征

（a）吉 174 井（3275.5m），含砂泥晶白云岩（也可能为藻白云岩）层间缝发育，正交偏光 ×5；（b）吉 174 井（3279.8m），泥晶白云岩，正交偏光 ×5，层间缝发育；（c）吉 174 井（3174m），泥质粉砂岩，背散射图，压溶缝发育；（d）吉 174 井（3174m），泥质粉砂岩，背散射图，压溶缝发育

第二节 页岩油储层储集空间类型

一、玛湖凹陷风城组储集空间类型

玛湖凹陷风城组孔隙类型根据储层类型的不同，差异显著。砂砾岩类储层储集空间类型包括原生孔、晶间孔和次生溶孔三种类型。内源岩类储层储集空间类型以晶间孔为主。混积岩类储层主要储集空间类型包括长石溶孔、白云石溶孔、自生矿物晶间孔、有机质孔及微裂缝。火山岩类储层储集空间类型主要为气孔。

1. 砂砾岩类储层

砂砾岩类储层主要表现为以陆源碎屑为主要成分且粒径为砂级颗粒以上的储层类型，该类型储层的储集空间由于其碎屑粒径及成分差异的原因，主要以粒间孔及次生溶蚀孔为主（图4-2-1）。原生粒间孔集中发育时黏土矿物整体含量相对较低，碎屑颗粒之间多为点到线接触，残留的原生粒间空中未充填或少量充填自生黏土矿物。由于风城组整体近物源且物源区火山作用发育较强的原因，成分中含大量的长石类矿物，该类型矿物在后期的成岩演化过程中，在有机酸的溶蚀下形成大量的溶蚀孔隙，为优质储层的形成奠定了重要的基础。

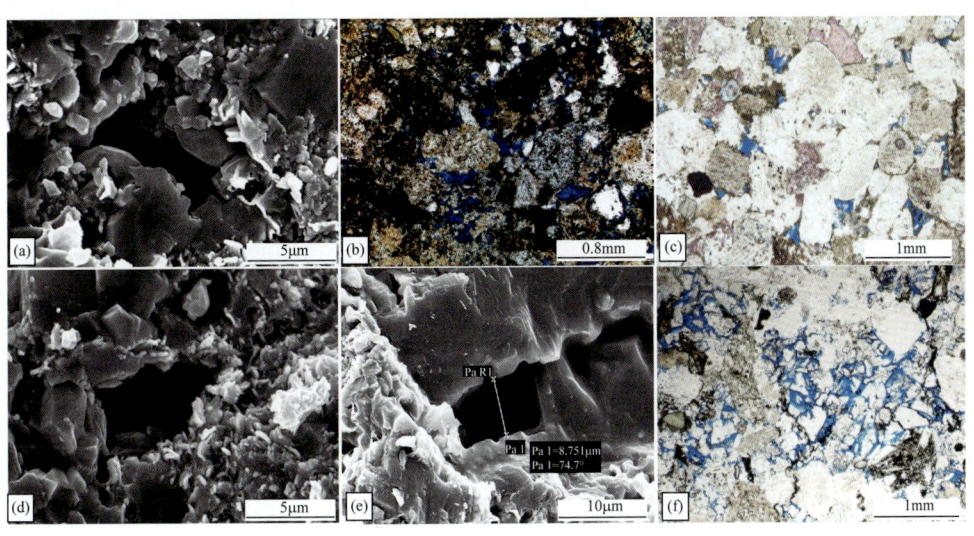

图4-2-1 风城组砂砾岩类储层储集空间类型
（a）细砂岩粒间孔，夏76井，3646.6m；（b）粒间溶孔，泥质粉砂岩，玛页1井，4875.3m；（c）细砂岩中的粒内溶孔与原生粒间孔，克81井，4307.6m；（d）粉细砂岩粒间孔，夏76井，3647.9m；（e）含云粉砂岩粒间孔，玛页1井，4612.3m；（f）含云中砂岩残余粒间孔与粒间溶孔，克207井，4823m

2. 内源岩类储层

风城组内源岩以蒸发岩类为主，含泥质的白云岩或石灰岩、碳钠钙石岩和苏打石岩均有不同程度发育，然而层厚均不大，多表现为薄层或纹层状产出，内源岩多为同沉积期水体矿物析出后经成岩作用形成，因此导致内源岩储集空间类型以晶间孔为主。泥质白云岩中表现为白云石晶粒之间的微孔隙，多表现为微米到纳米级别孔径特点。相比较而言，碳钠钙石岩和苏打石岩中，由于晶体粗大，集合体呈交叉的板柱状（图4-2-2），因而晶间孔径相对加大，表现为微米到毫米级别特点。

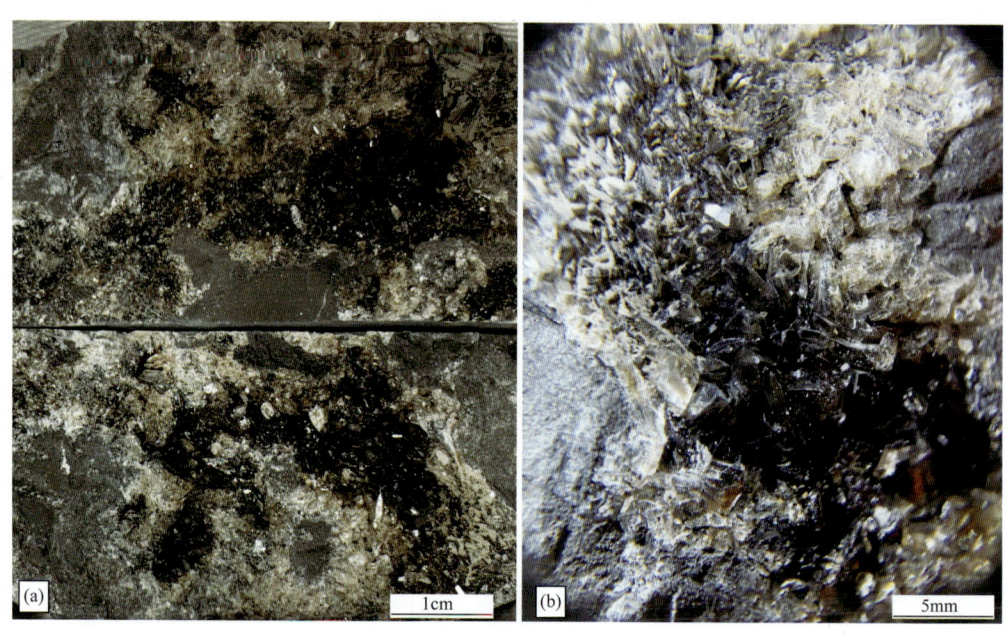

图 4-2-2　硅硼钠钙石岩岩心特征
（a）玛页 1 井中硅硼钠钙石岩岩心，见油斑；（b）为（a）图局部放大，见晶体颗粒之间发育微米到毫米级晶间孔

3. 混积岩类储层

玛湖凹陷风城组混积岩类储层主要为陆源碎屑、火山物质及内源矿物共同控制形成，由于岩石成分及构造差异，混积岩类储层的储集空间类型也具有较大的差别，主要有原生粒间孔、次生溶孔、有机质孔、晶间孔以及裂缝。

1）粒间孔

原生粒间孔主要赋存于砂砾岩类储层中，表现为以碎屑石英粒间孔为主（图 4-2-3），然而，在混积岩类储层中也广泛发育，但相比之下孔径大小大幅缩小。碎屑粒间孔为残留原生粒间孔隙及粒间溶孔，原生粒间孔半充填黏土矿物，其平均孔径较大，主要分布范围为 10～100μm，表现为微米级孔隙为主，具有相对较好的连通性。

2）次生溶孔

混积泥岩类储层中的溶蚀主要表现为内源自生白云石颗粒溶蚀，以及陆源碎屑长石颗粒溶蚀。白云石颗粒经有机酸溶蚀之后形成晶体边缘和晶内溶孔，孔隙表现为孤立状分布，其连通性较差。长石类溶孔主要赋存于钾长石颗粒中，形成纳米—微米级连片分布的孔隙（图 4-2-4）。少量钠长石中也存在溶孔。

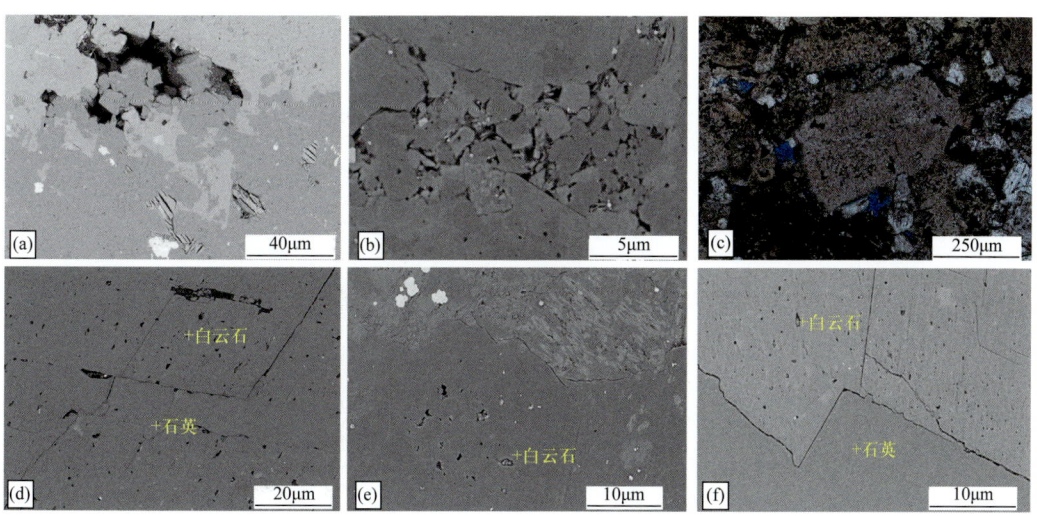

图 4-2-3　玛湖凹陷风城组页岩油储层碎屑粒间孔与白云石溶孔显微特征

(a) 含云粉砂质泥岩粒间孔, 玛页 1 井, 4924.6m, 亚离子抛光电镜; (b) 含云泥质粉砂岩粒间孔, 玛页 1 井, 4601.4m, 亚离子抛光电镜; (c) 泥质粉细砂岩粒间孔, 玛页 1 井, 4626.5m, 单偏光; (d) 云质泥岩白云石溶孔, 玛页 1 井, 4828.6m, 亚离子抛光电镜; (e) 云质泥岩白云石溶孔, 玛页 1 井, 4839.3m, 亚离子抛光电镜; (f) 云质泥岩白云石溶孔, 玛页 1 井, 4802.2m, 亚离子抛光电镜

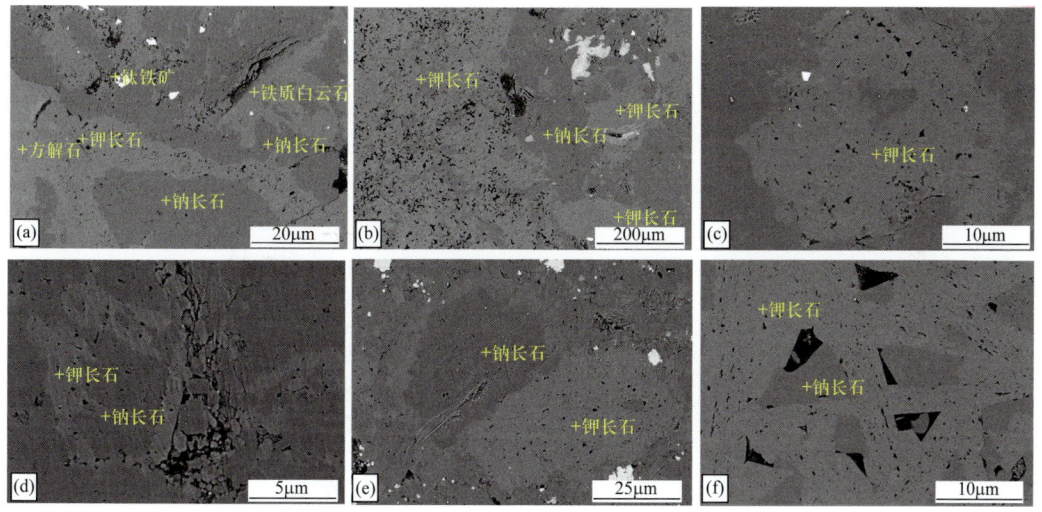

图 4-2-4　玛湖凹陷风城组混积岩类储层长石类矿物溶孔显微特征

(a) 钾长石溶孔, 云长英质泥岩, 玛页 1 井, 4924.6m, 亚离子抛光电镜; (b) 钾长石溶孔, 长英质泥岩, 玛页 1 井, 4901.5m, 亚离子抛光电镜; (c) 钾长石溶孔, 长英质泥岩, 玛页 1 井, 4704.8m, 亚离子抛光电镜; (d) 钾长石溶孔, 含云长英质泥岩, 玛页 1 井, 4828.6m, 亚离子抛光电镜; (e) 钾长石溶孔, 含云长英质泥岩, 玛页 1 井, 4717.1m, 亚离子抛光电镜; (f) 钾长石溶孔, 含云长英质泥岩, 玛页 1 井, 4725.9m, 亚离子抛光电镜

3) 有机质孔

混积岩类的有机质孔发育广泛, 主要表现为纺锤状和气泡状孔隙 (图 4-2-5)。平面上表现为孤立状, 有机质粒间孔呈多边形状, 主要分布范围为小于 2μm。

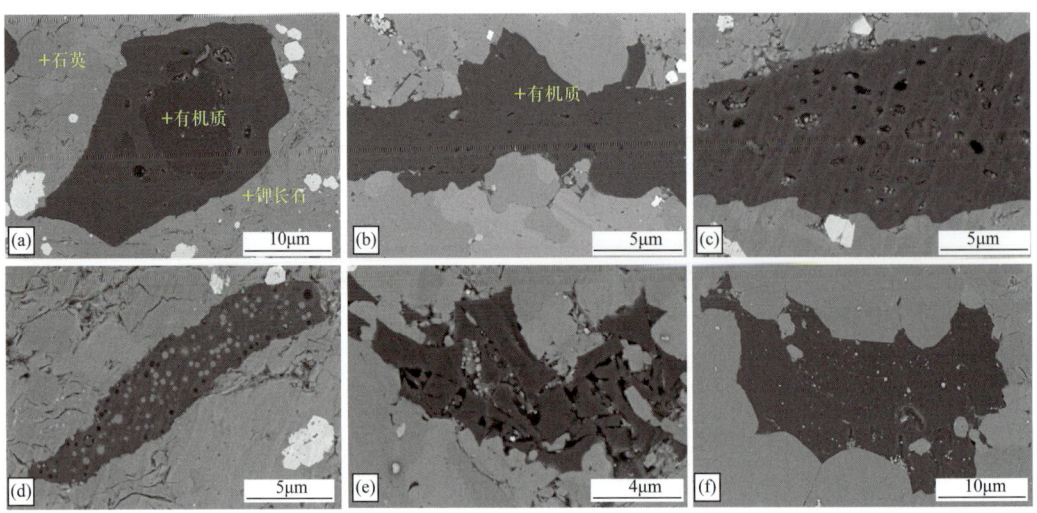

图 4-2-5 玛湖凹陷风城组混积岩类储层有机质孔隙显微特征

(a) 长英质泥岩，玛页 1 井，4853.1m，亚离子抛光电镜；(b) 长英质泥岩，玛页 1 井，4725.9m，亚离子抛光电镜；(c) 含黏土长英质泥岩，玛页 1 井，4601.4m，亚离子抛光电镜；(d) 含长英黏土质泥岩，玛页 1 井，4631.4m，亚离子抛光电镜；(e) 长英质泥岩，玛页 1 井，4601.5m，亚离子抛光电镜；(f) 长英质泥岩，玛页 1 井，4839.3m，亚离子抛光电镜

4）晶间孔

晶间孔主要以白云石晶间孔和自生黏土矿物晶间孔为主，白云石晶间孔为白云石重结晶形成。黏土矿物晶间孔以绿泥石晶间孔隙为主（图 4-2-6），表现为密集发育的晶间孔，呈纺锤状，孔隙平面连通性好。主要分布范围为 2~5μm。

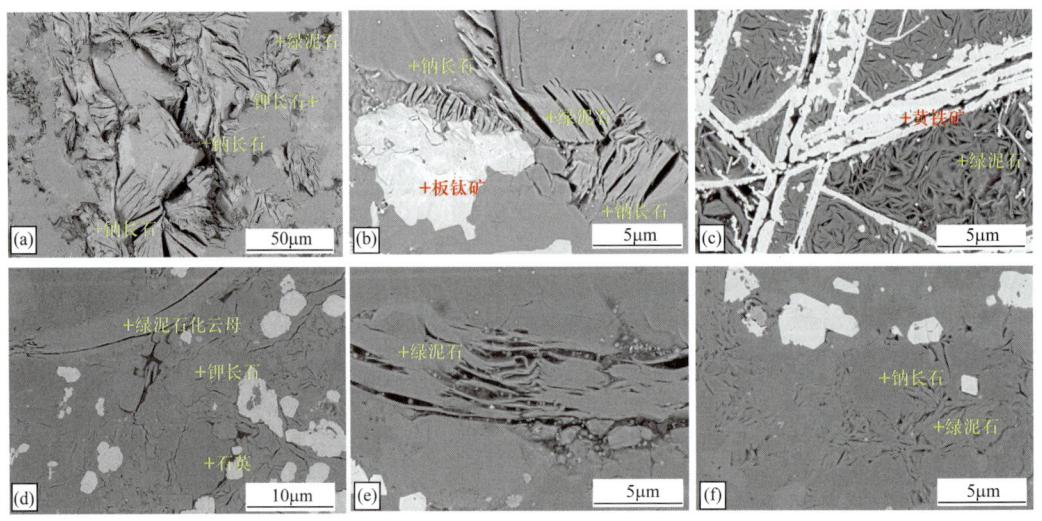

图 4-2-6 玛湖凹陷风城组混积岩类储层黏土矿物晶间孔显微特征

(a) 绿泥石晶间孔，黏土质泥岩，玛页 1 井，4924.6m，亚离子抛光电镜；(b) 绿泥石晶间孔，含云黏土质泥岩，玛页 1 井，4924.6m，亚离子抛光电镜；(c) 绿泥石与黄铁矿晶间孔，黏土质泥岩，玛页 1 井，4833.9m，亚离子抛光电镜；(d) 长英黏土质泥岩，玛页 1 井，4860.1m，亚离子抛光电镜；(e) 绿泥石晶间孔，长英质泥岩，玛页 1 井，4601.4m，亚离子抛光电镜；(f) 绿泥石晶间孔，含黏土长英质泥岩，玛页 1 井，4628.5m，亚离子抛光电镜

5）裂缝

玛湖凹陷风城组裂缝极为发育（图4-2-7），可分为两种成因类型：一种由成岩压实作用形成，裂缝分布杂乱，全充填，对储层基本无贡献；另一种为构造破裂缝，有斜交缝、网状缝和直立缝，密度一般为3～10条/m，缝宽0.2～10mm，缝长5～120cm。裂缝中次生矿物充填物较少、开启程度较高，可有效提高储层的渗透率，对储层发育有利。此类裂缝受构造活动影响强烈，具有主断裂位置两侧裂缝发育程度高，而远离断裂位置裂缝数量和发育规模均减小的分布特点。在镜下显微观察发现，微裂缝表现为碎屑粒缘缝、粒内缝。裂缝延伸大于10μm，缝宽一般小于1μm。

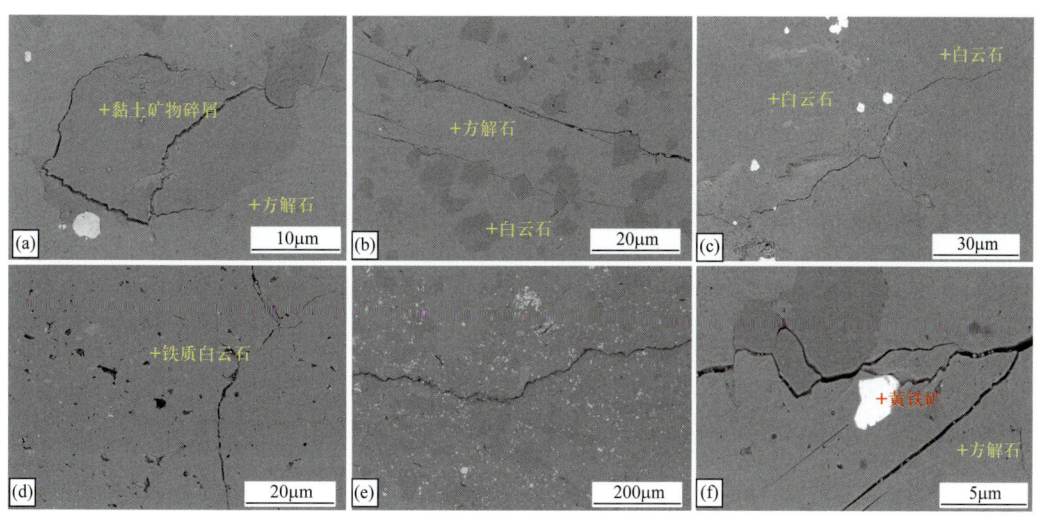

图4-2-7　玛湖凹陷风城组混积岩类储层中微裂缝显微特征

（a）含云长英质泥岩，玛页1井，4862.1m，亚离子抛光电镜；（b）云质泥岩，玛页1井，4850.4m，亚离子抛光电镜；（c）含云泥岩，玛页1井，4704.8m，亚离子抛光电镜；（d）云质泥岩，玛页1井，4828.6m，亚离子抛光电镜；（e）含云泥岩，玛页1井，4833.9m，亚离子抛光电镜；（f）含灰云质泥岩，玛页1井，4853.1m，亚离子抛光电镜

4. 火山岩类储层

火山岩类储层主要表现为气孔为主的孔隙类型，玛湖凹陷火山岩主要发育玄武质安山岩及熔结凝灰岩，两种火山岩均广泛发育未充填或半充填气孔构造。熔结凝灰岩中气孔表现为不规则状（图4-2-8a和b），少量孔隙中半充填自生石英晶体，虽然气孔表现为孤立状发育，但岩心表面常发育网状裂缝，较大程度地提高了孤立状气孔的连通性。玄武质安山岩中发育大量杏仁状气孔（图4-2-8c），气孔多呈椭圆状、孤立状发育，但气孔体积比较大，孔隙大多表现为厘米级大小，局部孔隙充填绿泥石或方解石。较熔结凝灰岩岩性段而言，玄武质安山岩中未见广泛发育的裂缝，因此气孔之间的连通性较差。局部裂缝集中发育段，也是较为优质的储层类型。

图 4-2-8 玛湖凹陷风城组玛页 1 井火山岩气孔发育特征
（a）、（b）熔结凝灰岩中发育气孔构造；（c）玄武质安山岩中发育未充填和已完全充填气孔

二、吉木萨尔凹陷芦草沟组储集空间类型

芦草沟组页岩油储层早期的原生孔隙已基本消失殆尽，目前各类型页岩油储层的主要储集空间为成岩阶段后期发育的次生溶蚀孔隙或晶间孔隙。根据薄片观察和电子探针背散射分析结果，芦草沟组储层段的储集空间类型主要包括以下几种：

次生溶孔：包括粒间/晶间溶孔和粒内/晶内溶孔两类（图 4-2-9）。粒间/晶间溶孔是芦草沟组页岩油储层的主要储集空间类型，孔径一般大于 300nm 的孔隙，该类孔隙在总孔隙中占比较大，其中长石岩屑粉细砂岩中占比可达 74%，砂屑云岩中占比 40%，云质粉砂岩中约占 59%。如图 4-2-9 所示，这类溶孔主要分布在云质砂屑之间，可能形成于砂屑间胶结物的溶蚀过程。砂屑边部往往被一薄层泥晶钠长石包壳包裹，砂屑间局部可见自生钠长石。此外，云质粉砂岩中钠长石之间通常发育晶间溶孔，这类孔隙主要形成于钠长石溶蚀过程，常见钠长石溶蚀后产生的港湾状、锯齿状结构。粒内溶孔主要分布于砂屑、岩屑内部，多见于上储层段。这类孔隙可能形成于早期大气淡水溶蚀过程，也可能形成于埋藏期的有机酸溶蚀过程。

晶间孔：一般发育在充填于粒间孔和溶孔中的次生钠长石、钾长石、白云石等自生矿物中，其孔径一般较小，大部分不超过几微米。晶间孔主要发育在泥晶白云岩、粉砂质泥岩和硅质页岩等岩性中。事实上，吉木萨尔凹陷芦草沟组页岩油储层中的晶间孔绝大部分为粒间溶蚀孔隙后期被自生矿物充填而形成。

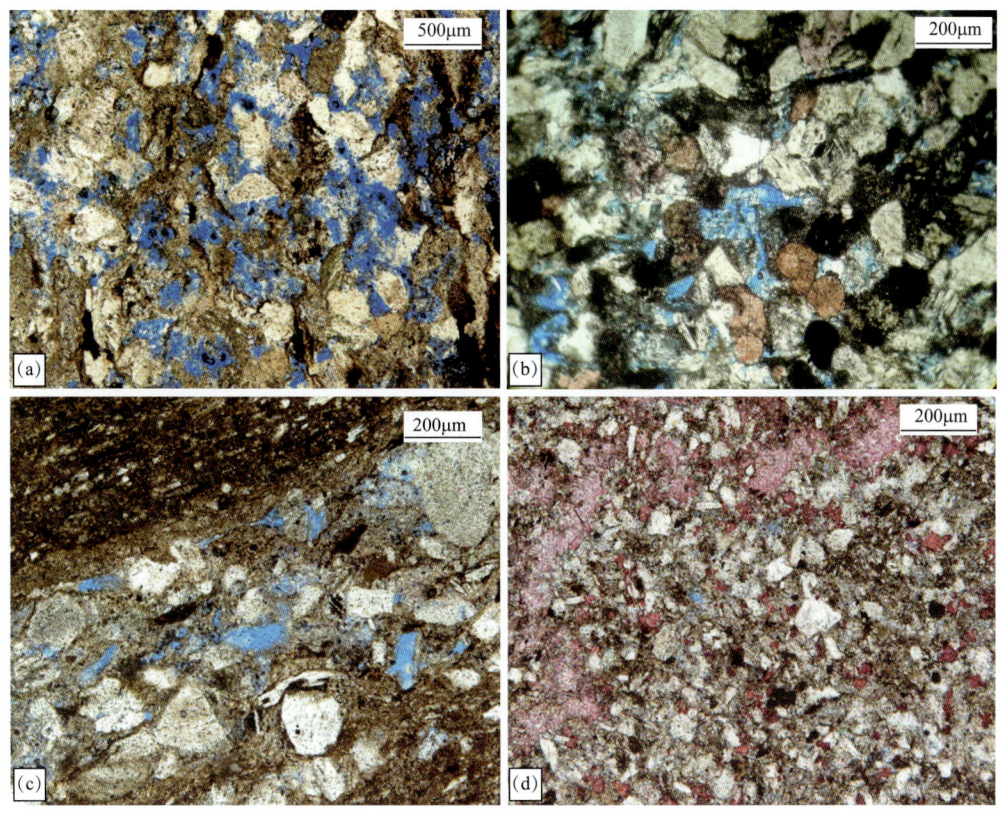

图 4-2-9 吉木萨尔凹陷芦草沟组粉砂岩类储层孔隙特征

（a）细粒长石岩屑砂岩中发育方沸石溶蚀孔，吉 31 井，2725m，单偏光，蓝色为铸体；（b）细中粒长石岩屑砂岩中发育长石溶孔与粒间孔，吉 174 井，3143.3m，单偏光，蓝色为铸体；（c）细粒长石岩屑砂岩中发育长石颗粒溶蚀孔，吉 305 井，3415.1m，单偏光，蓝色为铸体；（d）细粒长石岩屑砂岩发育长石颗粒溶蚀孔，吉 251 井，3768.45m，单偏光，蓝色为铸体，红色为方解石染色

微裂缝：芦草沟组页岩油储层中微裂缝发育于泥质砂岩、泥质泥晶白云岩中。这类孔隙与构造断裂或破碎关系并不明显，应是埋藏期有机酸溶蚀形成的流体通道。虽然这类孔隙孔径较大，但只在局部发育，所以这类岩石含油性并不好，因而对油气储集贡献并不大。

1. 粉砂岩类储层

芦草沟组粉砂岩类储层中含大量的易溶碎屑矿物成分，其中长石含量相对较高，在后期的成岩演化过程中形成了大量的长石次生溶孔，形成大量的粒内溶孔及粒间溶孔（图 4-2-9），溶孔中见少量的自生钠长石半充填。除此之外，芦草沟组粉砂岩类储层含大量的沸石类胶结物，以方沸石和浊沸石为主，方沸石表现为较易溶蚀的特点，形成广泛发育的方沸石溶孔。

2. 内源岩类储层

芦草沟组内源岩储层中砂屑白云岩与粉砂质白云岩孔隙发育较好，砂屑白云岩中以砂屑颗粒形成广泛发育的颗粒粒间孔或粒间溶孔（图4-2-10），孔径多分布于30～100μm之间，孔隙间连通性较好，虽然局部孔隙被自生钠长石半充填，但自生钠长石晶体之间仍能形成较多的晶间孔隙。除此之外，裂缝也有少量发育。

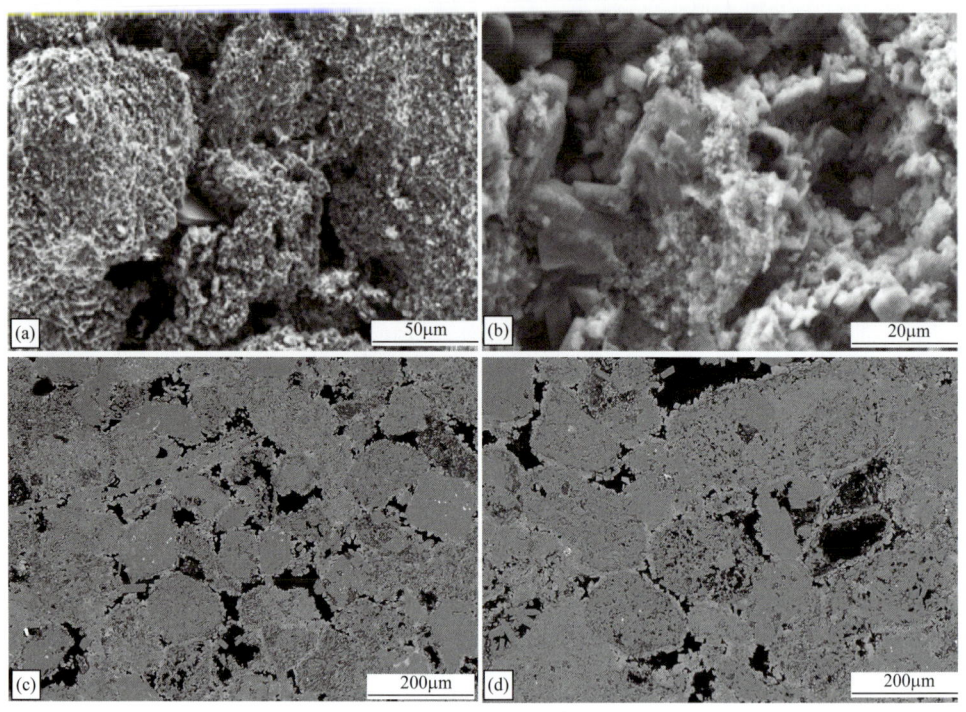

图4-2-10 吉木萨尔凹陷芦草沟组内源岩类储层孔隙发育特征

（a）吉174井，3114.7m，上甜点，砂屑白云岩，砂屑间溶孔十分发育，孔径多大于30μm；（b）吉174井，3144.6m，上甜点，粉砂质白云岩，粒间溶孔发育，孔径多小于10μm；（c）吉174井，3114.7m，砂屑白云岩，常见孔隙中自生钠长石半充填现象，呈现亮边的背散射照片；（d）吉174井，3115m，上甜点，砂质（长石）砂屑白云岩中发育的粒间溶孔，大小为几微米到几十微米，部分孔壁发育自生钠长石

3. 混积岩类储层

芦草沟组混积岩类储层主要表现为以云质粉砂岩、白云质泥岩为主。在该类型储层中以白云石晶间孔及陆源碎屑粒间溶孔为主要的储集空间类型（图4-2-11）。粒间溶孔主要为钠长石溶蚀孔隙，孔径多为5～30μm，连通性好，粒间溶孔是这类岩石的主要储集空间类型。晶间溶孔孔径为0.75～1μm，局部可达5～10μm，晶内溶孔主要为白云石晶内溶蚀孔隙，少量为石英溶蚀，孔径多小于0.75μm，局部达5～30μm，孔隙连通性差。

图 4-2-11 吉木萨尔凹陷芦草沟组混积岩类储层孔隙发育特征

（a）吉174井（3268.5m），下甜点上部，云质粉砂岩，扫描电镜图像，粒间溶孔发育，孔隙较小，孔径多小于10μm；（b）吉174井（3275.2m），下甜点上部，云质粉砂岩，扫描电镜图像，粒间溶孔发育，孔径多小于10μm；（c）吉31井（3278.7m），上甜点，云质粉砂岩，粒间溶孔发育，孔径多小于10μm；（d）吉251井（3278.7m），下甜点，云质粉砂岩，粒间溶孔发育，孔径多小于10μm

第三节　页岩油储层成岩作用类型

与常规碎屑岩储层类比，页岩油储层具有多岩相类型、粒度广泛变化的特点，从砂砾岩到细粒混积岩，从碎屑岩到内源岩均有发育。因此其成岩作用类型兼具了常规储层常见成岩作用类型之外，还发育内源岩成岩作用类型（图4-3-1），如白云石化作用等。因此准噶尔盆地页岩油储层成岩作用类型主要包括压实作用、钙化/膏化作用、钙质胶结/交代作用、压溶作用、白云石化作用、溶蚀作用及自生矿物的充填胶结作用等。

一、压实作用

压实作用作为沉积岩过程中最基本的成岩作用类型，其作用效果已被广大科研人员熟知，沉积物沉积后在其上覆水层或沉积物的重荷下，或在构造形变应力的作用下，发生水分排出、孔隙度降低、体积缩小，同时沉积物内部发生颗粒的滑动、转动、位移、变形甚至破裂，进而导致颗粒重新排列或整体结构发生改变。风城组与芦草沟组页岩油储层中压实作用现象广泛分布，砂砾岩类储层在压实作用下表现为碎屑颗粒呈现点接触，在薄纹层状混积泥页岩中，局部可见同沉积期形成的石膏纹层在压实作用下弯曲变形

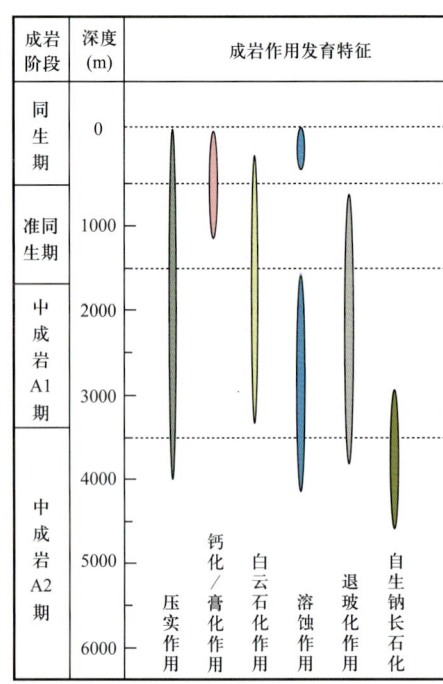

图 4-3-1 玛湖凹陷风城组页岩油储层成岩作用类型发育特征

（图 4-3-2），甚至断裂位移。微观尺度纹层的断裂位移在宏观岩心上则表现为成岩裂缝及缝合线构造。吉木萨尔凹陷芦草沟组中由压实作用而形成的成岩压裂缝相当普遍，同时由于局部岩石成分的不同，沉积物因差异压实作用而形成的变形层理较为普遍。

二、钙化/膏化作用

风城组整体表现为盐碱化湖盆沉积，风城组二段以半深湖沉积为主体，局部表现为与浅湖高频穿插间互沉积。由于纵向上盐碱化程度具有明显的差异，因此局部高盐碱化层段蒸发岩类矿物显著富集，石膏或方解石表现为薄纹层或纹层状产出（图 4-3-3），晶体粗大、自形程度高，晶体颗粒之间断续连接，主要形成于同沉积期的早成岩阶段。该类型矿物多表现为含量相对较低的特点，因此整体岩性段并不能划归为真正意义的内源岩。

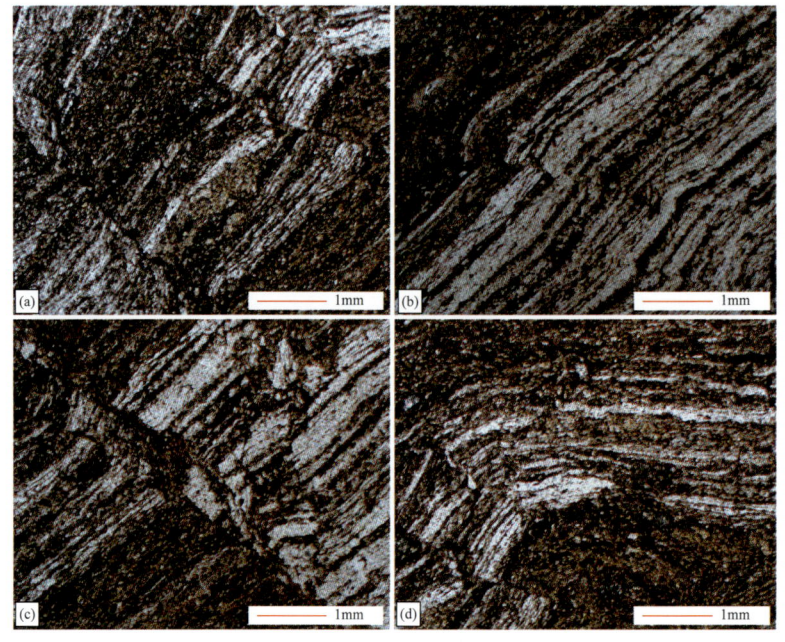

图 4-3-2 风城组薄纹层状混积泥页岩储层压实作用特征

（a）薄纹层状混积泥岩，玛页 1 井，4786.05m，单偏光，石膏纹层与黏土质纹层互层，石膏纹层发生错断位移；（b）薄纹层状混积泥岩，玛页 1 井，4677.1m，单偏光，石膏纹层表现为同沉积变形特点；（c）薄纹层状混积泥岩，玛页 1 井，4732.5m，单偏光，石膏纹层发生错断位移；（d）薄纹层状混积泥岩，玛页 1 井，4601.5m，单偏光，石膏纹层发生同沉积变形

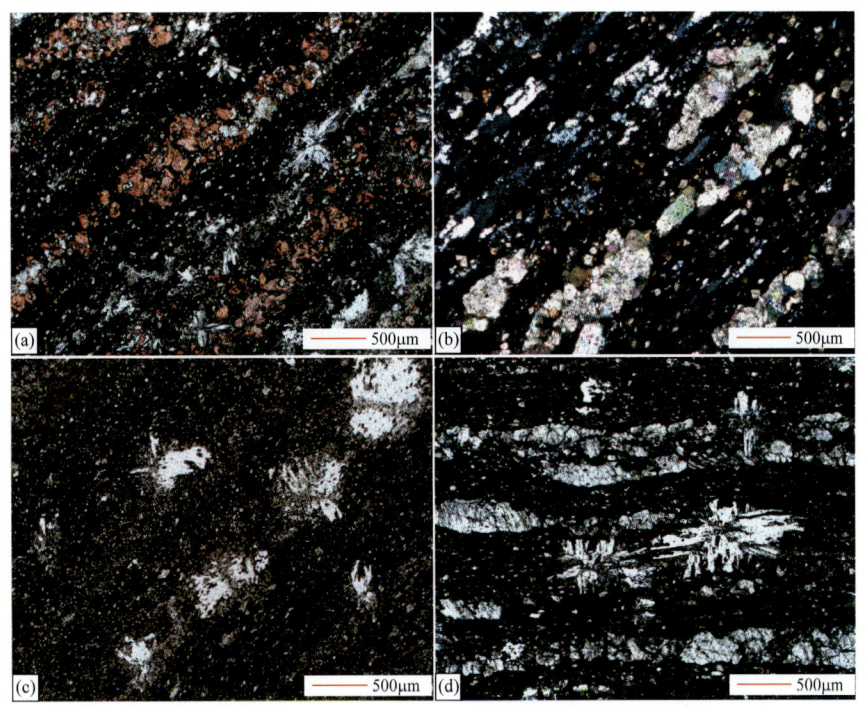

图 4-3-3　风城组混积页岩油储层中石膏与方解石纹层
（a）似纹层状混积泥岩，玛页 1 井，4790.9m，单偏光，方解石纹层染色后呈红色，石膏纹层表现为断续状晶体；
（b）纹层状粉砂质混积泥岩，玛页 1 井，4733.28m，正交光，方解石表现为高级干涉色，石膏表现为一级灰到一级黄白；
（c）纹层状混积泥岩，玛页 1 井，4711.5m，单偏光，石膏晶体表现为断续似纹层状，白云石化作用显著，白云石晶体呈现星点状散布；（d）纹层状—似纹层状混积泥岩，玛页 1 井，4712.6m，单偏光，方解石表现为纹层状产出，石膏晶体表现为晶簇状

三、钙质胶结 / 交代作用

风城组与芦草沟组页岩油储层中，无论是砂砾岩类储层还是混积泥岩类储层，碳酸盐矿物均普遍发育，常见的有方解石、含铁方解石，储层岩石中钙质含量变化很大，它们作为胶结物和颗粒交代物产出（图 4-3-4），可形成于各成岩阶段，因此，碳酸盐的沉淀具有多期性，是该区储层孔隙减少的主要因素之一。根据它们的沉淀顺序和成分的变化，可分为早、晚两期。早期碳酸盐矿物的胶结作用主要指同生期—早成岩期沉淀的碳酸盐矿物，主要矿物为泥晶方解石、泥晶菱铁矿、泥晶—粉晶白云石，它们主要作为胶结物沉淀在孔隙中。一般来说，分选、磨圆较好，基质含量少的岩石，早期方解石含量高，并伴有方解石交代碎屑现象，多呈连晶状产出；而分选差、基质含量高的岩石，方解石含量低，多呈粒状分散在孔隙中。在部分储层中造成了原生粒间孔的封闭和半封闭。晚期铁方解石沉淀发生交代作用或重结晶作用，晚期方解石的沉淀比较常见，且深部地层多于浅部，其成分、产状、矿物共生组合等与早期方解石有明显的不同，晚期方解石在成分上含 Fe^{2+}，为含铁方解石，常常以粒状充填于碎屑颗粒间，也常以交代其他矿物的形式出现。

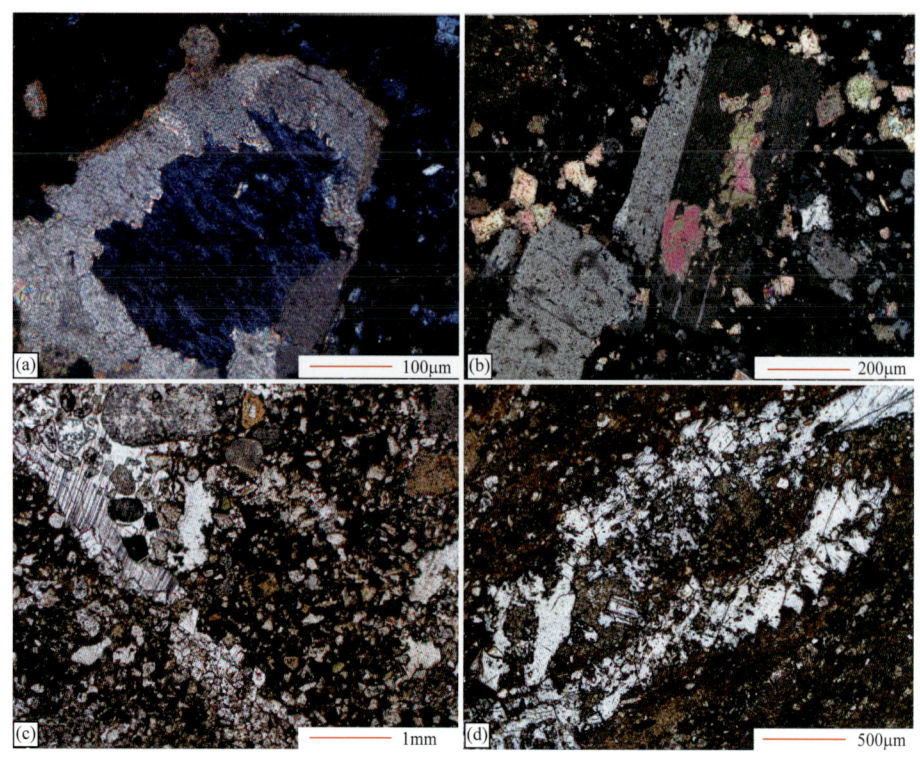

图 4-3-4 玛湖凹陷风城组页岩油储层中方解石交代作用特征
（a）钙质粉砂质泥岩，玛页 1 井，4589.2m，正交光，方解石交代长石边缘；（b）含云长英质泥岩，风南 1 井，4185.6m，正交光，长石被方解石交代；（c）粉砂岩，玛页 1 井，4851.3m，单偏光，方解石完全交代长石碎屑颗粒；（d）云质粉砂质泥岩，风南 14 井，4100.7m，方解石交代长石颗粒

四、压溶作用

压溶作用，又叫溶解蠕变，是沉积岩中一种有流体参与的塑性变形过程。由于压力的作用，沉积岩中的一些颗粒（通常是方解石或石英）在高压应力区发生溶解，通过流体迁移，而在低压应力区沉淀，从而造成塑性变形，这种作用称为压溶作用。压溶作用可以产生缝合线、颗粒的拉长等结构构造现象。充填脉的愈合物质来源于脉壁岩石，是压溶作用造成的结果。在垂直最大压缩方向的颗粒边界上被溶解出的物质向低应力区迁移和堆积，可形成劈理。吉木萨尔凹陷压溶作用主要体现为发育压溶缝，以吉 174 井为例，全井段多处可见压溶缝构造（图 4-3-5）。

五、白云石化作用

白云石化作用在风城组与芦草沟组页岩油储层中具有广泛发育的特点，同沉积期形成的方解石矿物中的钙离子，在埋藏成岩作用过程中全部或部分地被镁离子所取代，使方解石转变为多镁方解石或白云石。该类型的白云石化作用不同程度地保留了早期方解石的纹层状结构（图 4-3-6），或雪花状构造，具有不同程度的交代残余特点。玛湖凹陷

图 4-3-5 吉 174 井岩心照片

(a) 3122m,上甜点段上部,压溶缝发育;(b) 3126.7m,上甜点段上部,粉砂岩中的泥质夹层形成压溶缝隙;(c) 3127.9m,上甜点,粉砂岩中的泥质夹层形成压溶缝隙,极其发育;(d) 3275.7m,下甜点段上部,云质粉砂岩与云质泥岩交互,接触部分形成压溶缝

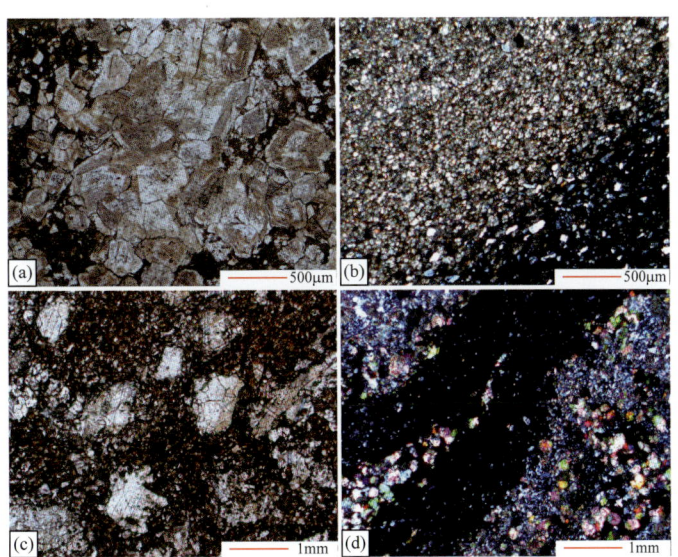

图 4-3-6 风城组白云石化作用特征

(a) 树根状云质泥岩,玛页 1 井,4828.6m,白云石颗粒表现为环带状颗粒;(b) 网状泥质白云岩,玛页 1 井,4825.5m,白云石颗粒表现为弥散状分布的特点;(c) 雪花状含云灰质泥岩,玛页 1 井,4833.9m,白云石颗粒表现为雪花状特点;(d) 纹层状云质泥岩,风南 1 井,4180.1m,白云石颗粒表现为纹层状

风城组与吉木萨尔凹陷芦草沟组白云石尽管在岩石内含量不是很高，残余方解石广泛发育，灰质组分保留含量较大，但也见白云石化作用强度较大的情况，灰质成分较少，但也保留了早期的纹层状或雪花状结构。

六、溶蚀作用

溶蚀作用广泛存在于不同类型页岩油储层中，风城组与芦草沟组页岩油储层岩石组分相似，主要由白云石、方解石及长石等矿物组成，这些矿物的溶蚀现象比较普遍（图4-3-7）。从溶蚀作用强度上看，以云质粉砂岩和粉砂质白云岩溶蚀强度最强，而较纯的泥晶白云岩溶蚀作用很弱。从发生溶蚀作用的矿物来看，以钠长石的溶蚀为主，白云石溶蚀较差。由于含油气流体往往呈弱酸性，这说明白云石的形成可能较晚，而长石的溶蚀作用可能是发生在准同生—早期成岩期。

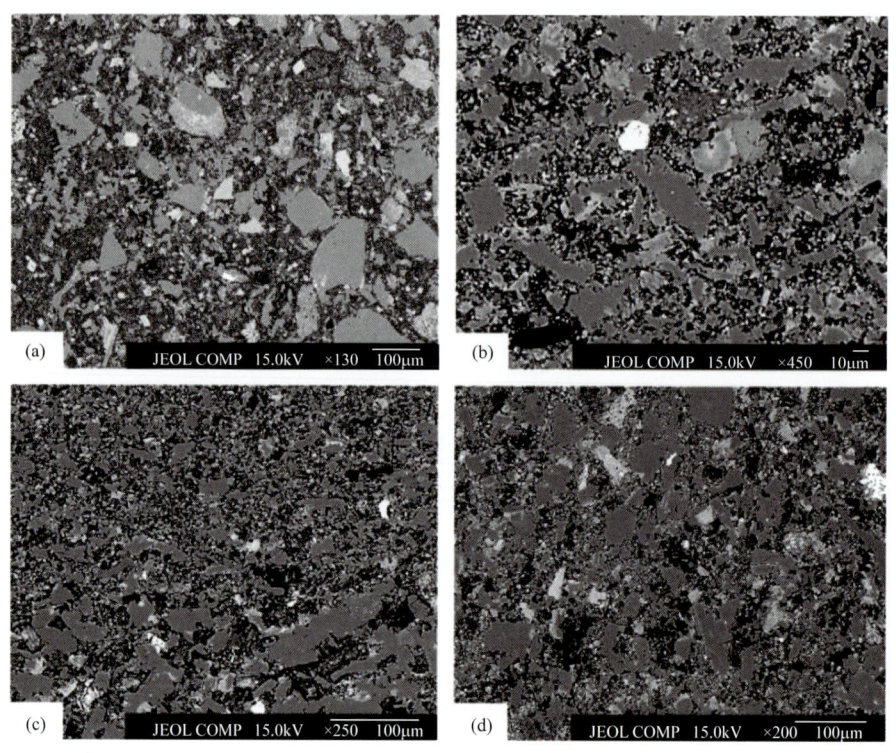

图4-3-7　吉174井岩心背散射图像

（a）3144.6m，上甜点段底部，云质粉砂岩，泥质、钙质胶结物溶蚀强烈，长石颗粒也有一定溶蚀；（b）3280m，下甜点段中上部，云质粉砂岩，胶结物、钠长石溶蚀强烈，钠长石边部多呈锯齿状、港湾状；（c）3296.6m，下甜点段中部，泥质云质粉砂岩，黏土矿物、长石溶蚀强烈，钠长石边部多呈锯齿状、港湾状；（d）3307.2m，下甜点段下部，泥质云质粉砂岩，黏土矿物、方解石、长石溶蚀强烈，钠长石边部多呈锯齿状、港湾状

七、自生矿物的充填胶结作用

风城组与芦草沟组页岩油储层中自生矿物主要有石英、自生钠长石、方解石、白云

石及黄铁矿等（图 4-3-8），最常见的是自生钠长石，除黄铁矿以外的自生矿物的形成多与长石、方解石及白云石等矿物的溶蚀作用有关。自生矿物多呈微晶集合体充填于原生粒间孔隙及次生溶孔中，对储层有明显的破坏作用，除了占据部分孔隙空间导致储集岩的总孔隙度降低以外，更导致储集岩的渗透性大幅度降低。

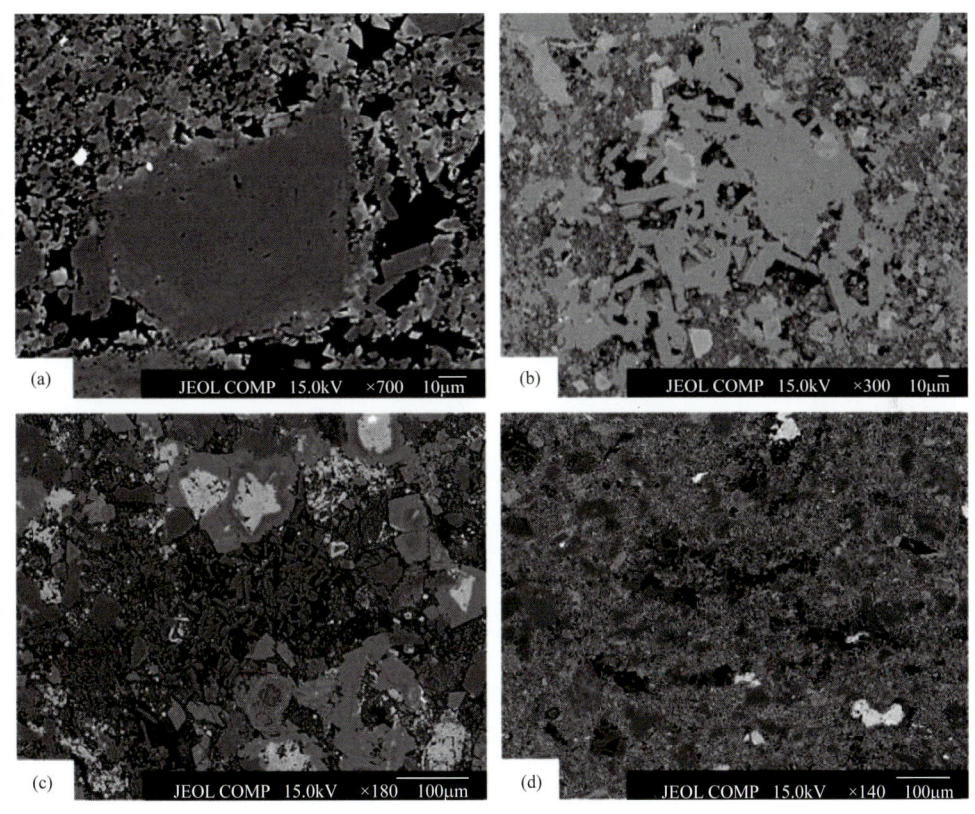

图 4-3-8　吉 174 井岩心背散射图像

（a）3114.7m，上甜点段顶部，砂屑白云岩，粒间溶孔中自生钠长石充填，孔隙度减小；（b）3144.6m，上甜点段下部，云质粉砂岩，粒间溶孔中自生钠长石充填，导致粒间溶孔基本被封堵，孔隙度减小；（c）3204.2m，上、下甜点段之间，含砂灰质白云岩，粒间溶孔中自生钠长石充填，导致粒间溶孔急剧减小；（d）3272.8m，下甜点段顶部，泥质云质粉砂岩，粒间溶孔中自生钠长石充填，导致粒间溶孔减小

第四节　页岩油储层物性及其岩性控制特征

一、玛湖凹陷风城组

玛湖凹陷风城组页岩油储层具低孔致密的储层物性特征，不同类型岩性及不同位置物性差异显著。砂砾岩类储层作为早期勘探的主体目标数据较为丰富，内源岩类储层由于层薄，分布范围小，储层物性相关数据较少，相反，混积泥岩类储层物性数据相对较多，有效地增加了分析的可信度。

砂砾岩类储层具有相对较高的物性，平面上不同区域之间的砂砾岩类储层物性均具有明显的差别（图4-4-1）。玛页1井区砂岩类储层平均孔隙度为6.9%，夏子街鼻凸砂岩类储层平均孔隙度为6.2%，克81井区砂岩类储层平均孔隙度为7.2%，风南14井区风城组砂岩夹层类储层平均孔隙度为5.4%。

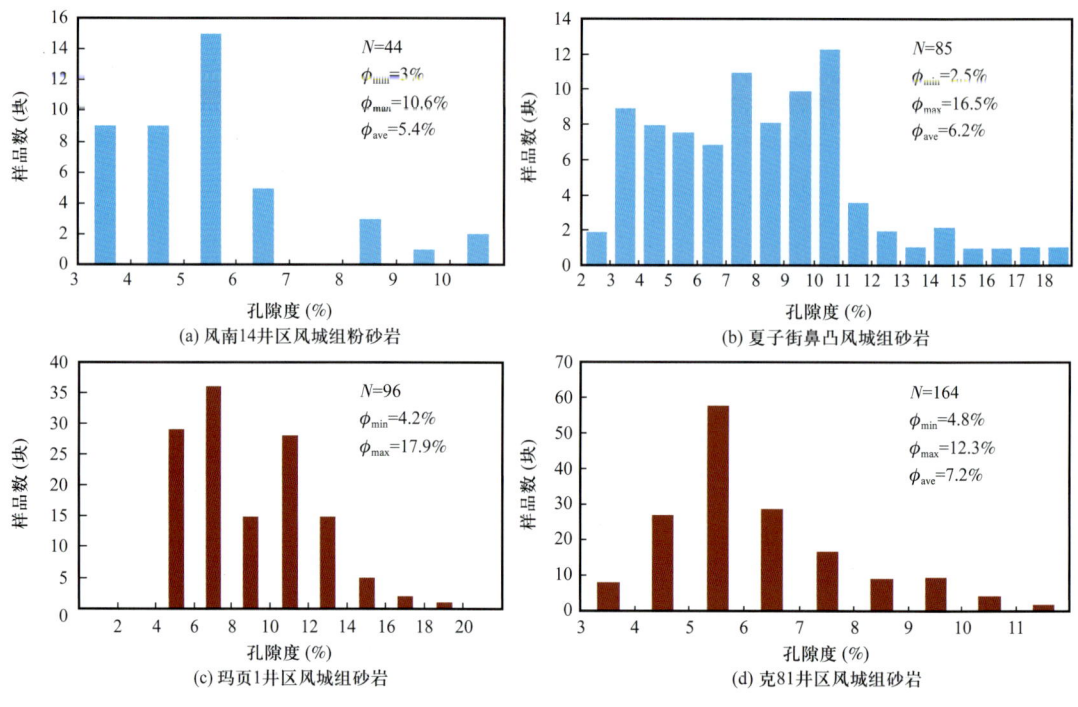

图4-4-1 玛湖凹陷风城组砂砾岩类储层物性特征对比

混积泥岩类页岩油储层由于其沉积结构差异，物性整体表现形式也相差甚远（图4-4-2）。页理发育混积泥页岩表现为较为集中的孔隙度，有效孔隙度相比其余类型较大，主要集中在3%~6%。硅硼钙质纹层集中发育处，由于其晶间孔隙发育较多，局部孔隙度达7%~8%，有效孔隙度集中范围与纹层状—似纹层状混积泥岩相似，呈现较为分散的特点。树根状混积泥岩则表现出总孔隙度明显较小的特点。雪花状与星点状有效孔隙度的分布表现为集中度高、孔隙度更小的特点，但雪花状混积泥岩的总孔隙度相对偏低，而雪花状混积泥岩局部总孔隙度较高，这可能与白云石化程度差异具有很大的相关性。

二、吉木萨尔凹陷芦草沟组

芦草沟组页岩油储层主要包括粉砂岩类储层、内源岩类储层、混积岩类储层，具体表现为粉砂岩类、白云岩类及云质泥岩类三类储层，其中粉砂岩类储层主要包括粉砂岩、云质粉砂岩、云屑粉砂岩、灰质粉砂岩、泥质粉砂岩等；白云岩类储层主要有泥微晶白云岩、粉砂质白云岩、泥质白云岩。粉砂岩类及白云岩类是芦草沟组甜点段主要储集岩性（图4-4-3）。

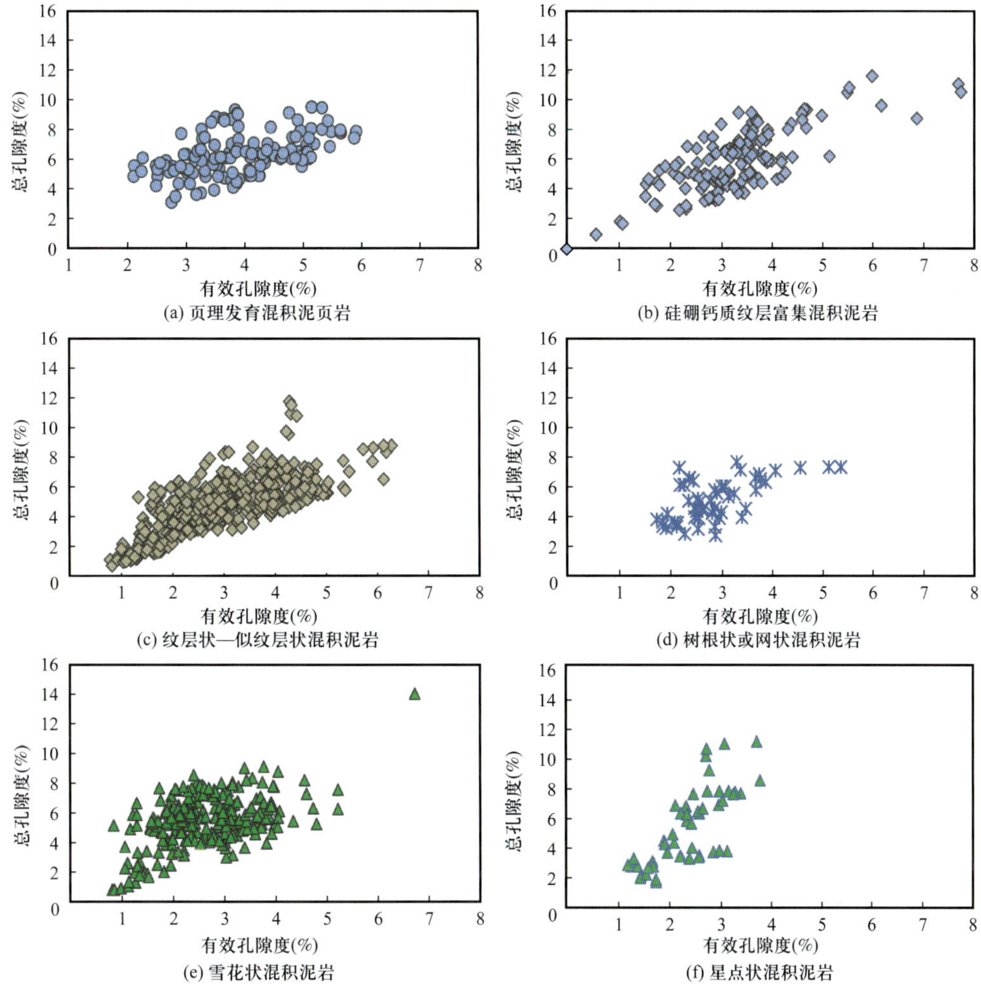

图 4-4-2 玛湖凹陷风城组玛页 1 井混积泥岩类页岩油储层物性特征

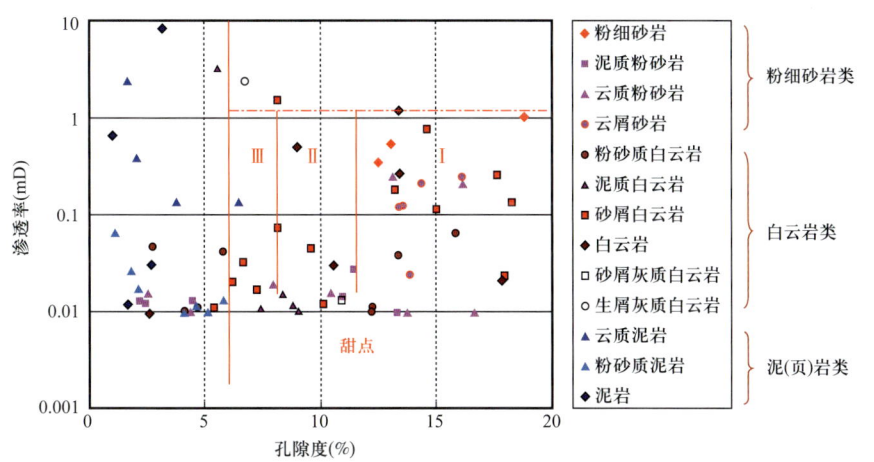

图 4-4-3 吉木萨尔凹陷芦草沟组页岩油储层岩性与物性关系图

芦草沟组储层岩性变化频繁,岩石实测覆压孔隙度分布区间为6%～16%,覆压渗透率小于0.1mD(图4-4-4和图4-4-5),具有中孔、低孔和低渗、特低渗的特征。由于岩性复杂多变,早期的储层研究一直将优势岩相作为研究的重点,因此数据采样分析以甜点段为框架进行。上甜点体储层平均渗透率为0.014mD,下甜点体储层的平均渗透率为0.009mD,岩屑长石粉细砂岩的渗透率高于岩屑砂岩与云质砂岩。粉砂岩类储层孔隙度一般为5%～13%,但渗透率低于0.1mD,排驱压力低于5MPa,进汞曲线呈平台状,其主要孔喉半径集中于0.04～0.3μm,以小孔、细喉为特征,为吉木萨尔凹陷芦草沟组最好的储集岩性,主要岩性包括云质粉砂岩等。

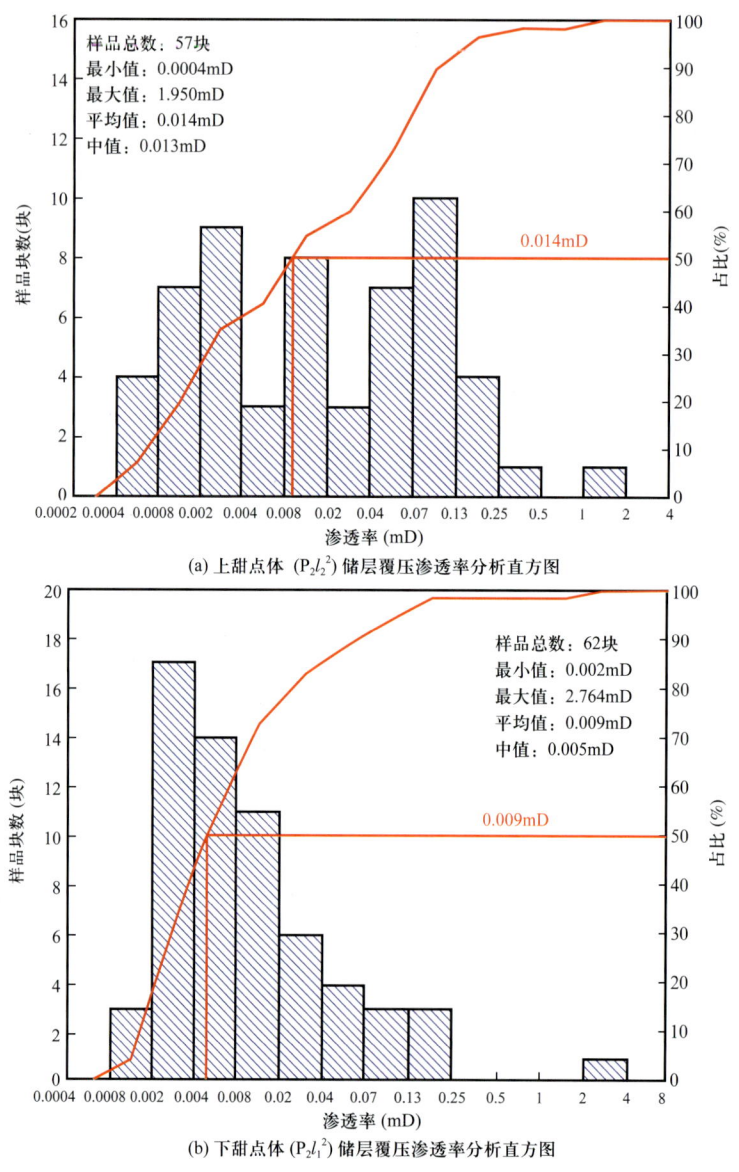

(a) 上甜点体 ($P_2l_2^2$) 储层覆压渗透率分析直方图

(b) 下甜点体 ($P_2l_2^1$) 储层覆压渗透率分析直方图

图4-4-4 吉木萨尔凹陷芦草沟组上、下甜点段砂岩类储层覆压渗透率特征

(a) 上甜点段砂岩类储层　　(b) 下甜点段砂岩类储层

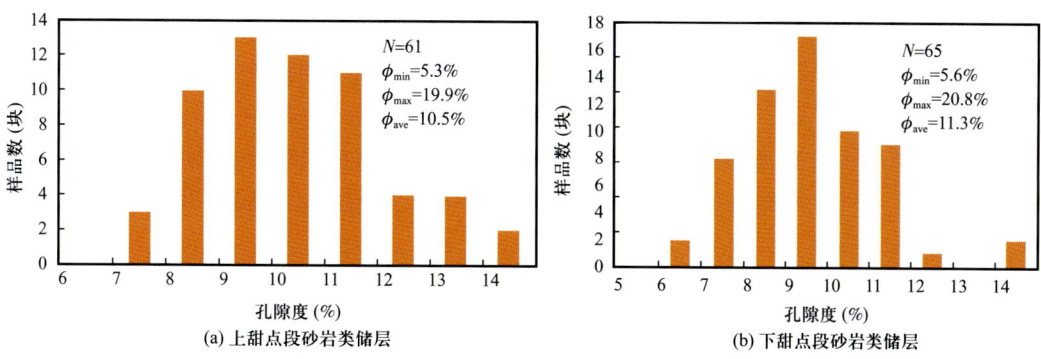

图 4-4-5 吉木萨尔凹陷芦草沟组上、下甜点段砂岩类储层覆压孔隙度特征

白云岩类储层孔隙度差别较大，为 1%～21%，一般小于 4%，渗透率一般低于 0.1mD，排驱压力较大，一般高于 5MPa，进汞曲线呈平台状或缓坡型，其主要孔喉半径集中于 0.04～0.07μm，以中孔、细喉为特征（图 4-4-6），为吉木萨尔凹陷芦草沟组相对较好的储集岩性，主要岩性包括粉砂质云岩等。

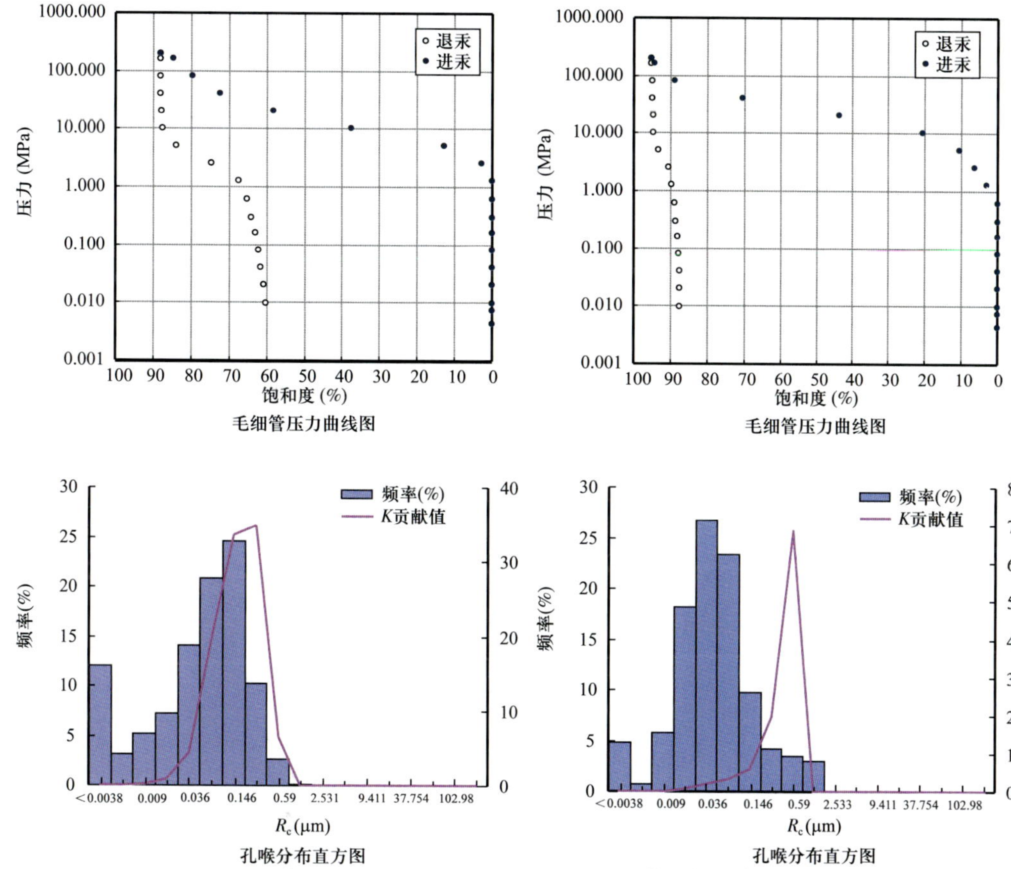

(a) 灰质粉砂岩，孔隙度12.6%，渗透率0.05mD，吉174井，3144.5m，芦草沟组

(b) 粉砂质白云岩，孔隙度6.2%，渗透率0.01mD，吉174井，3145.16m，芦草沟组

图 4-4-6 吉木萨尔凹陷芦草沟组主要储集岩类典型压汞曲线特征图

第五节　页岩油储层综合评价

储层的综合评价是区域规模化开发的前提。页岩油藏是典型的自生自储或近源成储的油藏类型，与页岩气储层评价类似，岩石学、物性等储层基本特征及能否被开采都是页岩油储层综合评价的重要考量因素。有机质丰度、成熟度、含油饱和度、厚度、矿物组成、脆性、力学性质等 7 个因素同样成为页岩油储层评价中的主要参考指标，然而由于不同区域之间的研究程度差异，玛湖凹陷风城组与吉木萨尔凹陷芦草沟组页岩油储层评价标准差别较大。

玛湖凹陷风城组包含 4 大类 8 小类储层（表 4-1-1），其中砂砾岩类及火山岩类储层具有较高的孔隙度，尤其是砂砾岩类储层作为前期勘探中主要的优质致密油储层类型，得到了勘探界的广泛认可，而火山岩类储层在构造裂缝富集区也形成较为显著的优质储层。风城组存在较纯的内源岩储层，主要岩性为白云岩或灰质白云岩，但由于其分布范围较小，层厚较薄，因此储层评价讨论中将其与混积岩类一起探讨更为合适。因此综合不同类型页岩油储层岩性、厚度、物性等资料，将玛湖凹陷风城组页岩油储层由优到差分为四大类储层类型，分别是Ⅰ类（砂砾岩类储层）、Ⅱ类（火山岩类储层）、Ⅲ类（混积岩类储层）以及Ⅳ类（内源岩类储层）。四类页岩油储层中，砂砾岩类储层及火山岩类储层由于其分布厚度大、范围广、物性相对较好的条件，在早期勘探过程中一直被作为首要的勘探对象，因此，其优质储层的地位也是毋庸置疑的，在此不再赘述。第四类内源岩类储层由于其目前所知分布范围小，且厚度薄的特点在区域范围内详细评价难度大。第三类混积岩类储层由于其厚度大、范围广、孔渗物性差异大、近源成藏或自生自储的特点成为现目前勘探的重要目标，也是综合评价的重点储层类型。

混积泥岩类储层由于其页理是否发育及灰质/云质发育程度差异，其物性特征差别巨大。该类型储层根据其构造特征及物性条件等因素可进一步划分为四个小类（表 4-5-1）。对不同构造类型混积泥岩物性进行统计，表明页理发育的混积泥岩类储层具有相对较高的物性条件，其次是纹层/似纹层状泥岩、树根状混积泥岩，雪花状与星点状混积泥岩类储层具有较小的物性条件。

表 4-5-1　混积岩类储层物性特征对比表

混积岩储层类型	构造特征	平均有效孔隙度（%）	平均自由流体孔（%）	平均总孔隙度（%）	平均脆性	样品数（个）
Ⅲ1 类	页理发育	3.93	1.77	6.39	4.62	137
Ⅲ2 类	纹层—似纹层状	3.04	1.38	4.93	5.15	518
	硅硼钙纹层富集	3.28	1.32	5.88	4.31	147

续表

混积岩储层类型	构造特征	平均有效孔隙度（%）	平均自由流体孔（%）	平均总孔隙度（%）	平均脆性	样品数（个）
Ⅲ3类	树根状/网状	2.92	1.27	5.33	4.54	53
Ⅲ4类	星点状	2.32	1.16	5.35	4.33	54
	雪花状	2.64	0.95	5.51	4.17	234

Ⅲ1类混积岩储层：具有丰富的页理发育特点，页理表现为平直细缝状（图4-1-12），页理缝发育段整体孔渗物性相对较好，平均总孔隙度达6.39%。除此之外，页理发育处脆性矿物含量也相对较高，有利于后期的勘探开发。

Ⅲ2类混积岩储层：该类型储层主要表现为矿物纹层集中发育（图4-5-1），具有与黏土质纹层或有机质纹层间互发育的特点，矿物纹层多表现为长英质矿物、白云石和硅硼钙质矿物，在荧光下，矿物纹层集中含油，储集空间为矿物粒间孔和黏土质矿物晶间孔。

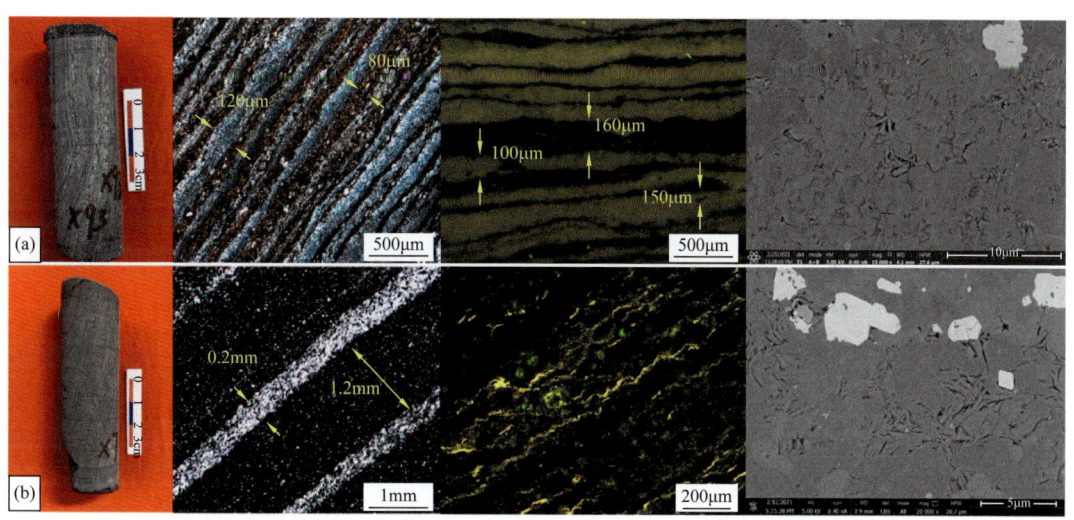

图4-5-1　玛湖凹陷风城组Ⅲ2类混积岩储层岩心及显微镜下特征
（a）薄纹层状云质泥岩，玛页1井，4860.18m，从左至右分别为岩心、单偏光、荧光、等离子质谱扫描；（b）纹层状长英质泥页岩，玛页1井，4628.51m，从左至右分别为岩心、单偏光、荧光、等离子质谱扫描

Ⅲ3类混积岩储层：该类储层有机质含量小，纹层不明显（图4-5-2），表现为不规则网状或树根状白云石矿物或硅硼钙质矿物，荧光特征显示，含油处主要为网状或树根状的白云石矿物富集处，而硅硼钙质类矿物均未显示明显的荧光特征。

Ⅲ4类混积岩储层：白云石矿物与硅硼钙质矿物分散发育，整体呈星点状散布（图4-5-3），有机质纹层少量发育，荧光下主要为白云石颗粒粒缘荧光显示的特点，少量有机质纹层荧光。

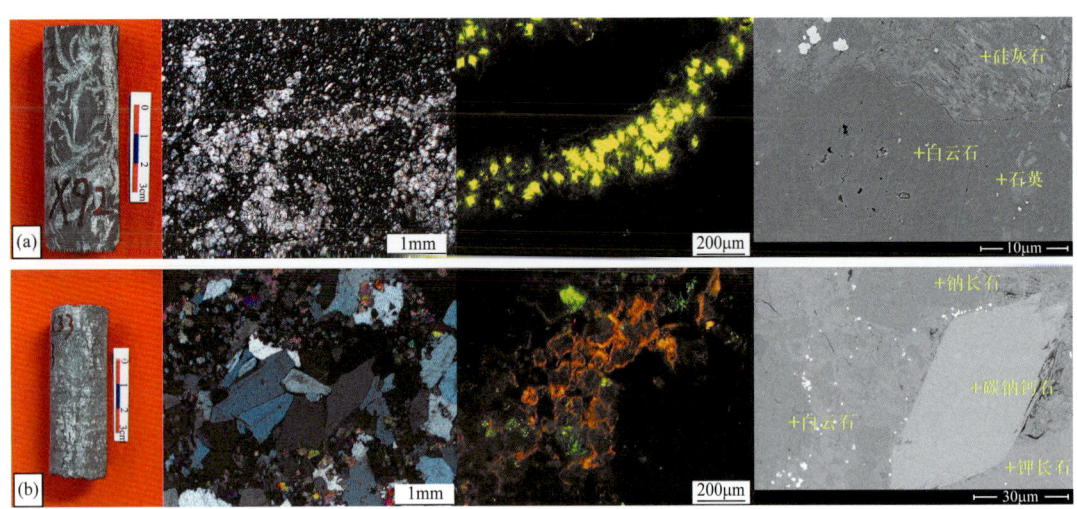

图 4-5-2　玛湖凹陷风城组Ⅲ 3 类混积岩储层岩心及显微镜下特征
（a）树根状云质泥岩，玛页 1 井，4839.33m，从左至右分别为岩心、单偏光、荧光、等离子质谱扫描；（b）树根状硅硼钙质泥岩，玛页 1 井，4704.8m，从左至右分别为岩心、单偏光、荧光、等离子质谱扫描

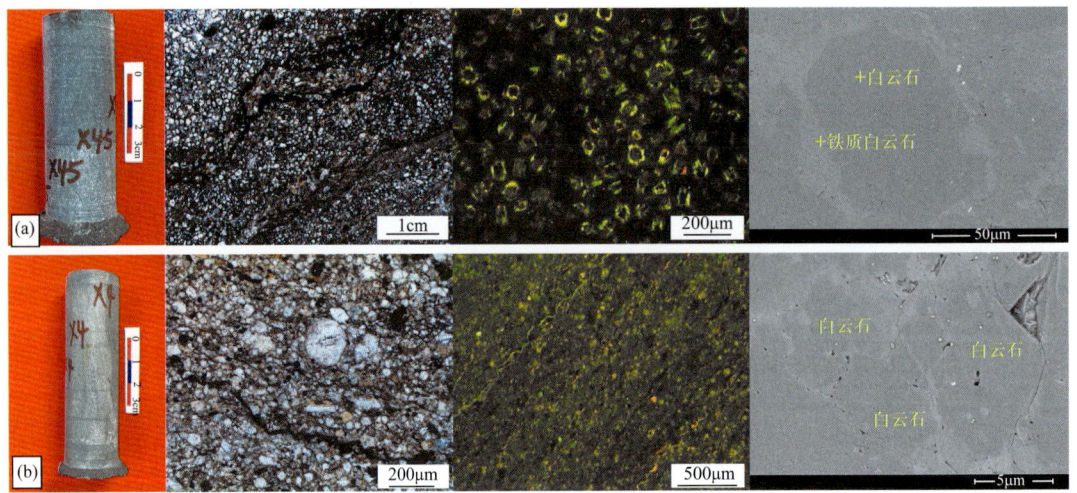

图 4-5-3　玛湖凹陷风城组Ⅲ 4 类混积岩储层岩心及显微镜下特征
（a）星点状云质泥岩，玛页 1 井，4773.91m，从左至右分别为岩心、单偏光、荧光、等离子质谱扫描；（b）星点状云质泥岩，玛页 1 井，4601.43m，从左至右分别为岩心、单偏光、荧光、等离子质谱扫描

吉木萨尔凹陷芦草沟组页岩油储层研究工作虽然开展时间较长，但根据目前实际情况，以测试分析数据为依据，根据物性、厚度、TOC 含量为主要参数，新疆油田公司勘探开发研究院总结了芦草沟组的页岩油甜点分级标准（表 4-5-2）。该标准在一定程度上对区域勘探提供了便利，但是由于研究程度的差异，页岩油储层高分辨率岩性变化因素并未被有效地考虑到，这一方面的完善将是后期页岩油储层研究工作的重点。

芦草沟组上甜点优势岩性以砂屑白云岩、岩屑长石粉细砂岩、云质砂岩与混积泥页岩为主；下甜点体优势岩性以云质粉细砂岩与混积泥页岩为主，砂屑白云岩和云屑砂岩含量较少。早期研究中主要针对致密油甜点储层进行采样分析，因此混积泥页岩的相关数据较少甚至缺失。

以上甜点段为例，粉细砂岩具有相对较小的排驱压力，渗透率及孔隙度均显著高于砂屑白云岩及云质砂岩，而砂屑白云岩与云质砂岩孔渗物性条件及孔喉结构相似度较高（表4-5-3和图4-5-4）。表明不论页岩油储层岩性多么复杂多变，砂岩类储层一直都是该区域页岩油储层中的最优质储层。

表4-5-2 吉木萨尔凹陷芦草沟组页岩油甜点分级标准

评价参数	有利区分类		
	Ⅰ	Ⅱ	Ⅲ
孔隙度（%）	>12	8~12	5~8
厚度（m）	>4	>6	>12
TOC（%）	3.5	2~3.5	1.0~2.0
埋深（m）	>2500		

表4-5-3 吉木萨尔凹陷芦草沟组上甜点体岩性压汞参数对比表

小层	上甜点	孔隙体积（cm^3）	有效孔隙度（%）	渗透率（mD）	中值压力（MPa）	中值半径（μm）	排驱压力（MPa）	最大孔喉半径（μm）	退汞效率（%）	孔喉体积比	平均毛管半径（μm）	非饱和孔隙体积占比（%）
$P_2l_2^{2-1}$	砂屑白云岩	1.2	10.6	0.13	39.7	0.05	4.4	0.51	23.5	3.8	0.16	19.4
$P_2l_2^{2-2}$	岩屑长石粉细砂岩	1.7	15	0.3	14.8	0.09	3.7	1.24	25.1	3.1	0.36	13.4
$P_2l_2^{2-3}$	云质砂岩	1.2	10.3	0.06	30.4	0.05	4.3	0.48	25	3.3	0.14	16.4

下甜点段中，粉细砂岩作为优势岩性的同时依然具有相对较好的储集条件（图4-5-5），主要表现在平均油层厚度大，孔渗物性好的特点，但与上甜点段相比略有降低。而砂屑白云岩与云质砂岩厚度较小，物性方面则表现出云质砂岩类较砂质白云岩类稍好的特征，这可能主要受沉积微相控制。

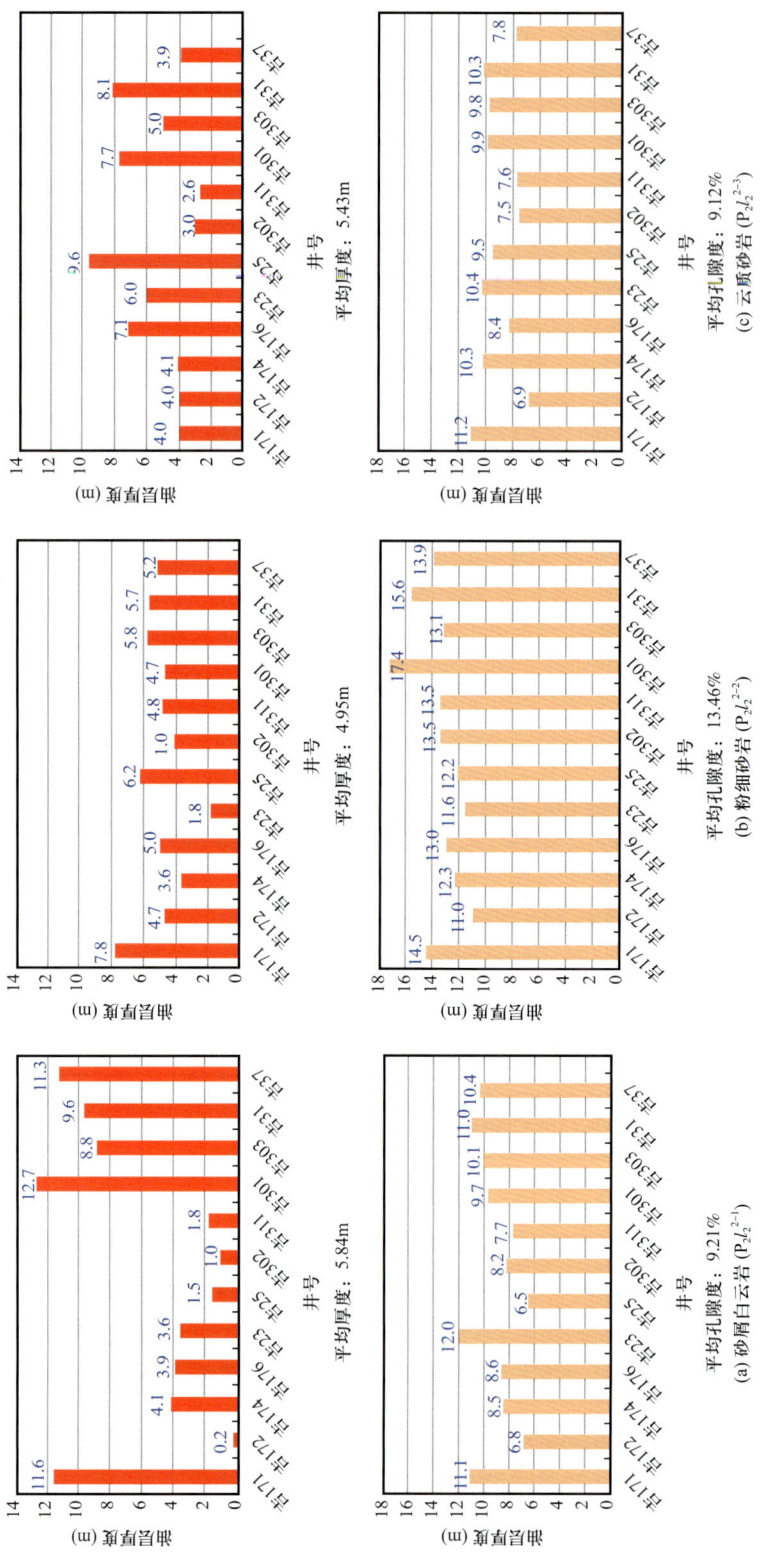

图 4-5-4 吉木萨尔凹陷芦草沟组上甜点段不同岩性厚度与孔隙度对比

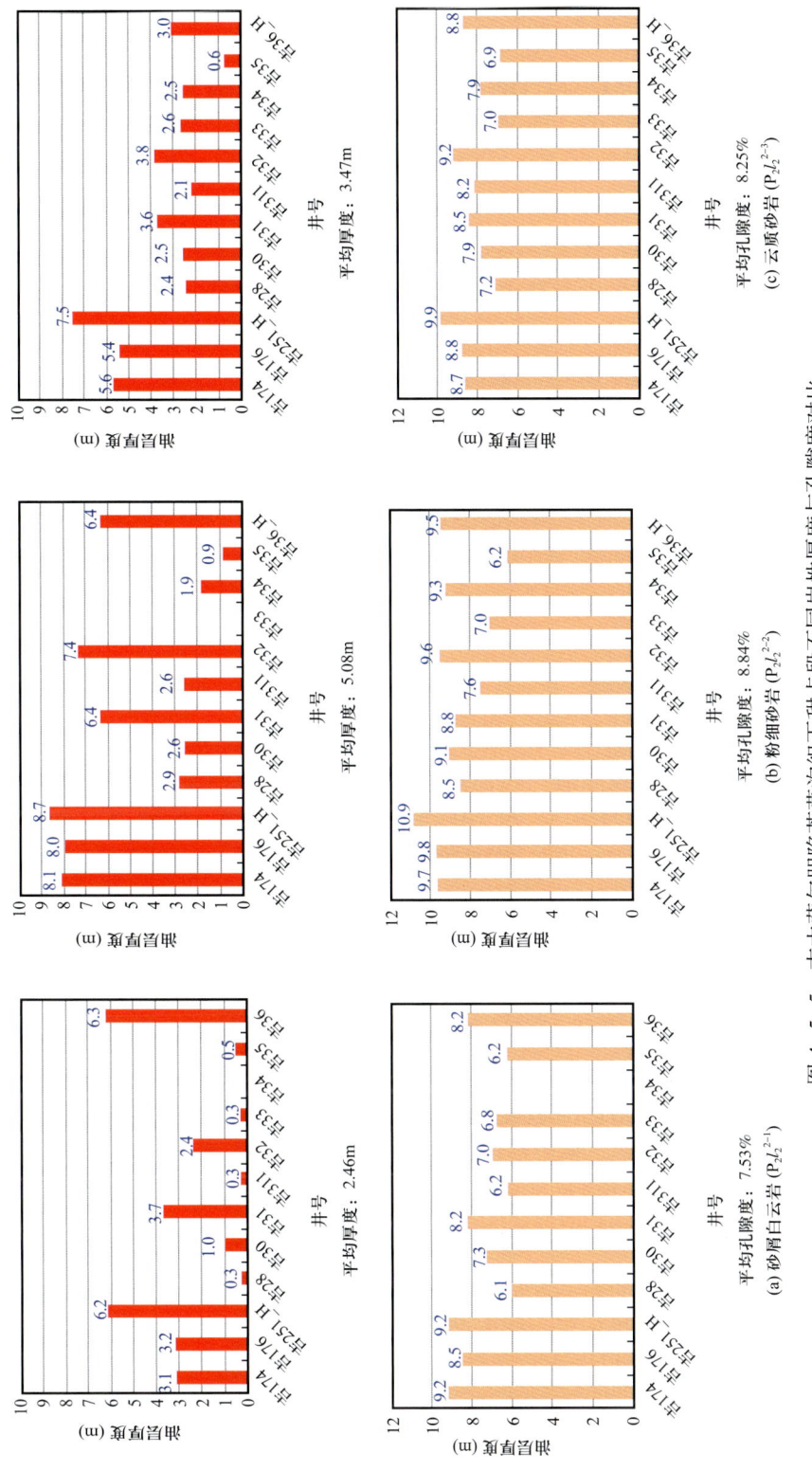

图 4-5-5 吉木萨尔凹陷芦草沟组下甜点段不同岩性厚度与孔隙度对比

第五章　准噶尔盆地二叠系页岩油甜点成因机理

吉木萨尔凹陷芦草沟组和玛湖凹陷风城组是准噶尔盆地二叠系致密油、页岩油的主力勘探地区和层位。其中，吉木萨尔凹陷芦草沟组发育咸化湖盆型源岩条件、细类岩性为主的储层条件及频繁互层的高效源储组合等有利条件，形成了大面积整体含油、重质油品、甜点集中的页岩油藏。玛湖凹陷风城组具有碱湖型源岩条件、多类岩性的储层条件及"源储一体"和"源储相邻"源储组合特征，为形成大面积整体含油、中—轻质油品、甜点相对分散的致密油—页岩油藏提供了优质条件。

第一节　吉木萨尔凹陷芦草沟组页岩油甜点成因机理

一、吉木萨尔凹陷芦草沟组页岩油藏特征

1. 页岩油试油分布特征

吉木萨尔凹陷芦草沟组产油井在平面上主要分布于凹陷中部和南部（图5-1-1），北部产油井较少，东部受深度限制，目前钻探井数较少。通过芦草沟组57口探井94套层位试油成果分析（截至2021年）（图5-1-2），下部芦草沟组一段试油41口井共58层，其中单独试油31层，合试27层；芦草沟组二段试油55层，单独试油28层，合试27层。其中，油层为57层，占总数的60.6%，其次为含油层，为22层，占23.4%，两者共占84%；干层和水层分别为11层和3层，分别占总数的11.7%和4.3%。试油产量最高为48.34t/d（吉251井）。

吉木萨尔凹陷芦草沟组页岩油呈现大面积连续型分布特征。横向上，下部芦草沟组一段和上部芦草沟组二段云质岩类、粉砂岩类储层大面积连续分布，分布面积分别为1000km^{2}和560km^2。纵向上，两套云质岩类、粉砂岩类与上部、中部和下部的泥页岩类构成三明治式源储组合特征，形成芦草沟组一段上/下层组上部、二段上/下层组上部富集。上、下富集段主要为云质粉—细砂岩、岩屑长石粉—细砂岩、砂屑白云岩，单层厚度一般为1~2m，大孔隙较多、含油级别高，含油饱和度高可达到90%以上；而富集段之间发育的泥质岩类和页岩岩类隔层均具有较高的总有机碳含量，最终形成相对集中的芦草沟组二段上甜点和芦草沟组一段下甜点。从过J10060井—吉31井和过J10033井—吉30井页岩油剖面分析，页岩油层发育相对集中在上甜点段和下甜点段，上部甜点总体上分为两小层，分别为上①小层甜点和上②小层甜点，下部甜点表现为一层连续性好，贯穿整个凹陷，甜点厚度连续性要差于上部甜点段（图5-1-3和图5-1-4）。

第五章 准噶尔盆地二叠系页岩油甜点成因机理

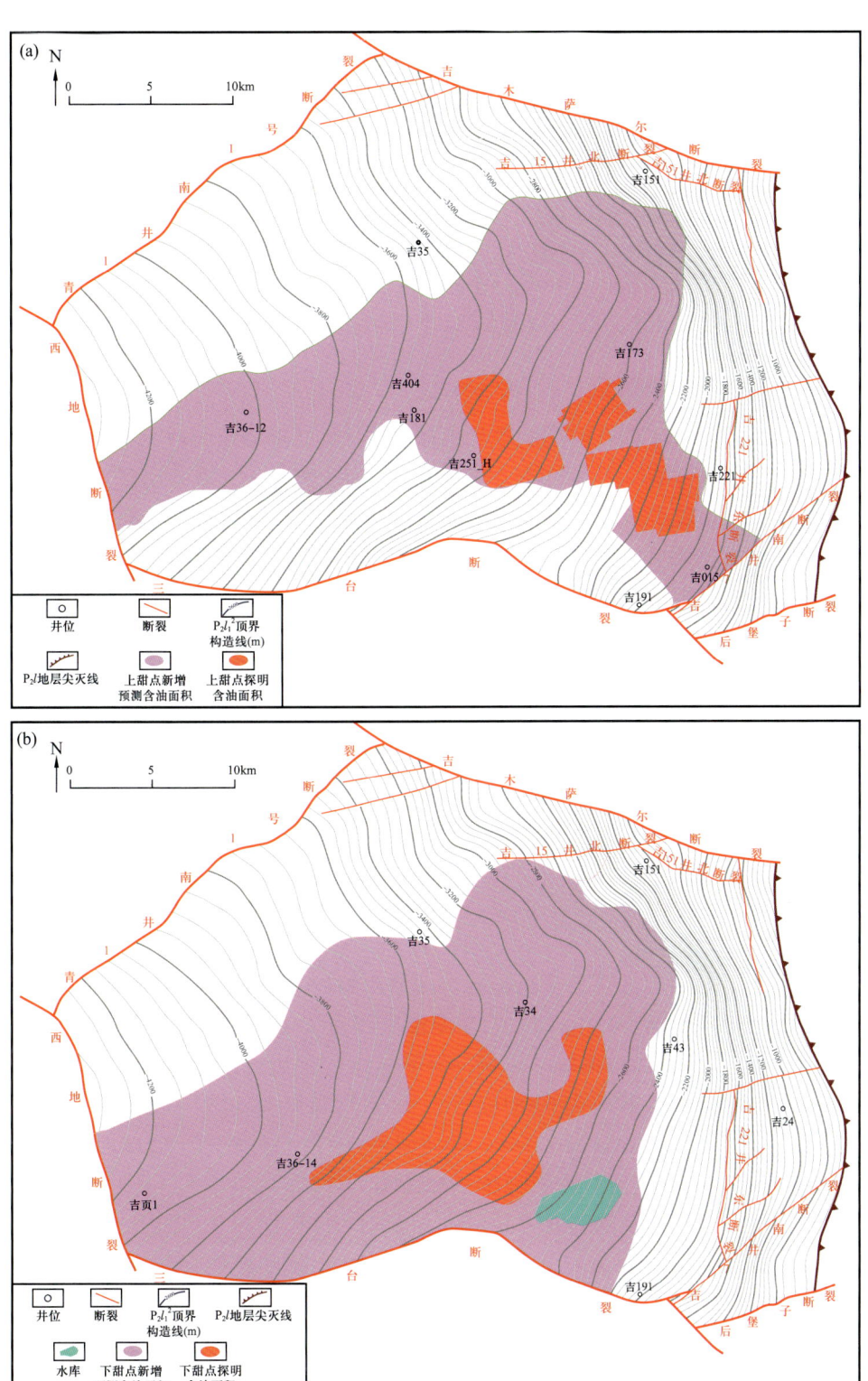

图 5-1-1 吉木萨尔凹陷芦草沟组二段（a）、一段（b）勘探成果图

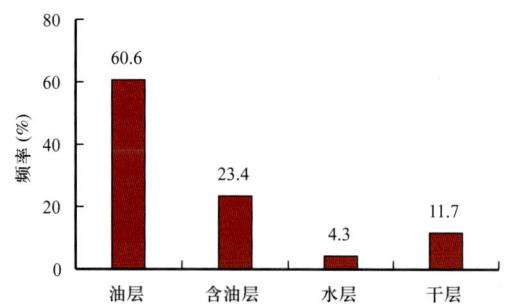

图 5-1-2 吉木萨尔凹陷芦草沟组试油成果直方图

2. 页岩油赋存状态转化

原油的不同组分在不同孔隙的赋存状态存在差异性。重质组分在半径 300nm 以上孔隙中呈薄膜状附着于矿物、孔隙表面，300nm 以下呈充填状；中质组分赋存于 300nm 以上孔隙中央；水含量较少，赋存于 300nm 以上孔隙中央，被中质组分包裹。

负压和升温可有效提升纳米孔中烃类的可动性。通过液氮冷冻氩离子抛光技术，对富含油页岩储层样品进行抛光，在 Cressington 108 Auto 型离子溅射仪下溅射黄金 30s，金膜厚度约为 15nm；在场发射扫描电子显微镜下采取 15kV 加速电压对纳米级晶间孔中充填状及薄膜状赋存的油进行电子束加热，在真空负压条件下，随着时间累积和温度升高，以充填状赋存的油由于受热撕裂金膜层，横截面产生"龟裂"现象，纳米孔中以薄膜状赋存的油由于受热膨胀及孔隙内部油受热外溢，油膜厚度随时间积累逐渐增厚，逐渐充填满整个纳米孔，赋存形式由薄膜状向充填状转化（图 5-1-5）。这一实验结果表明，50～300nm 孔隙中的吸附油在加热情况下可以转化为游离油，可动性变强。

3. 页岩油性质及成因

1）原油性质

通过芦草沟组页岩原油性质分析，页岩油油质偏稠，表现出低成熟度的"三高"特征，即高原油密度（0.88～0.91g/cm³）、高原油凝固点（15～44℃）、高黏度。其中，下甜点页岩油比上甜点页岩油更重、更稠，但凝固点和含蜡量偏低。上甜点页岩油密度为 0.8740～0.8897g/cm³，平均为 0.8836g/cm³；50℃时黏度为 30.9～55.2mPa·s，平均为 41.7mPa·s；含蜡量为 9.40%～16.15%，平均为 11.76%；凝固点为 12.0～30.0℃，平均为 21.2℃；非烃+沥青质含量为 15.77%～25.44%，平均为 20.79%。下甜点页岩油密度为 0.8832～0.9192g/cm³，平均为 0.9062g/cm³；50℃时黏度为 49.9～279.9mPa·s，平均为 154.6mPa·s；含蜡量为 1.40%～5.21%，平均为 3.74%；凝固点为 -10.0～16.4℃，平均为 4.2℃；非烃+沥青质含量为 24.66%～39.13%，平均为 29.32%。平面上芦草沟组原油性质从凹陷中部向边缘变差，主要为埋藏深度对热演化程度的影响，造成中部原油物性优于边缘部位。

第五章 准噶尔盆地二叠系页岩油甜点成因机理

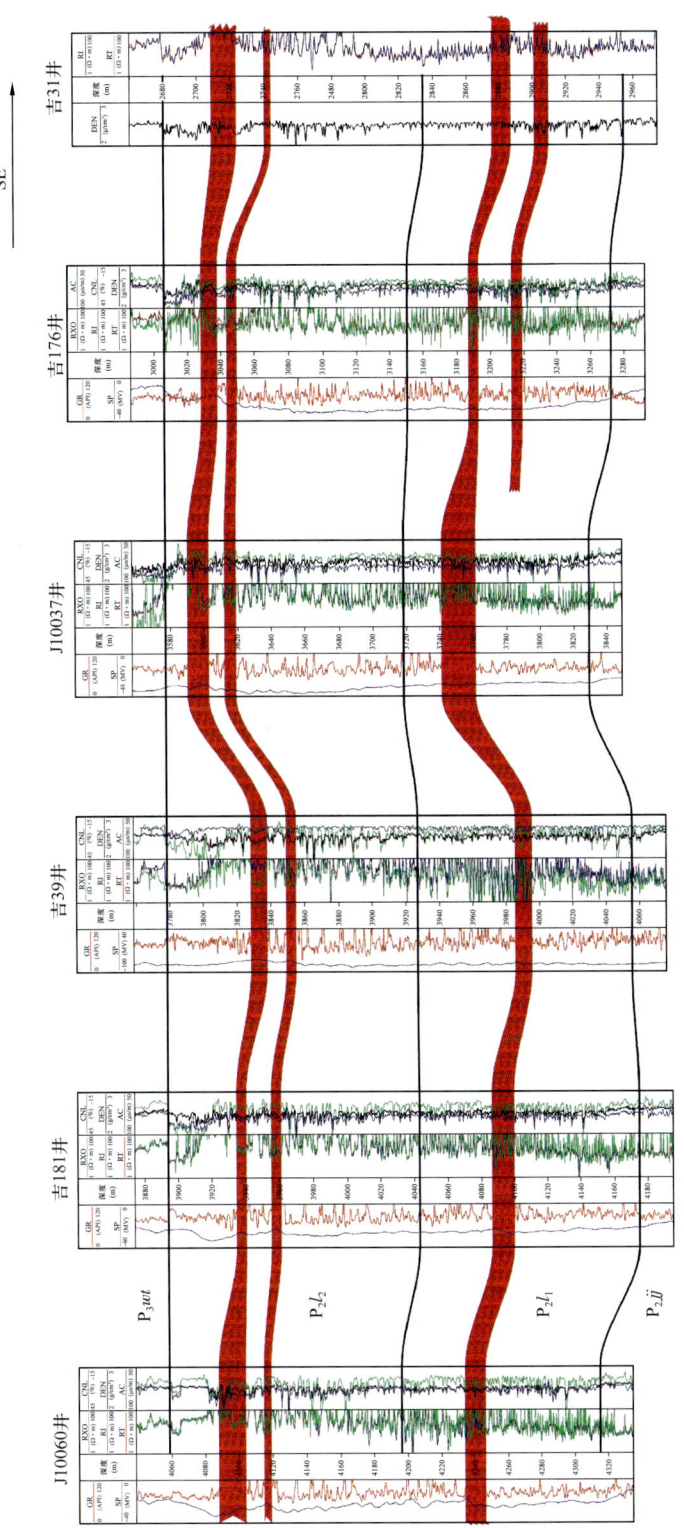

图 5-1-3 吉木萨尔凹陷 J10060 井—吉 31 井芦草沟组页岩油剖面图

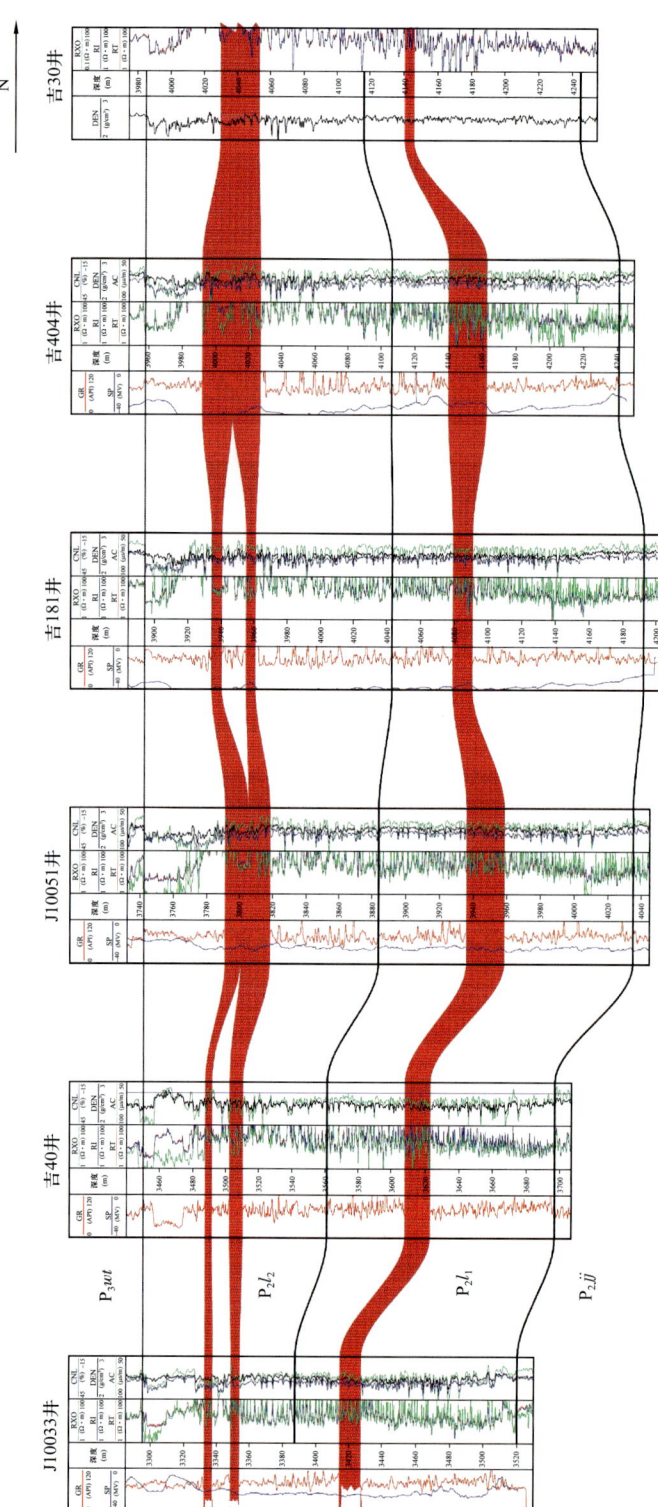

图 5-1-4 吉木萨尔凹陷 J10033 井—吉 30 井芦草沟组页岩油剖面图

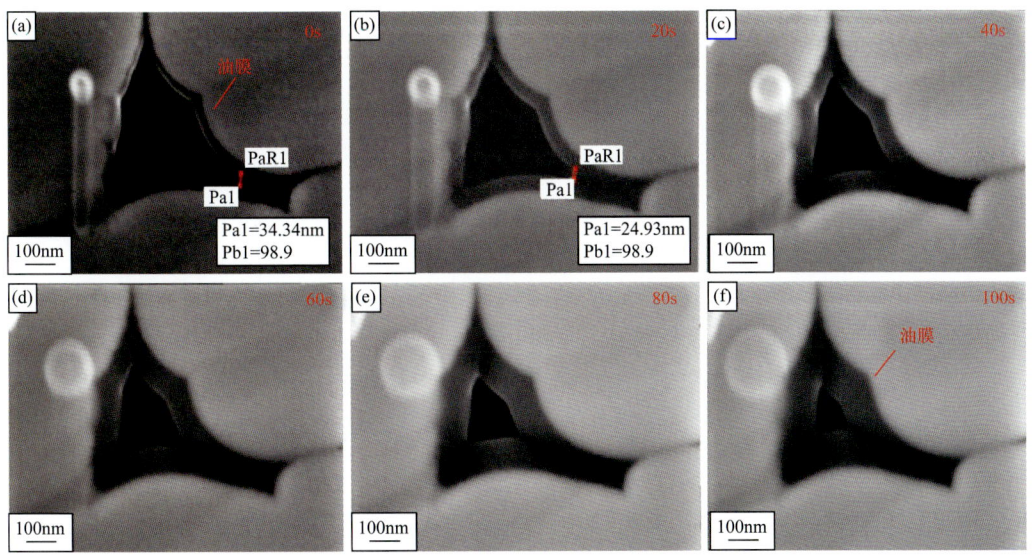

图 5-1-5　芦草沟组页岩负压和升温下纳米孔中原油随时间的变化（据王剑等，2020）
吉 31，2897.90m，云质粉砂岩

2）原油成因

稠油形成的原因大致可分为两类，分别为低温降解成因的原生型稠油和油气成藏后遭遇水洗与生物降解等作用的次生型稠油。芦草沟组原油来自自身云质、泥质岩类烃源岩，直接从烃源岩运移充注到云质、粉砂质岩类储层，未经过长距离运移，成藏后也未见明显的次生改造，保存条件良好。因此，芦草沟组稠油为原生型稠油。

（1）沉积环境。

在沉积环境不发生变化的正常情况下，随着埋藏深度增加，烃源岩演化成熟度增加，干酪根会逐渐转化为烃类。其中，大分子有机质（沥青质）向小分子降解，含氧等杂原子有机质（非烃）通过脱羧基、脱羟基等复杂的脱杂原子化学变化产生烃类物质。而上甜点富集段的原油要轻于下甜点段，说明可能是沉积环境发生了变化。通过吉 174 井芦草沟组源岩样品族组分分析（图 5-1-6），芦草沟组上段族组分分布相对稳定，下段随深度增加而变化明显。随样品深度增加，饱和烃和沥青质减少，芳香烃和非烃含量增加，说明芦草沟组下段烃源岩沉积环境发生了变化，有机质组成也相应地发生了改变。

选取吉木萨尔凹陷芦草沟组上、下甜点页岩油进行全二维气相色谱/氢火焰离子检测分析，分别对饱和烃中正构烷烃、异构烷烃和环烷烃进行定量分析（图 5-1-7），上甜点页岩油饱和烃组成中正构烷烃相对含量较下甜点页岩油高，达到 50% 以上；其异构烷烃及环烷烃相对含量较下甜点页岩油低，下甜点页岩油饱和烃组成中异构烷烃相对含量达 20% 以上，环烷烃相对含量达到 40% 左右。

通常认为，β-胡萝卜烷是干旱气候条件下咸化湖相中藻类输入的标志，γ-蜡烷/C_{30} 藿烷指数能够指示沉积水体盐度。由吉 174 井生物标志化合物参数随深度变化图（图 5-1-8）可知，在芦草沟组下段，随深度增加，γ-蜡烷/C_{30} 藿烷比值有所增加，表明

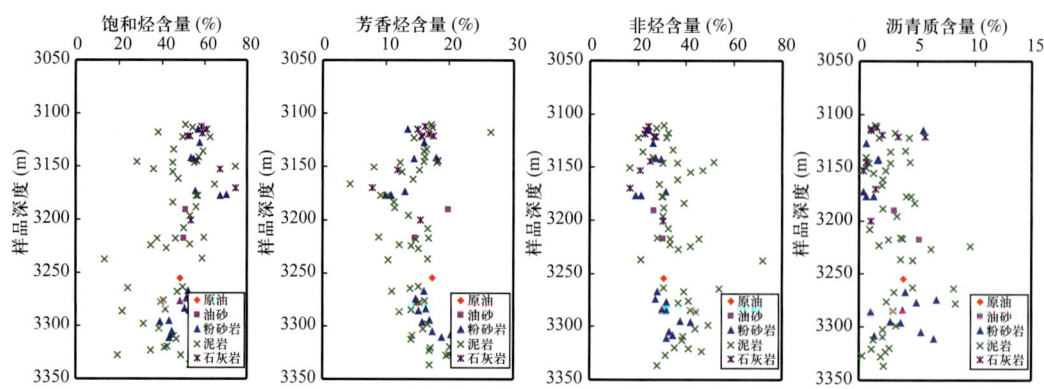

图 5-1-6 吉 174 井芦草沟组源岩族组分随深度变化图

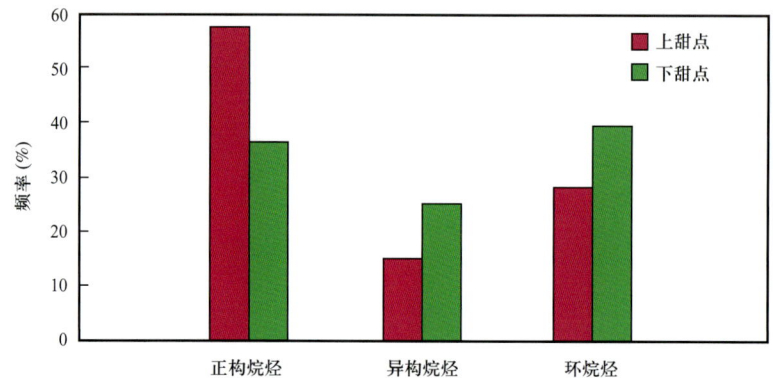

图 5-1-7 吉木萨尔凹陷芦草沟组页岩油饱和烃组成特征（据李二庭等，2020）

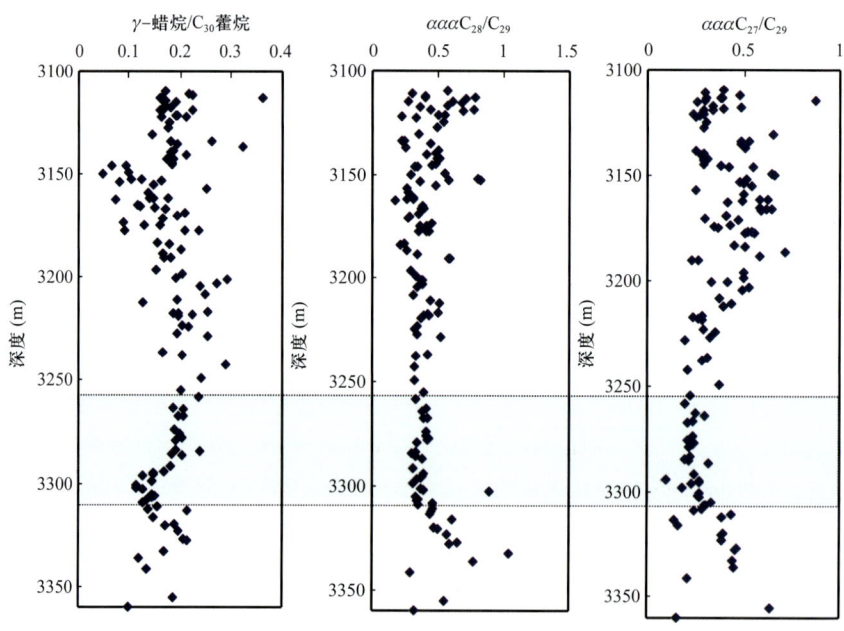

图 5-1-8 吉 174 井生物标志化合物参数随深度变化图

水体盐度增大。一般认为，C_{27}甾烷来源于水生生物，C_{29}甾烷来源于高等植物，而C_{28}甾烷来源于藻类、苔藓及地衣等。吉174井芦草沟组的大多数样品以C_{29}为最高峰，C_{27}甾烷的丰度较高，三者呈现倒"V"字形，表明母质输入中有丰富的藻类和水生生物，也有一定陆源物质输入。芦草沟组下段烃源岩样品，随深度增加，C_{27}甾烷相对丰度较低，C_{28}甾烷相对丰度增高。表明母质输入中水生生物相对减少，藻类等相对增多。

（2）母质类型。

芦草沟组烃源岩母质类型好，无定形体、藻类等有机质十分丰富（图5-1-9），这类母质在咸水环境下生成的原油其异构烷烃、环烷烃含量相对较高，油质相对偏稠。上甜点烃源岩无定形体+藻类体含量为54.61%，壳质组含量为6.33%，镜质组含量36.68%，惰质组含量为2.38%；下甜点烃源岩无定形体+藻类体含量为55.35%，壳质组含量为7.81%，镜质组含量34.21%，惰质组含量为2.63%，下甜点烃源岩处于咸化的强还原环境，藻类等水生生物较上甜点更发育，由其烃源岩形成的原油较上甜点页岩油更稠。

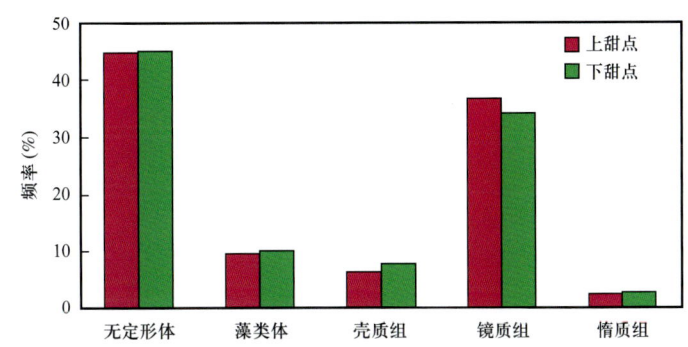

图5-1-9　吉木萨尔凹陷芦草沟组烃源岩显微组成特征（据李二庭等，2020）

二、吉木萨尔凹陷芦草沟组页岩油运移特征与成藏模式

1. 页岩油运移特征

与常规油气运移相比较，页岩油运移距离短，原油性质、族组分、生物标志化合物等参数变化不明显，运移路径分析难度大。烃源岩热模拟实验主要依据干酪根热降解成烃原理和有机质热演化的时间—温度补偿原理，在实验室内利用未熟或低熟有机质，在高温高压条件下短时间的热解生烃模拟再现地质过程的低温长时间有机质热演化过程。实际上，油气生成过程很难在短时间内观察和再现，人工加水热模拟实验是最接近实际地质的一种热模拟实验方法。通过吉木萨尔凹陷芦草沟组热模拟实验荧光薄片上观察微观运移特征，进而分析原油成分变化特征。

1）微观运移特征

（1）实验样品及实验过程。

本次实验样品为芦草沟组灰色泥岩和薄层灰色粉砂岩，两块样品大小为5cm×11cm，分别取自吉174井3299.63m与吉31井2896.2m（图5-1-10）。

(a) 吉174井，3299.63m，砂岩与泥岩互层　　　　(b) 吉31井，2896.2m，泥岩与碳酸盐岩互层

图 5-1-10　实验前岩心样品

本次实验仪器为加水热模拟实验仪器，由反应釜、温控仪、真空泵和热解气收集系统 4 部分组成（图 5-1-11）。热模拟实验加蒸馏水 10mL，模拟温度选择 300℃、320℃、340℃和360℃共 4 个温度点，加热时间为 24h。实验过程：样品均分为五份：a 样品不加热，作为原始参照；b、c、d、e 样品分别加热到 300℃、320℃、340℃、360℃后各恒温 24h。热模拟结束后，每块样品分别制作荧光薄片，观察烃源岩的生烃与排烃，以及油气的主要储集空间。

图 5-1-11　高温高压热模拟装置 RML-1 型

（2）实验结果与讨论。

实验初步结果：加热到 300℃的 b 样品生成少量烃类，有轻微油味；c、d、e 样品有大量烃类生成，有刺鼻油味。荧光薄片验证了加热温度越高，生成的烃类越多。荧光来自石油中芳烃 π 键的紫外光激发。荧光颜色由浅到深主要反映油质轻重，强度代表油气和沥青含量，其产状说明原生或次生特征。

未加热样品薄片的荧光主要为褐色，以星点状和云雾状为主，其产状表现为基质型。

随着加热温度的升高，荧光的颜色逐渐由褐色变为蓝白色，微层理面的脉状荧光逐渐增多。另外，不同岩性其荧光强度不同，呈明暗相间的条带状，粉砂岩较泥岩荧光强度大，颜色较浅。实验表明含油性主要由物性决定，纹层面物性较好，烃源岩生成的烃类优先向层理面汇聚（图5-1-12和图5-1-13），说明原油沿着孔隙和层理面（缝）运移，相对来说，层理缝的重要性要大于基质孔隙。

图 5-1-12　吉 174 井样品试验后荧光照片

图中自上而下分别为 a、b、c、d、e 样品，自左至右分别为原始样品及分别加热到 300℃、320℃、340℃、360℃恒温 24h 后荧光薄片

随着地层埋藏深度增加，地层温度逐渐升高，富有机质纹层的页岩开始生烃。早期生成的烃类以吸附态附着在富有机质纹层的生油母质表面，随着烃源岩生烃作用的持续增强，烃类开始在干酪根有机质网络内发生扩散、解析与汇聚作用。当烃源岩生烃作用产生的排烃动力超过毛细管阻力时，液态烃通过微米—纳米级孔隙、微层理面、微裂缝与宏观孔—缝构成的输导体系网络向周缘扩散充注，并在微米—纳米级孔喉系统与微裂缝等储集空间内原位滞留或就近运聚。如吉 174 井 3158～3236m 和 3275.6～3337m 的泥页岩类为主要生烃位置，页岩油主要呈吸附态赋存，而游离态沿着层理缝、微裂缝和基质孔隙运移到云质粉砂岩的溶蚀孔隙、剩余粒间孔等较大孔隙中聚集，形成富集段（图5-1-14）。

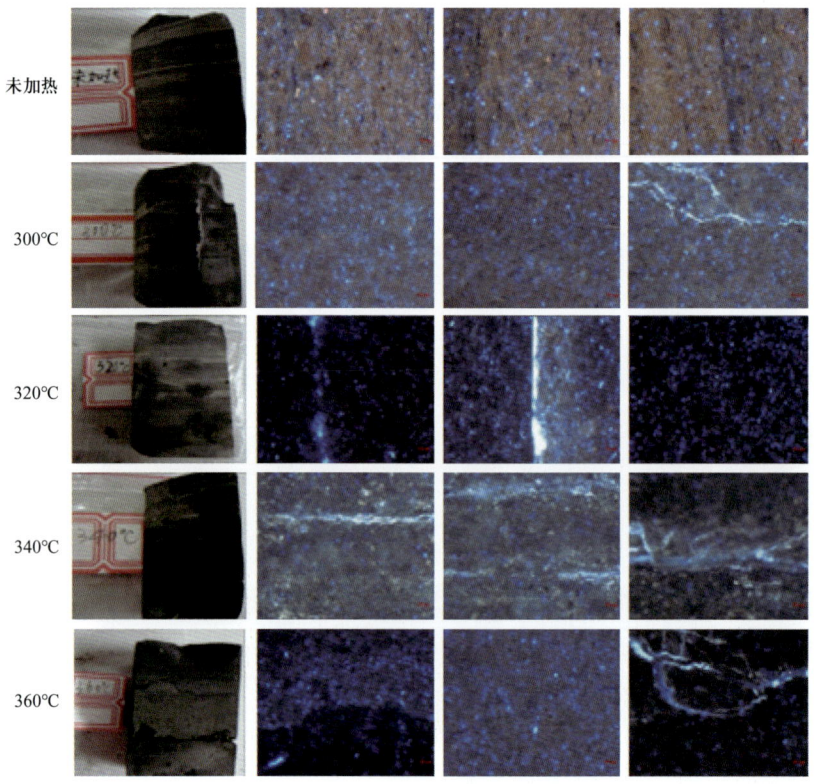

图 5-1-13 吉 31 井样品试验后荧光照片

图中自上而下分别为 a、b、c、d、e 样品,自左至右分别为原始样品及加热、恒温 24h 后荧光薄片

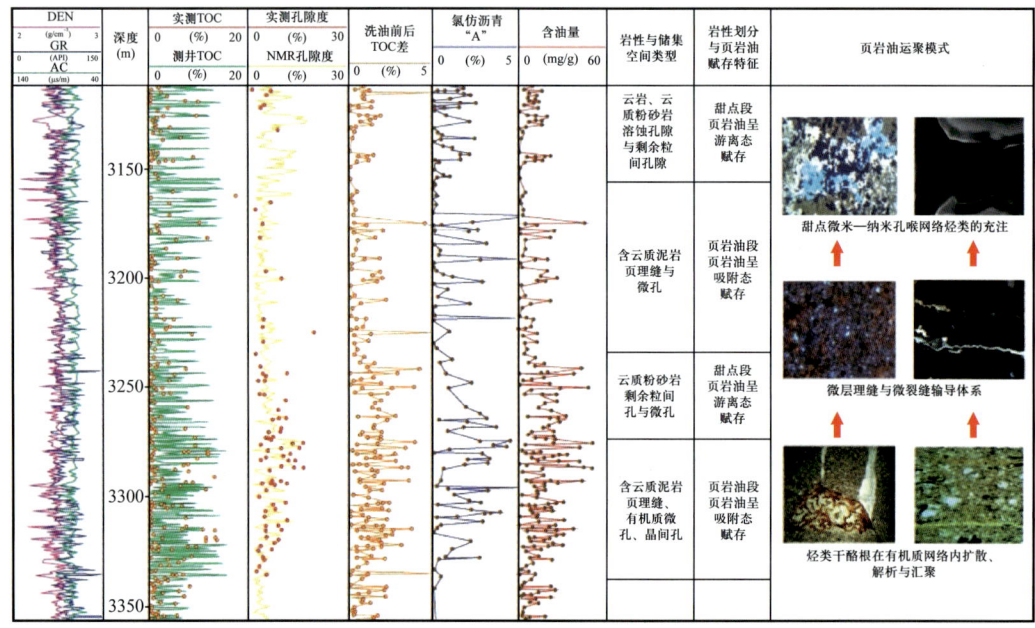

图 5-1-14 吉木萨尔凹陷吉 174 井芦草沟组页岩油运移模式(支东明等,2019)

2）裂缝

裂缝是页岩油重要的运移通道。由于多期不同方向的构造运动，以及成岩阶段影响，芦草沟组发育多种不同走向、倾向的微裂缝和裂缝。按照成因分类，分为构造缝和层理缝。通过岩心观察和成像测井分析，构造缝主要为直立缝（80°～90°）、高角度缝（60°～80°）、斜交缝（30°～60°）、低角度缝（5°～30°）和水平缝（0°～5°）。

依据裂缝方解石充填物的稳定碳、氧同位素（$\delta^{13}C$ 和 $\delta^{18}O$）特征将芦草沟组构造裂缝的发育期次划分为四期，即晚三叠世、中侏罗世、早白垩世和古新世。三叠纪晚期，凹陷发生强烈的构造抬升，芦草沟组地层受到强烈的南北向挤压作用，形成大量近南北走向的断裂和裂缝，但该时期形成的裂缝几乎被方解石充填，多为无效裂缝。侏罗纪中期，受南部天山隆升影响，主构造应力方向转变为北东—南西向，断裂和裂缝走向随之改变，但发育规模较小，且部分裂缝被方解石充填。侏罗纪晚期至白垩纪早期，强烈的构造活动引发持续的褶皱作用，产生北西—南东向挤压，该时期发育北西—南东向断裂及伴生裂缝，部分裂缝被充填。最后一期裂缝的走向具有明显继承性，形成时间晚，裂缝被充填程度低。后两期裂缝的形成时期与烃源岩的生排烃高峰期具有较好的一致性，为页岩油的有效输导体系和储集空间。

层理缝主要为低角度缝，其附近常伴生溶蚀孔和微裂缝，含油级别高且发育集中。其原因在于沉积作用和成岩作用使沉积物分层堆积，形成层状构造，而纹层面是应力脆弱面，在烃源岩生烃过程中产生巨大压力导致纹层面发生破裂，成为早期烃类运移的选择性通道，以及生烃过程中释放的酸性流体在纹层面及其附近区域发生溶蚀作用，形成良好的储集空间和含油性质。整体上芦草沟组层理缝发育密度较低，下甜点体裂缝相对较为发育（图5-1-15）。上甜点的层理缝线密度为1.14～3.44条/m，平均为2.26条/m，其中，吉174井最高，为3.44条/m；下甜点的层理缝线密度为1.83～3.62条/m，平均为2.66条/m，其中，吉174井最高，为3.6条/m。同时，对层理缝、构造缝和其他缝（如泄水缝）的油斑和油浸统计分析（图5-1-16），层理缝含油性要好于构造缝，层理缝油浸级别最高，达到69.1%，构造缝为59%。

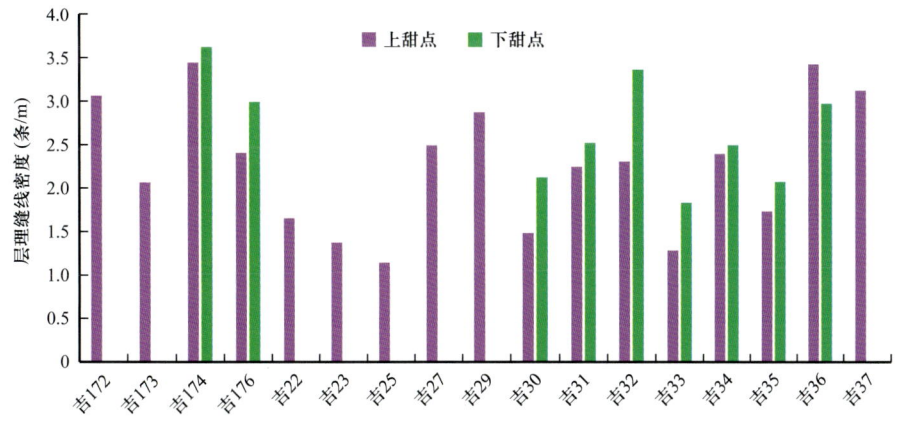

图 5-1-15 吉木萨尔凹陷芦草沟组上、下甜点层理缝线密度分布直方图

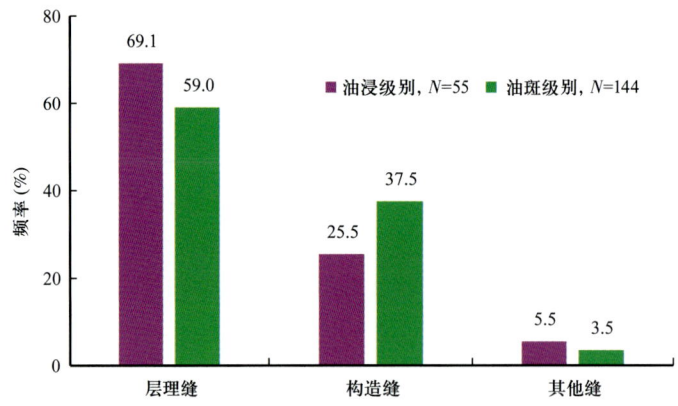

图 5-1-16　吉木萨尔凹陷芦草沟组层理缝、构造缝和其他缝含油级别直方图

2. 页岩油运移动力

页岩地层的储层孔喉多为微纳米级别，具有巨大的毛细管力，而孔隙中的地层水的浮力远小于毛细管力，基本上不起作用或者作用受限。那么，烃源岩生烃膨胀作用产生的异常超压可能是页岩油的主要运移动力。芦草沟组烃源岩埋藏深度为 2650~3500m，R_o 主要为 0.7%~1.0%（图 5-1-17），进入成熟阶段。通过钻井实测地层压力系统和录井压力检测曲线，在埋藏深度为 2700~3500m 的范围内，压力系数均大于 1.1，最高可达到 1.5，具有高的异常压力。依此推测，芦草沟组异常高压的原因主要是烃源岩生烃作用产生的异常超压。

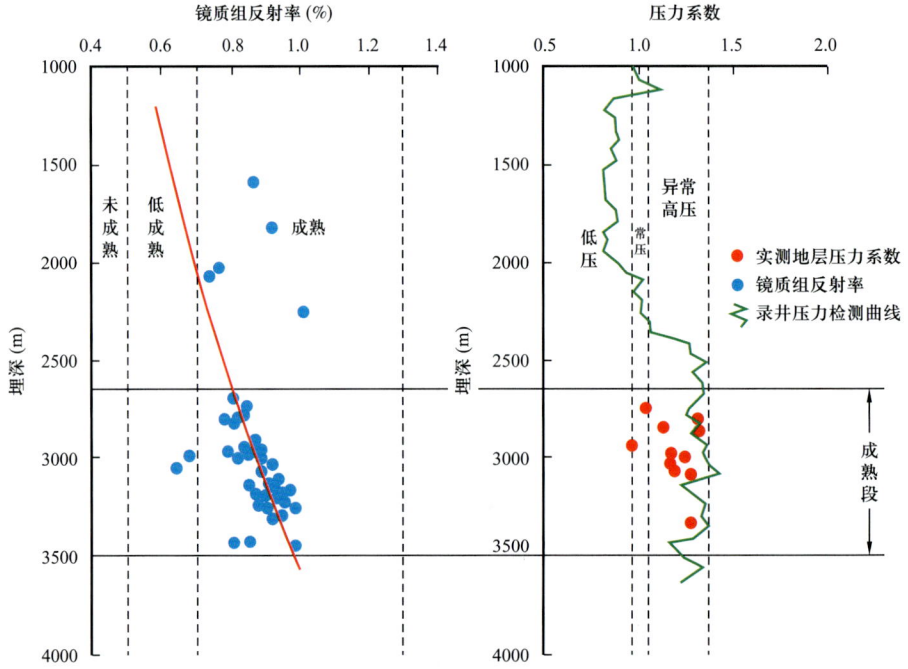

图 5-1-17　吉木萨尔凹陷芦草沟组烃源岩演化与地层压力系数对比（据廉欢等，2016）

对芦草沟组烃源岩不同有机质丰度的样品置于封闭体系进行热模拟实验,选取有机质丰度为 3% 的样品,当成熟度为 0.5% 时,烃源岩开始进入低成熟生烃阶段,密闭仪器中无明显压力变化;当成熟度达到 0.7% 时,部分干酪根裂解形成石油,由于体积变化引起的膨胀力达到 15.69MPa;当成熟度达到 0.9% 时,由生烃引起的体积膨胀力增大到 44.75MPa;当 R_o 为 1.0%~1.3% 时,烃源岩主体处于生油高峰阶段,生油量达到峰值,为 209mg/g(图 5-1-18),生气量还在不断增加,烃源岩的自由水已经被全部排替,生烃引起的压力超过 80MPa。在富含有机质的源岩层系内,随着生油过程持续进行,干酪根降解产生的巨大膨胀力将驱动石油以活塞式向周缘扩散,通过烃源岩与储层的孔缝网络系统,向紧邻优质烃源岩的致密储层中持续充注,形成连续的石油聚集。

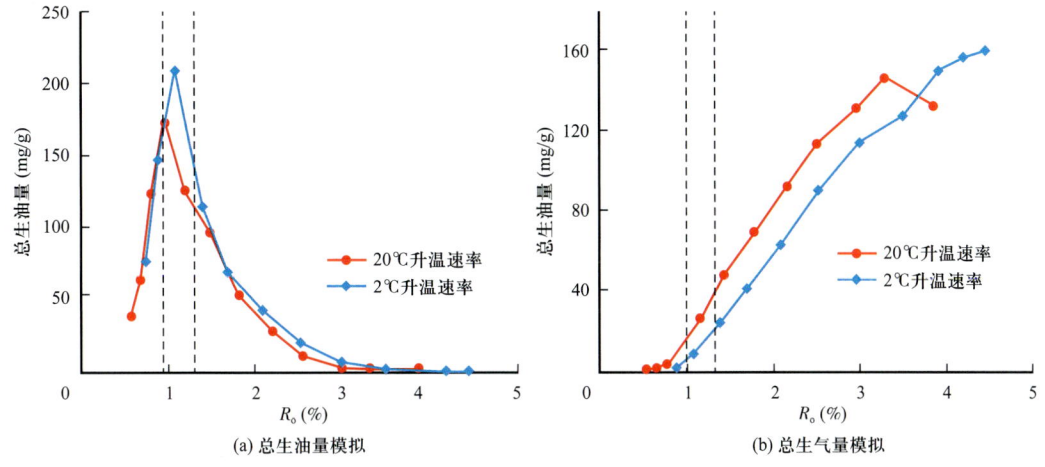

图 5-1-18 吉 15 井芦草沟组 II_1 型干酪根生烃动力学特征

吉木萨尔凹陷芦草沟组剩余流体压力普遍存在(图 5-1-19),剩余流体压力分布范围为 5~20MPa,主要为 10~15MPa,明显受到层位分布控制,并随地层埋深变小而减小,平面上分布稳定连片,能够为页岩油运移提供强大的动力条件。芦草沟组异常高压横向分布稳定连片,展现出一定的"层控"特征,纵向上不同层段有机质丰度及生烃能力的差异导致异常高压分布不均,存在明显的层间剩余流体压力差。从剩余流体压力分布与试油结果对比可以看到(图 5-1-19),源储压力高值区储层致密油富集程度高。吉木萨尔凹陷已钻遇工业油流的井位,即页岩油富集区域,主要分布在剩余流体压力中等和较高地区,剩余流体压力普遍大于 10MPa。如吉 36 井试油产量为 11.56m³/d,剩余流体压力高达 17.9MPa。而在剩余流体压力小于 10MPa 的区域一般仅有油气显示,页岩油富集程度较差。

储层与邻近层位层间剩余流体压力差越大,垂向层间运移能力越强,富集程度也越高,层间高剩余流体压力差分布带是页岩油的主要富集区。芦草沟组剩余压力结构划分为"夹心型"和"三明治型"两种类型,"夹心型"压力结构主要特点是在芦草沟组顶部和底部剩余压力较大,中间剩余压力相对较小,如吉 35 井(图 5-1-20);而"三明治型"压力结构除了在芦草沟组顶部和底部剩余压力较大外,中间往往也存在剩余压力较大的层段，如吉 36 井（图 5-1-21）。无论"夹心型"还是"三明治型"压力结构，剩余压力的分布与含油饱和度均有较好的对应关系，剩余压力大的深度段，对应低含油饱和度；剩余压力小的深度段，对应高含油饱和度，表明层间剩余压力一定程度上控制了石油的运移和分布。

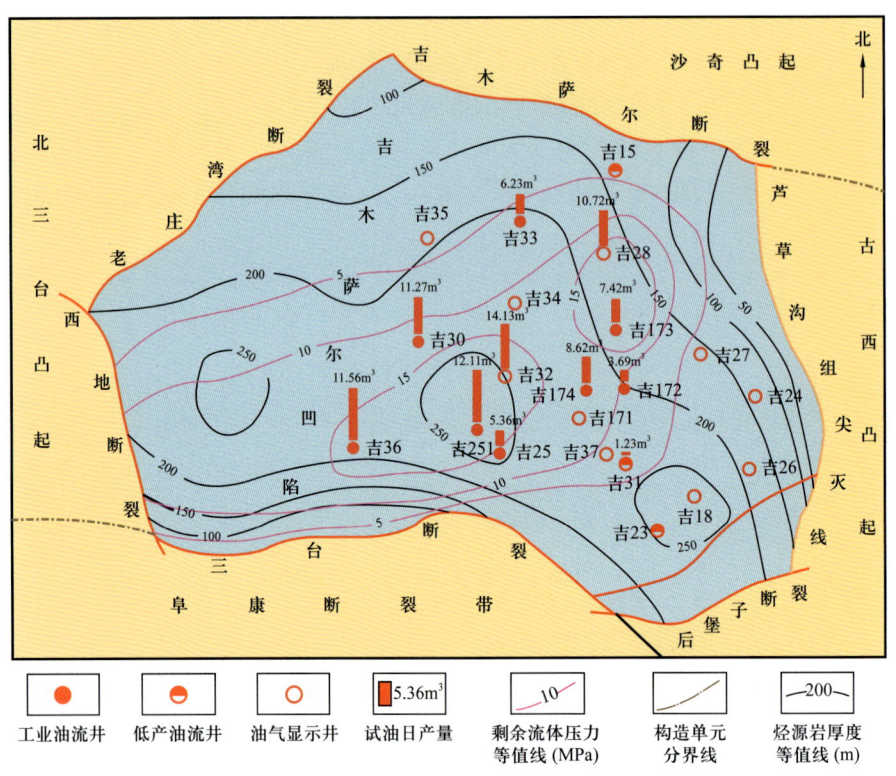

图 5-1-19　吉木萨尔凹陷芦草沟组剩余流体压力与烃源岩厚度分布叠合图（据廉欢等，2016）

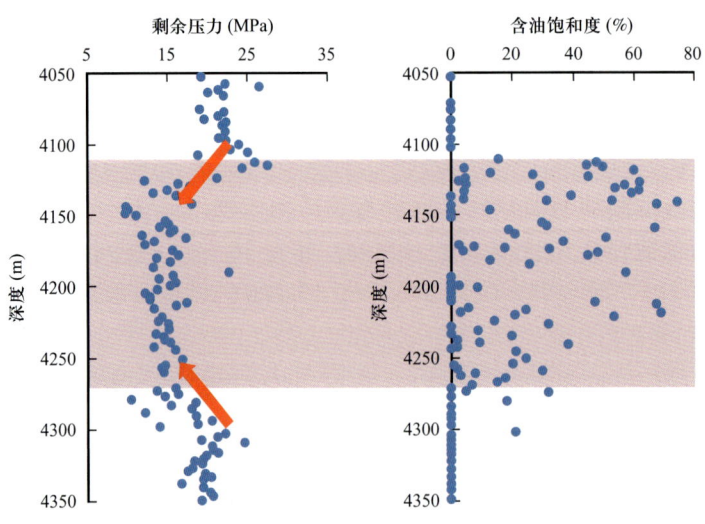

图 5-1-20　"夹心型"剩余流体压力与含油饱和度垂向分布（吉 35 井）

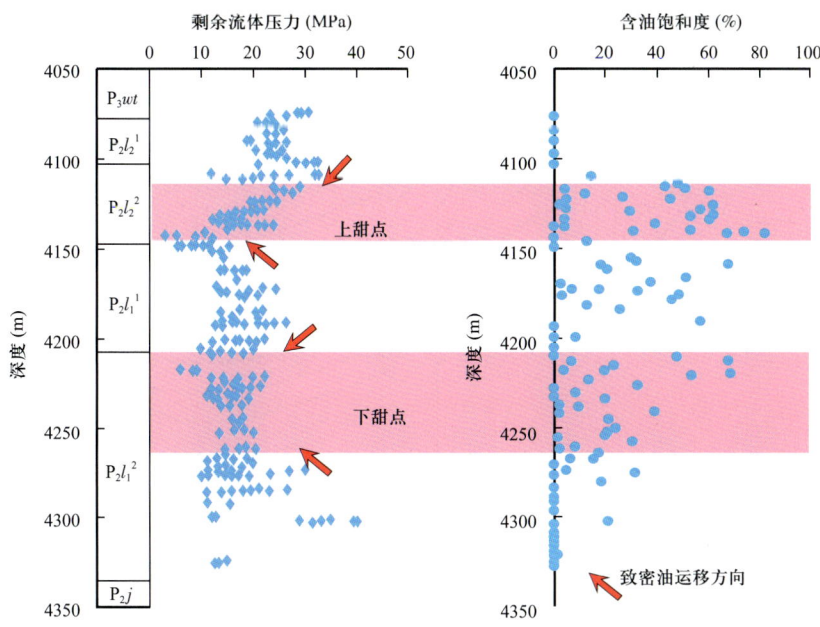

图 5-1-21 "三明治型"剩余流体压力与含油饱和度垂向分布(吉 36 井)

3. 页岩油成藏过程

根据储层成岩演化、孔隙演化、石油充注成藏期次等多因素的耦合关系,芦草沟组页岩油形成具有长期持续充注的特点,可细分为两个阶段(图 5-1-22)。

第一阶段:中侏罗世之前,芦草沟组埋藏深度约 1600m,烃源岩 R_o 达到 0.5%,烃源岩开始进入生烃阶段,储层孔隙度还处于早成岩 B 期,云质粉砂岩颗粒间为点状接触,孔隙度和渗透率较大。烃源岩生成的石油为低熟油,在满足自身需求后,部分进入具较大孔隙的云质岩类储层。由于烃类注入储层后,与储层的孔隙水、岩石矿物颗粒发生作用,改变岩性的亲水性质及孔隙水的 pH 值,抑制自生矿物的形成及矿物的交代和转化、胶结、重结晶等成岩作用过程,保持相对较好的储集性能。但这个阶段烃源岩生成的油气量相对有限,仅在泥页岩中形成吸附油和部分游离油,含油饱和度较低。

第二阶段:中侏罗世至今,芦草沟组页岩层系烃源岩生成的原油持续充注。随着地层埋藏的持续加大,烃源岩热演化程度增加,R_o 超过 0.7%,最高可达到 1.1%,生成的原油由低熟油转变到中等成熟油及高熟油,从局部生烃到大面积生烃阶段,生成的油气逐渐增加,生烃作用产生的异常压力可超过 30MPa;储层孔隙度和渗透率逐渐减小,岩石中早先进入原油逐渐改变岩石的润湿性,由亲水性逐渐转变到中性,再到亲油性。随着烃源岩进入生油高峰期,产生足够的异常压力驱动油气进入到云质粉—细砂岩、砂质白云岩、砂屑白云岩等较粗粒度的甜点储层中,形成规模性的油气聚集,并形成芦草沟组上、下两个甜点段,含油饱和度多为 30%~55%。

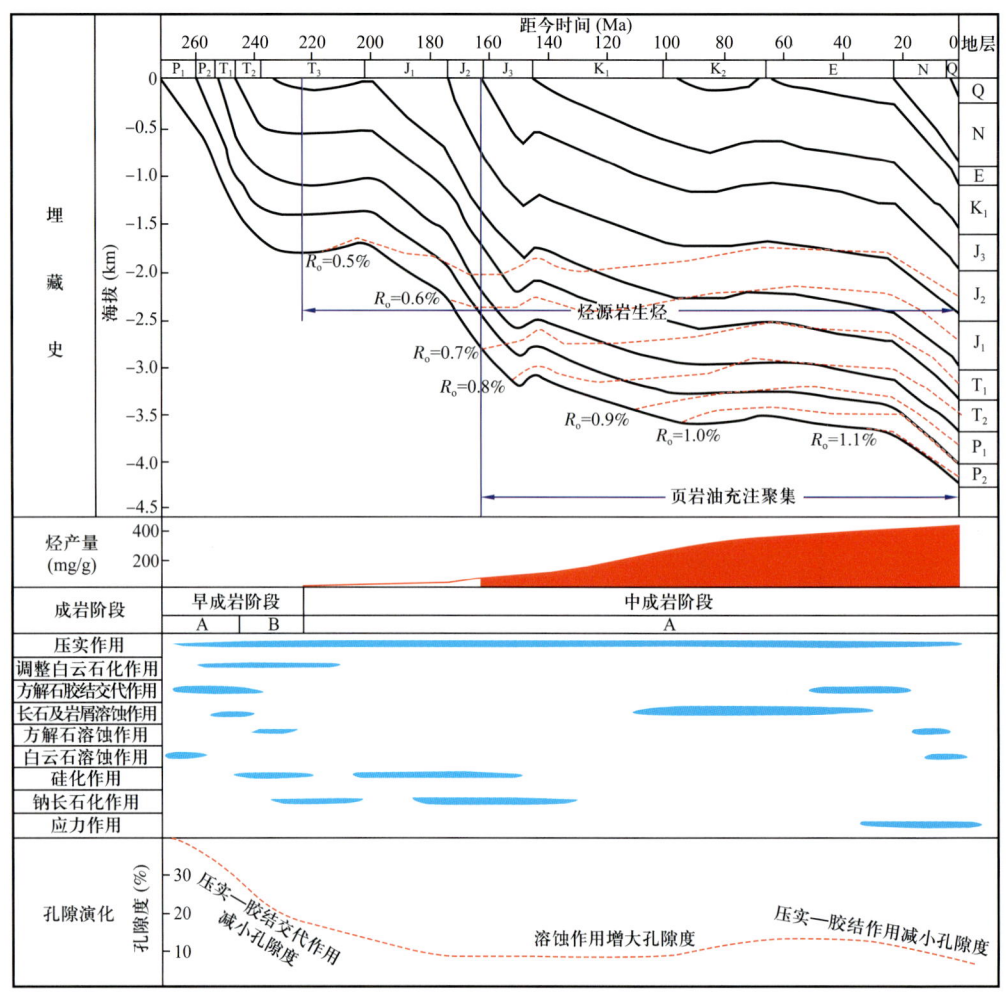

图 5-1-22 吉木萨尔凹陷芦草沟组成岩—成储—成藏的耦合关系（据郭旭光等，2019，有修改）

4. 页岩油芦草沟组成藏模式

受砂泥岩的频繁交替影响，芦草沟组纵向上岩性组合可划分为五个小段，分别为上部纯泥页岩段、中上部粉砂质白云岩段、中部泥页岩段、中下部粉砂质、云质岩段和下部泥页岩段。源储组合类型呈现出"三夹二"的源储互层组合特征，可细分为四种类型（图 5-1-23）：纯泥岩型、厚泥薄砂型、砂泥互层型和厚砂薄泥型。其中，纯泥页型属于自生自储型成藏模式，后三种主要为源储相邻型成藏模式。

1）自生自储型成藏模式

自生自储成藏模式是指烃源岩生成的石油充注到自身岩性孔隙中，未经过运移。泥质岩类和云质岩类烃源岩具有较高的总有机碳，生烃能力强，其生成的油气首先满足自身岩性的吸附量及孔隙，再向致密储层运移，而粉砂岩类的生烃能力较弱，仅能够满足自身岩性的需求。这些岩性的油气或是未运移的原地吸附和充注，或是微运移后的较大孔隙充注，形成自生自储型成藏模式。主要为纯泥岩型和厚泥薄砂型源储组合类型。

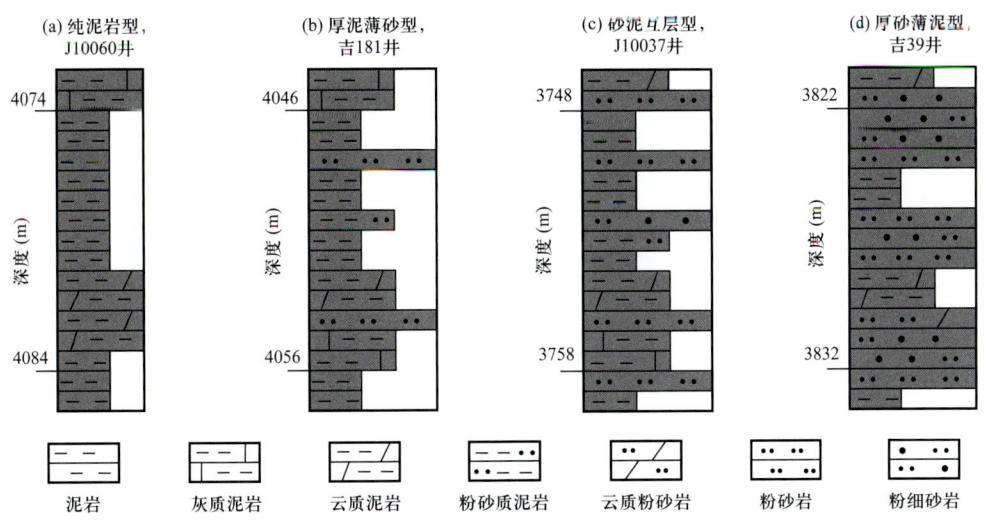

图 5-1-23 吉木萨尔凹陷芦草沟组源储组合类型

2）源储相邻型成藏模式

源储相邻型成藏模式是指烃源岩生成的石油进行极短距离运移，进入邻近储层聚集（图 5-1-24）。源储组合包括厚泥薄砂型、砂泥互层型和厚泥薄砂型，其中厚泥薄砂型源储组合为芦草沟组上、下甜点形成的主要成藏模式。芦草沟组泥质岩类和云质岩类生烃能力强，形成层间剩余压力差，能够在满足充填自身孔隙后，剩余的油气沿着基质孔隙、层理缝、缝合线、微裂缝等运移通道充注到物性较好的储层孔隙中。上、下甜点岩性主要为云质粉砂岩、粉砂岩、细砂岩，孔隙较为发育，邻近的烃源岩直接排烃或通过裂缝、层理缝、基质孔隙等通道运移聚集。从而形成芦草沟组上、下甜点段。主要为砂泥互层型和厚砂薄泥型源储组合。

三、吉木萨尔凹陷芦草沟组页岩油富集主控因素

1. 烃源岩条件的控制作用

统计芦草沟组 145 个测井解释含油性数据，岩石中有机碳含量与储层含油性之间具有较好的对应关系，当 TOC<1.5% 时，以干层为主，相对含量高达 76.9% 以上，含油层较少，相对含量为 23.1%；当 TOC 为 1.5%～4% 时，含油层相对含量为 57.1%，略高于干层相对含量（42.9%）；当 TOC>4% 时，以含油层为主，相对含量高达 72.7%，干层较少，相对含量为 27.3%（图 5-1-25）。

通过芦草沟组含油饱和度与总有机碳含量的交会关系（图 5-1-26），总有机碳含量对含油饱和度的控制作用不明显。随着 TOC 的增加，上包络线保持恒定，变化不大，为 80%～85%；当有机碳含量小于 4.5% 时，下包络线基本保持恒定，含油饱和度为 35%～40%，当大于 4.5% 时，下包络线呈现微弱增加趋势。这可能与高值 TOC 生成的石油运移到低值的粉细砂岩中有关。

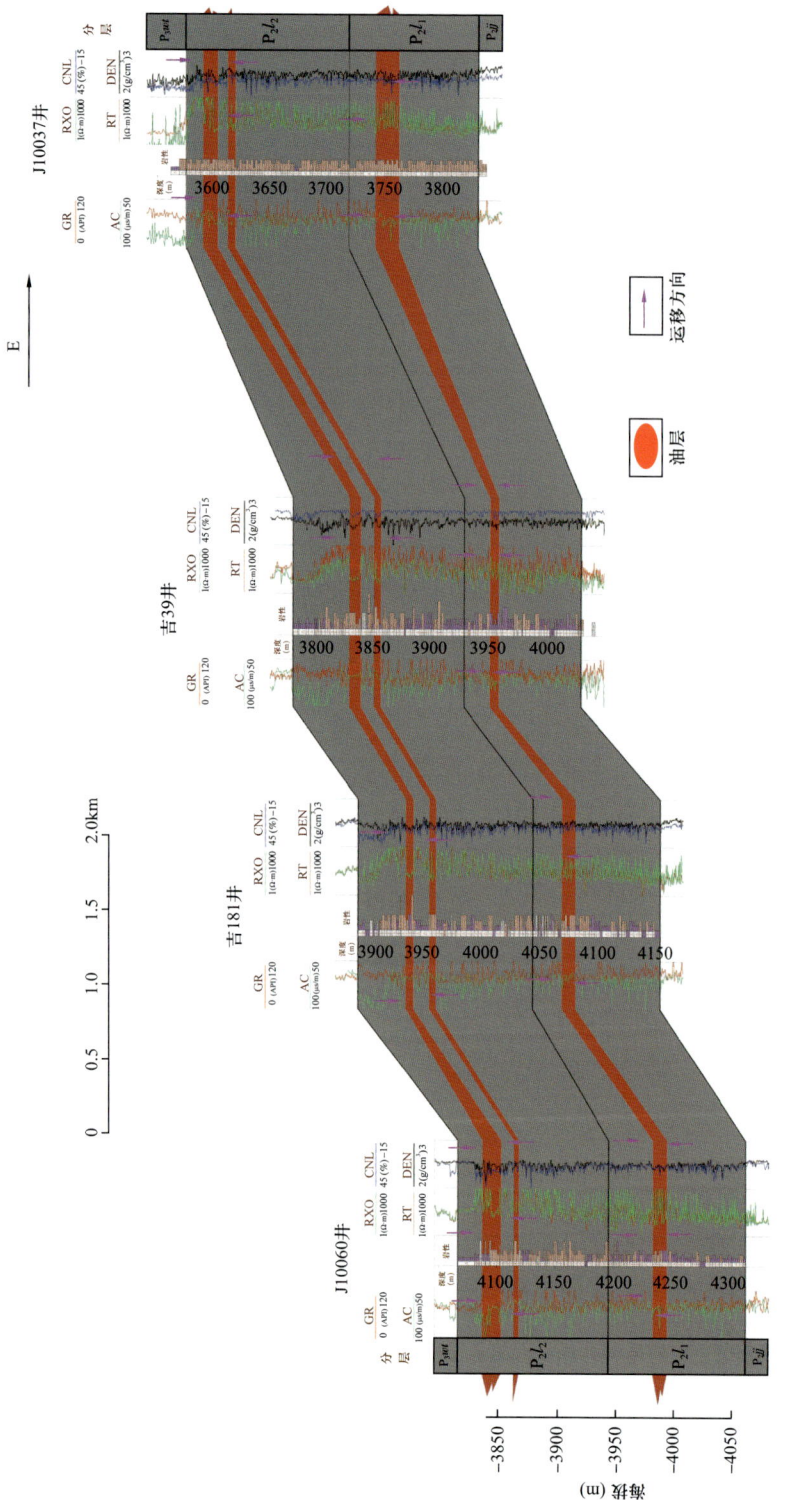

图 5-1-24 吉木萨尔凹陷芦草沟组页岩油成藏模式图

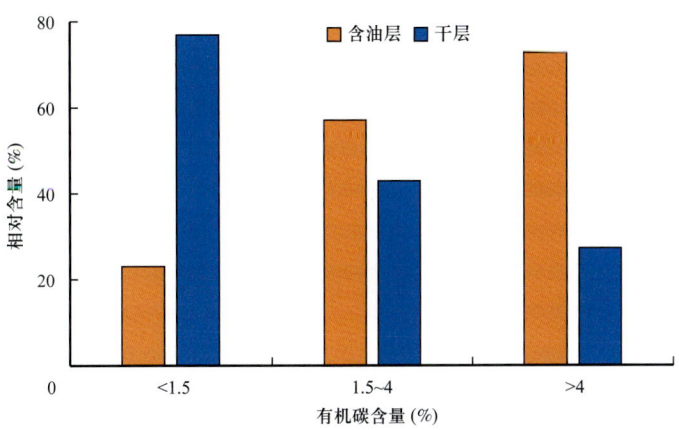

图 5-1-25 芦草沟组有机碳含量与不同含油性的关系

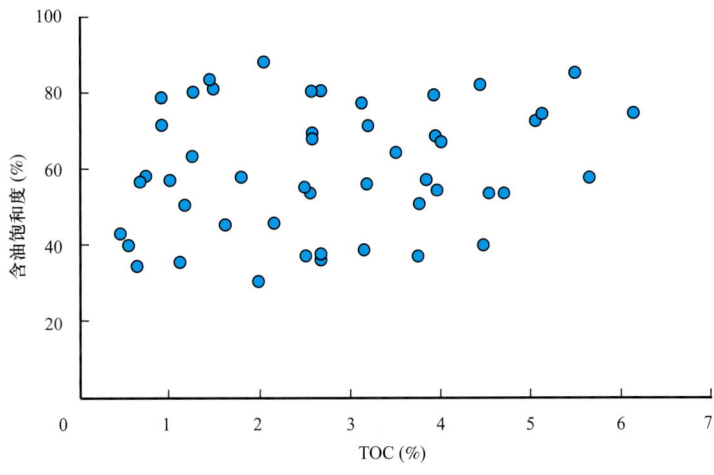

图 5-1-26 芦草沟组总有机碳含量与含油饱和度的关系

2. 储层条件的控制作用

1）岩性对含油性的控制作用

岩性的含油性表现为粉砂岩类最好，其次为云质岩类，再者为泥质岩类，灰质岩类最差。粉砂岩含油性差异较大，表现为油迹至富含油，石油主要在物性较好的区域聚集；其中凝灰质粉砂岩含油性最好，表现为油浸至富含油，这是由于粉砂岩中凝灰物质的溶蚀形成了大量的次生孔隙，储集空间发育，其物性好、排驱压力低，在油源供给充足的情况下，石油易于进入孔喉中，含油饱和度高。陆源碎屑含量较高的云质岩类含油性较差，呈不连续的层状分布，整体含油饱和度较低，含油性表现为油迹至油斑。灰质岩类含油级别最差，主要为荧光级别。结合吉木萨尔凹陷 265 个岩石薄片的岩性和录井岩心描述，统计不同岩性的含油级别（图 5-1-27），含油性最好的岩性为泥质粉砂岩、凝灰质粉砂岩、云质粉砂岩和内碎屑白云岩，其次为岩屑砂岩、泥晶白云岩、砂质泥岩和云质泥岩，灰质泥岩和石灰岩的含油性最差。

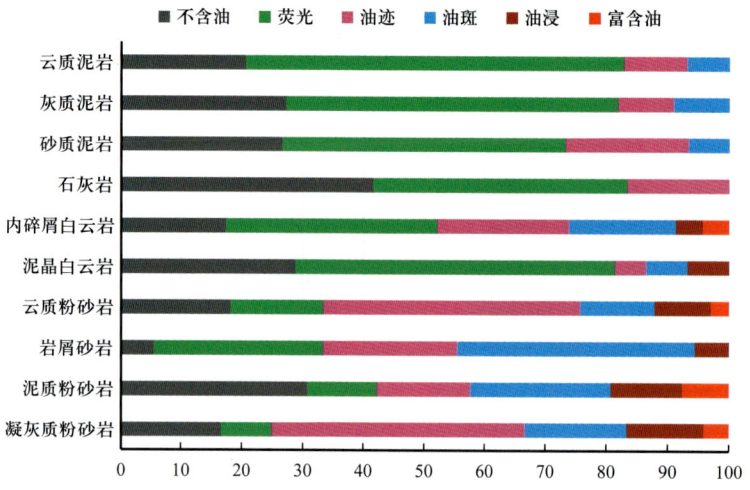

图 5-1-27 吉木萨尔凹陷不同岩性与含油级别关系图（薄片鉴定岩性）

2）物性对含油性的控制作用

通过不同岩性的孔渗数据与含油性对比发现，粉砂岩含油性与孔隙度、渗透率具较好的相关性（图5-1-28），含油级别为油浸与油斑的落在孔隙度与渗透率较高值的区，荧光与油迹样品的孔隙度、渗透率相对较低，粉砂岩的孔隙度与渗透率本身也具较好的相关性。碳酸盐岩类和泥岩类的含油性与孔渗关系（图5-1-28）不及砂岩明显；泥岩类孔隙度与含油性有一定相关性。

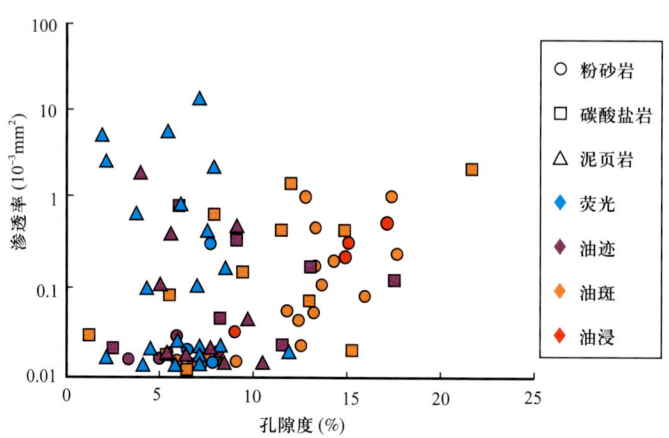

图 5-1-28 吉174井芦草沟组不同岩性的物性与含油性关系图

整体上，含油饱和度随孔喉分选系数的增大呈上升的趋势（图5-1-29）。虽然传统认为分选系数越小，孔喉分布越均一，越有利于油气的开采。但是从另一方面讲，孔喉分选系数越大，说明孔喉的分选越不均一，即意味着有较大的孔喉。在孔喉分选不均一、孔隙度整体偏小的情况下，分选不均一，较大孔喉存在的概率则相对较大。

不同储层孔隙度、渗透率的含油级别明显存在差异（图5-1-30）。覆压孔隙度、渗透率越高，含油级别越高。当覆压孔隙度小于5%时，主要为荧光级别；当孔隙度介于 5%~8% 时，主要为油迹级别，含部分荧光级别和油斑级别；当孔隙度为 8%~12% 时，含油级别为油斑和油迹并重；当孔隙度大于 12% 时，含油级别为油斑和油浸级别。当覆压渗透率小于 0.001mD，主要为荧光级别；当覆压渗透率为 0.001~0.01mD 时，为油迹和油斑级别，当覆压渗透率大于 0.01mD 时，含油级别主要为油斑和油浸级别。

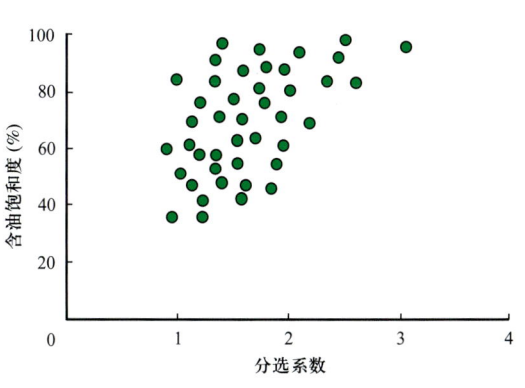

图 5-1-29　吉木萨尔凹陷芦草沟组砂岩类储层孔喉分选系数与含油饱和度关系

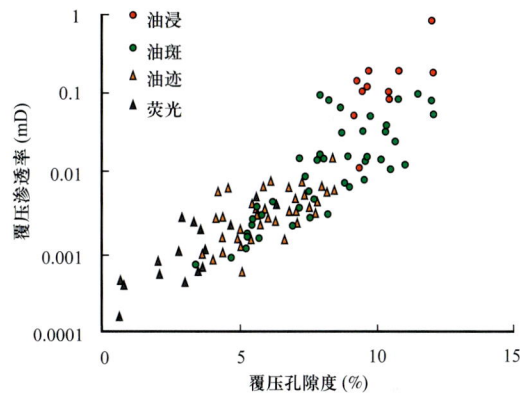

图 5-1-30　吉木萨尔凹陷储层不同含油级别的覆压物性分布图

可动流体孔隙大小与矿物、元素含量有较好的相关性。泥质含量与含油饱和度呈负相关，泥质含量高的岩石黏土矿物会增加，黏土矿物吸水膨胀会破坏孔隙结构，同时降低含油饱和度（图 5-1-31）；石英和白云石含量较高的岩石易于形成大孔和裂缝，其含量越高孔隙度越大。岩石矿物中白云岩的含量与物性呈正相关，白云岩脆性较高有利于储层改造，提高产量。同时工程破裂试验也证实，砂屑云岩、云质砂岩、微晶云岩具有较好脆性，易形成复杂裂缝；粉细砂岩、泥晶云岩具有中等脆性；泥岩、碳质泥岩脆性较差。

通过芦草沟组含油饱和度与孔隙度的交会关系（图 5-1-32），孔隙度对含油饱和度具有一定的控制作用。随着孔隙度的增加，含油饱和度呈现一定的增加趋势。随着孔隙度的增加，上包络线基本保持恒定，变化微弱；含油饱和度随着孔隙度的增加，下包络线呈现出较为明显的增加趋势。

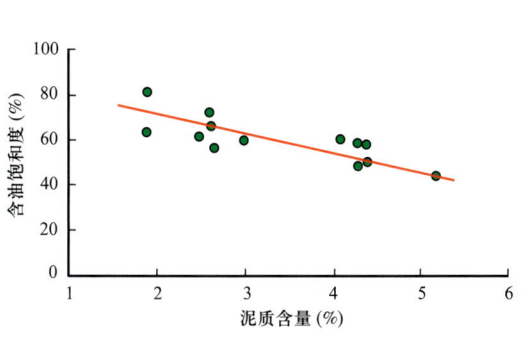

图 5-1-31　芦草沟组页岩油泥质含量与含油饱和度对比图

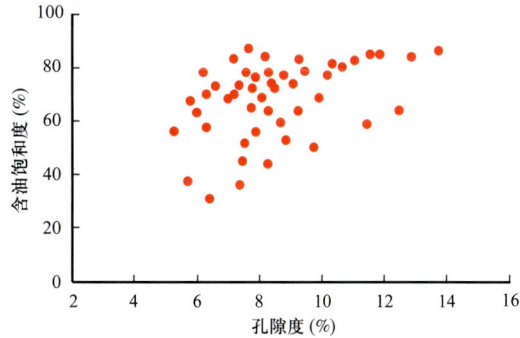

图 5-1-32　吉木萨尔凹陷芦草沟组孔隙度与含油饱和度交会图

3. 源储组合的控制作用

不同源储组合的含油性有所差异。芦草沟组页岩油含油性受源—储配置关系的影响。根据烃源岩和储层评价结果，将源—储组合划分为三类：邻源—厚储型、源—储互层型和源—储一体型，其中邻源—厚储型是指大套储层段（厚度大于3m）内不发育有效烃源岩，主要靠邻源供烃，含油性受源岩品质、储层物性和厚度的共同影响。该类型主要发育在芦草沟组二段二层组2号层中，储层类型以粒间孔型和粒间—溶蚀—晶间孔型为主，物性较好，但含油性丰度变化快。源—储互层型指薄储层与有效源岩互层发育，自生生烃为辅、邻源供烃为主，含油性主要受储层物性影响，含油性非均质性弱，该类型主要发育在芦草沟组一段二层组1~3号层中，储层以溶蚀孔型为主，其次为粒间孔型。源—储一体型主要针对纯泥岩类或泥晶白云岩类，含油性较好，但储层类型以溶蚀—晶间孔型和晶间孔型为主，物性及孔喉最差。图5-1-33展示了不同组合模式下含油性与物性之间的关系，随物性增加，岩心含油饱和度整体呈增大趋势，但分布分散。尤其是邻源—厚储组合，在较高物性时，含油性也表现出较强非均质性。在相同物性条件下，邻源—厚储组合的含油丰度明显低于其他组合。

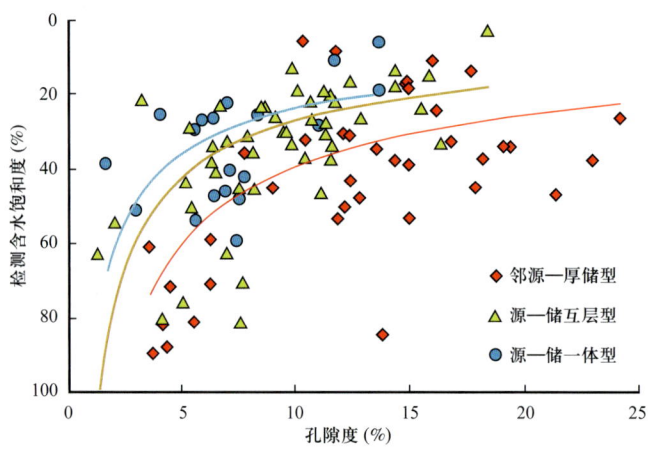

图5-1-33 吉木萨尔凹陷芦草沟组不同源—储组合模式下含油性与物性的关系

在相同源—储组合模式下，页岩储层含油性受孔喉结构的控制。统计源—储互层或一体组合下不同含油级别样品孔喉频率分布（图5-1-34），富含油和油浸级别的样品，对应最大的孔喉分布，孔喉分布范围宽，粒间孔和溶蚀孔发育比例超60%，孔喉连通性好，岩石中水可动性好，在较低压差下即可被油替换，含油丰度高；而随含油级别降低（油斑或油迹），孔喉明显变小，分布范围变窄，溶蚀孔和晶间孔为主，含油丰度中等；对于荧光样品，孔喉分布最小，分选差，以黏土和白云石晶间孔及少量溶蚀孔组成，溶蚀孔占比低于10%，原油充注难度加大，含油丰度低。因此，孔喉分布明显决定着页岩油储层的含油丰度（图5-1-34），确定孔喉半径15nm和70nm为荧光、油迹/油斑、油浸/富含油样品的分界线，表明地下原油能充注到孔喉半径大于15nm的空间中，当孔喉半径大于70 nm时，页岩油储层的含油丰度明显变好，储层可动性也明显增强。

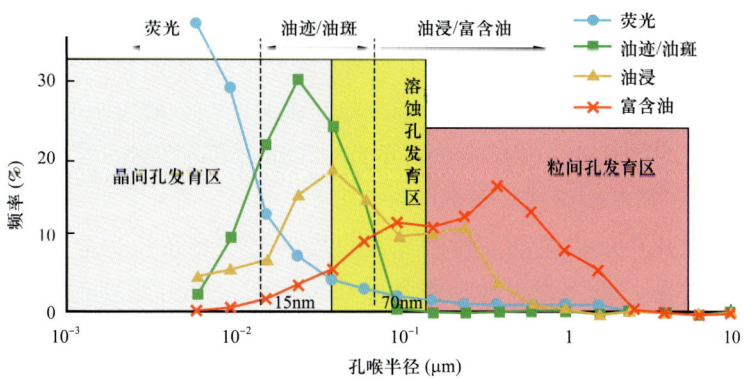

图 5-1-34 吉木萨尔凹陷芦草沟组不同含油级别样品孔喉半径频率分布

4. 超压对页岩油的控制作用

吉木萨尔凹陷芦草沟组页岩油的试油结果与芦草沟组现今剩余压力平面分布具有较好的对应关系（图 5-1-35）。从平面上看，芦草沟组剩余压力平面分布与凹陷形态密切相关，凹陷中心的剩余压力大于构造高部位，这与凹陷的埋深、泥质岩的厚度和有机质丰度等有着密切的关系。在凹陷的沉积中心，烃源岩厚度大、有机质丰度高、类型好、生烃潜力大，往往具有较好的油气显示，因此试油结果与剩余压力具有良好的相关性。从图 5-1-35 可以看出，吉木萨尔凹陷芦草沟组页岩油主要富集在剩余流体压力较高的

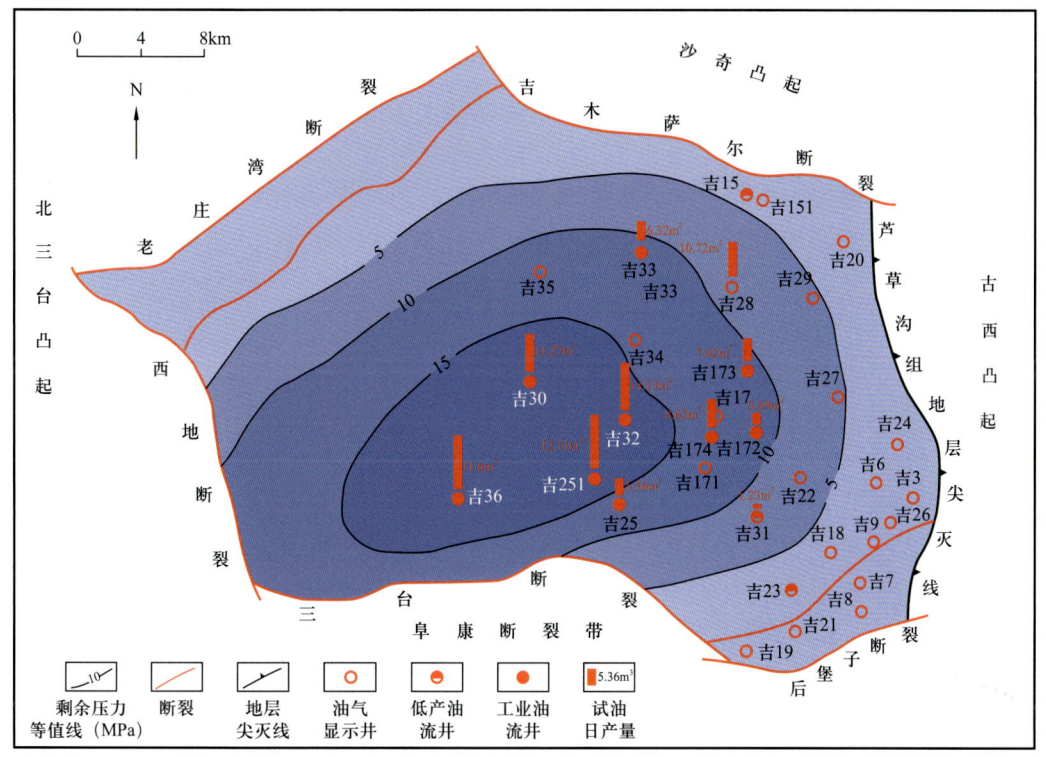

图 5-1-35 吉木萨尔凹陷芦草沟组剩余流体压力与页岩油试油成果分布叠合图

区域，即主要分布于剩余流体压力大于10MPa的地区。在剩余流体压力大于15MPa的区域，试油产量均大于10m³/d，如吉30井、吉32井、吉36井和吉251井。而在剩余流体压力为0～10MPa的地区，页岩油的试油显示结果则较差，一般仅为低产油流井和油气显示井，如吉28井、吉31井，仅有极个别井为工业油流井。因此，平面上芦草沟组页岩油的分布基本受控于芦草沟组现今剩余压力分布。

通过统计多口井芦草沟组甜点段和非甜点段的层间剩余压力差及对应的含油饱和度来分析二者的关系，研究表明含油饱和度和层间剩余压力差具有较好的正相关关系（图5-1-36），即芦草沟组甜点段和非甜点段的剩余压力差越大，对应的甜点段内的含油饱和度就越大。以上也说明了层间剩余压力对芦草沟组致密油的运移有控制作用。

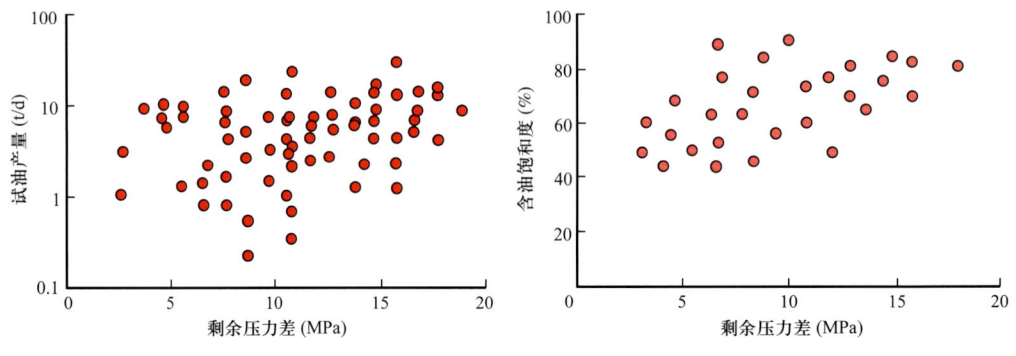

图5-1-36　芦草沟组层间剩余压力差与含油饱和度、试油产量交会图

5. 脆性条件的控制作用

不同矿物成分影响着芦草沟组页岩油的含油性。通过吉木萨尔凹陷芦草沟组含油饱和度与脆性矿物含量的关系（图5-1-37），随着脆性指数含量的增加，含油饱和度总体上呈现出增加的趋势。以岩石薄片数据与174井录井岩心含油性进行对比分析，得到含油性与岩石矿物成分的关系。当砂岩类样品中长石含量相对较高（超过60%）时，含油级别普遍较低。长石抗压实能力较弱，含量过高不利于孔隙的保存。碳酸盐岩类与泥岩类的矿物含量与含油级别无明显关系。

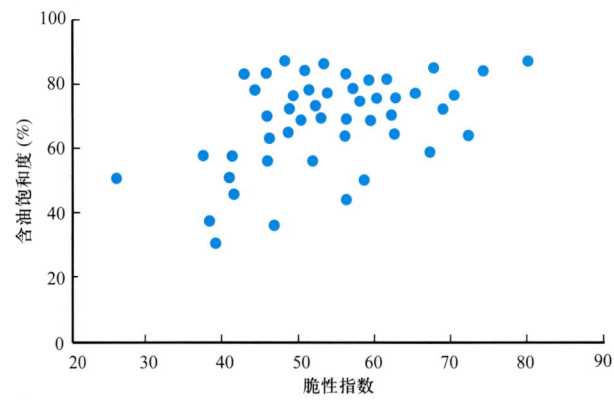

图5-1-37　芦草沟组脆性矿物与含油饱和度交会图

此外，与国内外其他页岩油储层不同的是，芦草沟组云质岩类储层整体裂缝欠发育，但储层整体脆性较好。对吉174井不同岩性的岩石物理参数（泊松比与杨氏模量）分析（图5-1-38），砂屑云岩类储层受到压裂极易形成缝网，而云质成分降低其脆性相对变差，压裂改造不易形成裂缝。这一脆性特征为致密储层的改造奠定基础。

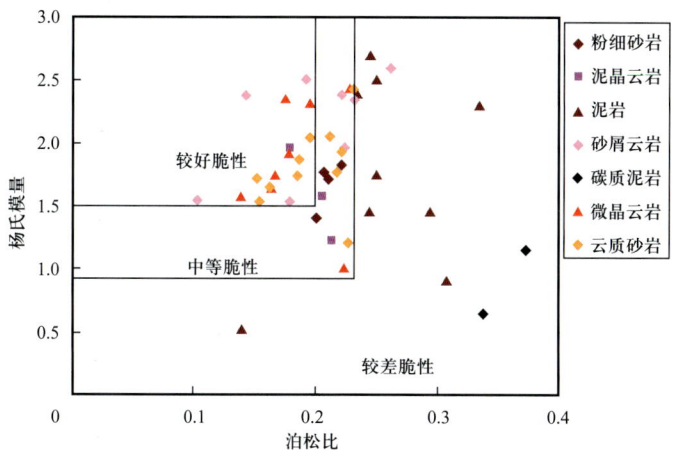

图5-1-38 吉174井芦草沟组泊松比与杨氏模量交会图

第二节 玛湖凹陷风城组致密油—页岩油甜点成因机理

一、玛湖凹陷风城组致密油—页岩油藏特征

1. 致密油—页岩油分布特征

玛湖凹陷风城组含油岩性主要为云质页岩和砂砾岩（砂质砾岩和砂岩），局部发育火山岩，进而发育四种储层岩性的油藏，分别为页岩油藏、致密砂岩油藏、砂砾岩油藏和火山岩油藏。其中，近物源的构造高部位的油藏类型为常规的砂砾岩油藏，远物源的构造低部位为致密油藏和页岩油藏。火山岩油藏分布在玛北地区风城组一段下部和玛南地区风城组二段顶部，范围相对局限。

玛湖凹陷风城组致密砾岩油—页岩油主要分布在玛湖凹陷与克百断裂带、乌夏断裂带的连接位置，以及斜坡带较高部位（图5-2-1和图5-2-2）。通过玛湖凹陷二叠系风城组115口井224层的试油成果统计，油层占到总试油层的42.4%（图5-2-3），主要分布在北部的乌夏断裂带及玛北斜坡，其中风5井试油产量可达204t/d；油水层和水层的比例分别为25.0%和21.9%，主要分布在西南部克百断裂带及玛南斜坡带，干层比例较低，占到总数的28.5%。按照试油成果的石油和地层水产量标准，分为工业油层，低产油层，油水同层、含油水层、水层和干层。其中，工业油层最高，占到29.9%，其次为水层，占到21.9%。玛页1井是页岩油勘探的风险井，试油阶段过程中在泥页岩段（4579～4852m）

获得页岩油35.33t/d，累计产油1189.64t；熔结凝灰岩+砂砾岩段（4877～4937m）获得致密油16.03t/d，累计产油329.95t。

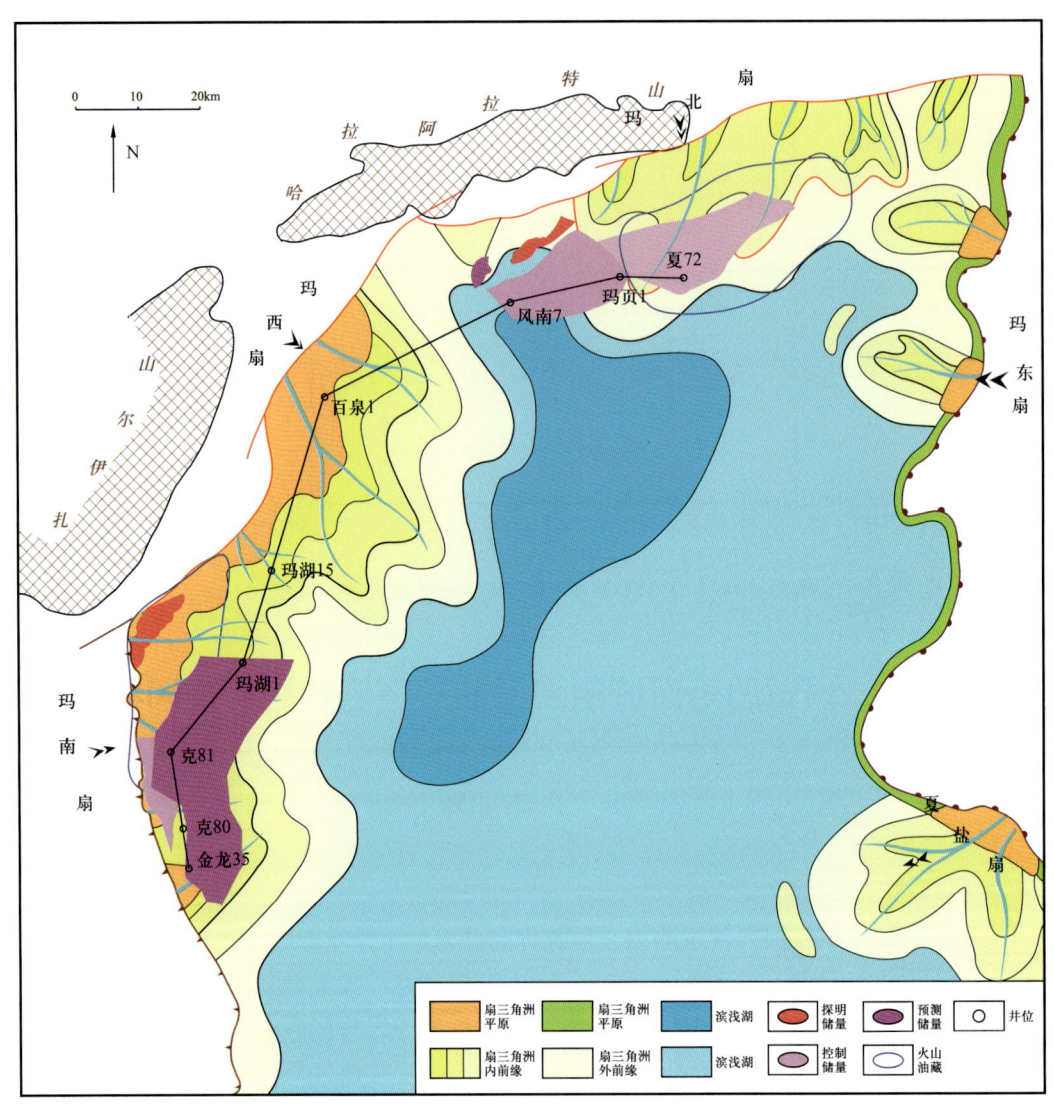

图 5-2-1　玛湖凹陷风城组勘探成果图

2. 玛湖凹陷南斜坡致密砂岩油藏特征

1）致密油藏构造背景

玛南斜坡致密油藏岩性以砂岩和云质砂岩为主，是玛湖凹陷发现的首个风城组致密油藏。致密油藏在构造上位于准噶尔盆地中央坳陷玛湖凹陷南斜坡，其南部、东部紧临生烃凹陷沙湾凹陷和盆1井西凹陷。受南部中拐凸起抬升影响，风城组在南部发生尖灭，北部及上倾方向受克乌断裂带限制，形成北部断裂和南部地层尖灭所夹持的东倾单斜构造。玛南斜坡顶面构造整体简单，构造海拔主要为-3000～-4500m（图5-2-4），地层倾角为3°～5°，局部发育低幅度鼻凸构造。

第五章 准噶尔盆地二叠系页岩油甜点成因机理

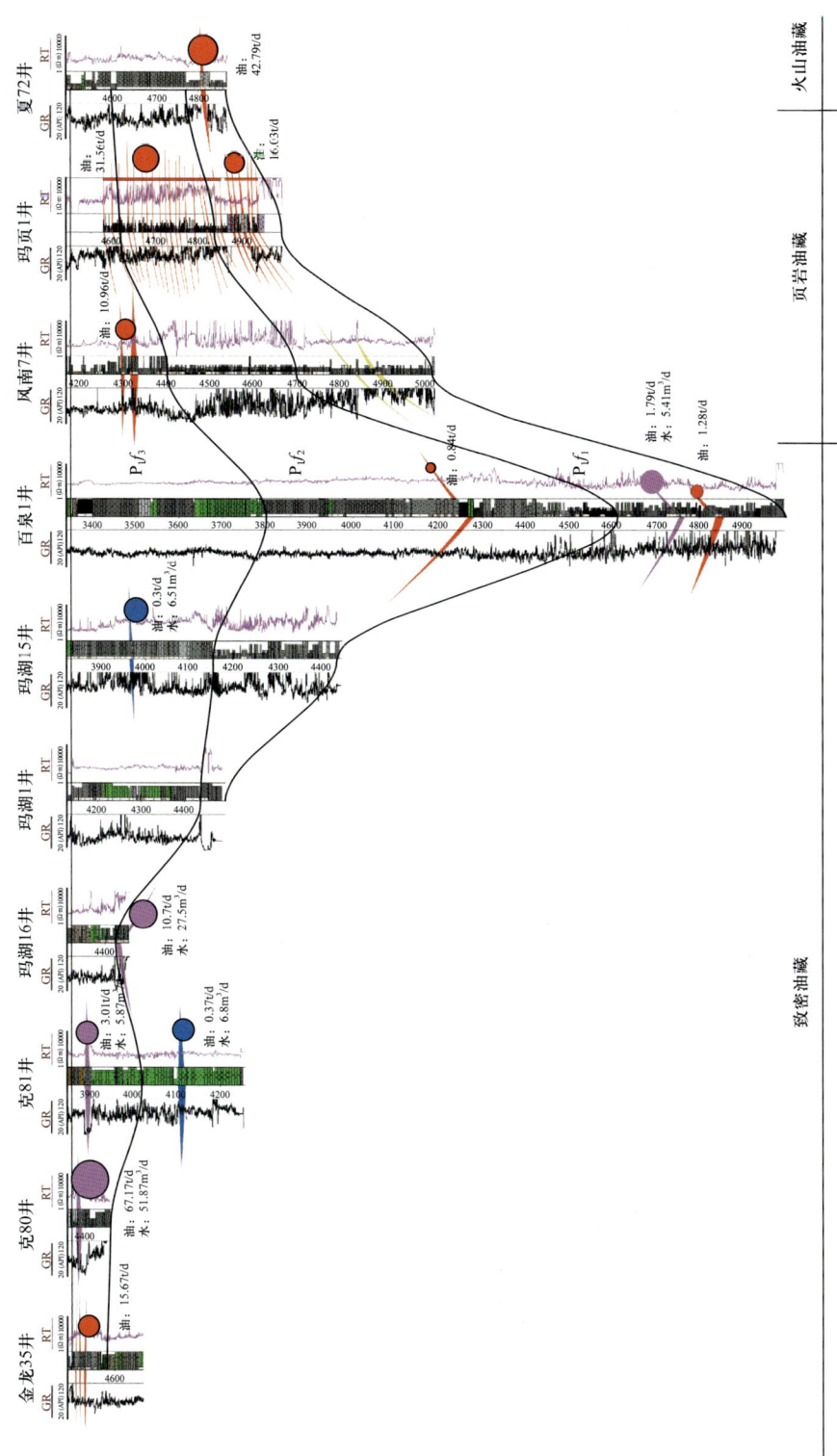

图 5-2-2 玛湖凹陷二叠系风城组过金龙 35 井—夏 72 井对比剖面图（剖面线见图 5-2-1）

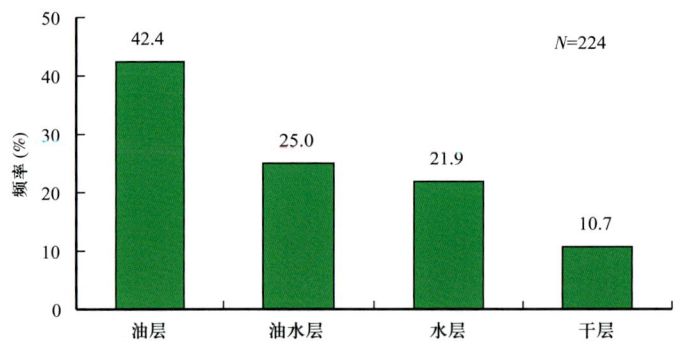

图 5-2-3 玛湖凹陷风城组不同试油成果分布直方图

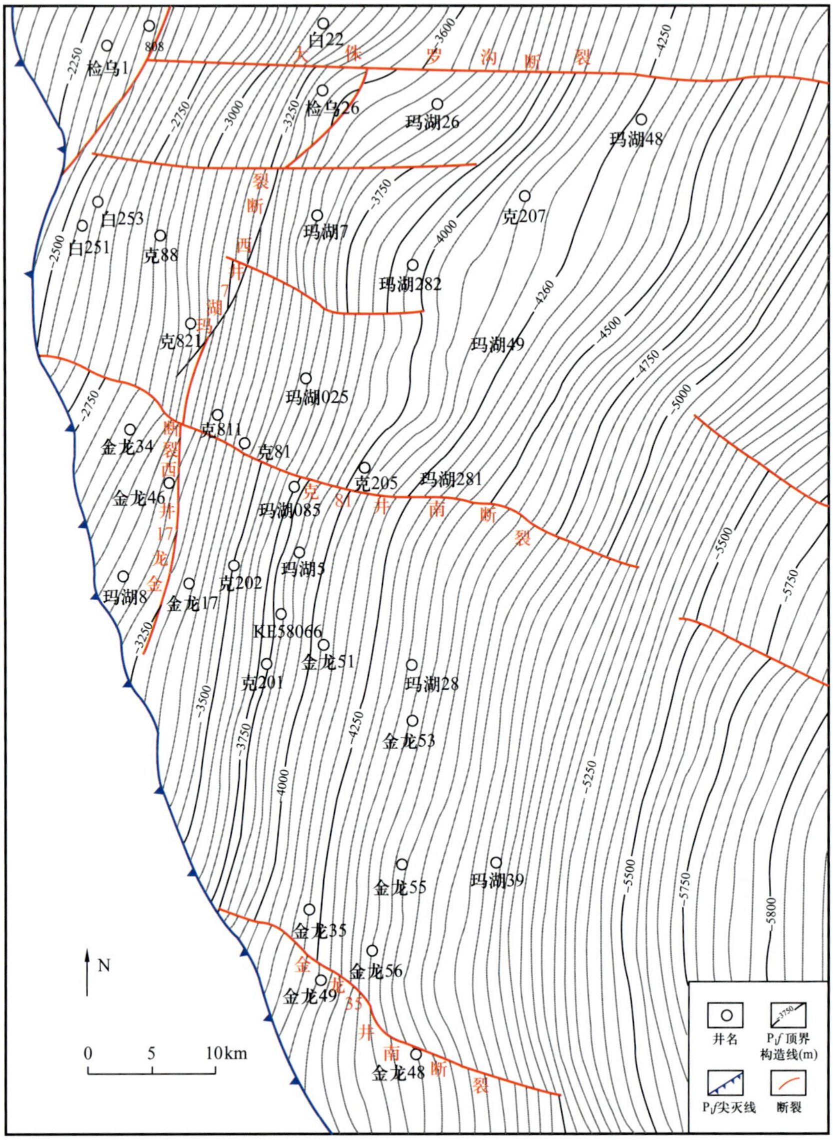

图 5-2-4 玛南斜坡风城组三段顶面构造图

玛南斜坡发育交错分布的两组断裂（图 5-2-4）。一组为北东—南西向逆断裂，其形成于海西期，印支期持续发育，走向垂直于主应力方向，主要为玛湖 7 井西断裂、金龙 17 井西断裂和金龙 35 井南断裂。其中，玛湖 7 井西断裂为北东—南西走向的逆断裂，倾向北西，断开层位为石炭系至二叠系上乌尔禾组，延伸长度 7.5km，断距 10～45m；金龙 17 井西断裂为近南—北走向的逆断裂，断开层位为石炭系至二叠系上乌尔禾组，延伸长度 11.8km，断距 10～45m；金龙 35 井南断裂为北西—南东走向的逆断裂，倾向南西，断开层位为石炭系至二叠系上乌尔禾组，延伸长度 12.8km，断距 5～30m。另一组为晚海西期—印支期形成的近东—西向走滑断裂，与边界断裂呈剪切关系，主要为大侏罗沟断裂、克 81 井南断裂。其中，大侏罗沟断裂是近东—西向走滑断裂，倾向南，断开层位为二叠系至白垩系，剖面上具有近似直立的断裂特征，延伸长度大于 31.7km，断距 5～25m；克 81 井南断裂也是近东—西向的走滑断裂，倾向南，断开层位为二叠系风城组至白垩系，延伸长度大于 26.6km，断距 5～25m（表 5-2-1）。

表 5-2-1　玛南斜坡风城组典型断裂分布要素表

断层编号	断层名称	断层性质	断开层位	目的层断距（m）	断层产状			
					走向	倾向	倾角（°）	延伸长度（km）
1	玛湖 7 井西断裂	逆	C—P$_3$w	10～45	NE—SW	北西	35～80	7.5
2	金龙 17 井西断裂	逆	C—P$_3$w	10～45	N—S	西	35～60	11.8
3	金龙 35 井南断裂	逆	C—P$_3$w	5～30	NE—SW	南西	60～75	12.8
4	大侏罗沟断裂	走滑	P$_1$f—K	5～35	E—W	南	70～85	31.7
5	克 81 井南断裂	走滑	P$_1$f—K	5～25	E—W	南	70～85	26.6

2）沉积储层特征

玛南斜坡风城组砂岩展布受玛南扇三角洲沉积体系控制。其物源由西北区向东南延伸，沉积相类型由冲积扇相逐渐向扇三角洲内前缘相、扇三角洲外前缘相和滨浅湖相过渡，扇体分布范围广。玛南斜坡风城组发育南、北两个扇三角洲沉积支扇（图 5-2-5），北部扇体厚度大于南部扇体，但延伸长度小于南部扇体。风城组二段砂体厚度 100～300m，沉积中心分别为白 22 井—检乌 26 井地区和克 88 井地区，厚度分别为大于 300m 和 250m，向凹陷南部递减（图 5-2-5a）。风城组三段砂体厚度 100～240m，在玛湖 1 井—玛湖 26 井地区和克 81 井—克 811 井地区形成两个中心，向凹陷南部递减（图 5-2-5b）。

通过玛湖凹陷顺物源和垂直物源剖面分析，扇三角洲前缘相带是优质砂体发育的有利相带。克 88 井—玛湖 398 井剖面为玛湖斜坡的顺物源方向剖面（图 5-2-6），风城组

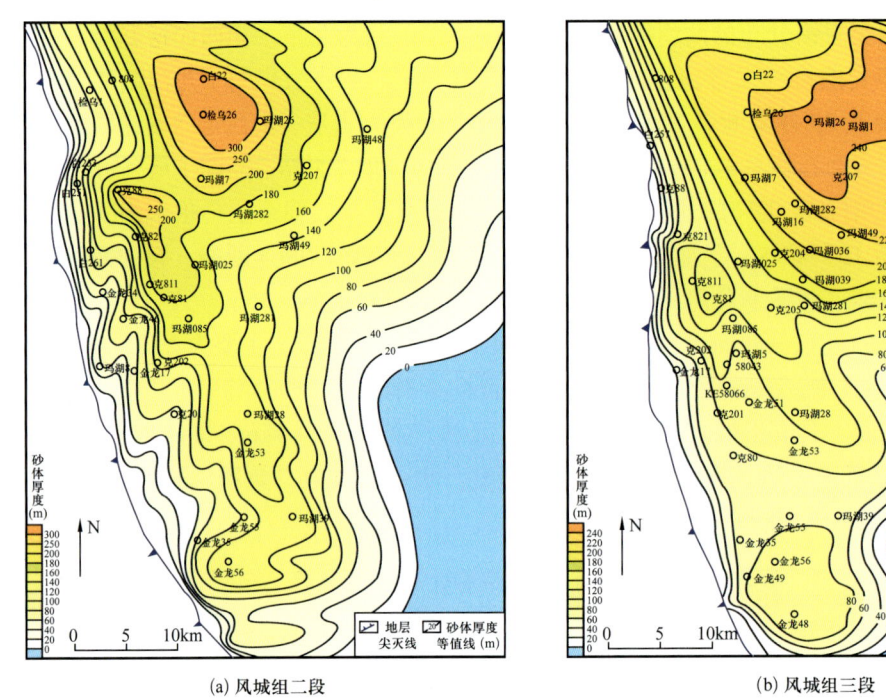

图 5-2-5 玛南斜坡砂体厚度图

二段整体上表现为湖侵退积的沉积特征，斜坡区玛湖 28 井、玛湖 39 井均发育多套叠置并逐渐超覆的砂体，岩性主要为薄层状的砂岩或含云砂岩，其中砂岩比例高，表明处于扇三角洲外前缘；克 81 井风城组二段岩性过渡为含砾砂岩和砂岩，沉积相类型主要为扇三角洲外前缘相；克 88 井垂向上发育厚层块状砂砾岩、砂岩，测井曲线近于平直，内部无明显的泥岩隔层，属于扇三角洲平原沉积；风城组三段沉积时，湖盆水体下降，剖面上前积沉积作用明显，克 88 井发育厚层扇三角洲平原砂体，但受地层剥蚀作用，地层厚度减薄；风城组三段克 81 井—金龙 51 井主要发育厚层砂砾岩，为扇三角洲内前缘沉积，玛湖 28 井至玛湖 39 井砂体结构呈砂泥互层状，但岩性为砂砾岩，仍为扇三角洲内前缘沉积。

3）储层岩性及物性特征

（1）储层岩性特征。

风城组储层粒径分布广泛，由砾级到粉砂级，岩性包括灰色、褐灰色砂砾岩、含砾中—细砂岩、含云中—细砂岩、深灰色粉砂岩、粉砂质泥岩和泥岩，其中砾石粒径一般为 2~8mm，最大砾径 16mm。

风城组三段发育厚层砂砾岩。砾岩中的砾石占比 11%~89%，平均 57.6%。其中，砾石成分以凝灰岩为主，为 29.4%，其次为安山岩、砂岩、流纹岩和英安岩，含量均约 2%。砂质成分占比 14%~84%，平均 32.8%，其中凝灰质砂岩所占比重最大，为 20.6%；其次为安山质和长石，分别为 4.8% 和 3.3%。颗粒分选性差，磨圆主要为次圆状、次棱角状和次棱角状—次圆状，主要为颗粒支撑，接触方式主要为线接触、点—线接触。填

第五章 准噶尔盆地二叠系页岩油甜点成因机理

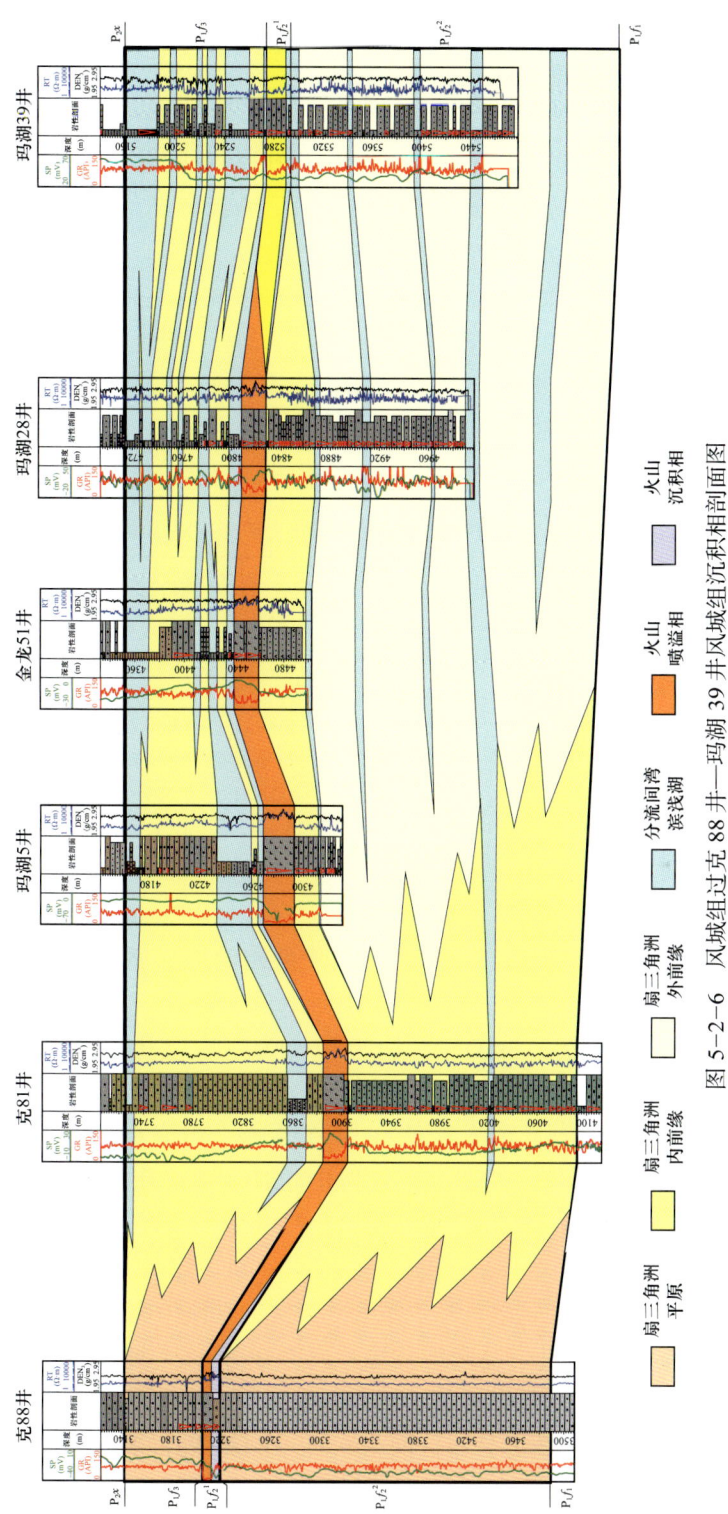

图 5-2-6 风城组过克 88 井—玛湖 39 井风城组沉积相剖面图

隙物含量2%～25%，平均7.2%，其中杂基含量约2.5%，胶结物含量为4.7%。填隙物中杂基以泥质为主，胶结物以方解石为主，还包括沸石和少量的钠长石、硅质胶结物。储层黏土矿物以无序伊/蒙混层为主（约36.5%），其次为绿/蒙混层（22.8%）和绿泥石（17.2%）(表5-2-2）。风城组二段岩性主要为长石岩屑质的中砂岩、细砂岩和粉砂岩。岩屑含量范围为20%～95%，平均57.2%，其中以凝灰质为主，平均39.8%，其次为泥质和粉砂质，含量分别为平均9.6%和7.3%，最后为极其少量的方解石、霏细岩、碳酸盐岩、铁白云石等。长石含量介于0～75%，平均为31.2%；石英含量平均1.6%。颗粒分选性为中—好，主要为次棱角状磨圆，颗粒接触方式以点接触为主，线—点接触为辅。填隙物含量平均为10.1%，其中杂基含量平均3.2%，主要为绿泥石，占87.5%，胶结物含量平均6.8%，主要为方解石、铁白云石，含量分别为2.0%和1.7%。储层中黏土矿物以伊利石为主（平均含量45.6%），其次为蒙皂石（29.2%）和伊/蒙混层（21.3%）（表5-2-2）。

表5-2-2 玛南斜坡风城组储层黏土矿物相对含量表

层位	岩性	蒙皂石（%）	伊/蒙混层（%）	伊利石（%）	高岭石（%）	绿泥石（%）	绿/蒙混层（%）
P_1f_3	砂砾岩	$\frac{0\sim74}{3.4}$	$\frac{0\sim96}{36.5}$	$\frac{0\sim60}{16.6}$	$\frac{0\sim31}{3.5}$	$\frac{0\sim74}{17.2}$	$\frac{0\sim79}{22.8}$
$P_1f_2^2$	砂岩、含云砂岩	$\frac{0\sim100}{29.2}$	$\frac{0\sim90}{21.3}$	$\frac{0\sim100}{45.6}$	$\frac{0\sim29}{2.9}$	$\frac{0\sim10}{1.0}$	0

（2）储层物性特征。

风城组三段砂砾岩和风城组二段砂岩均属于致密储层。油层段物性略优于非油层段。风城组三段储层孔隙度范围2.5%～12.4%，中值5.65%，平均为6.17%；储层渗透率范围0.01～1.84mD，中值0.03mD，平均为0.05mD。油层孔隙度范围5.1%～12.4%，中值6.94%，平均值7.5%；渗透率范围0.03～0.98mD，中值0.04mD，平均值0.07mD（图5-2-7）。风城组二段储层孔隙度范围2.6%～12.35%，中值5.35%，平均为6.02%；渗透率范围0.01～7.23mD，中值0.03mD，平均为0.06mD。油层孔隙度范围4.8%～12.35%，中值6.31%，平均值7.19%；渗透率范围0.01～7.23mD，中值0.05mD，平均值0.1mD（图5-2-7）。

风城组储层孔隙类型以粒内溶孔和粒间溶孔为主，其次为晶间孔、粒间孔、微裂缝、剩余粒间孔，以及少量粒内孔、晶间溶孔等（表5-2-3）。毛细管压力曲线表现为细歪度，分选差，具有小孔隙和细喉道特征。饱和度中值压力平均为11.25MPa，中值半径分布区间平均为0.12μm；排驱压力分布区间为0.05～4.48MPa，平均毛管半径分布区间为0.07～2.66μm。

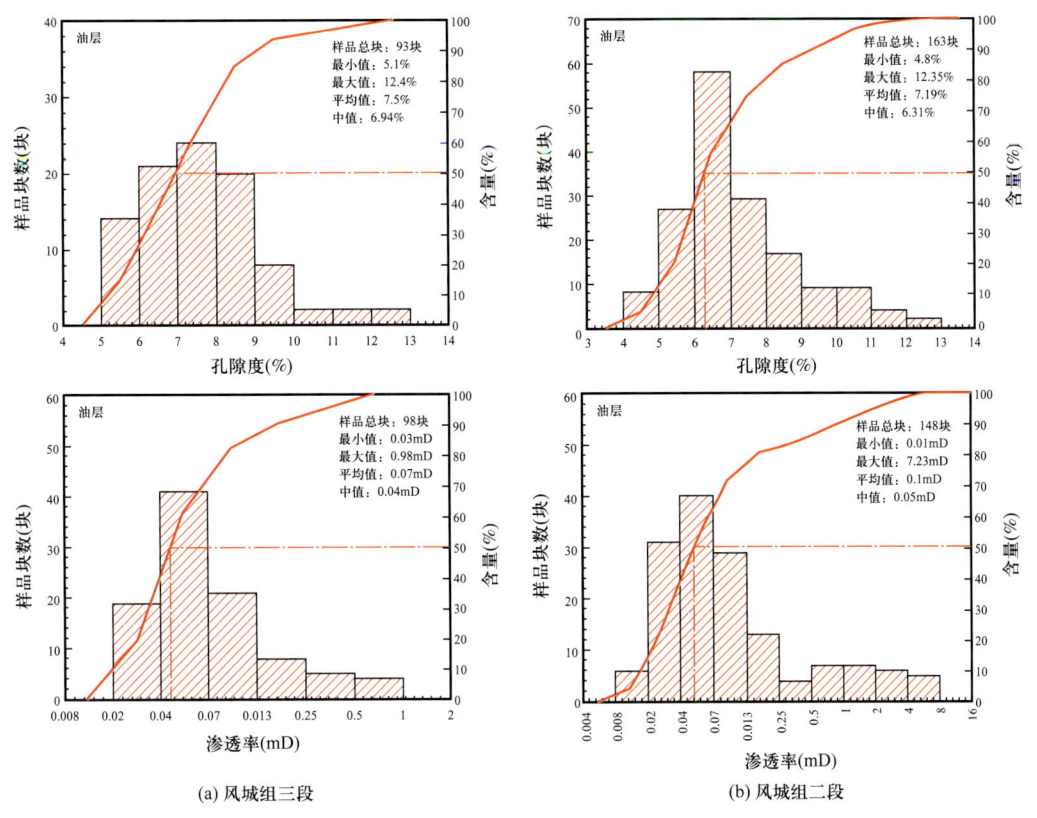

图 5-2-7　玛南斜坡风城组砂砾岩油层孔隙度、渗透率直方图

表 5-2-3　玛南斜坡风城组储层主要孔隙类型统计表

层位	岩性	粒内溶孔（%）	粒间孔（%）	微裂缝（%）	剩余粒间孔（%）	粒间溶孔（%）	晶间孔（%）
P_1f_3	砂砾岩	$\frac{0～100}{38.8}$	$\frac{0～99}{9.5}$	$\frac{0～100}{8.1}$	$\frac{0～70}{8.0}$	$\frac{0～50}{5.7}$	$\frac{0～100}{12.4}$
P_1f_2	砂岩	$\frac{0～100}{43.54}$	$\frac{0～100}{20.2}$	$\frac{0～100}{16.7}$	$\frac{0～50}{2.1}$	$\frac{0～80}{10.2}$	

4）油藏类型

玛南斜坡风城组砂砾岩油藏主要为岩性油藏和断层—岩性油藏。风城组砂砾岩油藏的封闭岩性包括扇三角洲平原亚相砂砾岩、扇三角洲前缘亚相河道间湾泥岩和前三角洲相（扇间）泥岩。扇三角洲平原亚相砂砾岩可以作为圈闭的封闭层，其多分布主槽带，靠近物源，搬运距离短，泥质含量较高，表现为杂基支撑或杂基颗粒支撑，物性相对较差，且砂砾岩经历早成岩阶段压实作用和胶结减孔作用后进入致密状态；进入中成岩阶段后，高泥质杂基含量和低结构成熟度的平原亚相砂砾岩也难以形成次生溶蚀孔隙发育的储层。扇三角洲前缘亚相河道间湾泥岩厚度稳定，与靠近凹陷中心的扇三角洲前缘亚相河道间湾泥岩和前三角洲相（扇间）泥岩，构成了风城组油藏的顶板和下倾方向遮挡

条件。其中，风城组内部湖泛泥岩作为局部有效盖层，夏子街组和下乌尔禾组泥岩为区域盖层。断层也是风城组油藏的主要遮挡层。靠近西北缘断裂带的断层断距相对较大，密集程度高，可以断开砂体连通性，形成砂岩与泥岩对接，从而起到侧向封闭和分割油气的作用，形成高点断层型油气藏。斜坡区高部位发育扇三角洲平原相和内前缘相带，其砂体厚度较大，断裂的断距大多数小于砂体厚度，不能够断开砂体厚度，主要形成岩性油气藏，仅在砂岩尖灭区形成断层—岩性圈闭；斜坡区低部位主要为扇三角洲外前缘沉积区，砂体厚度较薄，断裂断距可以切割砂体厚度，多形成断层—岩性圈闭，而不发育断层的位置发育岩性圈闭。这些圈闭呈现出纵向上叠置、平面上叠合连片的分布特征。

如风城组顺物源方向的过白254井—玛湖39井油藏剖面（图5-2-8），在靠近断裂带的高部位形成具有边底水的砾岩构造油藏，坡折断裂起到上倾遮挡作用，低部位发育层状砂岩断层—岩性油藏。油藏区风城组三段砂体为块状结构夹薄泥岩隔层，砂体纵向叠置，平面上连片发育；风城组二段以中砂岩、细砂岩及粉砂岩互层叠置而成，单井累计砂体厚度大，斜坡区由块状结构递变为互层状。垂直物源方向，过金龙49井—玛湖26井剖面（图5-2-9），向凹陷中心砂体层数、厚度均增多，含油层数也随之增多，主要纯油层和含气油藏呈现出纵向上叠置、平面上叠合连片分布的特征。

风城组不同井区油藏的压力系统、油藏饱和程度及油藏温度均存在差异，说明油藏并非是统一的压力系统和油水界面。玛南斜坡风城组不同井区油藏的压力分析表明（表5-2-4和图5-2-10），克205井区风城组三段油藏中部海拔为-4000m，油藏地层压力为58.698MPa，压力系数为1.35，油藏饱和程度为24.20%；玛湖28井区风城组三段油藏中部海拔为-4445m，油藏压力为66.476MPa，压力系数为1.39，油藏饱和程度为27.26%；克81井区风城组二段油藏中部海拔为-4315m，地层压力为68.265MPa，压力系数为1.47，油藏饱和程度为75.93%；玛湖28井区风城组二段油藏中部海拔为-4520m，油藏压力为69.626MPa，压力系数为1.42，油藏饱和程度为76.85%。这些说明井区油藏砂体并非连通，砂体之间存在断层或者泥岩封隔层，导致油藏的性质存在差异。

表5-2-4 玛南斜坡风城组不同井区油藏类型及温压特征

井区	层位	油藏类型	高点埋深（m）	油藏高度（m）	中部海拔（m）	地层压力（MPa）	饱和压力（MPa）	饱和程度（%）	压力系数	地层温度（℃）
克205井区	P_1f_3	构造岩性	3849	710	-4000	58.698	14.631	24.20	1.35	107.0
玛湖28井区		构造岩性	3955	1320	-4445	66.476	18.121	27.26	1.39	116.8
克81井区	$P_1f_2^2$	构造岩性	3576	1500	-4315	68.265	51.561	75.93	1.47	113.9
玛湖28井区		构造岩性	3575	1930	-4520	69.626	53.508	76.85	1.43	118.4

第五章 准噶尔盆地二叠系页岩油甜点成因机理

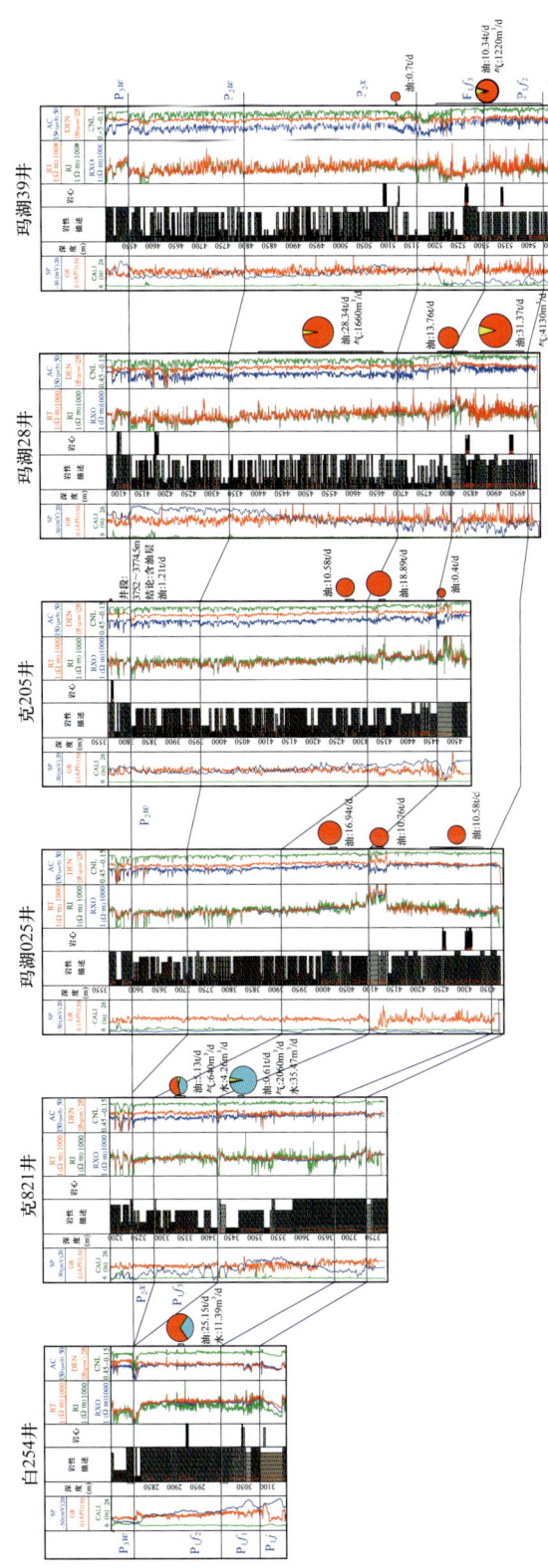

图 5-2-8 玛南斜坡风城组过白 254 井—玛湖 39 井油藏剖面图

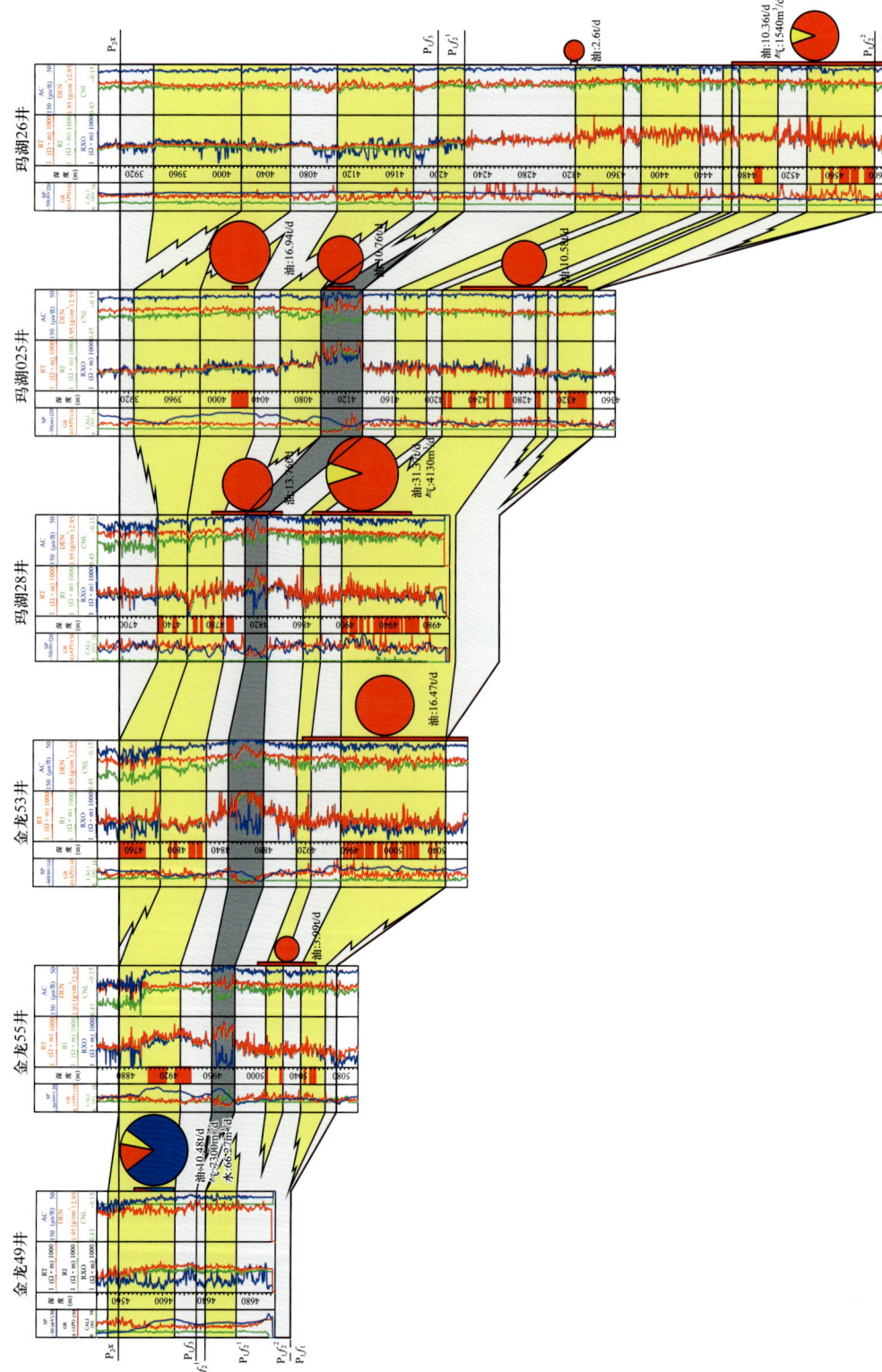

图 5-2-9 玛南斜坡风城组过金龙 49 井—玛湖 26 井油藏分布图

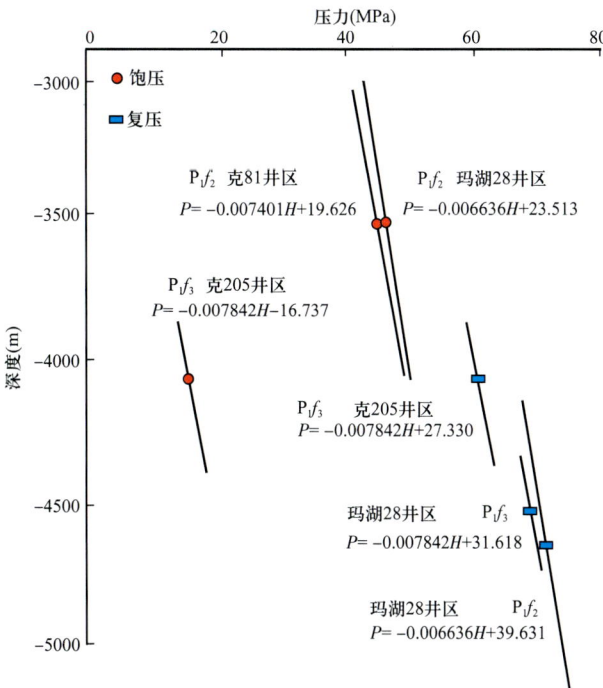

图 5-2-10　玛南斜坡风城组三段和二段油藏压力梯度图

5）油气性质

玛南斜坡区风城组油藏原油密度中等，属于轻质—中质常规油（表5-2-5）。通过地面条件下的原油性质分析：原油密度 0.8199~0.8881g/cm³，平均 0.8538g/cm³，50℃黏度 3.13~37.36mPa·s，平均 14.59mPa·s，含蜡量 3.57%~13.71%，平均 8.60%，凝固点 −10~26℃，平均 16.05℃。地层条件下，风城组三段油藏饱和压力下原油体积系数 1.235，溶解气油比 82m³/m³，原油密度 0.7423g/cm³，原油黏度 1.94mPa·s；风城组二段二砂组油藏饱和压力下原油体积系数 1.466~1.576，溶解气油比 216~257m³/m³，原油密度 0.6425~0.7101g/cm³，原油黏度 0.32~0.41mPa·s。

表 5-2-5　玛南斜坡区风城组油藏原油性质统计表

层位	计算单元	原油			
		密度（g/cm³）	50℃黏度（mPa·s）	含蜡量（%）	凝固点（℃）
P_1f_3	克205井区	0.8531	12.55	8.15	22.22
	玛湖28井区	0.8542	15.60	8.83	12.97
P_1f_2	克81井区	0.8471	11.33	4.37	−0.25
	玛湖28井区	0.8445	8.41	5.88	6.43
平　均　值		0.8497	11.97	6.81	10.34

天然气相对密度 0.5930~0.8891，平均 0.6748；甲烷含量 65.14%~93.51%，平均 85.15%；乙烷含量 2.55%~15.19%，平均 6.41%；丙烷含量 0.36%~7.03%，平均 2.40%；氮气含量 0.81%~6.31%，平均 2.91%；二氧化碳含量 0.02%~0.27%，平均 0.08%，无硫化氢。

6）试油成果及储量分布

玛南斜坡区勘探工作始于 20 世纪 50 年代。20 世纪 90 年代在二叠系风城组油气勘探持续取得进展，在克百断裂带、中拐凸起先后发现了"八区"、克 80 井区、446 井区、白 25 井区块等多个油藏。之后在斜坡区钻探的白 22 井、白 261 井、克 88 井等多口井见油气显示，表现为边底水的构造地层油藏。2014 年 8 月，克 81 井老井复查，砂砾岩及含砾砂岩储层见良好油气显示，在 3927~3995m 获得 10.15t/d 的工业油流，试油结论为纯油层。2017 年 4 月钻探的金龙 35 井（图 5-2-11a）在风城组三段砂岩 4506~4532m 获得油流 15.67t/d，天然气 8450m³/d，累计产油 206.99t。2019 年 2 月钻探的玛湖 28 井在风城组二段砂岩 4871~4962m，获得工业油流，最高油为 41.54t/d，天然气 4120m³/d（图 5-2-11b），发现了克 81 井区风城组二段砂岩油藏。亦证实了玛南斜坡风城组三类岩性（砂砾岩、砂岩、火山岩）储层具备纵向整体成藏，平面上含油叠置连片的特征（图 5-2-1）。

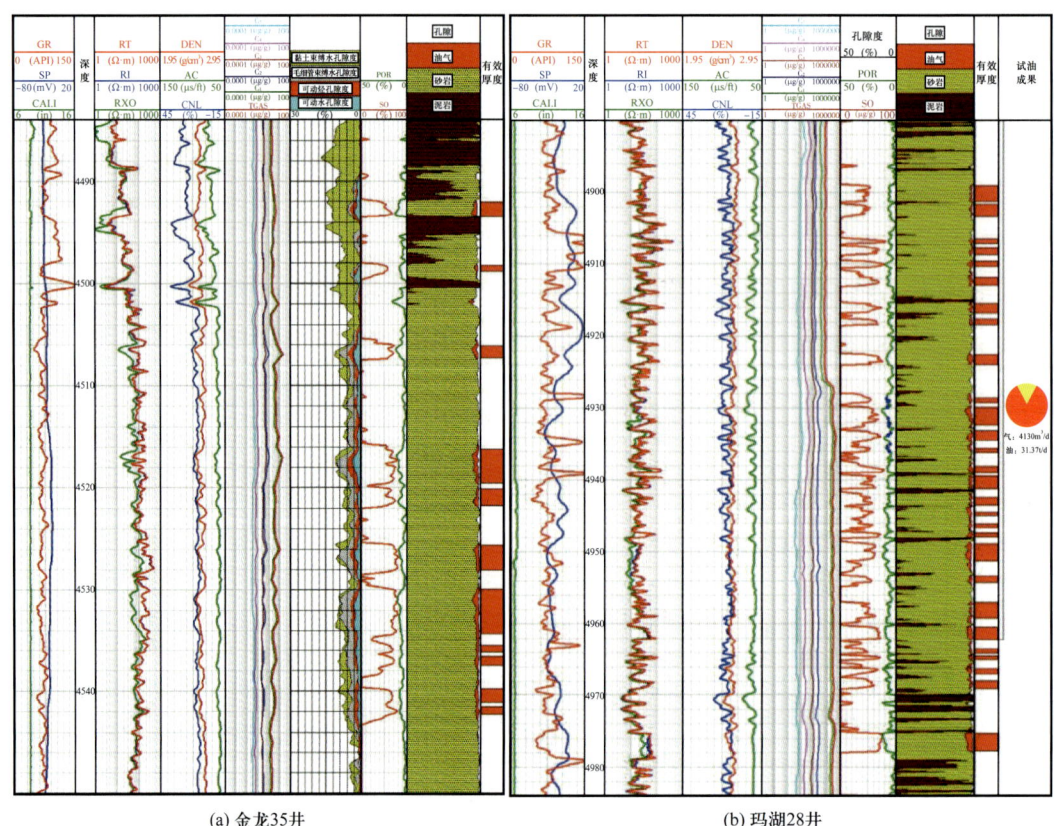

(a) 金龙35井　　　　　　　　　　　(b) 玛湖28井

图 5-2-11　金龙 35 井风城组三段和玛湖 28 井风城组二段测井解释成果图

3. 玛湖凹陷北部云质页岩油藏特征

1）含油性分布特征

（1）玛湖凹陷风城组页岩油试油分布。

玛湖凹陷西北部页岩层系试油多数为纯油层。在玛北地区的玛页1井、风南14井、玛51X井等均见到页岩整体含油的特征。通过凹陷北部风城1井—夏72井区连井剖面分析认为（图5-2-12），玛北地区风城组为云质页岩油藏，主要含油岩性为云质粉砂岩、粉砂质云岩、粉砂质泥岩、云质泥岩，表现出具有纵向整体含油、可划分多个甜点段、甜点段横向分布稳定的特征（图5-2-12）。其中，玛页1井风城组4579～4852m试油，19级压裂，获得试油产量为35.33t/d，其中16级有产油贡献，单级最高产量为5.5t/d（4636～4638m）。

（2）玛湖凹陷风城组页岩层系取心含油性分布。

玛页1井风城组取心进尺357.39m，岩心长度348.77m，呈现出取心井段整体含油（图5-2-13）。通过风城组岩心显示级别统计（表5-2-6），以油迹级显示级别最厚，厚度为184.23m，占取心井段的52.8%，其次为油斑级，厚度为149.69m，占43.3%，油浸及以上级别厚度为6.12m，荧光级厚度为0.11m。风城组一段进尺104.76m，岩心长度为104.76m，含油级别均为油迹及以上级别，其中油浸以上级别厚度为3.5m，油斑级厚度为58.59m，油迹级厚度为42.67m。风城组二段进尺209.09m，岩心长度201.12m，均为油迹及以上级别，其中油浸级厚度1.85m，油斑级厚度为80.97m，油迹级厚度为115.53m。风城组三段进尺43.54m，岩心长度42.89m，其中油浸及以上级别厚度为2.22m，油迹、油斑和荧光级厚度分别为26.03m、10.13m和0.11m。

表5-2-6　玛页1井风城组岩心含油级别统计表

层位	取心进尺（m）	岩心长度（m）	油浸及以上级别（m）	油斑级别（m）	油迹级别（m）	荧光级别（m）	未见含油显示（m）
P_1f_3	43.54	42.89	2.22	10.13	26.03	0.11	4.4
P_1f_2	209.09	201.12	1.85	80.97	115.53	0	2.77
P_1f_1	104.76	104.76	3.5	58.59	42.67	0	0

玛页1井风城组页岩岩心油浸及以上含油级别观察统计（图5-2-14），长度为7.57m，约76层（大于0.5cm），单层厚度分布范围为0.5～28cm，岩性主要为粉砂岩和云质粉砂岩，还包括碱性矿物层、泥质粉砂岩、细砂岩、粉砂质泥岩和中砂岩。通过油浸级别以上的含油厚度统计，以单层含油级别厚度为2～6cm的比例最大，占47.4%，其次为含油级别厚度10～14cm、6～10cm和小于2cm。对油浸以上含油级别的岩性分析统计，粉砂岩比例最大，占36.8%，其次为碱性矿物层，为25%。对玛页1井149.69m的油斑级含油级别岩心统计（图5-2-15），岩性主要为云质粉砂岩，占到总厚度的31.7%，其次为泥质粉砂岩，占到总厚度的28.7%；厚度范围主要分布在10～20cm之间，最高可达到45cm。

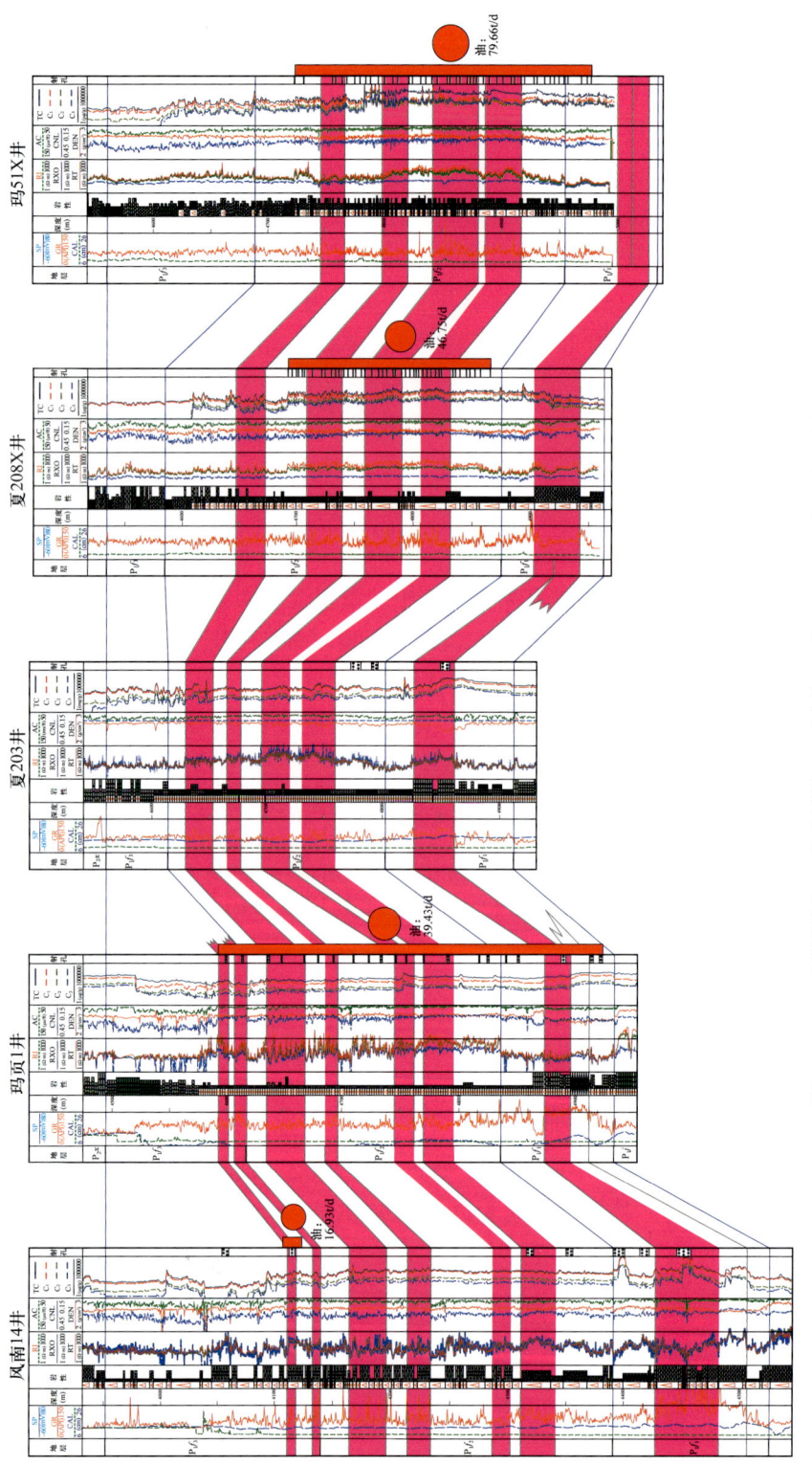

图 5-2-12 玛湖凹陷二叠系风城组过风南 14 井—玛 51X 井页岩油剖面图

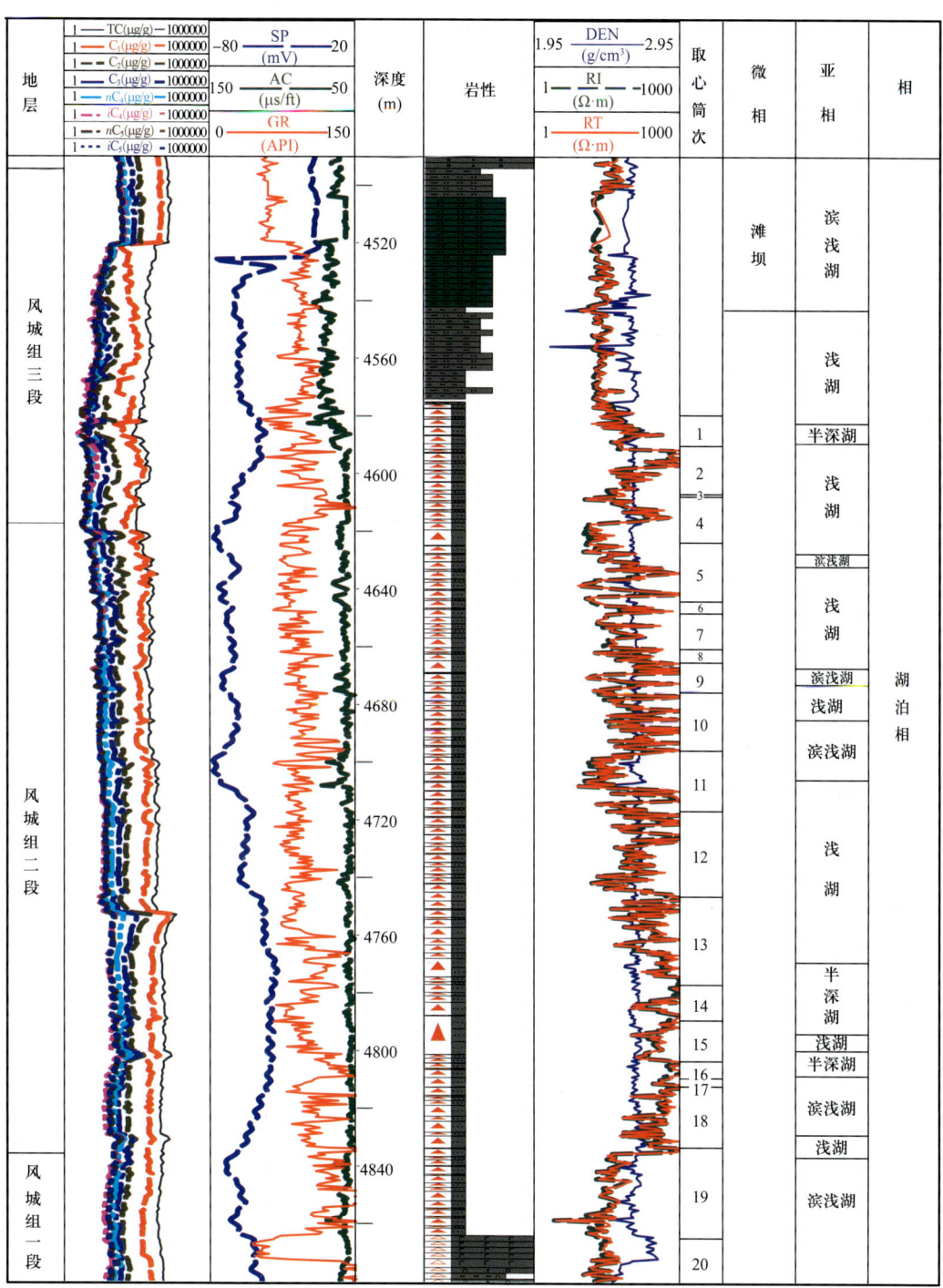

图 5-2-13 玛页 1 井风城组单井柱状图

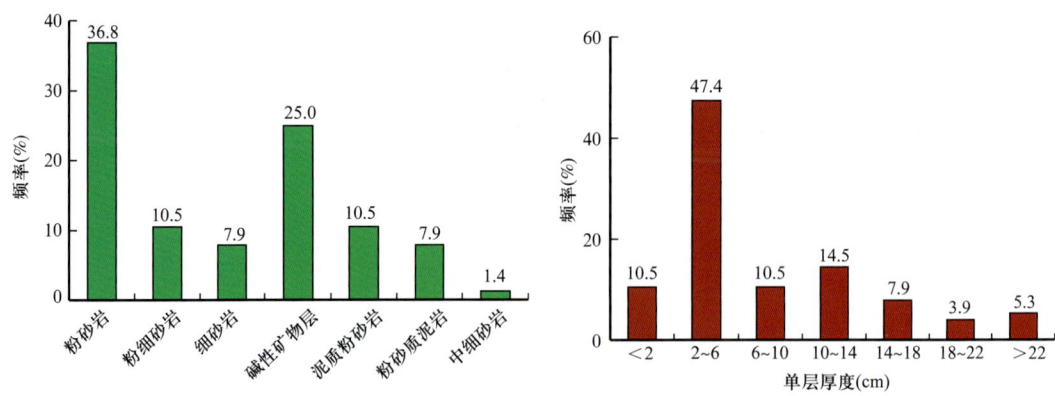

图 5-2-14 玛页 1 井风城组泥页岩岩心油浸级别及以上含油层数、单层厚度频率直方图

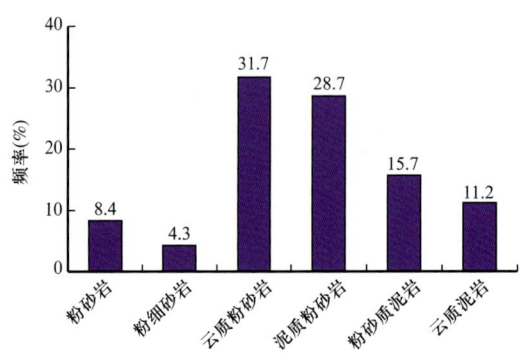

图 5-2-15 玛页 1 井风城组泥页岩岩心油斑级别岩性分布直方图

（3）玛湖凹陷不同韵律层含油性分布。

不同物源供给的沉积韵律层的含油性也存在差异（表 5-2-7）。根据沉积韵律层的供源沉积体系，分为陆源供给型韵律层，内源供给型韵律层和混合供给型韵律层。陆源供给型韵律层主要受凹陷边缘扇三角洲沉积物源的供给，主要岩性为含泥粉砂岩，岩心表现为含油级别好，为油斑及以上含油级别，但受到粉砂岩厚度控制，单层厚度较大，但整体表现为零星分布特征，主要分布于风城组三段和风城组一段。内源供给型韵律层主要为原地沉积的云质泥岩、泥质白云岩和粉砂质白云岩，以及碱性矿物层，含油性一般为油斑和油迹级别，单层厚度和累计厚度较小，主要分布在风城组二段。混合供给型韵律层为内源和陆源混合供给，岩性包括含泥云质粉砂岩、粉砂质云岩、含云泥质粉砂岩等，含油最好且纵向发育范围广，在风城组的三个层段中均有分布。

表 5-2-7 玛湖凹陷风城组不同韵律层含油性特征

韵律层类型	岩石薄片	岩心照片	岩石类型	分布规律
陆源供给型			含泥粉砂岩	含油性好，但零星分布

续表

韵律层类型	岩石薄片	岩心照片	岩石类型	分布规律
内源供给型			白云岩、泥质白云岩、粉砂质白云岩和碱性矿物层	含油性一般，但集中发育
混合供给型			含泥云质粉砂岩、云质泥岩	含油性好，且纵向发育范围广

（4）玛湖凹陷风城组页岩油甜点分布。

玛湖凹陷北部云质岩类主要为云质粉砂岩和云质泥岩，具有整体含油，甜点相对集中的特点，按照"箱体动用"思路，其纵向上划分为4个甜点体，各甜点体横向分布稳定。以玛页1井风城组为例（图5-2-16），其①号甜点体位于风城组三段，分布范围为4580~4620m，发育三个甜点，垂向厚度约40m，岩性主要为粉砂岩类，源储关系属于以邻源供烃为主；②号甜点体分布于风城组二段1层组，分布范围为4655~4695m，发育两个甜点段，垂向厚度约40m，岩性为云质泥岩类与泥质粉砂岩互层，源储关系以自生自储型为主；③号甜点体分布风城组二段2层组下部，深度为4740~4760m，发育一个甜点，厚度约20m，岩性为云质粉砂岩类，源储关系以邻源供烃为主；④号甜点体分布风城组二段3层组上部，以邻源供烃为主，深度为4770~4800m，发育两个甜点，垂向厚度约30m，岩性主要为云质粉砂岩类，源储组合以邻源供烃为主。

2）页岩油可动油分布

页岩可动油分布是研究页岩油的重要内容，地球化学方法和核磁共振方法是研究可动油的重要方法。

（1）地球化学特征。

通过风城组储层热解分析统计（$N=188$）（图5-2-17），总油（$S_0+S_{11}+S_{12}+S_{22}+S_{23}$）为2.0~5.6mg/g，可动油（$S_0+S_{11}+S_{12}$）为0.5~4.1mg/g。其中砂岩类和火山岩类（玄武岩、凝灰岩、安山岩等）的总油和可动油均为最高，总油分别为5.6mg/g、5.4mg/g，可动油为4.1mg/g、3.9mg/g；其次为砂砾岩类和泥页岩类，分别为4.4mg/g、3.4mg/g，可动油分别为2.4mg/g、1.8mg/g；纯白云岩类最低，总油和可动油分别为2.0mg/g、0.5mg/g。不可动油主要为1.0~2.6mg/g，其中以泥岩类最高，达到2.6mg/g，占到总油的59.1%。

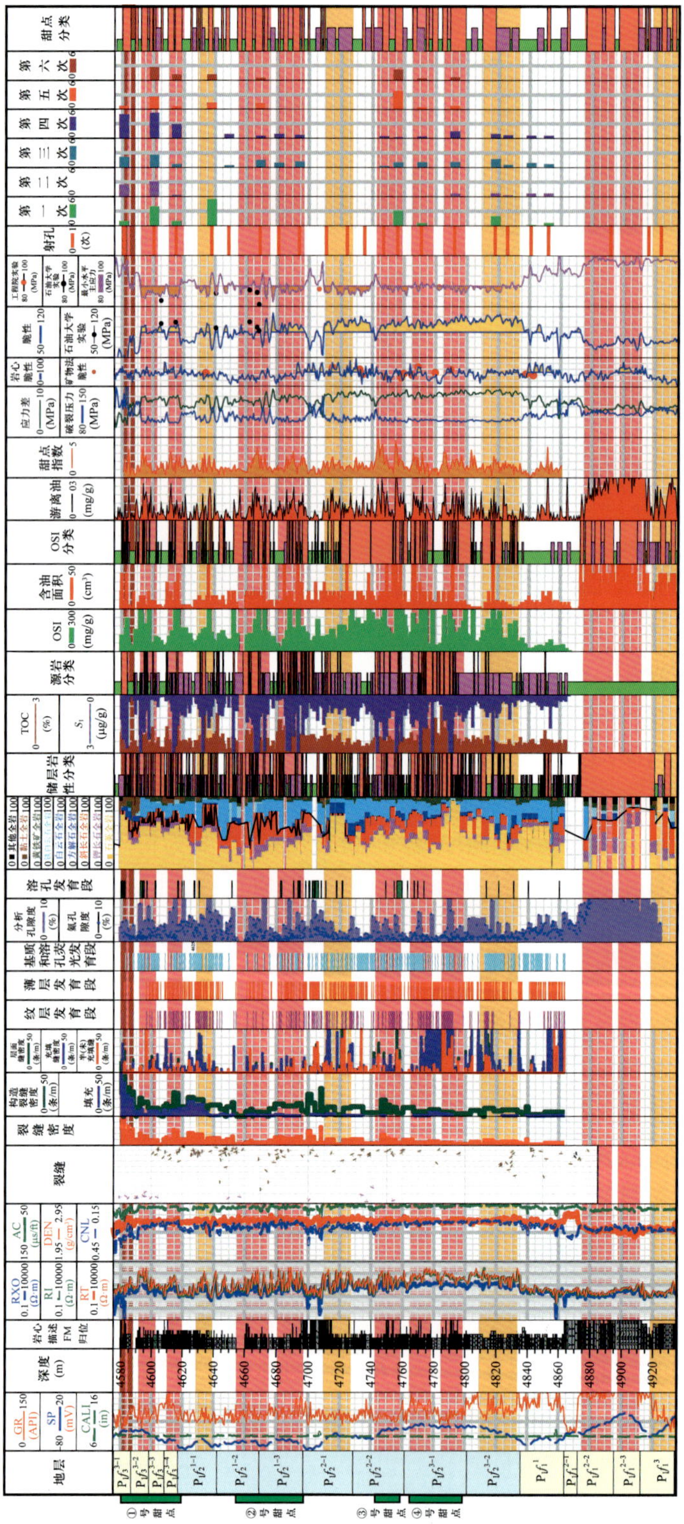

图 5-2-16 玛湖凹陷玛页 1 井风城组甜点分布柱状图

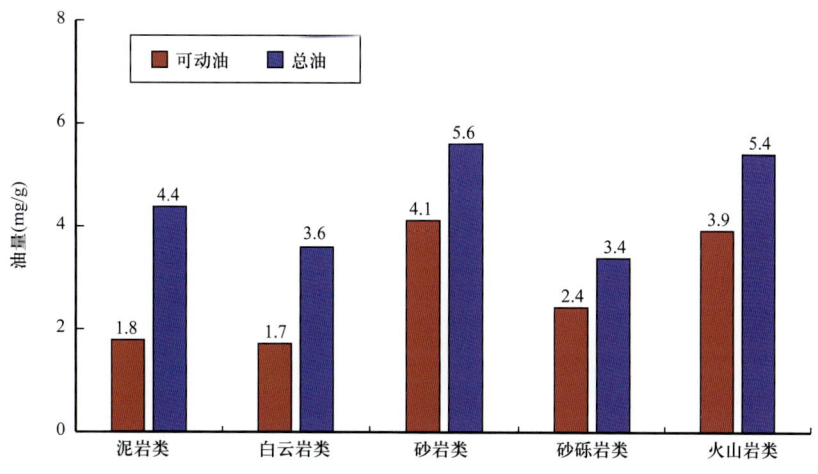

图 5-2-17 玛湖凹陷风城组储层热解参数分析统计图

按照不同组分,将泥岩类分为云质泥岩、含云泥岩、纯泥岩、灰质泥岩和粉砂质泥岩。对泥岩类储层进行热解分析(*N*=126)(图 5-2-18),总油范围为 1.3~9.3mg/g,平均为 4.59mg/g;可动油为 0.5~2.1mg/g,平均为 1.44mg/g。灰质泥岩总油最高,为 9.3mg/g,其次为云质泥岩;纯泥岩可动油含量最高,为 2.1mg/g;粉砂质泥岩可动油比例最高,达到 41.7%,灰质泥岩和云质泥岩最低,分别为 20.2% 和 21.1%。

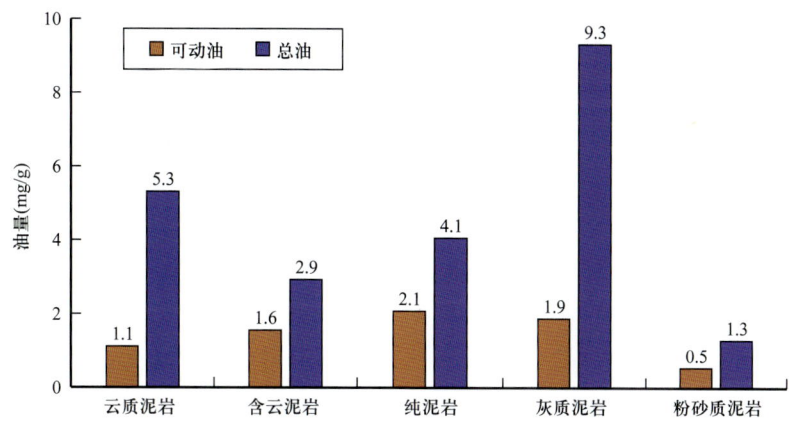

图 5-2-18 玛湖凹陷风城组泥质岩类储层热解参数分析统计图

按照岩性的不同组分,将砂岩类分为凝灰质粉砂岩,凝灰质中—细砂岩,中—细砂岩,凝灰质砂砾岩和砂砾岩。通过对风城组砂岩类储层进行热解分析统计(图 5-2-19),总油范围为 2.8~7.0mg/g,平均为 3.4mg/g;可动油为 2.0~5.2mg/g,平均为 4.74mg/g;可动油占总油比例分布为 69.3%~74.4%。总油与可动油分布相似,由高到低依次为凝灰质中—细砂岩,凝灰质粉砂岩,凝灰质砂砾岩,中—细砂岩和砂砾岩。

通过玛页 1 井泥页岩层系各射孔段试油产量与储层热解烃和总烃可动率的关系分析(图 5-2-20),试油产量与泥页岩储层热解总烃呈现微弱的负相关趋势,随着总烃的增加,试油产量表现出微弱的下降趋势,而试油产量与烃可动率(可动烃/全烃)呈现出较为明显的正相关趋势,随着烃可动率的增加,试油产量具有增加趋势,尤其当可动率超过 60% 时,产量增加明显。这些说明试油产量与可动率的相关关系好,受其控制,而与全烃的关系可能与岩性的关系更加明显。

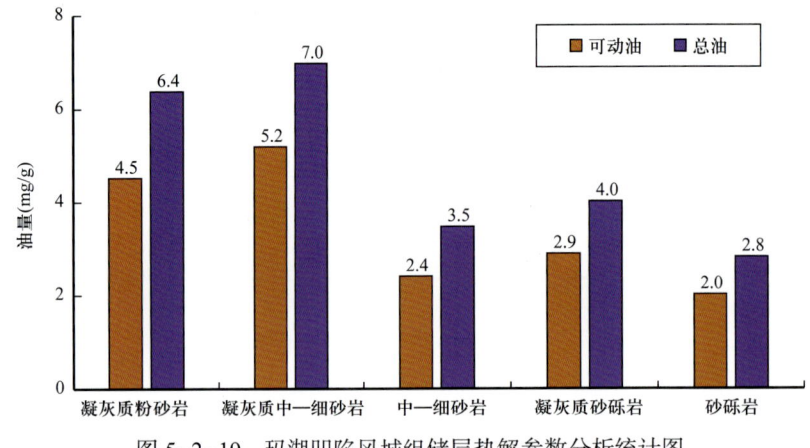

图 5-2-19 玛湖凹陷风城组储层热解参数分析统计图

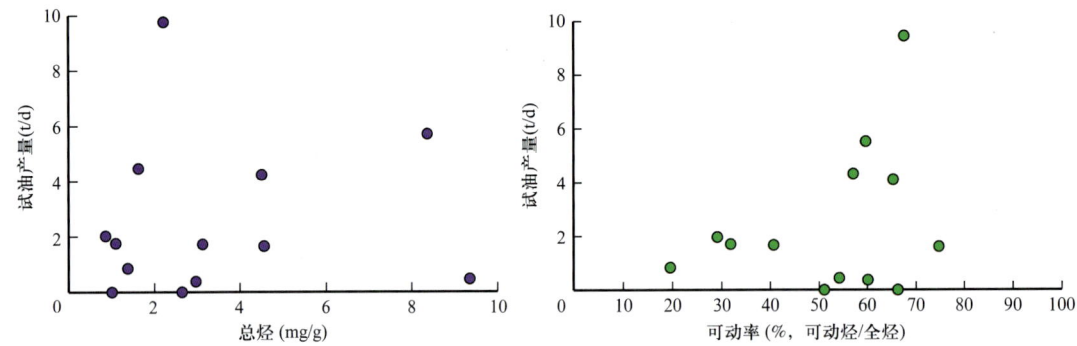

图 5-2-20 玛页 1 井风城组各射孔段试油成果与储层热解总烃、可动率交会图

（2）二维核磁共振技术。

核磁共振技术是识别地层流体含氢组分的一种无损、高效的检测手段。由于一维核磁共振技术在识别流体中存在多解性,而二维（T_1—T_2）核磁实验图谱则能够准确地判断页岩储层孔隙结构及多孔介质内的不同性质赋存流体,即通过不同孔隙流体 T_1—T_2 谱峰特征来定量分析可动流体的赋存特征。二维核磁共振实验时,检测横向弛豫时间（T_2）仅需几分钟,检测纵向弛豫时间（T_1）较长,一般几十分钟,检测时间的长短也受化合物性质、所处多孔介质孔隙空间结构及温度等多种因素影响。页岩二维核磁共振检测过程中,含 ^{1}H 的有机质具有较高的 T_1,而含 ^{1}H 无机质（主要为水）具有较低的 T_1。T_2 与含 ^{1}H 化合物的黏度、流动性等性质呈正相关关系,T_2 值越大,其黏度越低,流动性越好。因此黏度大、结构致密的有机质或重质烃类的 T_2 值较低（T_1/T_2 较高）,而黏度低、流动性较好的轻质烃类 T_2 值较大（T_1/T_2 较低,水信号分布区间的 T_1/T_2 约为 1）。干燥页岩和饱和水页岩分别进行 T_1—T_2 测试,获得的水和有机物质的不同信号响应如图 5-2-21 所示。

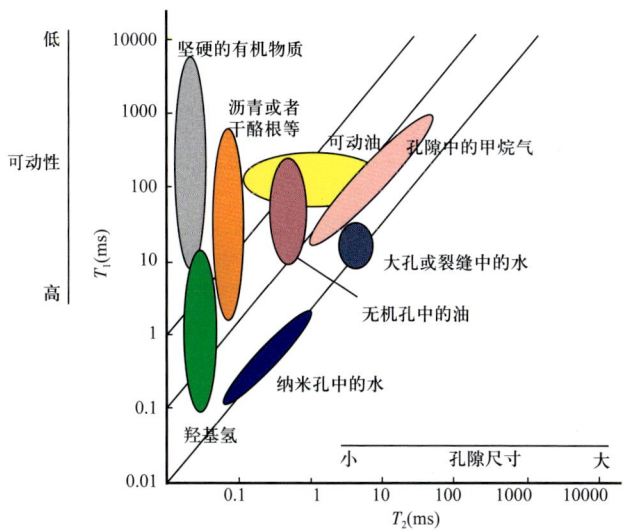

图 5-2-21　页岩孔隙流体和其他组成的核磁信号在 T_1—T_2 谱上的分布（据王琨等，2020）

本次用二维核磁岩心共振测试技术判识风城组页岩储层孔隙流体的赋存状态（表 5-2-8）。云质页岩相粒间溶孔与白云石晶间孔发育（T_2 为 0.7～100ms），孔隙流体以吸附油与吸附水为主（T_1/T_2 为 10～100），游离油与可动水信号弱，油水信号部分重叠。云质页岩相 T_1—T_2 谱包含孔隙中残余油水，沥青、固体干酪根、半固体有机质与孔隙内吸附水三个谱峰信号。砂质页岩—含云粉砂岩相、含碱矿白云岩—泥质粉砂岩相与硅化白云岩—云质粉砂岩相中孔、中大孔（T_2 为 50～700ms）发育，孔隙流体以游离油、吸附油与吸附水为主（T_1/T_2 为 10～100）。砂质页岩—含云粉砂岩相 T_1—T_2 谱包含孔隙残余游离油，残余可动水与沥青、固体干酪根、半固体有机质三个谱峰信号。含碱矿白云岩—泥质粉砂岩相与硅化白云岩—云质粉砂岩相 T_1—T_2 谱包含孔隙中残余可动油与残余吸附油两个谱峰信号。

实验结果表明，风城组不同岩相孔隙流体的二维核磁响应特征存在差异，孔喉结构影响页岩油微观赋存状态。不同岩相类型中沥青、固体干酪根、半固体有机质具有高 T_1/T_2 比值峰的特征（T_1/T_2 大于 100），残余游离油具有横向弛豫时间长、T_1/T_2 谱峰比值中等的特征（T_1/T_2 为 10～100），残余游离水具有横向弛豫时间较短、T_1/T_2 谱峰比值低的特征（T_1/T_2 为 1～10）。其中风城组云质页岩相中孔隙流体以吸附油与吸附水为主，砂质页岩—含云粉砂岩相、含碱矿白云岩—泥质粉砂岩相与硅化白云岩—云质粉砂岩相中孔隙流体以游离油、吸附油与吸附水为主。

3）页岩油流体性质

玛湖凹陷风城组页岩油整体上密度相对较轻，流度相对较低，试油过程中普遍见到原油伴生气。通过风城组页岩油原油物性统计（表 5-2-9 和图 5-2-22），原油密度为 0.847～0.926g/cm³，平均为 0.888g/cm³，黏度（50℃）为 5.5～552.12mPa·s，平均为 93.9mPa·s，凝固点为 −23～60℃，平均为 4.32℃，含蜡量为 2.19%～12.38%，平均为 5.96%。北部云质页岩 23 套射孔层段中，产油量为 0.23～49.31t/d，其中，7 套层系伴随有气产量，为 $0.07 \times 10^4 \sim 3.32 \times 10^4 m^3$，16 套层系在中途测试、放喷或油管中可见到少量气体。由于凹陷烃源岩热演化、构造带、岩相分布的控制，不同位置、不同岩性的原油性质存在差异。南部斜坡区原油密度为 $0.796 \sim 0.892 g/cm^3$，平均为 $0.85 g/cm^3$，黏度为 $2.1 \sim 45.8 mPa·s$，平均为 $11.9 mPa·s$。即南部斜坡区砂砾岩原油性质要轻于北部云质页岩油（表 5-2-9 和图 5-2-22）。

表 5-2-8　玛湖凹陷风城组不同岩相孔隙流体核磁响应特征（据杨智峰等，2021）

岩相类型	岩心特征	实验样品概貌—显微薄片分析	二维（T_1，T_2）
云质页岩相	孔隙度为 0.53%，渗透率为 0.0018mD	连续纹层结构，斑点状白云石，储层非常致密，油迹显示	4590.5m
砂质页岩—含云粉砂岩相	孔隙度为 11.94%，渗透率为 0.0097mD	纹层不发育，云质粉砂岩，储层物性较好，油浸显示	4634.37m
含碱矿白云岩—泥质粉砂岩相	孔隙度为 1.74%，渗透率为 0.0068mD	连续纹层结构，硅硼钠石与白云石顺层分布，储层致密，油斑显示	4706.5m
硅化白云岩—云质粉砂岩相	孔隙度为 1.74%，渗透率为 0.0013mD	纹层不发育，粉砂岩呈条带状分布，储层非常致密，油迹显示	4674.81m

表 5-2-9　玛湖凹陷南部砂砾岩和北部云质页岩原油性质统计表

地区	密度（g/cm³）			黏度（mPa·s）		
	最小值	最大值	平均值	最小值	最大值	平均值
北部（泥质岩类）	0.847	0.926	0.888	5.5	552.1	93.9
南部（砂砾岩类）	0.796	0.892	0.85	2.1	45.8	11.9

风城组高密度原油具有轻微降解的特点。风南 4 井区风城组云质页岩射孔层段为 $4388 \sim 4402 m$，原油密度为 $0.9094 g/cm^3$，凝固点为 12℃，$\delta^{13}C$ 值为 30.04‰，姥植比（Pr/Ph）值为 0.79。东南部夏 72 井埋深为 $4808 \sim 4862 m$ 的风城组一段火山岩油藏，原油密度为

0.8391g/cm³，凝固点为 5℃，$\delta^{13}C$ 值为 30.32‰，姥植比（Pr/Ph）值为 0.86。两者的原油碳同位素组成及姥植比特征均表明原油来源于风城组，但反映出高成熟、受轻微降解的原油特征。

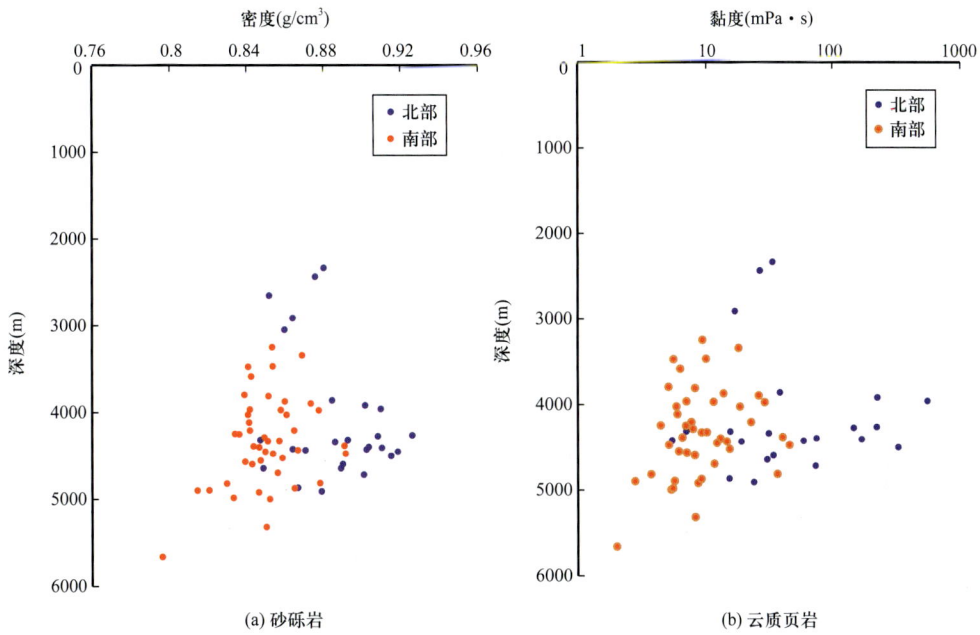

图 5-2-22 玛湖凹陷南部砂砾岩和北部云质页岩原油物性随深度变化交会图

以资料较全的风城 1 井为例，纵向上原油密度及其生物标志物（以甾烷异构化指数、Ts/Tm 为主要参考）特征反映存在低成熟—成熟—高成熟各演化阶段形成的产物（图 5-2-23），其中埋深为 3119～3143m 原油 $C_{29}20S/(20S+20R)$ 值为 0.37，$C_{29}\alpha\beta\beta/(\alpha\beta\beta+\alpha\alpha\alpha)$ 值为 0.41，为低成熟原油；埋深为 3960～3976m 原油 $C_{29}20S/(20S+20R)$ 值为 0.47，$C_{29}\alpha\beta\beta/(\alpha\beta\beta+\alpha\alpha\alpha)$ 值为 0.53，为成熟原油；埋深为 4193.93～4272.18m 原油 $C_{29}20S/(20S+20R)$ 值为 0.53，$C_{29}\alpha\beta\beta/(\alpha\beta\beta+\alpha\alpha\alpha)$ 值为 0.55，为高成熟原油，均源于风城组，除受到热演化的影响之外，还受到生烃母质差异的影响，因此生物标志物特征有差异。总体表现为不同热演化阶段油气连续充注。

二、玛湖凹陷风城组致密油—页岩油成藏模式

1. 风城组页岩油成藏动力

前人研究认为，准噶尔盆地玛湖凹陷的超压来源主要为泥岩不均衡压实、构造挤压和生烃作用（李忠权等，2001；冯冲等，2014）。本书认为二叠系风城组烃源岩生烃膨胀作用形成的超压是玛湖凹陷风城组致密油—页岩油运移的主要动力。

1）不均衡压实超压地质响应不明确、形成条件亦不充分

（1）没有作为存在不均衡压实作用主要证据的高孔隙度异常。

存在泥岩不均衡压实作用的主要证据是大量保存的原生孔隙及异常增大的孔隙度，

在测井曲线上通常表现为声波时差，尤其是反映岩石体积属性的密度测井曲线将显著偏离正常压实趋势。结合玛湖凹陷重点探井泥岩压实剖面，超压段泥岩的密度测井曲线并无显著偏离正常压实趋势的现象，而表现为声波测井曲线和密度测井曲线的不同步反转。

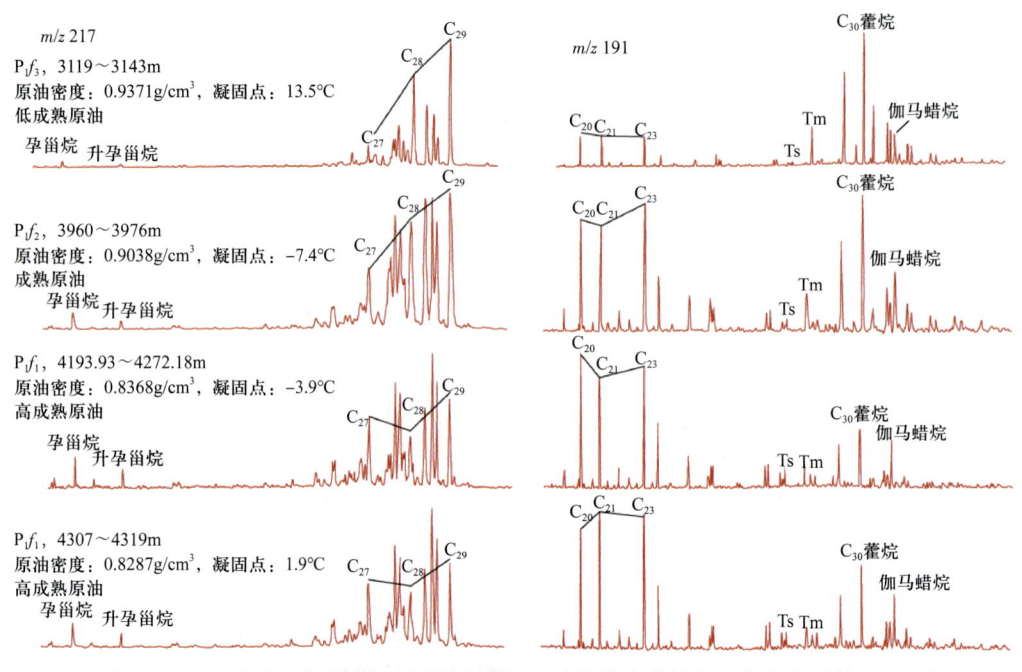

图 5-2-23　风城 1 井风城组不同深度原油地球化学参数特征（据支东明等，2021）

就超压段的储层而言，玛湖凹陷三叠系百口泉组及二叠系上、下乌尔禾组储层物性差，为低渗透致密储层，而且次生孔隙占有较大比例，反映储层超压同样与不均衡压实无关。原因是，若储层超压来源于泥岩的不均衡压实，则储层超压理应形成较早，在此情况下，超压对储层保存有利，从而使得储层原生孔隙得以大量保存下来。

（2）基于不均衡压实理论的超压预测结果与实际资料不符。

目前常用的平衡深度法等压力预测方法多基于相应的超压成因理论，如平衡深度法就是基于不均衡压实超压成因理论。反过来，可以根据超压预测结果的准确性验证其所依据的超压成因的可行性。徐宝荣等（2015）应用平衡深度法、伊顿法、Fillippone 公式法等对玛南斜坡区二叠系和三叠系超压进行了预测，预测结果反映平衡深度法预测的压力系数与实测压力系数误差最大，尤其是在上三叠统白碱滩组以下主要超压分布层系，二者误差最大。这一预测结果间接说明玛湖凹陷超压形成与分布可能与不均衡压实无关。

（3）不均衡压实作用产生的沉积沉降条件不充分。

不均衡压实成因超压通常形成于沉积沉降快的中—新生代特别是新生代细粒沉积物中。事实上，玛湖凹陷的沉积速率并不高，其中心部位玛湖 3 井沉积速率为 50～170m/Ma（冯冲等，2014），凹陷斜坡及边缘沉积速率更低，明显低于莺歌海盆地、渤海湾盆地（张启明等，2000）等新生代盆地的沉积速率。而即使是在这些高沉积速率盆地，近年来的实证法分析结果也表明其超压并非完全由不均衡压实作用导致，甚至完全不是不均衡压实成因超压。

2）构造挤压与超压强度分布不匹配

构造挤压形成的侧向加载也是一种重要的增压机制。综合分析表明，尽管玛湖凹陷所在的准噶尔盆地西北缘地区存在较强的构造挤压，但玛湖凹陷源上砾岩大油区百口泉组及上、下乌尔禾组储层超压由构造挤压成因超压传导的可能性亦很小，证据是，该凹陷区实测压力系数分布规律与构造挤压强度分布趋势恰恰相反，即构造挤压最强的地区压力系数反而最低。构造挤压强度在西北缘断裂带最强，由西北缘断裂带向玛湖凹陷边缘、斜坡区逐渐减弱，玛湖凹陷中心构造挤压最弱。但主力产油层三叠系百口泉组压力系数由西北缘断裂带及玛湖凹陷边缘向玛湖凹陷中心逐渐增大，如斜坡边缘玛湖 2 井压力系数为 1.35，斜坡区玛湖 1 井压力系数为 1.53，凹陷中部玛 18 井压力系数大于 1.6，与区域上构造挤压强度变化趋势刚好相反。

3）超压与生烃作用关系密切

尽管由于钻遇井少而无法直接分析玛湖凹陷主力烃源岩二叠系风城组的超压成因，但对源上三叠系百口泉组及二叠系上、下乌尔禾组储层超压与二叠系下乌尔禾组特别是风城组主力烃源岩二者关系的分析发现，目前源上地层所发现的超压与主力烃源岩有着十分密切的联系。主要表现在以下三方面：

（1）超压发育深度与烃源岩大量生排烃深度一致。

玛湖凹陷主力烃源岩位于下二叠统风城组，局部中二叠统下乌尔禾组也具有一定生烃潜力。风城组烃源岩埋深普遍大于 1000m，最大可达 4000m。百口泉组储层超压顶面位于埋深 3000m 左右，因此其对应的风城组烃源岩埋深应大于 4000m。烃源岩成熟度剖面显示，埋深 4000m 左右对应的风城组烃源岩镜质组反射率 R_o 大于 0.8%（图 5-2-24），表明风城组烃源岩已经处于成熟大量生烃阶段。

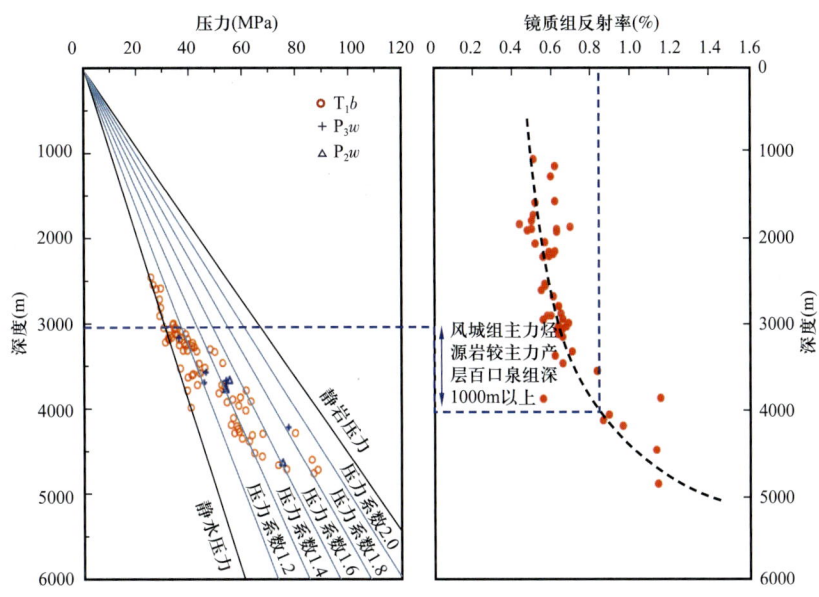

图 5-2-24 玛湖凹陷超压顶界面与烃源岩成熟度对比图

进一步分析表明，埋深4000m是研究区烃源岩生烃的高峰深度（图5-2-25），自此向下，风城组及下乌尔禾组烃源岩总有机碳（TOC）、生烃潜量（S_1+S_2）及游离烃含量与生烃潜量比值[$S_1/(S_1+S_2)$]开始降低，说明超压与烃源岩大量生烃可能存在密切联系。

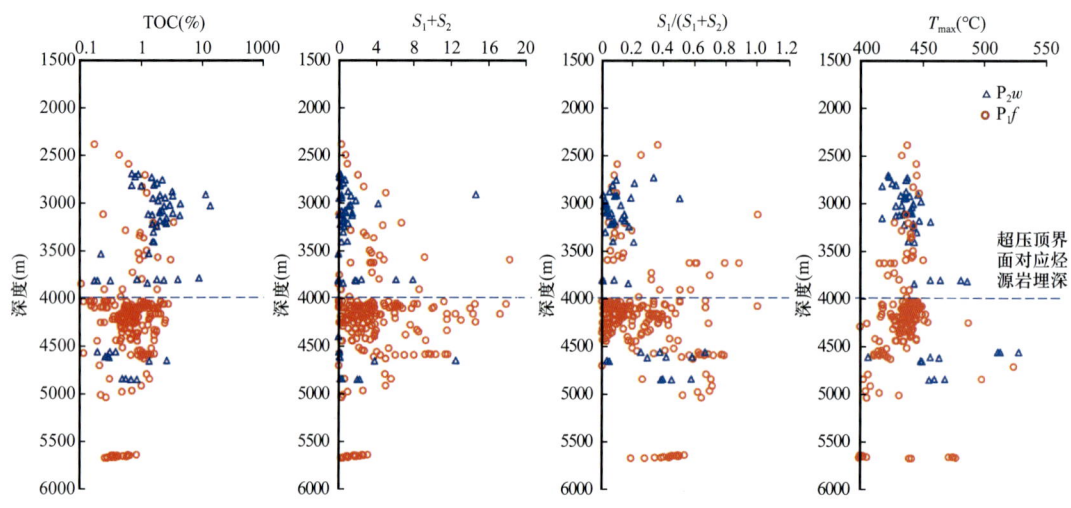

图5-2-25　玛湖凹陷烃源岩地球化学剖面及超压顶界面深度

（2）超压强度主要受烃源岩成熟度控制。

通过对玛湖凹陷超压分布与风城组烃源岩厚度和成熟度关系的分析发现，后者特别是烃源岩成熟度与超压关系十分密切。即随着烃源岩成熟度增加，地层压力系数也增加。需要说明的是，尽管目前尚未获得凹陷内部及中心区风城组烃源岩大量的实测成熟度资料，但由于玛湖凹陷油气主要沿断层垂向运移，运移距离较短（一般2000m左右），运移分馏效应小，因此原油密度等参数可以间接反映烃源岩的成熟度。对原油密度与压力系数相关性分析表明，两者呈明显负相关关系（图5-2-26），进一步证明超压大小与烃源岩成熟度密切相关。

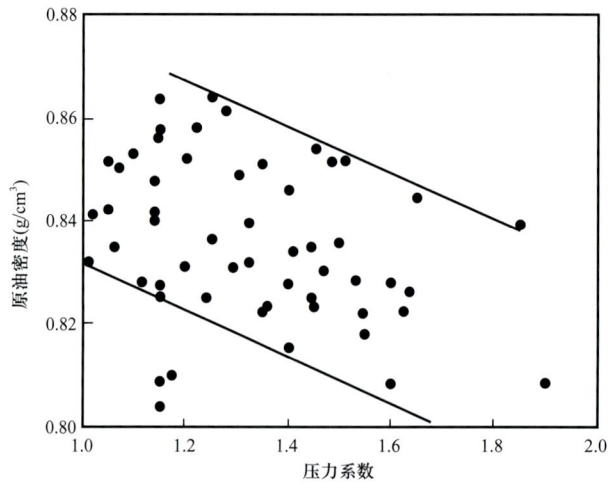

图5-2-26　玛湖凹陷压力系数与原油密度相关性图

（3）超压分布与主成藏期通源断裂分布密切相关。

玛湖凹陷发育三期三种断层，分别为海西期—印支期逆断层、印支期—喜马拉雅期走滑断层和中燕山期正断层（吴孔友等，2017），其中海西期—印支期逆断层主要控制古凸起和台阶展布，主要断开层位为石炭系—三叠系，是油气垂向运移的重要通道之一，主要分布在盆地西北缘逆冲断裂带和夏盐凸起、达巴松凸起（支东明等，2018；唐勇等，2019）。受盆缘山前海西期—喜马拉雅期，尤其是印支期—喜马拉雅期逆冲推覆作用影响，玛湖凹陷发育一系列具有调节性质，近东西向、北西—南东向的走滑断层（支东明等，2018）。这些走滑断层断距不大，断面陡倾，大多断开二叠系—三叠系百口泉组；断裂数量较多，平面上成排、成带发育，与主断裂相伴生，为风城组油气运移提供了良好的运移通道（支东明，2016；支东明等，2018；雷德文等，2017；瞿建华等，2019）。

对玛湖凹陷不同类型断层及其相关油气藏压力系统的详细分析表明，超压分布与印支期—喜马拉雅期形成的近东西向、北西—南东向展布走滑断层分布关系十分密切（图5-2-27），反映这类断层可能不仅是风城组油气垂向运移进入上、下乌尔禾组、百口泉组储层的主要输导通道，还是风城组烃源岩生烃增压的垂向传导通道，亦是生烃增压作为油气沿断层垂向运移之主要驱动力的重要体现。海西期—印支期逆断层主要分布在盆地西北缘逆冲断裂带，主要控制古凸起和台阶展布，相关油气藏及圈闭主要发育常压，但在凹陷区相关油气藏也发育超压，说明该期断层同样是重要的与油气运移密切相关的压力传导通道。

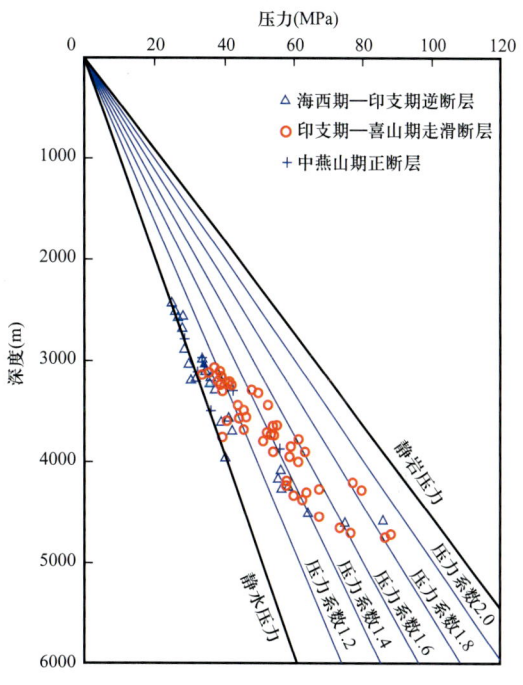

图5-2-27 不同类型断裂相关油气藏压力系统特征

根据以上分析可以基本确定，玛湖凹陷超压应来源于烃源岩的生烃作用，而非不均衡压实或构造挤压。由于生烃作用一般发生在烃源岩埋深较大的成岩作用中晚期，明显晚于不均衡压实作用发生的时间，因此发育生烃来源超压的地层，无论是储层还是泥岩，其一般都经历了较充分的压实过程，因而超压段通常不会出现明显的孔隙度异常增大，除非发生溶蚀作用或者因压力传导形成超压的地层尚处于成岩较早时期。

2. 致密油—页岩油成藏过程

受盆地基底沉降及西北缘造山带的推覆作用影响，风城组早期碱湖沉积中心位于乌夏断裂带的乌尔禾地区。在二叠纪沉积末期，风城组烃源岩主体区最早进入到生烃门限，少量的低熟重质油生成并排出，砂砾岩储层和泥页岩储层孔隙度相对较大，主要分布在生烃凹陷中心地区（乌尔禾地区），形成局部分布的油藏。三叠纪构造沉降及沉积变化相对缓慢，烃源岩成熟度随地层埋深增大，凹陷主体进入低成熟—成熟演化阶段，尤其晚三叠世—早侏罗世大量的成熟油生成，原油在满足自身需求后向外排出，油质主要为中—轻质油。储层进入到中成岩阶段，砂砾岩储层孔隙主体小于12%，泥页岩储层孔隙整体上小于6%，形成风城组及上部多层系油藏。自中—晚三叠世，由于烃源岩长期生排烃，沉积作用持续进行，风城组在生烃增压作用下开始出现剩余压力，这部分剩余压力的出现加速源内生成烃类的排出，形成了晚三叠世—早侏罗世的成熟油排油高峰。至早侏罗世，受到盆地南降北升的跷倾运动影响，玛湖凹陷主体埋深变化不大，成熟度上升缓慢，凹陷中心演化程度最高，已进入成熟演化阶段，此时期以生成成熟油为主，在凹陷周缘因埋藏相对较浅，也有一些相对低成熟度的原油（图5-2-28）。

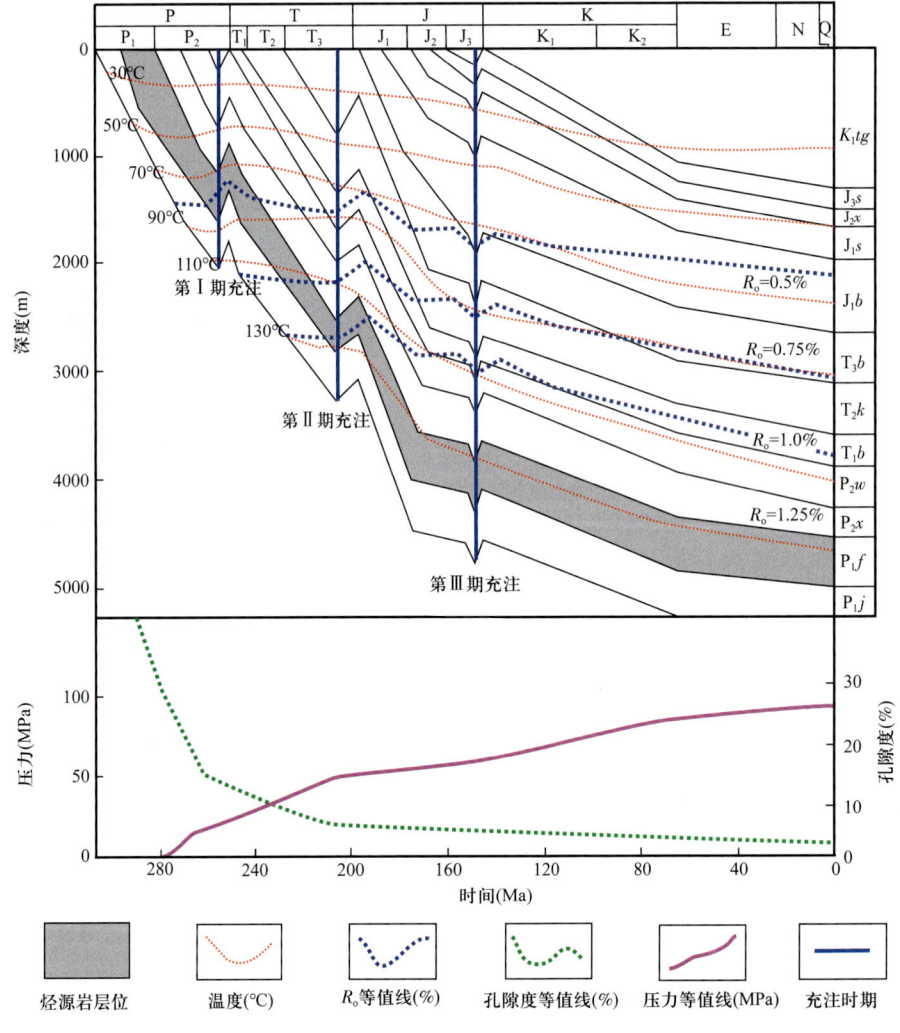

图 5-2-28 玛湖凹陷风城组凹陷中心成藏条件变化耦合图

总之，风城组连续的有机质热演化形成充足的油源，决定了油气类型的多样性，排出的烃类能够形成源外的常规油藏，致密的粗碎屑储层中不同热演化阶段的原油充注可形成连续分布的致密油，而源岩层系内存在的中高成熟阶段细粒致密储层中的原位聚集可以形成规模页岩油。

3. 致密油—页岩油成藏模式

玛湖凹陷风城组烃源岩与储层的岩性、组合关系复杂，形成了多种类型的油气藏，包括各类常规、非常规类型。这些油藏的纵横向分布主要受源储时空配置关系及构造与岩相的控制，在空间上呈现有序分布特征，也决定了其成藏模式的多样性。基于烃源岩与储层的空间（纵向和横向）关系，结合岩性、储层孔隙类型、运移特征及油藏特征，分为源储一体型（A）、源储相邻型（B）和源储分离型（C）的三种类型致密油—页岩油成藏模式（图5-2-29）。

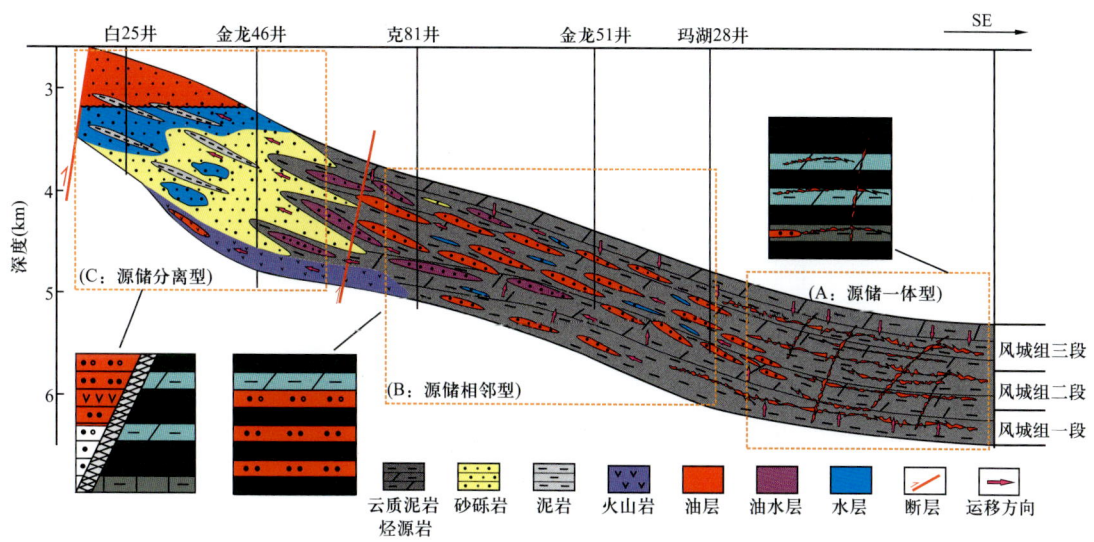

图 5-2-29 玛湖凹陷不同类型油藏成藏模式图

1）源储一体页岩油成藏模式

这类油藏强调源内自生自储的源储组合关系，主要分布在玛湖凹陷斜坡区和生烃中心区。风城组发育超厚的云质页岩层系，长英质页岩、云质粉—细砂岩储集性能最优，生烃能力相对较弱；与生烃、储油能力均中等的云质页岩相结合，构成了源储一体型的成藏组合。由于沉积物源及水动力的差异，层理缝和纹层特征相对发育。烃源岩生烃膨胀产生异常压力，原油在源储压差的驱动下在页岩层系中运移，大面积分布于页岩层系中，并形成页岩整体含油、局部富集的分布特征。相对来说，黏土质孔隙主要发育溶蚀孔及微纳米孔，结合场发射扫描电镜，可见到矿物颗粒表面呈现油膜状分布，以吸附状态赋存于孔隙中。而长英质含量的较高的页岩或者细粒云质粉细砂岩，单层厚度多小于0.5m，原油主要赋存在砂岩基质孔隙及微裂缝中，在小孔隙或者大孔隙壁表面为吸附状态,还存在位于孔隙中心的游离态烃,这样就构成了吸附态与游离态共存的源储一体型页岩油聚集特征。如玛页1井风城组云质页岩厚度超过480m,岩性上整体含油,试油获得31.97t/d的高产工业油流。

根据页岩层系不同的沉积特征和厚度,可以分为三小类,分别为纹层状岩性组合、块状岩性组合和层状岩性组合。

(1)纹层状岩性组合。

纹层状页岩层系组合主要由富有机质纹层和云质(灰质)岩类纹层组成的岩性组合(图5-2-30)。不同岩性中,云质页岩的孔隙较为发育,为页岩油聚集的有利岩性,而富有机质纹层作为良好的烃源岩,具有高有机质丰度,良好的有机质类型,生烃能力强,两者构成最有利的纹层组合体系。页理缝在该组合中极其发育,也是页岩油排出运移的主要通道。从显微镜下观察到有机质条带中的烃类荧光强,但主要为吸附态,而白云石条带荧光发育,说明云质岩类中也存在很大一部分滞留烃。同时,在风城组二段可见到多层碱性矿物层,由于碱性矿物层及其发育晶间孔和溶蚀孔,具有良好的储集性能,也可以作为石油运移的通道和储集空间,岩心横剖面上可见明显的黑色沥青。

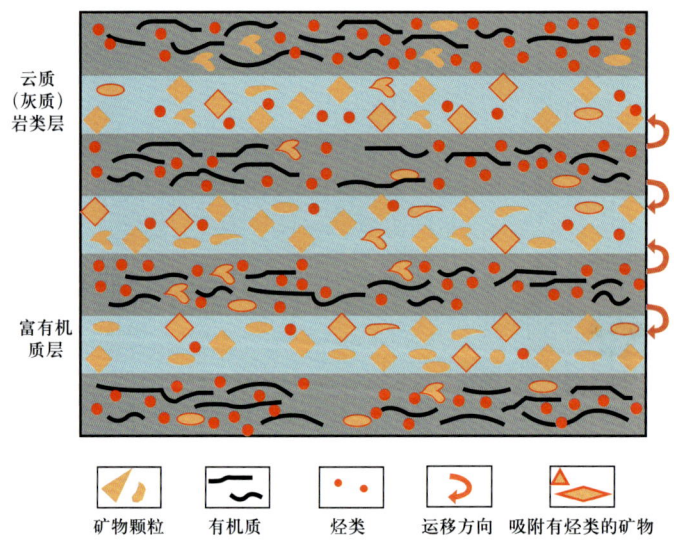

图5-2-30 玛湖凹陷风城组页岩油纹层状岩性组合富集模式图

(2)块状岩性组合。

块状页岩层系组合为相对单一的岩性发育特征,少见纹层发育(图5-2-31),其烃源岩的厚度较大,石油排出效率较低,大部分滞留在自生孔隙中,主要为吸附态存在,在显微镜下可见到大量的颗粒荧光;而在白云石岩性中,由于充注的原油有限,多数沿着裂缝性孔隙分布,可见块状岩性中的条带荧光分布特征,主要为吸附态存在,少量游离态。页理缝在该组合发育较少。

(3)层状岩性组合。

层状页岩层系组合是介于纹层状岩性组合和块状岩性组合的一类(图5-2-32)。该类组合的页岩油富集特征优于块状组合,弱于纹层状岩性组合。页理缝相对较为发育。在云质页岩或者长英质页岩中可见到整体的荧光分布特征。富有机质层的烃源岩生成的油气发生近距离运移到云质岩类层中,由吸附态逐渐到游离态。

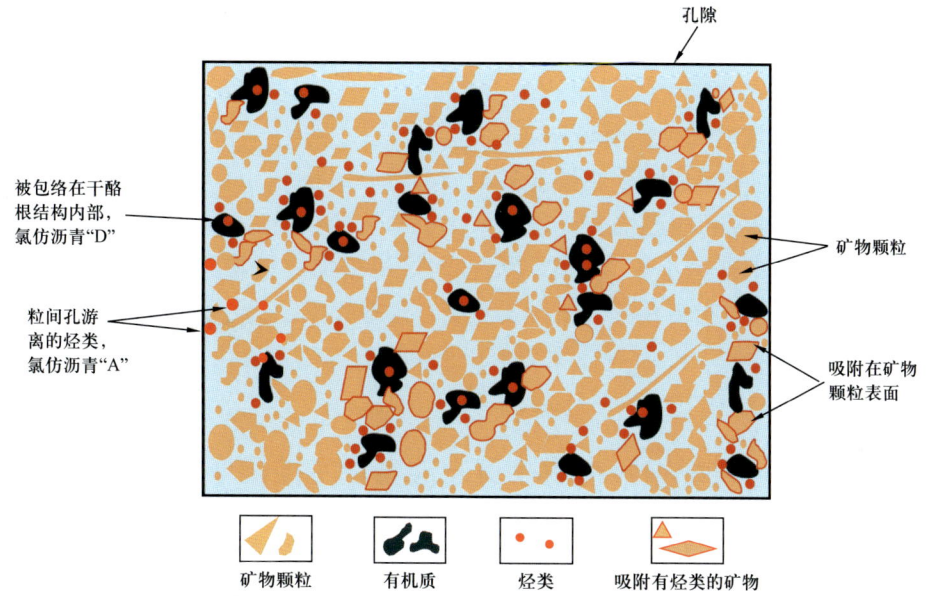

图 5-2-31 玛湖凹陷风城组页岩油块状组合富集模式图

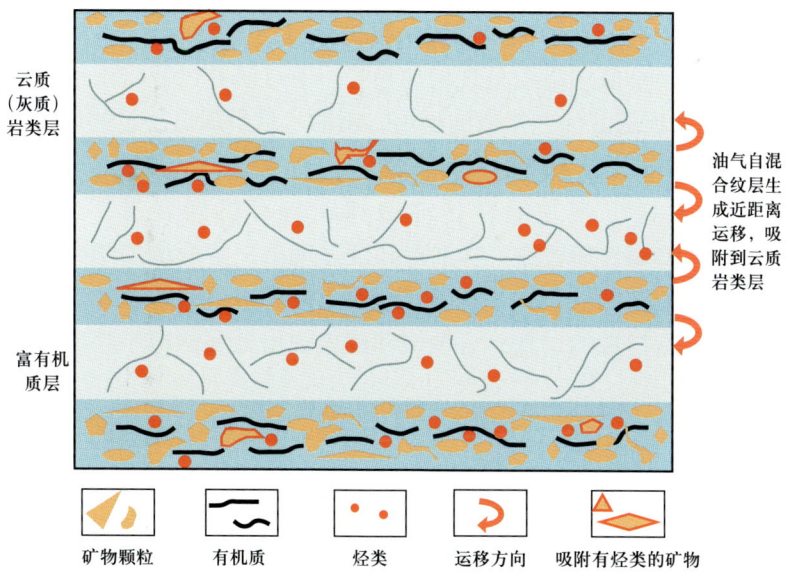

图 5-2-32 玛湖凹陷风城组页岩油层状岩性组合富集模式图

2)源储紧邻型致密油聚集模式

源储紧邻型致密油聚集模式是指在陆源物源供应和内源沉积的交会区域,烃源岩生成的烃类充注到邻近的致密砂岩中形成油藏。由于扇三角洲沉积体系的多期供给,扇三角洲前缘亚相和前三角洲细砂岩或者砂砾岩体与页岩层系呈现出指形的互层分布特征。细砂岩或者砂砾岩体的孔隙类型多样，具有高孔隙度、高渗透率的储油特征；而与之互层的页岩层系生烃能力强，生烃的油气运移到砂砾岩体中形成了致密油藏。例如，玛南斜坡区玛湖28井区风城组发育于扇三角洲外前缘及前扇三角洲的细砂岩与泥质岩互层，油气多由邻近源岩经过一定距离的运移后聚集，在风城组二段砂岩和风城组三段砂岩中试油获得高产。

3）源储分离常规油气成藏模式

源储分离常规油藏形成过程中烃源岩与储层呈分离状态，主要分布在凹陷构造高部位、近物源区域，通常位于断裂带，埋深不大，构造活动强烈。储层岩性复杂多样，物性普遍较差，渗透率普遍小于0.1mD，往往与烃源岩无直接接触，油气源外聚集，经过二次运移调整，以油水驱替浮力成藏为特征，形成以圈闭为单元的常规油藏，具有常规油气藏"从源到圈闭"的所有成藏要素。例如，白25井区砂—砾岩断层—岩性油藏（图5-2-29）。

三、玛湖凹陷风城组致密油—页岩油富集主控因素

1. 烃源岩条件的控制作用

通过风城组试油产量与有机碳含量的关系（图5-2-33），随着TOC含量增加，试油产量具有先增加后减小的趋势。当TOC小于0.8%~1.2%时，试油产量大值包络线具有增加趋势，小值包络线有一定的减小趋势，当TOC大于0.8%~1.2%时，试油产量大值包络线具有减小趋势，小值包络线呈现增加趋势。通过研究风城组试油产量与油饱指数（S_1/TOC）的关系，发现随着油饱指数的增加，试油产量呈现出一定的增加，尤其当油饱指数大于100mg/g时，试油产量增加较为明显。

通过玛页1井风城组测井解释含油饱和度与有机碳含量、油饱指数的关系（图5-2-34），随着TOC含量增加，含油饱和度呈现出一定的增加趋势，说明总有机碳含量对含油饱和度有一定的控制作用。通过玛页1井风城组测井解释含油饱和度与油饱指数的关系，随着油饱指数的增加，含油饱和度表现出微弱的减小趋势，说明油饱指数对含油饱和度的影响不大。

2. 储层条件的控制作用

1）不同岩性对游离油的控制作用

风城组不同泥页岩的物性和可动油分析表明（表5-2-10），长英质页岩物性最优，游离油最高。长英质页岩孔隙度为5.3%，渗透率为0.153mD，可动孔隙度为3.2%，核磁显示游离油含量高。云质页岩的岩心孔隙度平均3.5%，渗透率为0.029mD，可动孔隙度平均为1.21%，游离油含量较低。黏土质页岩的岩心分析孔隙度平均3.1%，渗透率为0.018mD，可动孔隙度平均0.98%，游离油含量极低。

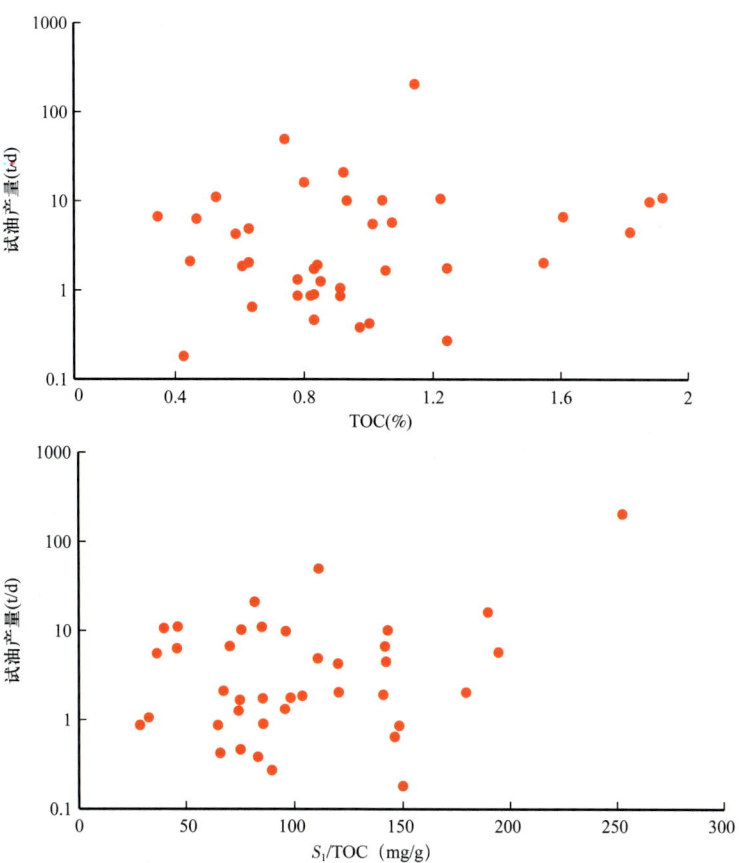

图 5-2-33 风城组烃源岩 TOC、S_1/TOC 与试油成果交会图

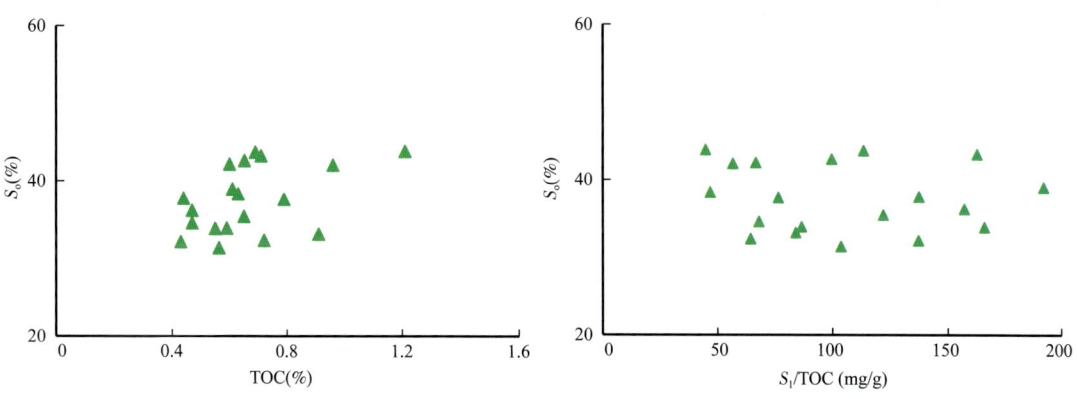

图 5-2-34 风城组烃源岩 TOC、S_1/TOC 与含油饱和度交会图

通过对玛南斜坡风城组三段和二段不同含油级别的砂岩和砂砾岩进行物性分析（图 5-2-35），风城组三段和二段含油级别富集程度与孔隙度和渗透率没有明显的趋势。但无显示井的孔隙度明显较差，当风城组三段孔隙度小于 5%，风城组二段孔隙度小于 4.7% 时，主要为无显示井分布区域，而大于此值时，含油级别明显增加。同时，风城组三段和二段含油级别的渗透率下限分别为 0.02mD 和 0.015mD。

表 5-2-10 玛页 1 井风城组不同岩性的岩心、薄片和含油性差异性分类表

岩性	岩心	薄片	核磁共振
长英质页岩	 长英质页岩，4825.51m	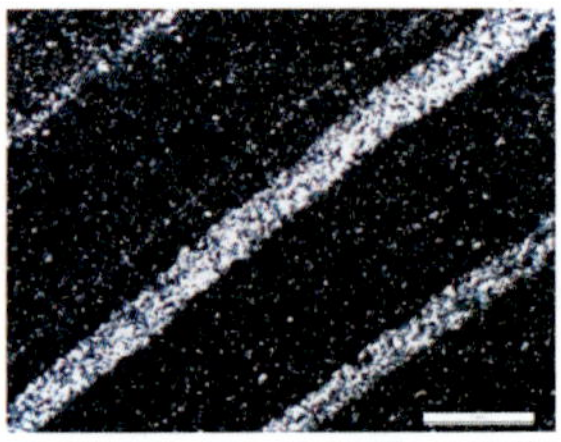 4628.51m，P_1f_3 云质—长英质页岩	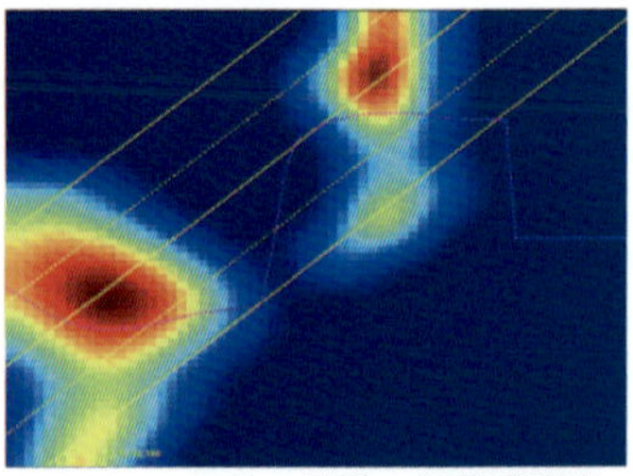 4596.34m，P_1f_3，云质—长英质页岩
云质页岩	 4596.81m，黏土质—云质页岩	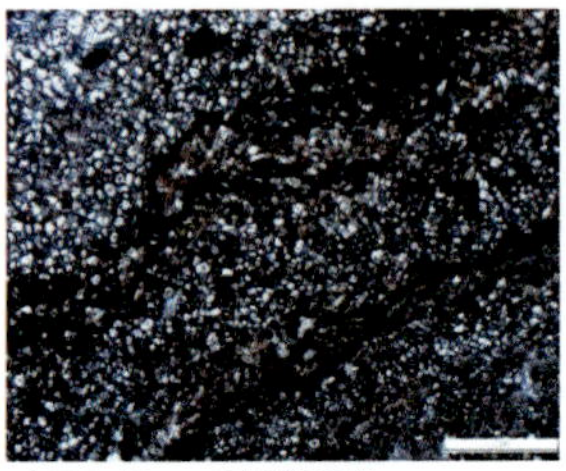 4601.43m，云质页岩	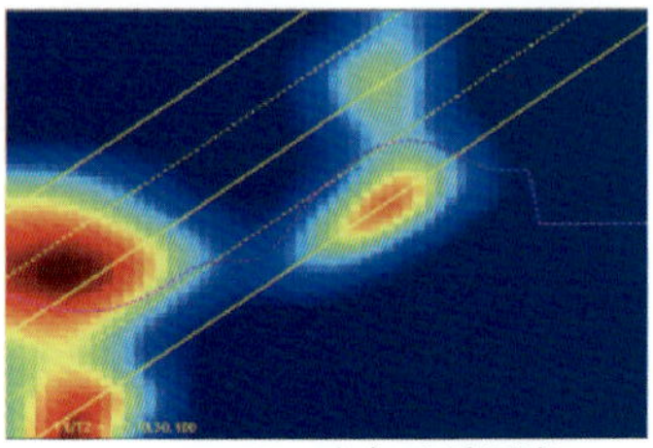 4597.15m，P_1f_3，含灰云质页岩
黏土质页岩	 4582.79m，含灰黏土质页岩	 4582.77m，含灰黏土质页岩	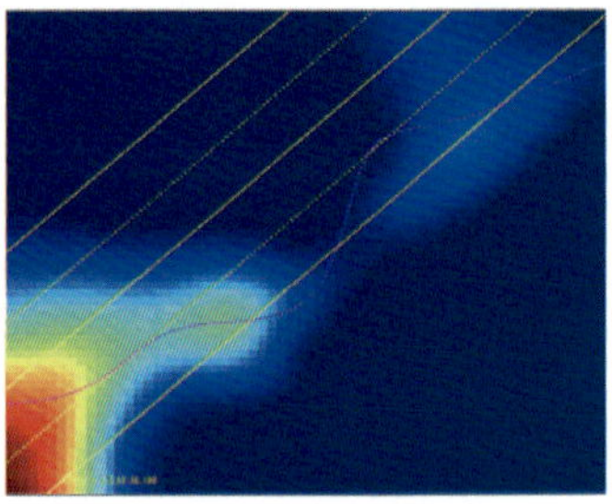 4580.76m，P_1f_3，黏土质页岩

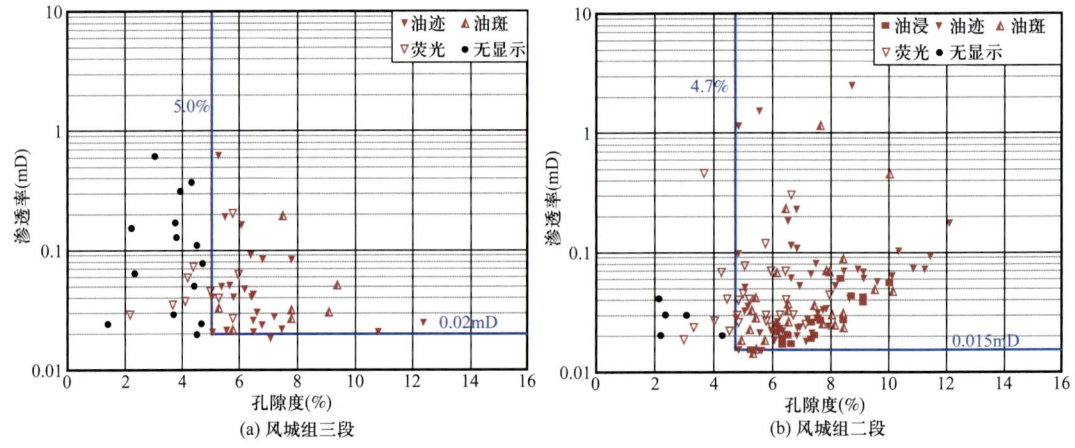

(a) 风城组三段　　(b) 风城组二段

图 5-2-35　玛南斜坡砂砾岩不同含油级孔隙度与渗透率交会图

2）试油产量与储层物性

由风城组不同岩性孔隙度、渗透率与试油产量的交会关系（图5-2-36）可见，无论是泥岩、粉砂岩，还是凝灰岩、砂砾岩，随孔隙度、渗透率的增加，试油产量存在微弱的增加趋势，但两者的相关关系不明显。

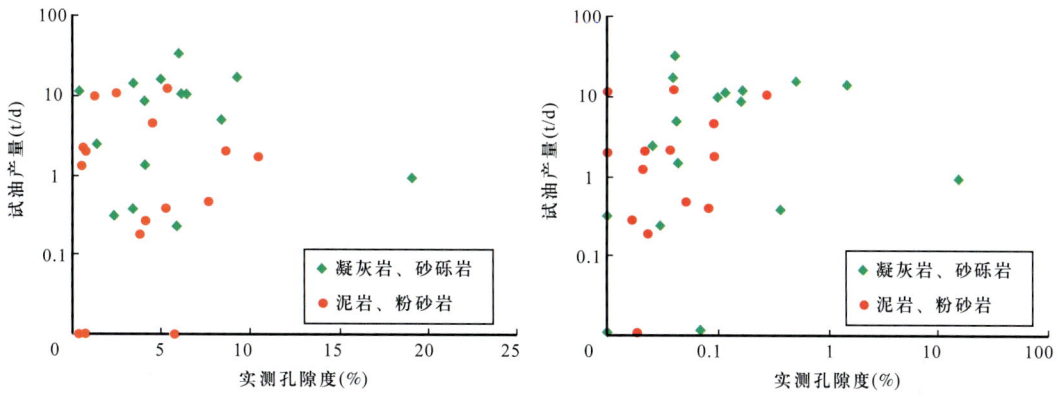

图5-2-36　玛湖凹陷风城组油层物性与试油产量交会图

由风城组砂岩有效厚度与试油产量的交会关系（图5-2-37）可见，随着有效厚度增加，日产油量呈现先增加再减小的趋势，当有效厚度小于10m时，随着有效厚度的增加，试油产量具有增加趋势，最高可达到30t/d；当有效厚度超过10m时，试油产量呈明显下降趋势。说明当有效厚度较小时，对试油产量具有控制作用，当有效厚度超过10m时，还要受到烃源岩或者断裂的控制。

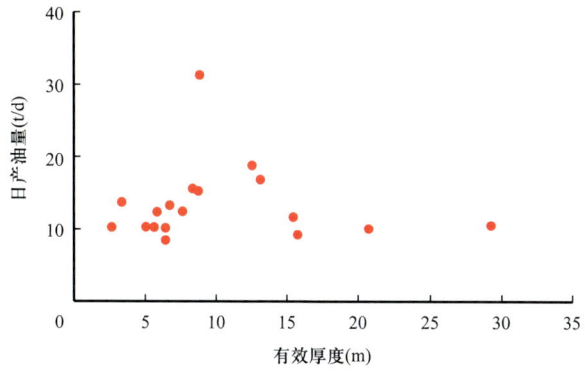

图5-2-37　玛湖凹陷玛南斜坡风城组有效厚度与日产油量交会图

3）含油饱和度

由不同的云质岩类储层物性与含油饱和度的关系（图5-2-38）可见，随着孔隙度的增加，含油饱和度呈现出增加的趋势。云质粉砂岩含油饱和度为25.87%~58.4%，平均值为44.37%；云质泥岩饱和度为24.6%~54.8%，平均为38.86%；泥质云岩的饱和度为12.84%~49.02%，平均为34.05%。其中，含油饱和度随着孔隙度的增加而增加，云质粉砂岩含油饱和度的增加最为明显，其次为云质泥岩，泥质白云岩的增加程度不明显。含油饱和度随着渗透率的增加也具有增加的趋势，但增加程度弱于孔隙度；随着渗透率的增加，云质粉砂岩和云质泥岩具有微弱的增加趋势，泥质白云岩基本上保持不变。

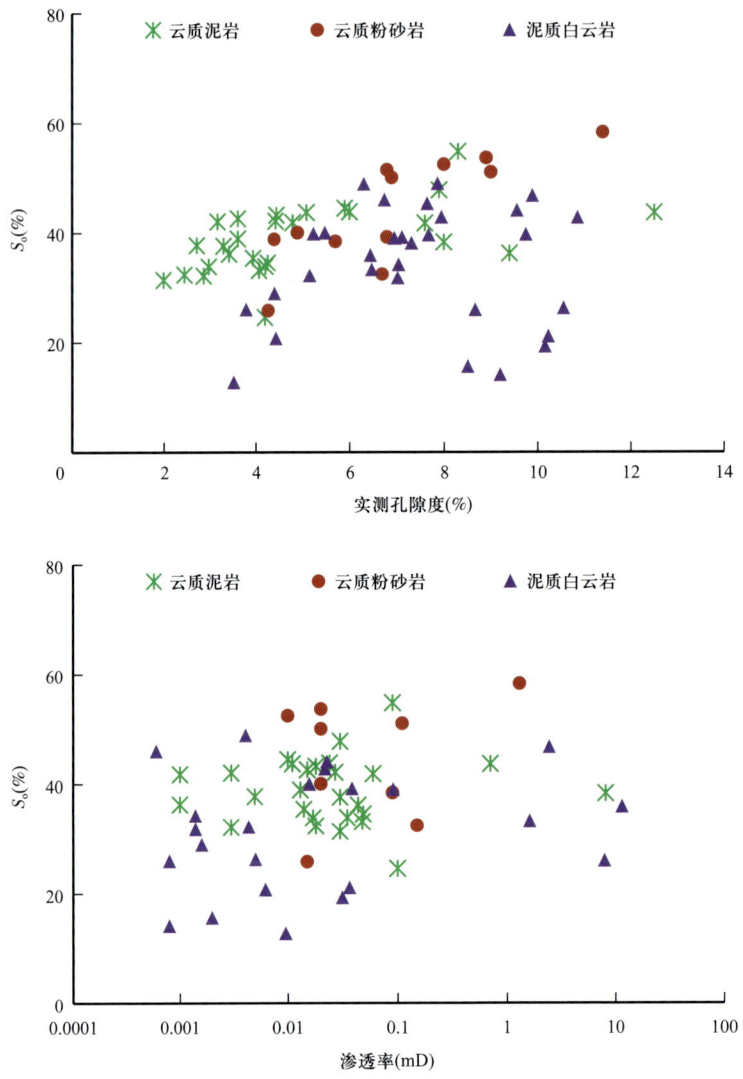

图 5-2-38　储层孔隙度、渗透率与含油饱和度交会图

由核磁共振技术测得的有效孔隙度、可动孔隙度与含油饱和度交会关系（图 5-2-39）可见，随着有效孔隙度、可动孔隙度的增加，含油饱和度呈现增加趋势。其中，云质粉砂岩和云质泥岩的增加幅度较为明显，泥质白云岩增加幅度不明显，甚至还存在减小的趋势。

通过风城组砂岩测井解释孔隙度与含油饱和度的关系（图 5-2-40）可见，测井解释孔隙度为 4%~11%，而饱和度为 30%~70%，主体为 45%~65%，随着测井解释孔隙度的增加，含油饱和度也呈现较为明显的增加趋势。

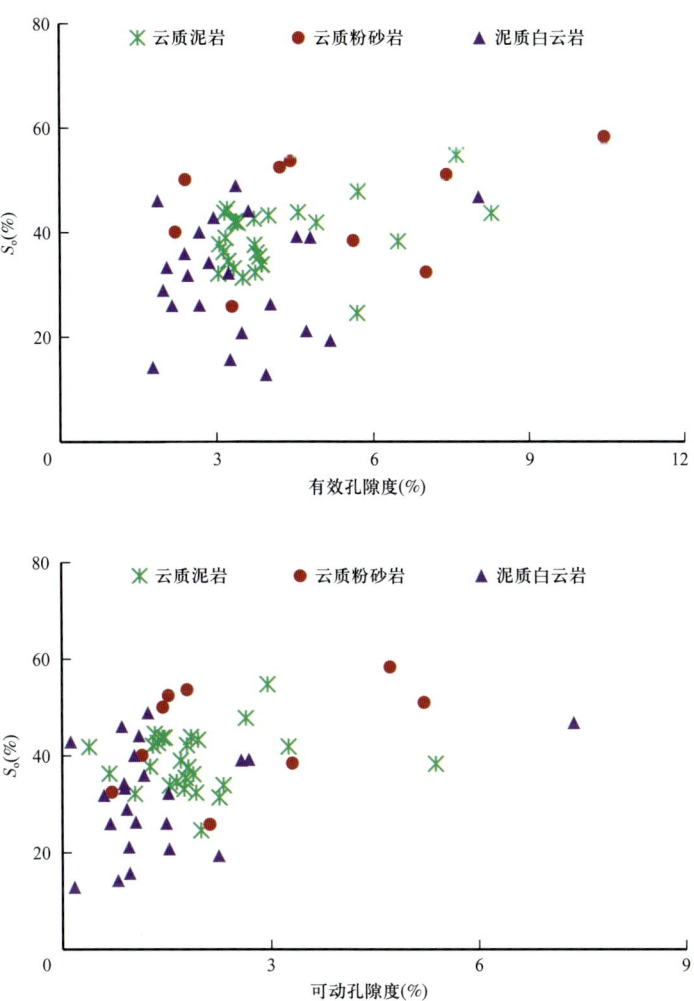

图 5-2-39 储层核磁有效孔隙度、可动孔隙度与含油饱和度交会图

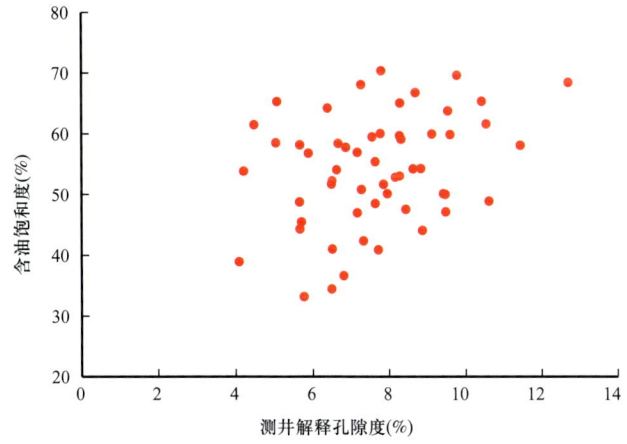

图 5-2-40 玛南斜坡风城组砂岩孔隙度与含油饱和度交会图

3. 岩性组合条件的控制作用

初次试油产量能够反映储层孔隙大小，试油产量变化能够反映岩性组合关系和渗流能力。以粉砂质岩类为主的岩性组合最优，以云质页岩为主、大套泥岩为主的岩性组合最差。玛页1井对泥岩层段进行了多次试油产量统计，依据试油产量及其变化趋势，将页岩岩性组合分为3型6类（表5-2-11）。产量大于2t/d，则为高产；介于1~2t/d之间的为中产，产量小于1t/d的为低产。即为高产稳定型、高产下降型、中产稳定型、中产上升型、低产上升型和低产稳定型。

表 5-2-11　玛页1井风城组岩性组合与产量关系统计表

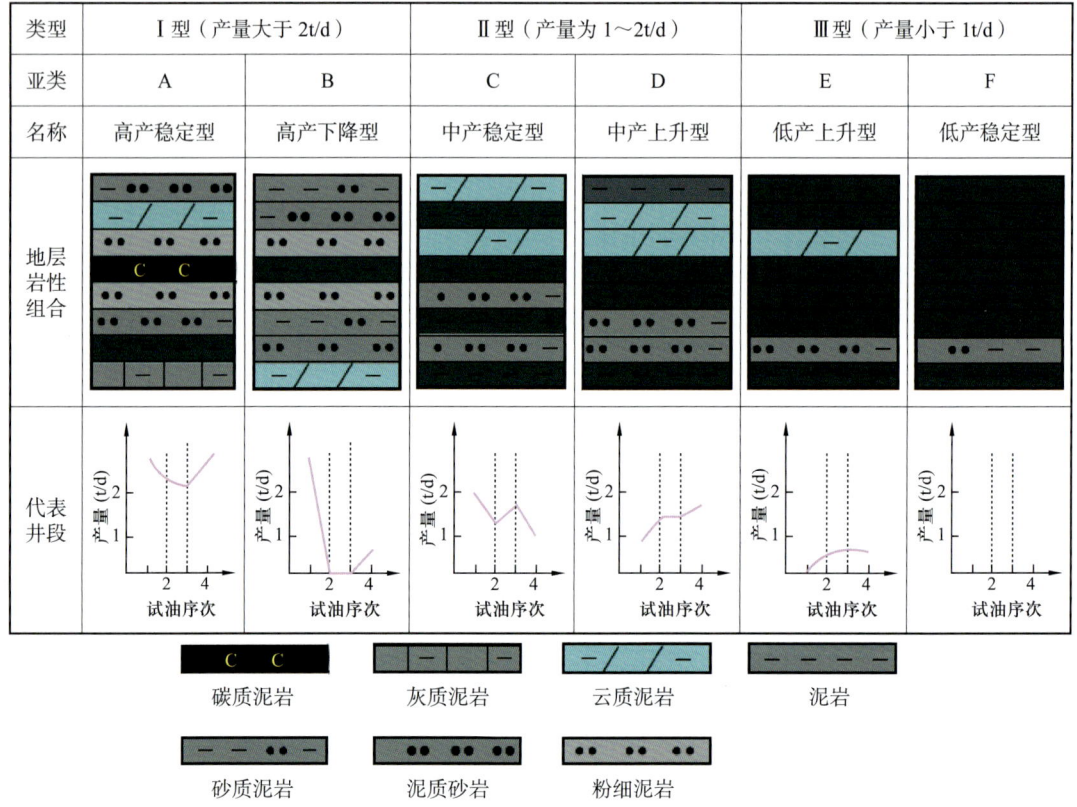

Ⅰ型为以粉砂岩相为主的岩性组合，岩性主要为泥质粉砂岩、云质粉砂岩等。产量相对较高（2t/d），粉砂岩和长英质页岩含量高，物性最优，孔隙发育，为页岩油有利聚集区（图5-2-41a、b和图5-2-42）。A类（高产稳定型）岩性主要为云质粉砂岩、泥质粉砂岩等，同时泥岩厚度较大，发育碳质泥岩，供烃充足，如4579m层位；B类（高产下降型）岩性主要为泥质粉砂岩、云质粉砂岩等，但泥岩生烃条件稍差，产量呈明显下降趋势，如4755m层位。Ⅱ型为以云质岩相为主的岩性组合，主要为泥质云岩、粉砂质云岩等。产量中等（约1~2t/d），云质泥岩物性较好、泥岩厚度中等（图5-2-41c、d和图5-2-42）。C类（中产稳定型）云质岩相对分散，产量有升有降，如4817m层位；D类（中产上升型）云质岩和粉砂质泥岩相对集中，产量开始较低，后续逐渐升高，如4693m

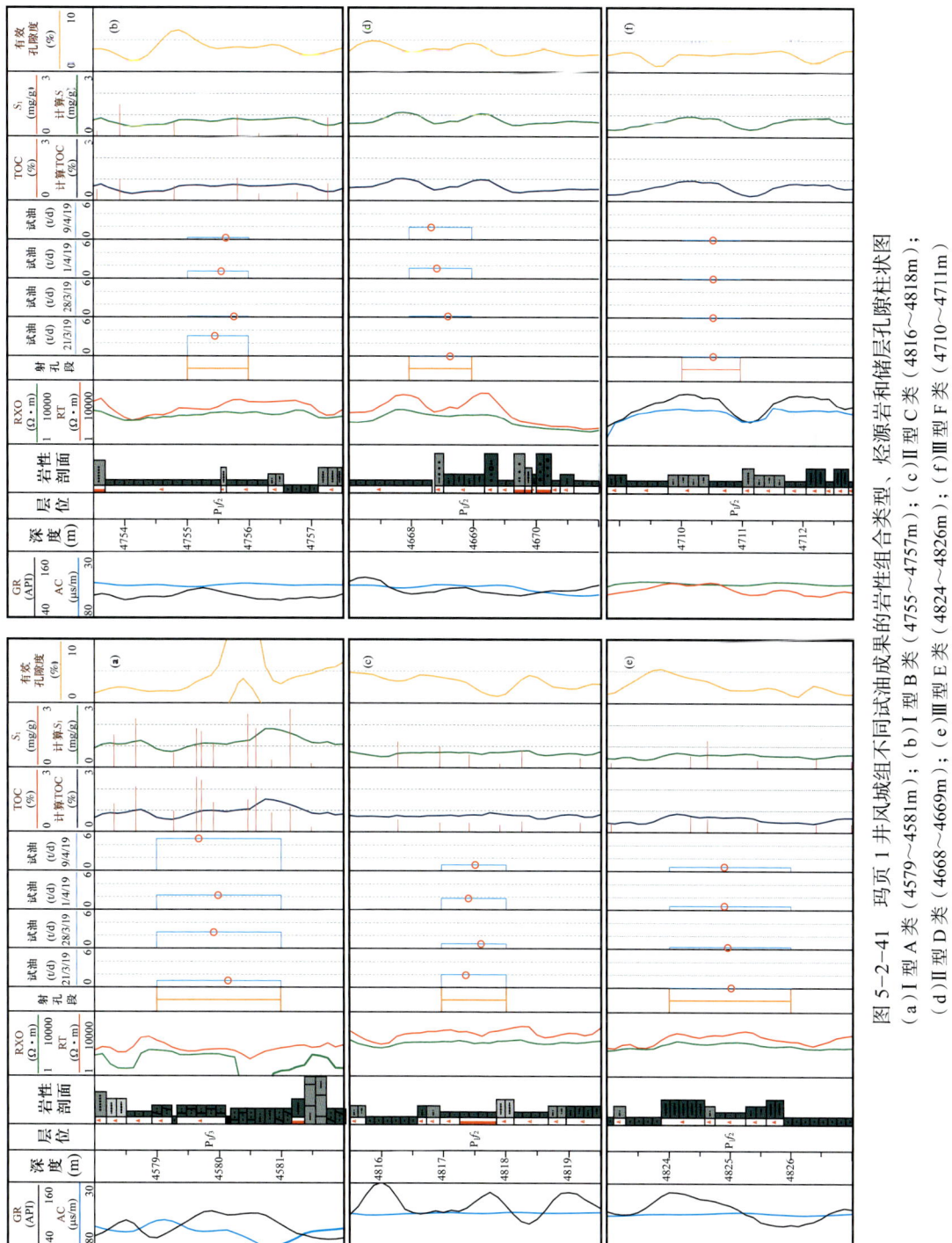

图 5-2-41 玛页 1 井风城组不同试油成果的岩性组合类型、烃源岩和储层孔隙柱状图
(a) I 型 A 类 (4579~4581m); (b) I 型 B 类 (4755~4757m); (c) II 型 C 类 (4816~4818m);
(d) II 型 D 类 (4668~4669m); (e) III 型 E 类 (4824~4826m); (f) III 型 F 类 (4710~4711m)

层位。Ⅲ型为以黏土质页岩为主的岩性组合，主要为含粉砂泥岩、云质泥岩等，其产量低（小于1t/d），孔隙度和渗透率均低，泥岩厚度相对较大（图5-2-41e、f和图5-2-42）。E类（低产上升型）泥岩厚度大，夹薄层长英质泥岩、云质泥岩，初期产量小于0.2t/d，后期产量有所上升，如4668m层位、4681m层位；F类（低产稳定型）大套泥岩，产量多数小于0.3t/d且几乎保持恒定，如4710m层位、4723m层位。

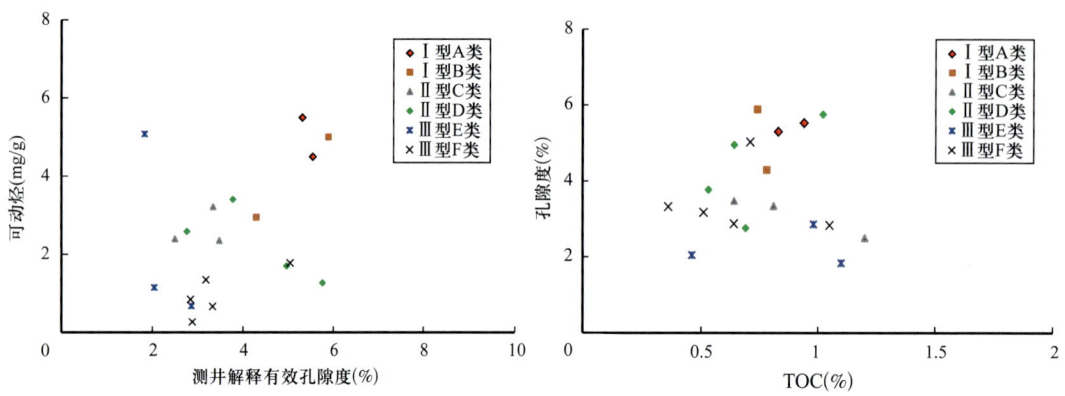

图 5-2-42　玛页 1 井试油层段测井有效孔隙度—可动烃、TOC—测井有效孔隙度交会图

4. 压力系统的控制作用

玛湖凹陷玛南地区压力系数在平面上的分布具有边缘压力系数小的特点，在凹陷边缘白25井区压力系数约为1.26，向斜坡方向压力系数明显增加，且具有南边压力系数小、北部压力系数大的特点。在南部玛湖5井、金龙17井的压力系数增加到1.36，随后增加到1.46；而在北部玛湖282井区、玛湖49井区的压力直接增加到1.63~1.7。

通过玛南斜坡区风城组砂岩油藏压力系数与日产油量的关系（图5-2-43）可见，压力系数分布在1.35~1.65之间，随着压力系数的增加，日产油量呈现出较为明显的增加趋势。通过风城组砂岩含油饱和度与地层压力的关系，随着地层压力的增加，含油饱和度具有较为明显的增加趋势。

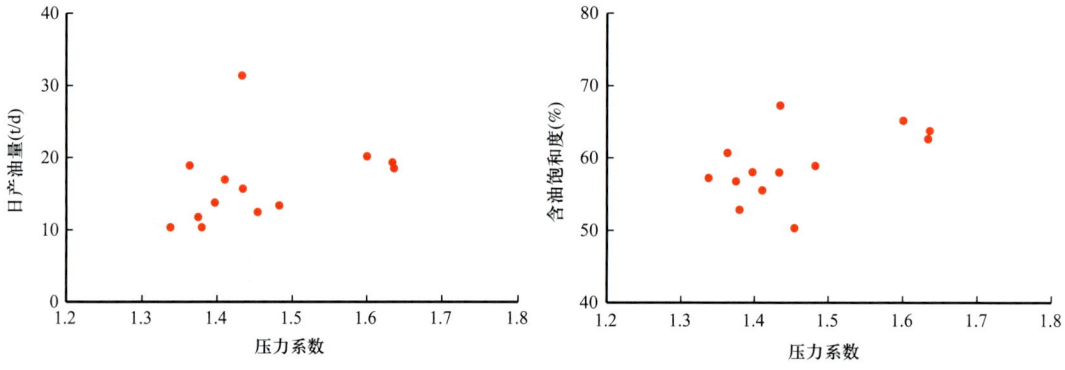

图 5-2-43　玛湖凹陷玛南斜坡风城组压力系数与日产油量、含油饱和度交会图

5. 脆性条件的控制作用

受多期构造活动及岩性的影响，风城组发育大量天然裂缝，脆性矿物含量高，压裂更易形成复杂缝网。裂缝类型多样，包括斜交缝、网状缝和直劈缝，裂缝密度为3～10条/m，裂缝宽度一般为0.2～10mm，裂缝长度为5～120cm。根据岩心和FMI测井资料分析，越靠近断裂带，裂缝越发育。风南1井风城组全井段见微裂缝，解释裂缝发育114段31.89m，裂缝密度2～15条/m。

通过不同的岩性矿物含量计算岩性的脆性指数。而玛湖凹陷风城组脆性指数计算公式如下：

$$B = \frac{C_{长英} + C_{白云石}}{C_{黏土矿物} + C_{长英} + C_{白云石} + C_{方解石}} \quad (5-2-1)$$

式中　$C_{长英}$、$C_{白云石}$、$C_{黏土矿物}$、$C_{方解石}$——分别为长英质矿物、白云石、黏土矿物、方解石的含量，%。

通过公式计算，脆性指数大于80的占39.3%（图5-2-44），超过40的占到88.3%，属于脆性较好的岩性。通过岩性脆性指数与试油产量的交会关系（图5-2-45），随着脆性指数的增加，试油产量呈现出一定的增加趋势。

玛湖凹陷玛南斜坡风城组砂岩储层的白云石等刚性颗粒增多、黏土含量低，其脆性明显优于上乌尔禾组、百口泉组，有利于提升压裂改造效果（表5-2-12）。其中，玛湖28井风城组的动态泊松比为0.28，动态杨氏模量为7.84，脆性指数为27.94；而玛18井百口泉组试油层段对应的各参数分别为0.26，4.94和19.47；玛湖8井上乌尔禾组对应的各参数分别为0.24，5.79和23.88。

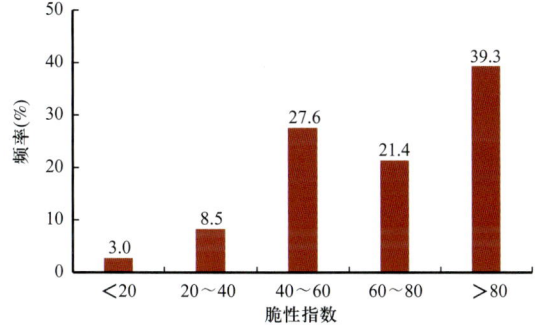

图 5-2-44　玛湖凹陷风城组云质页岩脆性指数直方图

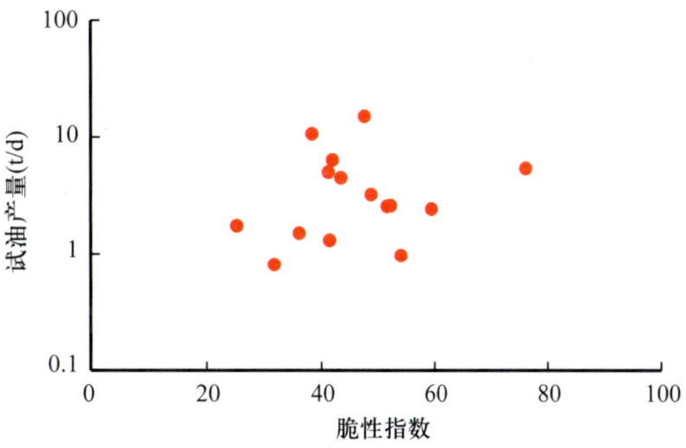

图 5-2-45　玛湖凹陷风城组云质页岩脆性指数与试油产量交会图

表 5-2-12　不同层位砂砾岩试油层段弹性参数计算结果

井名，层位	玛湖28井，P_1f	玛18井，T_1b	玛湖8井，P_3w
动态泊松比	0.28	0.26	0.24
动态杨氏模量	7.84	4.97	5.79
脆性指数（E/PR）	27.94	19.47	23.88

对玛湖凹陷风城组和吉木萨尔凹陷芦草沟组的泊松比和杨氏模量进行对比分析发现，风城组脆性最好，其次为芦草沟组，平地泉组最差。风城组风南4井的杨氏模量最大，为4.5~7，其次为火北2井，为3.5~6，吉23井最小，为1.5~2；而风南4井的泊松比较小，火北2井和吉23井较大，两者相差不多，分布区间为0.25~0.35（图5-2-46）。玛湖凹陷风城组云质岩类脆性指数优于吉木萨尔凹陷芦草沟组。如风南14井风城组一段、二段和三段的脆性指数分别为244.1，248.2和184.2；夏72井风城组一段、二段和三段的脆性指数分别为162.2，224.2和139.2。而吉174井芦草沟组页岩油下、上甜点的脆性指数分别为125.1和127.8。

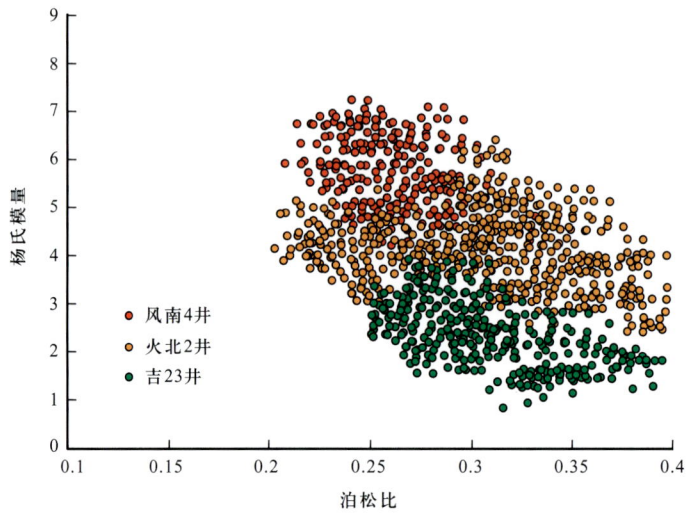

图5-2-46　准噶尔盆地不同地区页岩泊松比和杨氏模量交会图

第六章　准噶尔盆地二叠系页岩油甜点成因与综合评价

第一节　陆相页岩油甜点评价标准概述

相对于国外典型的海相盆地，中国陆相湖盆页岩沉积受沉积环境多变的影响，形成的页岩类型多样、分布复杂，横向上几公里的范围岩相发生变化，纵向上变化更快，几米甚至几厘米的范围岩相明显呈旋回性变化。页岩油属于烃源岩层系内部的石油聚集，其烃源岩的生烃能力和储层的储集性能明显重于其他要素；同时，页岩油必须要经过压裂改造才能获得工业油气流。那么，烃源岩品质、储层品质和工程品质则成为评价页岩油形成、富集和高产的关键内容。其中，烃源岩品质主要为烃源岩的厚度、岩相、有机碳丰度、油饱指数、热演化程度等参数，储层品质主要包括岩性、孔隙度、孔隙结构、地层压力、原油密度和气油比等，工程品质主要为脆性、地应力和裂缝发育程度等。这些参数评价的核心是寻找储层品质好、源岩品质优、裂缝相对发育、储层脆性好、水平应力差小的叠合甜点（邹才能等，2019）。多位学者通过不同方面的多个参数评价了不同类型盆地、坳陷的页岩油甜点，建立了某一特点盆地的页岩油甜点评价标准，促进了页岩油勘探的突破和新发现。

一、中国东部盆地

1. 渤海湾盆地

1）黄骅坳陷

渤海湾盆地黄骅坳陷沧东凹陷古近系孔店组于2018年在湖相页岩油取得高产、稳产工业油流，随后在古近系沙河街组取得页岩油勘探突破，目前已进入工业化开发阶段（赵贤正等，2021）。蒲秀刚等（2019）选取游离烃、总有机碳含量、孔隙度和脆性（石英＋方解石＋方沸石脆性矿物含量）四个可量化参数，从烃源岩品质、储层品质和工程品质评价黄骅坳陷孔店组页岩油甜点段（式6-1-1和表6-1-1）。

$$E_1=\sum_{i=1}^{4}(w_i \cdot w_L) \tag{6-1-1}$$

式中　w_i——某一参数的归一化数值；
　　　w_L——该参数的权重。

表 6-1-1　黄骅坳陷孔店组纵向甜点段定量评价标准（据蒲秀刚等，2019）

单项分级	烃源岩品质		储层品质	工程品质
	游离烃（mg/g）	总有机碳含量（%）	孔隙度（%）	脆性（石英＋方解石＋方沸石矿物含量）（%）
a 级（权重 0.6）	≥3.0	≥3.0	≥6.0	≥75
b 级（权重 0.4）	1.0～3.0	1.8～3.0	4.0～6.0	45～75
c 级（权重 0.2）	0.5～1.0	1.0～1.8	<4.0	<45
总权重	2.0	1.0	0.8	1.0

赵贤正等（2021）以深盆湖相区页岩油富集理论为指导，综合考虑影响页岩油形成与富集的核心要素，优选 TOC、R_o、孔隙度、OSI、气测值、脆性指数和厚度等涵盖烃源岩特性、储层物性、含油性和工程品质等方面的参数，按照不同要素对页岩油的形成与富集所产生影响的差异，对每一项评价参数进行分级并赋予一定权重，建立页岩油甜点的定量评价标准。通过将不同评价参数归一化后累加求和，得到甜点综合评价指数（I_e）（式 6-1-2 和表 6-1-2）。

$$I_e = \sum_{i=1}^{n} P_i Q_i \quad (6-1-2)$$

式中　P_i——某一参数的归一化数值；

　　　Q_i——该参数的权重。

根据 I_e 值的大小定量优选甜点段和甜点区。

表 6-1-2　黄骅坳陷页岩油甜点综合评价标准（据赵贤正等，2021）

单项分级（权重）	OSI（mg/g）（0.2）	脆性矿物含量（%）（0.2）	TOC（%）（0.1）	R_o（%）（0.1）	孔隙度（%）（0.1）	气测基峰比（%）（0.1）	埋藏深度（m）（0.1）	厚度（m）（0.1）
Ⅰ类（0.6）	≥150	≥50	≥2	≥1.0	≥6	≥10	≤2500	≥20
Ⅱ类（0.4）	100～150	40～50	1～2	0.6～1.0	3～6	7～10	2500～4000	10～20
Ⅲ类（0.2）	<100	<40	<1	<0.6	<3	<7	>4000	5～10
适合区域	纵向/平面甜点							平面甜点

2）济阳坳陷

渤海湾盆地济阳坳陷于 2021 年在古近系沙河街组共发现了页岩油地质预测储量 $4.58×10^8$ t。苏思远等（2017）通过济阳坳陷沾化凹陷含油性与有机质丰度、孔隙度、渗透率的关系（图 6-1-1），建立了页岩油评价指标 PSI 计算公式（式 6-1-3），确定页岩油富集下限 PSI 为 50。进而厘定了该区页岩油富集的临界地质条件为埋深大于 3100m，层厚大于10m；临界地化条件为 S_1 大于 1mg/g，TOC 含量大于 1%；临界储层条件为孔隙度大于 4%，渗透率大于 0.02mD。

$$\mathrm{PSI} = \frac{S_1}{\mathrm{TOC} \cdot 100} \sqrt{\frac{\phi \cdot 100}{K}} \quad (6\text{-}1\text{-}3)$$

式中　S_1——热解液态烃含量，mg/g；

　　　TOC——总有机碳含量，%；

　　　ϕ——有效孔隙度，%；

　　　K——基质渗透率，mD。

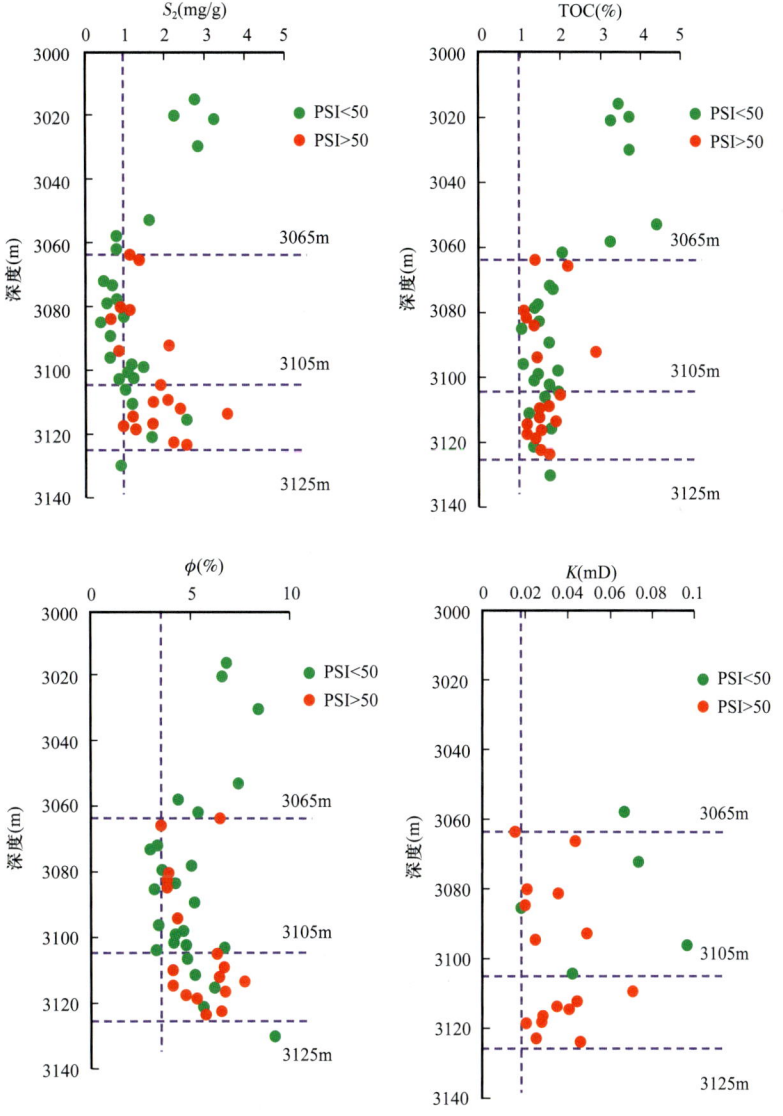

图 6-1-1　济阳坳陷沾化凹陷不同参数随深度变化特征

宋明水等（2020）依据岩相类型、埋藏深度、TOC、S_1、R_o、夹层类型、裂缝类型、压力系数、原油密度和脆性矿物评价了济阳坳陷沙河街组页岩油特征，建立了基质型、夹层型和裂缝型的页岩油甜点评价标准（表6-1-3）。

表6-1-3　济阳坳陷沙河街组纵向甜点段定量评价标准（据宋明水等，2020）

类型	岩相类型	埋藏深度（m）	TOC（%）	S_1（%）	R_o（%）	气测值（%）	夹层类型	裂缝类型	地层压力系数	原油密度（g·cm^3）	脆性矿物含量（%）
基质型	富有机质纹层型	>3400	>2	>2	>0.9	>80		收缩缝、贴粒缝、页理缝、异常压力缝、溶蚀缝	>1.4	<0.8661	>60
夹层型	富有机质纹层、层状	>3000	>2	>2	>0.7	>80	碳酸盐岩、砂岩夹层	页理缝、异常压力缝、溶蚀缝	>1.2	<0.8900	>50
裂缝型	富有机质纹层、层状	>3000	>2	>2	>0.7	>80		页理缝、异常压力缝、溶蚀缝、构造缝	>1.2	<0.8900	>50

2. 松辽盆地

松辽盆地中央坳陷古龙凹陷青山口组一段页岩油的预测储量达到 12.68×10^8 t，是下一步页岩油勘探的重点区域。张革等（2019）从储集性、含油性、流动性和可压性4个方面10个参数（总孔隙度、有效孔隙度、总有机碳含量、游离烃含量、成熟度、渗透率、压力系数、泊松比、弹性模量、脆性指数）评价了松辽盆地齐家地区青山口组二段互层型页岩油甜点。崔宝文等（2020）通过开展密集取样分析及岩心厘米精细描述，进行甜点的储集性能、含油性、流动性和可压性特征研究，利用总孔隙度、有效孔隙度、裂缝、有机质丰度、S_1、含油饱和度、R_o、脆性指数和脆性矿物体积分数等参数建立了松辽盆地古龙页岩油甜点评价标准（表6-1-4）。

表6-1-4　松辽盆地古龙页岩油甜点评价标准（据崔宝文等，2020）

参数		I类		II类
		I-1类	I-2类	
储集性	总孔隙度（%）	>10	8～10	4.0～8.0
	有效孔隙度（%）	>4	3.0～4.0	2.0～3.0
	裂缝	发育	发育	较发育
含油性	有机质丰度（%）	>2.5	2.0～2.5	1.0～2.0
	S_1（mg/g）	>6.0	4.0～6.0	2.0～4.0
	含油饱和度（%）	>40	>40	30～40

续表

参数		I类		II类
		I-1类	I-2类	
流动性	R_o（%）	1.2~1.7	1.0~1.2	0.75~1.0
可压性	脆性指数（%）	>40	30~40	>30
	脆性矿物体积分数（%）	>50	40~50	30~40

二、中国中西部盆地

中国中西部盆地页岩油主要集中于鄂尔多斯盆地和准噶尔盆地，柴达木盆地也呈现出良好的页岩油勘探潜力。鄂尔多斯盆地延长组7油层组页岩油取得重大突破，在陇东地区发现了庆城页岩油田，其页岩油探明储量达到$10.52×10^8$t（付金华等，2020）。杨智等（2015）从烃源岩厚度、TOC、R_o、S_1、孔隙度、裂缝、压力系数、脆性矿物、水平应力、含油饱和度、原油密度方面等分析了鄂尔多斯盆地长7油层组中砂岩与页岩互层型页岩油的评价标准。付金华等（2022）综合烃源岩、砂体发育规模、储集物性、气油比、裂缝密度等参数评价了鄂尔多斯盆地长7油层组沉积期湖盆中部的运移型页岩油，认为探明储量10亿吨级的庆城油田为I类甜点（表6-1-5），而庆城油田外围的II类甜点，是页岩油持续勘探及储量扩边的重要潜力区。

表6-1-5 鄂尔多斯盆地庆城油田运移型页岩油甜点划分标准（据付金华等，2022）

甜点类型	甜点划分关键参数							
	烃源岩厚度（m）	砂体结构	砂体厚度（m）	砂体连续性	孔隙度（%）	渗透率（mD）	气油比	代表区域
I类	>15	中厚层叠置	>4	好	>8	>0.08	>90	庆城油田
II类	10~15	薄层砂泥互层	2~4	差	5~8	0.03~0.08	70~90	庆城油田外围

准噶尔盆地吉木萨尔凹陷是国内首个10亿吨级储量规模的页岩油田。郭旭光等（2019）从储层、烃源岩、岩石脆性和地应力特征等四个方面的孔隙度、空气渗透率、厚度、有机质丰度、R_o、有机质类型、泊松比、杨氏模量和水平两项主应力倍数等九个参数评价了芦草沟组页岩油，建立了页岩油I类、II类和III类甜点标准（表6-1-6）。

近来，柴达木盆地古近系下干柴沟组上段页岩油也取得战略性、突破性的进展。李国欣等（2022）认为英雄岭地区下干柴沟组页岩油富氢烃源岩具有"二段式生烃"且滞留烃量大、多类储集空间发育且储集性能好、源储一体甜点厚度大且含油级别高、盐间与盐下压力系数高且地层能量充足、原油轻质组分多气油比高且品质佳、脆性矿物含量高且可压性好等特征，从有机碳含量、有机质热演化程度、有效孔隙度、含油饱和度、脆性矿物含量、压力系数、页理密度、埋藏深度等参数初步建立了页岩油I类、II类和

Ⅲ类甜点评价标准（表6-1-7），初步估算英雄岭地区页岩油资源量$21×10^8$t，落实英雄岭页岩油有利勘探面积$800km^2$。

表6-1-6　准噶尔盆地吉木萨尔凹陷芦草沟组甜点分级标准（据郭旭光等，2019）

评价内容	评价参数	甜点分级标准		
		Ⅰ	Ⅱ	Ⅲ
储层	孔隙度（%）	>12	8～12	5～8
	空气渗透率（mD）	>0.3	0.1～0.3	<0.1
	厚度（m）	>4	>6	>12
烃源岩	有机质丰度（%）	>3.5	2.0～3.5	1.0～2.0
	R_o（%）	0.7～1.0	1.0～1.3	0.5～0.7
	有机质类型	Ⅰ	Ⅰ-Ⅱ$_1$	Ⅱ$_1$-Ⅱ$_2$
岩石脆性	泊松比	<0.2	0.2～0.25	>0.25
	杨氏模量	>15	10～15	<10
地应力特征	水平主应力倍数	≈1	1～1.5	1.5～2

表6-1-7　柴达木盆地英雄岭地区页岩油评价标准与评价参数表（据李国欣等，2022）

甜点类型	TOC（%）	R_o（%）	有效孔隙度（%）	含油饱和度（%）	脆性矿物含量（%）	地层压力系数	页理密度（条/m）	埋藏深度（m）
Ⅰ类	>0.8	1.0～1.3	>5	≥40	>50	>2	>1000	>4000
Ⅱ类	0.6～0.8	0.8～1.0	3～5	≥40	40～50	1.0～2.0	500～1000	4000～5000
Ⅲ类	0.4～0.8	<0.8	<3	<40	<40	<1.0	<500	>5000

从中国东部裂陷型盆地（松辽盆地、渤海湾盆地），到中部稳定地台发育的鄂尔多斯盆地，再到西部前陆盆地（准噶尔盆地和柴达木盆地），这些盆地在演化过程中的盐度、气候，沉积储层环境演变过程中的环境、成岩历史、孔隙类型，烃源岩生烃过程中的总有机碳含量、生烃转化率、热演化程度、有机质类型、原油性质、气油比等均具有差异性，导致页岩油甜点评价参数的标准界线明显不同。为此，总结前人研究成果，对准噶尔盆地玛湖凹陷风城组和吉木萨尔凹陷芦草沟组页岩油的地质参数进行研究，从烃源岩品质、储层品质和工程品质三个方面多个参数来评价页岩油甜点，纵向预测页岩油层位，横向预测页岩油有利区。

第二节　二叠系页岩油甜点评价参数及评价标准

针对准噶尔盆地二叠系页岩油形成的地质条件，对玛湖凹陷风城组和吉木萨尔凹陷芦草沟组页岩油提出了页岩油"三品质"评价方法。通过有机质丰度、成熟度及游离烃含量评价烃源岩品质，搞清有机质富集程度与源储匹配关系；依据泥页岩的岩性、物性及含油性评价储层品质，确定油气富集层段；通过脆性与地应力各向异性评价储层工程品质，确定合适压裂段。

一、烃源岩品质参数测井评价

烃源岩品质评价参数主要包括烃源岩有机质丰度、游离烃含量、热演化程度、有机质类型及油饱指数等参数，搞清有机质生烃能力、游离烃含量及游离烃富集程度。

1. 烃源岩 TOC 测井评价

1）TOC 测井评价方法

由于发育大量的生烃有机质，烃源岩层系的测井响应特征具有"三高一低"的特点，即高自然伽马、高电阻率、高声波时差和低密度。泥页岩烃源岩为细粒度，高比表面积，在沉积时容易吸附钾、钍和铀等放射性物质，形成高放射性伽马射线，即为高自然伽马特点。一般泥岩的岩石骨架和孔隙均导电，呈现出低电阻特征；而烃源岩层段的有机质部分容易对黏土质正离子形成吸附，并且生烃作用产生的油气，会导致烃源岩层系中的电阻率明显增加。随着深度增加，上覆岩层压力逐渐增大，地层压实程度增强，泥岩的声波时差明显减小。然而，当烃源岩地层中富含有机质或油气时，声波传播速度变慢，导致泥岩中的声波时差增大。由于烃源岩层系的有机质密度（约 $1g/cm^3$）明显小于岩石地层骨架密度（约 $2.7g/cm^3$），故富含有机质泥岩的密度小于非烃源岩泥岩密度。

（1）利用自然伽马曲线计算有机碳含量。

利用自然伽马曲线计算 $w(TOC)$ 的依据是有机碳含量与泥质含量具有密切关系。陈增智等（1994）认为有机质含量与碳酸盐岩中泥质含量之间具有一定的正相关性，通过自然伽马法求取碳酸盐岩的泥质含量：

$$V_{sh}=(2^{C \cdot \Delta GR}-1)/(2^C-1) \qquad (6-2-1)$$

式中 C——地区性经验常数；

ΔGR——归一化系数，即 $\Delta GR=(GR-GR_{min})/(GR_{max}-GR_{min})$。

然后，通过线性回归分析建立泥质含量与有机质丰度（TOC）之间的数学关系：

$$w(TOC)=aV_{sh}+b \qquad (6-2-2)$$

式中 a、b——回归系数。

因而，有机质丰度 $w(TOC)$ 与自然伽马的关系式如下：

$$w(TOC)=A(2^{C \cdot \Delta GR}-1)/(2^C-1)+B \qquad (6-2-3)$$

式中 A、B——回归系数；

C——地区性经验常数。

陆巧焕等（2006）利用铀、铀钍比计算 $w(TOC)$ 和 S_1+S_2，指出随泥岩颜色的加深、有机质物质成分的增加，铀含量增高，钍、钾含量相对降低，但由于有机质丰度较低，铀含量增高的数值不十分明显，但对于赋存较富集的生油岩，铀含量增高明显。由于该方法的有机碳含量只受到泥质含量的影响，计算误差较大。

（2）利用密度计算有机碳含量。

烃源岩中有机质密度（1.03~1.1g/cm³）明显低于围岩基质密度（黏土骨架密度为2.3~3.1g/cm³），使得烃源岩密度测井值降低。富含有机质的低孔泥页岩中，地层密度的变化对应于有机质丰度的变化。由于烃源岩（含有机质）的密度小于不含有机质的泥岩密度，并且地层密度变化往往引起有机质丰度变化，因而密度与有机质含量存在一定的函数关系。但当重矿物富集时，密度测井就不可能是有机质的可靠指标（朱光有等，2003）。

（3）$\Delta \lg R$法。

$\Delta \lg R$技术是计算和评价烃源岩最常用的方法。该技术以预先给定的叠合系数将算术坐标下的声波时差和算术对数坐标下电阻率曲线叠合，有时也用伽马曲线和电阻率曲线叠合，令两条曲线在细粒非生油岩处重合，并确定为基线位置。基线确定后，则两条曲线间的间距在对数电阻率坐标上的读数即为$\Delta \lg R$（Δ、R分别代表声波时差和电阻率曲线）。

在富集含油气的储集岩或有机质含量较高的非储集岩中，两条曲线之间存在$\Delta \lg R$，借用自然伽马曲线及自然电位曲线可以辨别和排除储层段。在富含有机质的泥页岩段，导致两条曲线的分离的原因有两种：在未成熟的富含有机质的岩石中，干酪根还没有大量生烃，两条曲线之间的距离主要由声波时差曲线响应造成；在成熟的烃源岩中，除声波时差曲线响应之外，因为有液态烃类存在，电阻率增加，两条曲线之间的距离由声波时差和电阻率共同作用构成（图6-2-1）。

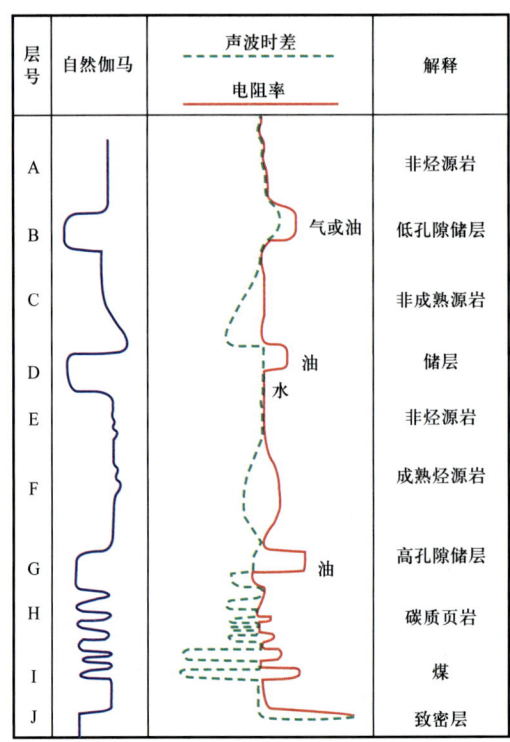

图6-2-1　$\Delta \lg R$方法模型示意图（据Passey et al.，1990）

由声波时差、电阻率计算 $\Delta \lg R$ 的公式为：

$$\Delta \lg R = \lg(R/R_{基线}) + 0.02(\Delta t - \Delta t_{基线}) \qquad (6\text{-}2\text{-}4)$$

式中　$\Delta \lg R$——两条曲线的幅度差；

　　　R——测井实测电阻率，$\Omega \cdot m$；

　　　$R_{基线}$——基线对应的测井实测电阻率，$\Omega \cdot m$；

　　　Δt——实测声波时差，$\mu s/ft$；

　　　$\Delta t_{基线}$——基线对应的声波时差，$\mu s/ft$。

0.02 可视为对数坐标下的电阻率与算术坐标下声波时差的归一化系数，即一个对数坐标下电阻率的单位对应 0.02 个声波时差单位。

$\Delta \lg R$ 与有机碳含量呈线性关系，并且是有机质成熟度的函数，则 $\Delta \lg R$ 计算有机碳含量的经验公式为：

$$w(\text{TOC}) = \Delta \lg R \cdot 10^{(2.297 - 0.1688 \text{LOM})} + \Delta \text{TOC} \qquad (6\text{-}2\text{-}5)$$

式中　TOC——计算的有机碳含量，%；

　　　LOM——反映有机质成熟度，由镜质组反射率、$T_{\max}$ 求取；

　　　ΔTOC——有机碳含量背景值，mg/L。

由于 LOM、ΔTOC 参数的确定受人为因素影响，以及给定的归一化系数 0.02，这些会产生一定的误差，影响了计算精度。刘超等（2014）和卢双舫等（2021）分析了归一化系数的取值，令 K 为归一化系数最优值（使计算的有机碳含量值与实测的有机碳含量值的相关度 R^2 最大），得到改进的 $\Delta \lg R$ 计算公式为：

$$w(\text{TOC}) = a \lg R + b \Delta t + c \qquad (6\text{-}2\text{-}6)$$

式中　a、b、c——拟合公式的系数。

$\Delta \lg R$ 法具有资料容易获取、可操作性强、通用性强等优点，虽然具有人为因素影响大和基线确定困难的特点，但仍是求取有机碳含量的常用的有效方法。

通过比较不同方法的特点，本文采用多元回归分析法和 $\Delta \lg R$ 法来求取玛湖凹陷风城组和吉木萨尔凹陷芦草沟组泥页岩烃源岩的有机碳含量。

（4）多元回归分析法。

多元回归分析法的基本思想是自变量与因变量之间没有严格的、确定性的函数关系，但可以设法找出最能代表他们之间关系的数学表达式。通过 $w(\text{TOC})$ 与常规测井的 GR、AC、DEN、lgRT、CNL 等分别拟合建立关系式，但单因素拟合出来的相关系数都比较低（图6-2-2）。为此，采用多元回归分析法将这些曲线中相对较高（GR、AC、DEN、lgRT、CNL）的相关系数与实测的有机碳含量值拟合，能够得到较高的相关系数，由此来求取较为准确的有机碳含量值。

2）吉木萨尔凹陷芦草沟组

在吉木萨尔凹陷中，选取 TOC 分析数据点较多且具有连续性的岩性剖面和完整的测井资料的井作为建立模型的标准井，如吉174井。在测井评价过程中，首先进行测井资料的归

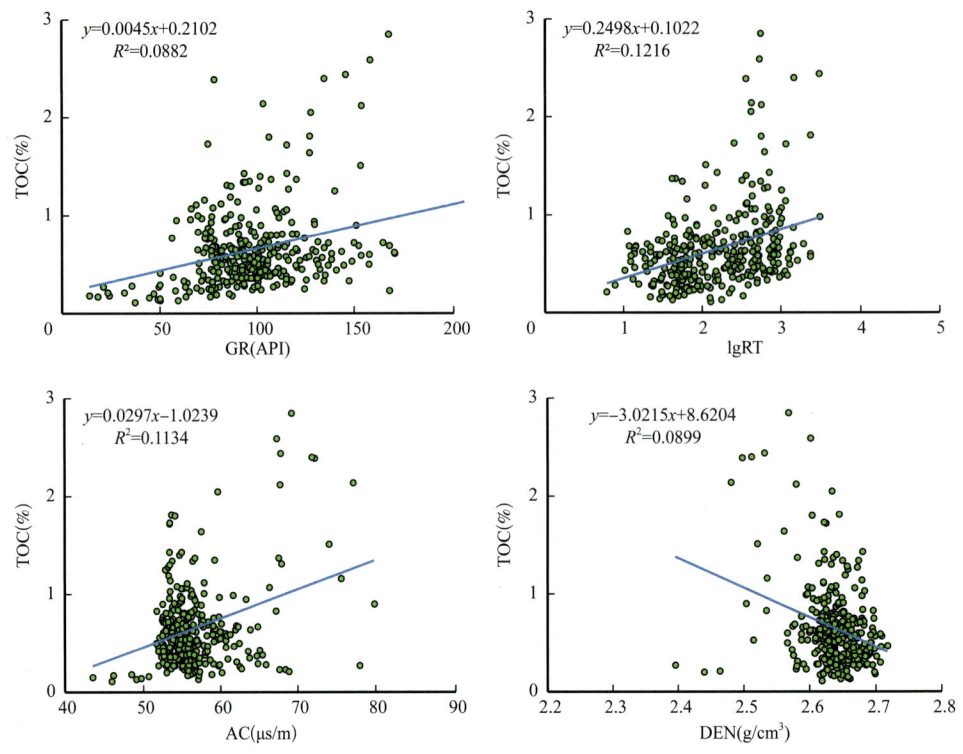

图 6-2-2 玛湖凹陷风城组不同测井响应与 w（TOC）的拟合交会图

一化处理，剔除井径异常部位测井曲线的校正。按照 ΔlgR 法和多元回归分析法的原理，分别建立芦草沟组烃源岩的测井响应关系。其中，ΔlgR 法中 w（TOC）与 RT 和 AC 的拟合公式为式 6-2-7，实测有机碳含量与公式计算的相关系数 $R^2=0.5163$，拟合交会图见图 6-2-3a。

$$w（TOC）=0.128\lg R+0.254\Delta t-7.202 \qquad (6-2-7)$$

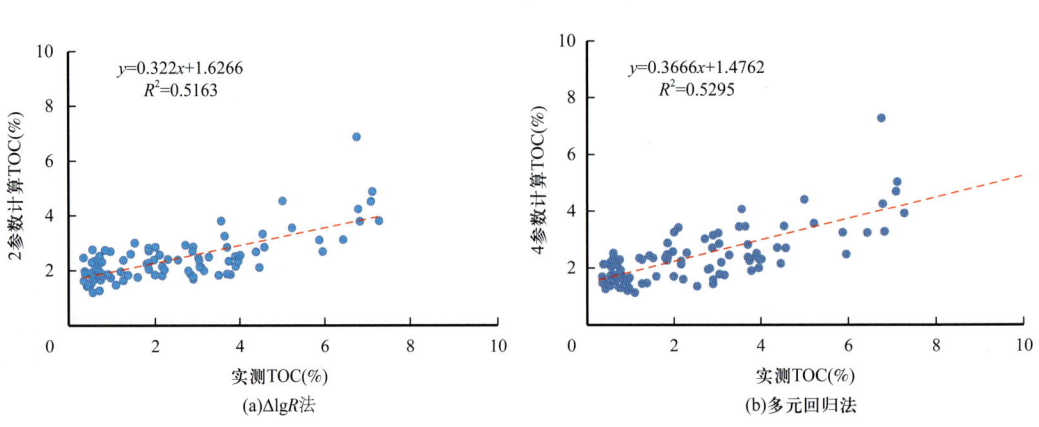

图 6-2-3 吉木萨尔凹陷芦草沟组实测 TOC 与计算 TOC 交会图

而多元回归方法中，通过 GR、RT、Δt、DEN、CNL 和 SP 分别与 w（TOC）建立交会关系，其中 GR、RT、Δt 和 DEN 的相关系数远高于 CNL 和 SP，选用 GR、RT、Δt 和

DEN 作为计算芦草沟组烃源岩有机碳含量的自变量，见式 6-2-8，实测有机碳含量与计算的相关系数 $R^2=0.5265$，拟合交会图见图 6-2-3b。

$$w(\text{TOC})=0.0174\text{GR}+0.666\lg\text{RT}+0.091\Delta t-2.827\text{DEN}+0.3823 \quad (6\text{-}2\text{-}8)$$

吉 174 井芦草沟组 TOC 分析数据多（$N=95$），TOC 含量分布广泛，分布范围为 0.27%~12.68%，TOC 含量主体分布在 2%~5% 之间，平均为 2.75%，非均质性较强。烃源岩岩性以深灰色、灰色泥岩、云质泥岩为主，夹灰色云质粉砂岩、泥灰岩。岩电组合特征中岩性与电性吻合性较好，纯泥岩对应双侧向曲线为齿状低阻，对应自然伽马曲线为高值；云质泥岩段对应双侧向曲线为齿状—小尖峰状低阻，对应自然伽马曲线较高值；云质粉砂岩段对应双侧向曲线为尖峰状高阻，对应自然伽马曲线为槽状较低；泥灰岩段对应双侧向曲线为尖峰状高阻。由于烃源岩非均质性的存在，在 $w(\text{TOC})$ 小于 1% 和大于 6% 的取样点存在明显偏差，表现为小值偏大和大值偏小的特征，这主要是由于曲线受围岩影响，引起误差（图 6-2-3b）。图 6-2-4 为吉 174 井芦草沟组实测与计算有机碳含量分布柱状图。

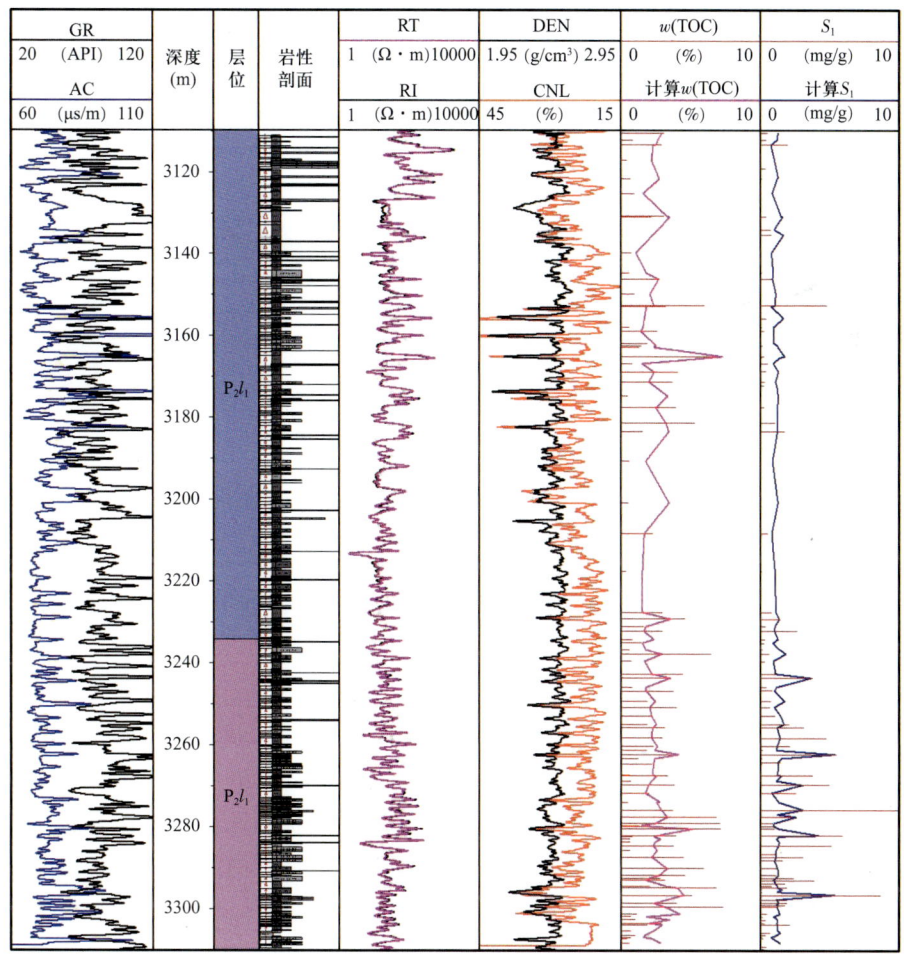

图 6-2-4　吉木萨尔凹陷吉 174 井芦草沟组计算 TOC 值柱状图

3）玛湖凹陷风城组

通过玛湖凹陷风城组烃源岩有机碳含量与常规测井的 GR、AC、DEN、lgRT、CNL 等特征曲线分别拟合，得到的相关系数较低，TOC 与 lgRT 的相关系数最高，为 $R^2=0.1216$；而 TOC 与 CNL 的相关系数最小，为 $R^2=0.0086$。采用 ΔlgR 法和多元回归分析法分别拟合回归了风城组烃源岩的测井响应关系。其中，ΔlgR 法中 w（TOC）与 RT 和 AC 的拟合回归公式见式 6-2-9，实测有机碳含量与计算有机碳含量的相关系数 $R^2=0.3684$，拟合交会图见图 6-2-5a。

$$w（TOC）=0.3882lgRT+0.0469\Delta t-2.855 \quad (6-2-9)$$

而多元回归方法中，选用 GR、RT、Δt 和 DEN 作为计算芦草沟组烃源岩有机碳含量的自变量，见式 6-2-10，实测有机碳含量与计算的相关系数 $R^2=0.4856$，拟合交会图见图 6-2-5b，符合率较高，为 $R^2=0.4856$。

$$w（TOC）=0.00334GR-0.54487DEN+0.042\Delta t+0.3614lgRT-1.4072 \quad (6-2-10)$$

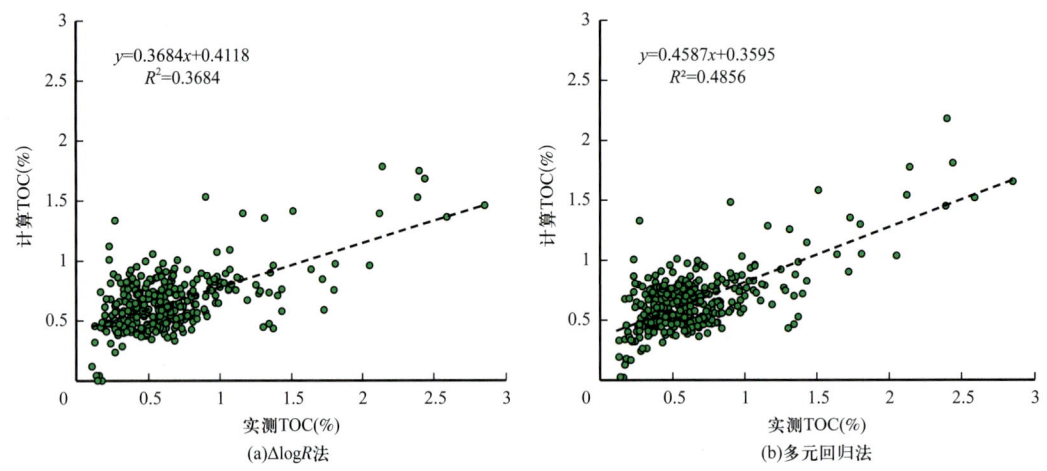

图 6-2-5 玛湖凹陷风城组实测 TOC 与计算 TOC 交会图

玛页 1 井风城组 TOC 取样分析测点较多（$N=230$），TOC 含量分布广泛，分布范围为 0.06%～2.85%，平均值为 0.65%，多数小于 1.2%，烃源岩非均质性较强。烃源岩岩性主要为深灰色、灰色泥页岩、云质泥页岩、泥质白云岩、泥质粉砂岩和粉砂质泥页岩，夹灰质泥岩、薄层粉砂岩。岩电组合特征中岩性与电性吻合性相对较好。粉砂质泥页岩（长英质页岩）为中低自然伽马（70～105API）、高电阻率（100～1160Ω·m）的特点，云质泥页岩为中自然伽马（85～105API）和中高电阻率（48～1000Ω·m）的特点，而泥页岩（黏土质页岩）为中自然伽马（85～105API）和中低电阻率（11～350Ω·m）的特点。由于玛湖凹陷烃源岩形成于碱湖环境，烃源岩非均质性的存在，在 w（TOC）小于 0.2% 和大于 1.5% 的取样点存在明显偏差，这主要是受围岩影响，造成曲线幅度偏大或者偏小，进而引起误差（图 6-2-5b）。图 6-2-6 为玛页 1 井风城组实测与计算有机碳含量分布柱状图。

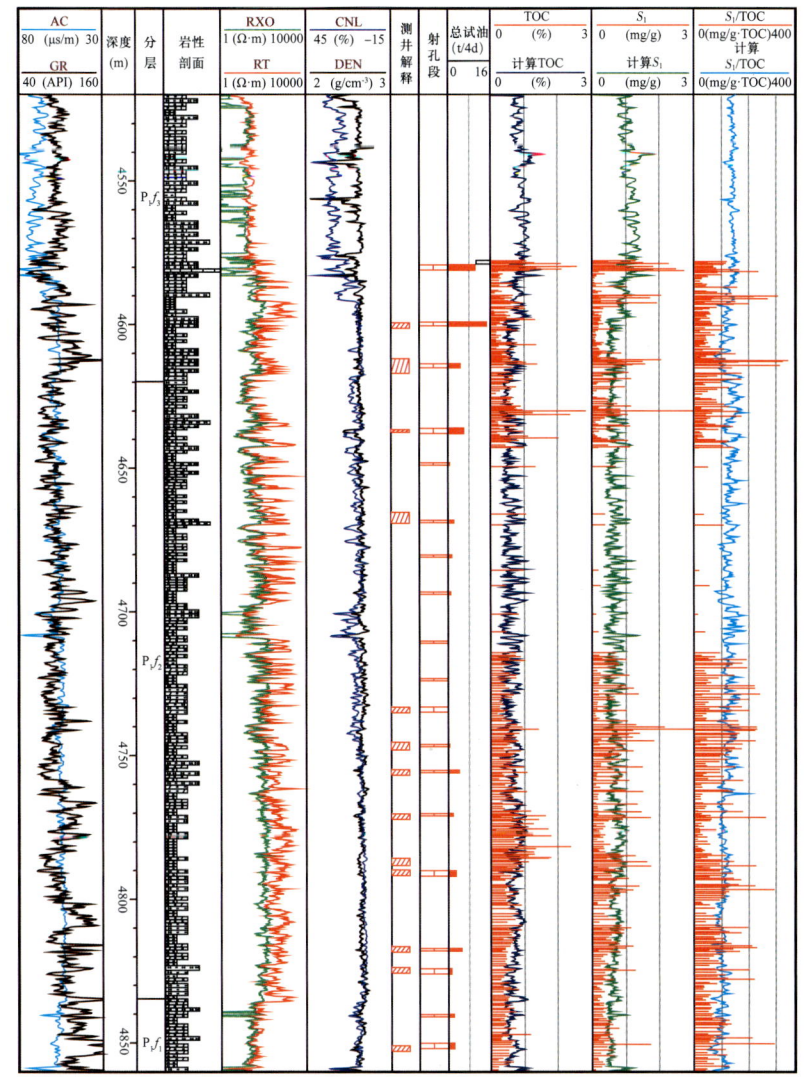

图 6-2-6　玛湖凹陷玛页 1 井风城组烃源岩参数柱状图

2. 烃源岩游离烃（S_1）测井评价

1）S_1 测井评价方法

S_1 含量为岩石中已经生成尚残留在岩石中的烃类，能够直接反映页岩油的富集程度，是页岩油可动性资源评价的关键参数。

（1）利用有机碳含量有计算 S_1。

游离烃是总有机碳含量的函数。随着总有机碳含量的增加，总体呈现出逐渐增加的特征。李宁等（2021）采用 TOC 与 S_1 建立回归关系（式 6-2-11），求取了松辽盆地古龙凹陷页岩油中的 S_1 特征，进而评价了页岩油游离烃的分布特征。

$$S_1 = 0.6614 \cdot w(\text{TOC}) + 1.5269 \quad (6\text{-}2\text{-}11)$$

（2）多元回归分析法计算 S_1。

电阻率曲线的测井响应能够指示储层中的烃类流体，当地层中存在烃类流体时，由于油气的导电性较差，地层的电阻率比普通泥页岩地层的电阻率高。地层的电阻率越高，生成烃类数量越大。研究表明，实测储层游离烃（氯仿沥青"A"）参数与电阻率测井曲线的对数值具有正相关关系。但由于游离烃还受到孔隙和泥质含量的影响，储集孔隙空间越大，泥质含量越小，比表面积越小，吸附烃类越少，游离烃越多。S_1 可以通过 RT、AC（DEN）和 GR 来计算。

2）吉木萨尔凹陷芦草沟组

（1）采用 TOC 回归计算 S_1。

根据吉木萨尔凹陷芦草沟组烃源岩地层的 TOC 与 S_1 建立交会关系（图 6-2-7），两者的拟合回归计算公式为：

$$S_1 = 0.4361 \cdot w(\text{TOC}) + 0.1784 \qquad (6\text{-}2\text{-}12)$$

TOC 与 S_1 的相关系数为 $R^2=0.1764$。

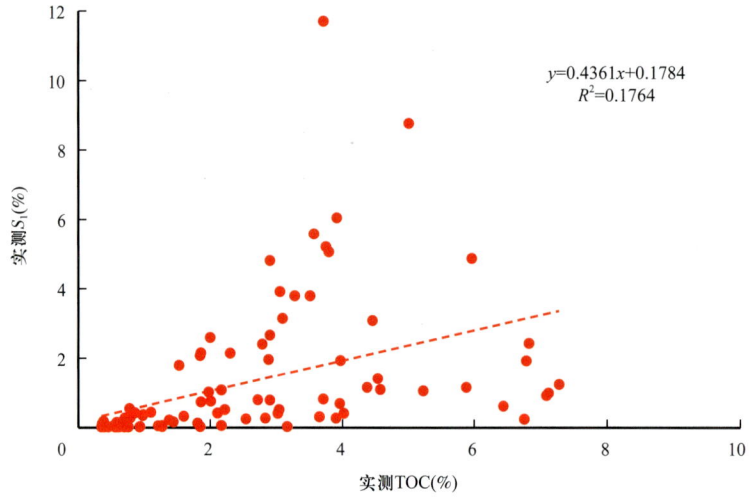

图 6-2-7 吉木萨尔凹陷芦草沟组实测 TOC 与实测 S_1 交会图

（2）采用多元回归分析计算游离烃 S_1。

通过吉木萨尔凹陷芦草沟组 AC 和 lgRT 回归（图 6-2-8a），建立 S_1 的拟合回归公式：

$$S_1 = 0.02\Delta t - 0.282\lg RT + 0.114 \quad (R^2 = 0.3856) \qquad (6\text{-}2\text{-}13)$$

而通过 AC、lgRT 和 GR 测井响应特征回归（图 6-2-8b），建立 S_1 的回归公式：

$$S_1 = 0.0151\Delta t - 0.223\lg RT + 0.012\text{GR} - 0.8666 \quad (R^2 = 0.4409) \qquad (6\text{-}2\text{-}14)$$

根据 AC、lgRT 和 GR 与 S_1 的相互关系，纵向计算了 S_1 纵向分布特征（图 6-2-6），并建立了实测 S_1 与计算 S_1 的交会关系。

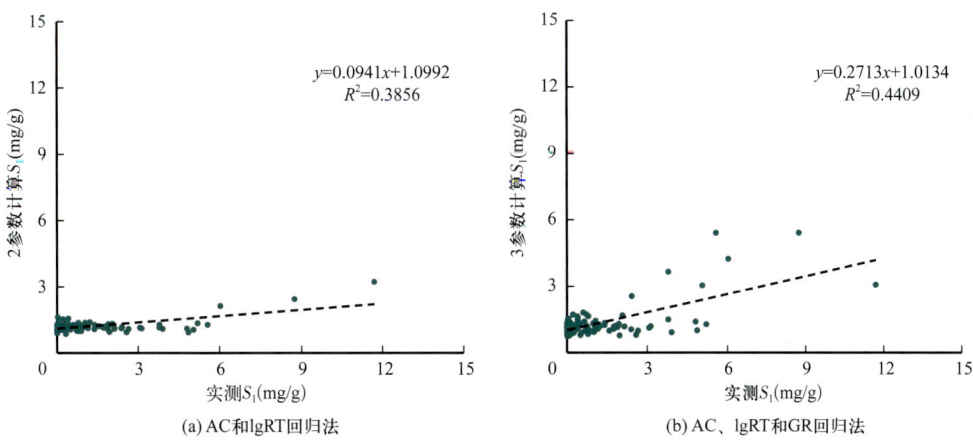

图 6-2-8　吉木萨尔凹陷芦草沟组实测 S_1 与计算 S_1 交会图

3）玛湖凹陷风城组

（1）采用 TOC 回归计算 S_1。

根据玛湖凹陷风城组页岩地层的 TOC 与 S_1 关系建立了回归计算公式（式6-2-15），两者交会关系如图 6-2-9 所示。

$$S_1=0.6865 \cdot w（TOC）+0.146（R^2=0.2849） \quad (6-2-15)$$

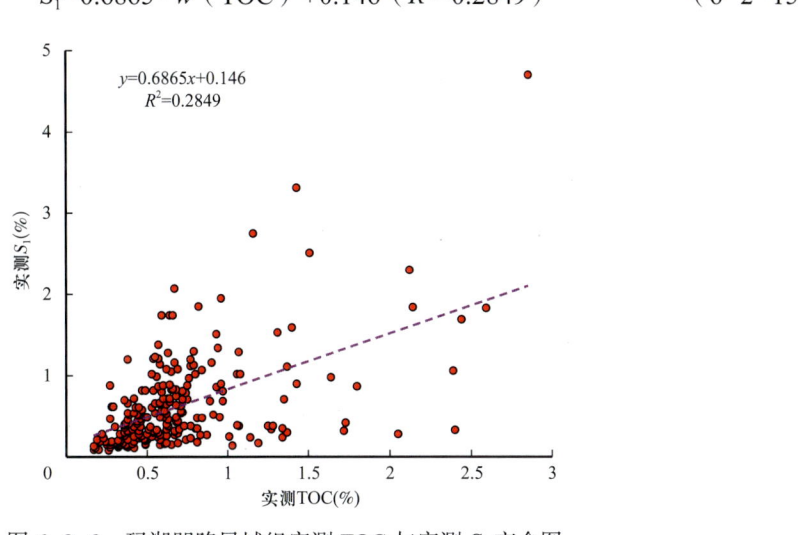

图 6-2-9　玛湖凹陷风城组实测 TOC 与实测 S_1 交会图

但是，两者的相关系数仅为 $R^2=0.2849$。同时将计算的 S_1 和实测的 S_1 建立拟合关系，相关系数更小，为 $R^2=0.1102$。

（2）采用多元回归分析计算 S_1。

通过单测井曲线与 S_1 的建立关系，其中游离烃与 AC 和 lgRT 的相关性相对较高，相关系数分别为 $R^2=0.2308$ 和 $R^2=0.1712$。

通过 AC 和 lgRT 回归，建立 S_1 的拟合回归公式（图 6-2-10a）。

$$S_1=0.1026\Delta t+0.3225\lg RT-5.8204（R^2=0.4507） \quad (6-2-16)$$

而通过 AC、lgRT 和 GR 测井响应特征回归，建立 S_1 回归公式（图 6-2-10b）。

$$S_1=0.1011\Delta t+0.3207\lg RT-0.0008GR-5.652\ (R^2=0.4616) \quad (6-2-17)$$

根据 AC、lgRT 和 GR 与 S_1 的相互关系，确定了 S_1 纵向分布的特点（图 6-2-6），并建立实测 S_1 与计算 S_1 的交会关系（图 6-2-10）。

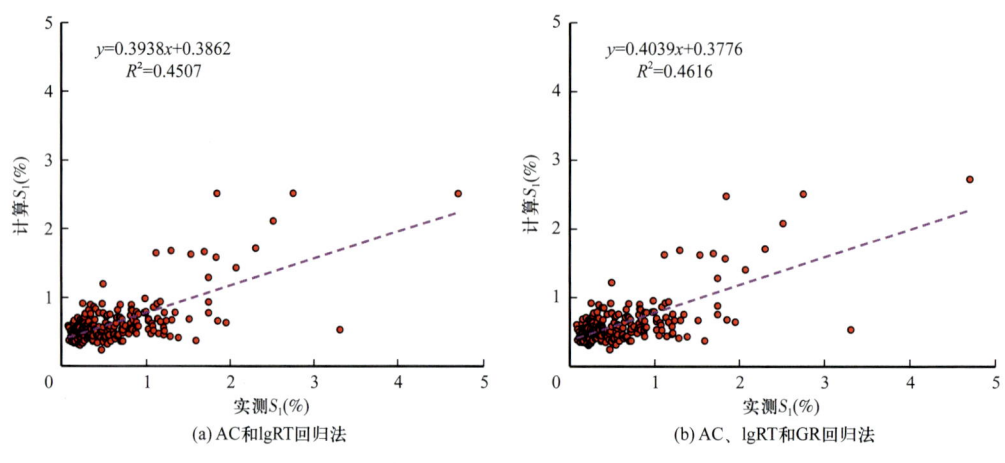

图 6-2-10　玛湖凹陷风城组实测 S_1 与计算 S_1 交会图

二、储层品质参数测井评价

1. 储层岩性测井识别

1）吉木萨尔凹陷芦草沟组

（1）构建岩性识别敏感参数。

精确的岩心归位，可将岩性分析数据与测井数据联系起来，为岩性敏感参数的选择、构建和岩性识别图版的建立奠定了基础。核磁共振测井 T_2 波谱在一定条件下可以反映孔隙直径尺度的变化和毛管束缚水及黏土束缚水的含量，从而反映沉积岩粒度的变化。据此构建了核磁共振 3ms 孔隙度与 0.3ms 孔隙度比值的岩石结构指示参数。在目的层地质条件下，核磁共振测井可以提供不受岩性变化影响的高精度的总孔隙度测井数据，岩性密度测井可以提供高精度的体积密度数据。由于目的层为沉积岩，其主要造岩矿物成分的构成特点具有从黏土、长石、石英、方解石到白云石体积密度逐渐增大的特点，因而构造的骨架密度参数能较好地反映岩石成分的变化。两个岩性敏感参数相结合可以从岩石结构和岩石成分方面综合确定岩性，提高了测井岩性识别的能力。

综合考虑岩性的发育特征、成因类型、对物性的控制作用、测井的分辨率和区分不同储层类型的能力，芦草沟组可划分出六类优势岩性，分别为泥岩类、长石岩屑粉细砂岩类（基本不含碳酸盐矿物）、云质/钙质粉细砂岩类、云屑砂岩类、颗粒白云岩类、泥晶、微晶白云岩类。图 6-2-11 是在上述构建的两种岩性敏感参数分析的基础上，建立的区域性岩性识别图版。

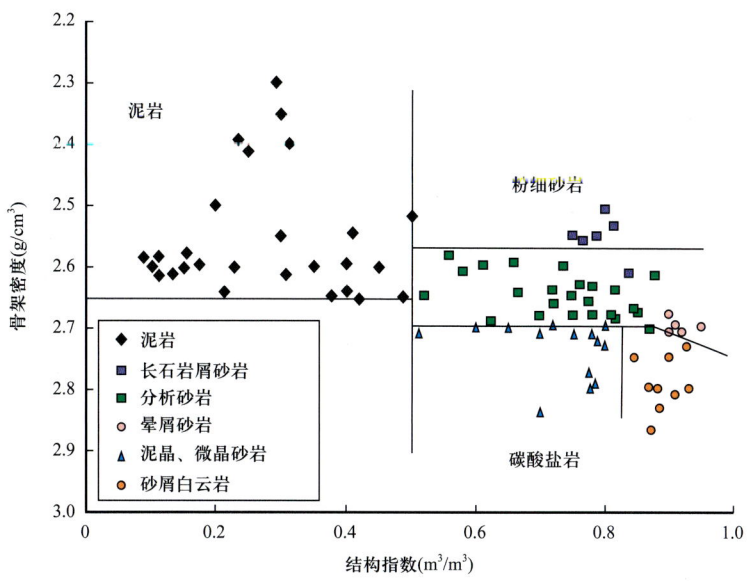

图 6-2-11　芦草沟组不同岩性识别图版（据匡立春等，2013）

岩性识别图版不仅岩性识别能力较强，而且物理意义明确，横坐标大致反映了岩石结构的变化，纵坐标反映了岩石矿物成分的变化。横坐标从小到大反映了岩石的粒度从小到大、从泥岩到粉细砂岩的变化过程，碳酸盐岩反映了从块状结构到颗粒结构的变化。泥岩区：从左到右，反映了砂质成分增加，从上到下反映了从碳质泥岩、粉砂质泥岩到云质泥岩的变化。粉细砂岩区：从左到右，反映了泥质成分的减小和粒度的增大，从上到下，反映了碳酸盐岩成分的增加。白云岩区：从左到右，反映了从块状结构到碎屑结构的变化，从上到下，反映了泥质、砂质成分的减少和白云石成分的增加。

（2）岩性识别实例。

从吉 174 井芦草沟组的测井响应特征和核磁共振特征，分析页岩油的主力储层特征（图 6-2-12）。储层①岩性结构指数约 0.9，指示为碎屑结构，骨架密度最高为 2.87g/cm³，指示岩性为白云岩，在岩性图版上也落入砂屑白云岩的区域。综合解释该段储层的优势岩性为以内碎屑为主的砂屑白云岩。从骨架密度的变化来看，从上到下骨架密度逐渐增大，显示外碎屑成分（机械沉积）逐渐减少，云屑成分逐渐增多。核磁共振测井资料显示，该段物性较好，黏土含量较低。

储层②的岩性结构指数为 0.8～0.9，指示为碎屑结构，骨架密度以 2.50～2.60g/cm³ 为主，低于石英的密度，长石、岩屑发育，基本不含碳酸盐矿物，在岩性识别图版上落入长石岩屑粉细砂岩区。FMI 图像显示水平沉积层理发育，为典型的沉积构造。综合解释该段储层的优势岩性为以外碎屑为主的长石岩屑粉细砂岩。该段岩性核磁共振测井资料显示物性较好，黏土含量相对较高。从自然伽马测井资料看，储层的天然放射性强度相对较大，是钾长石含量较高的标志，全岩矿物 X 射线分析资料也证实了上述结论。

储层③的岩性结构指数约 0.9，指示为碎屑结构，骨架密度多为 2.70g/cm³，指示矿物成分为内外碎屑的混合物，内外碎屑共存，以白云岩碎屑为主。FMI 成像图像可见小型的交错层理，为典型的沉积构造。综合解释该段的优势岩性为云屑砂岩。核磁共振测井资料显示储层的物性较好，且黏土含量相对较低。

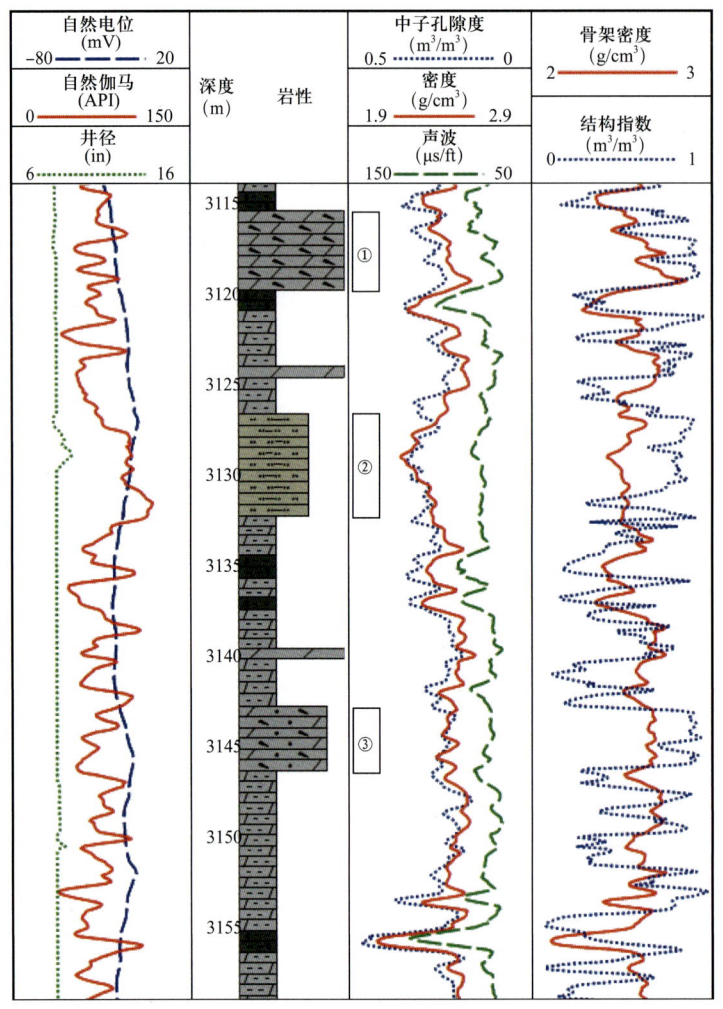

图 6-2-12　吉 174 井上甜点段段测井岩性解释成果图（据匡立春等，2013）

应用核磁共振测井与密度测井建立的岩性识别图版，实现了岩性识别方法的从无到有，实现了全区已钻探井的岩性综合解释，优势岩性识别的符合率超过 85%，该解释结果对了解已钻井岩性的纵向、横向变化及储层的分布提供了重要的技术支撑，为勘探部署奠定了基础。

2）玛湖凹陷风城组

通过玛湖凹陷风城组页岩地层岩性的组成分析，岩性主要分为六种类型，分别为长英质页岩、长英质云质页岩、黏土质长英质页岩、云质页岩、黏土质云质页岩和黏土质页岩。通过对不同岩性的电性响应特征分析，岩性之间的电性响应差别较小，尤其是成分差别不明显的岩性。如长英质页岩、黏土质长英质页岩和长英质云质页岩（表 6-2-1）。而成分相对明显的长英质页岩、云质页岩和黏土质页岩在电性上还存在一定程度的差异，如 SP 表现出低（-85～-55）、中（-65～-45）和高（-61～-47），CNL 表现出高（14～25）、中低（4.8～12）和低（4.5～8），RT 表现出高（100～1160）、中高（48～1000）和低（25～80）的特征。

表 6-2-1 玛湖凹陷不同岩性测井响应范围

岩性	GR（API）	SP（mV）	CNL（%）	RT（Ω·m）
长英质页岩	中低（70～105）	低（-85～-55）	高（14～25）	高（100～1160）
长英质云质页岩	广泛（70～120）	广泛（-80～-38）	广泛（5～18）	广泛（20～1500）
黏土质长英质页岩	广泛（70～120）	广泛（-70～-42）	广泛（5～17）	广泛（10～1400）
云质页岩	中（85～105）	中（-65～-45）	中低（4.8～12）	中高（48～1000）
黏土质云质页岩	中高（85～115）	广泛（-72～-45）	中低（5.2～15）	中低（11～350）
黏土质页岩	中高（85～120）	高（-61～-47）	低（4.5～8）	低（25～80）

通过不同岩性的 RT、GR、CNL 和 SP 之间的相互交会关系（图 6-2-13），长英质页岩、云质页岩和黏土质页岩的测井响应相对明显，而黏土质云质页岩、长英质云质页岩和黏土质长英质页岩的测井取值分布范围相对广泛，响应不明显。其中长英质页岩的测井响应为中低 GR、低 SP、高 CNL 和高 RT，云质页岩为中 GR、中 SP、低 CNL 和高 RT，黏土质页岩为中高 GR、高 SP、低 CNL 和低 RT，黏土质云质页岩为中高 GR、中低 CNL 和中低 RT，SP 曲线特征不明显。

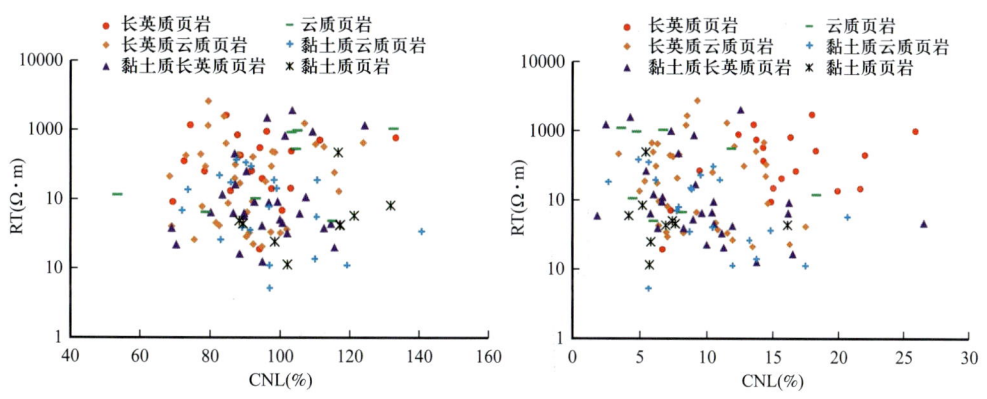

图 6-2-13 玛湖凹陷风城组不同泥页岩岩性的测井响应特征交会图

2. 储层孔隙度测井识别

1）吉木萨尔凹陷芦草沟组

页岩油孔隙度的计算主要是通过不同测井的多元回归方法求取。根据实测孔隙度值，选取孔隙度测井响应参数 AC、DEN 和 CNL 进行孔隙度回归，得到公式为：

$$\phi = 0.052\Delta t - 3.19 \text{DEN} + 0.0052 \text{CNL} + 11.262 \quad (R^2 = 0.7028) \quad (6\text{-}2\text{-}18)$$

实测孔隙度与计算孔隙度交会图见图 6-2-14，吉 174 井芦草沟组孔隙度纵向分布如图 6-2-15 所示。

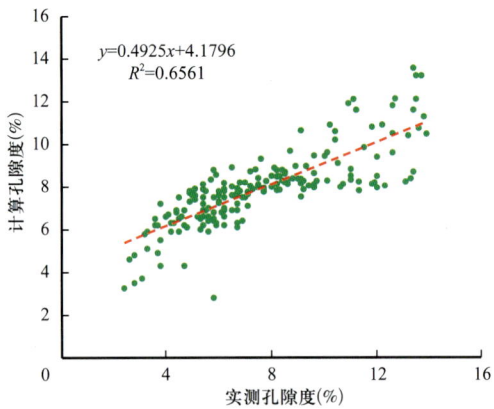

图 6-2-14　吉木萨尔凹陷芦草沟组实测孔隙度与计算孔隙度交会图

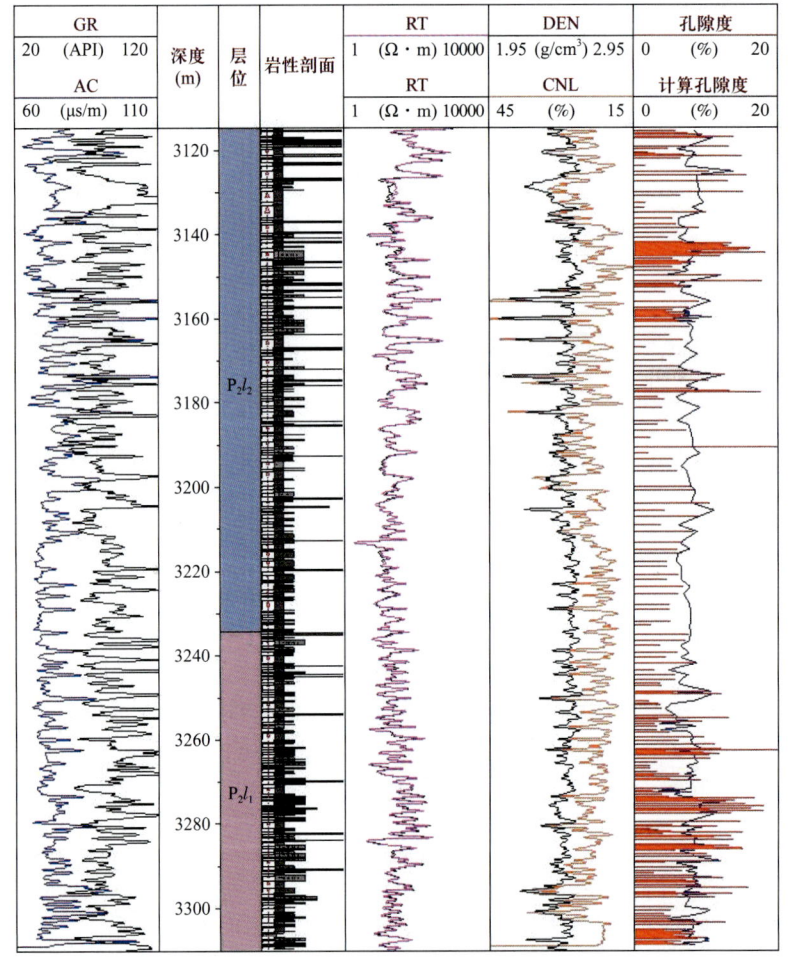

图 6-2-15　吉木萨尔凹陷吉 174 井芦草沟组实测孔隙度与计算孔隙度分布图

2）玛湖凹陷风城组

（1）单元素识别。

通过孔隙度与 AC、DEN 和 CNL 分别建立相关关系，其中 AC 与孔隙度相关性最好，R^2=0.501（图 6-2-16a），其次为 DEN，为 R^2=0.2723（图 6-2-16b），而 CNL 的相关系数较低，仅为 R^2=0.0065。

（2）多元回归分析。

选取 AC 和 DEN 两个参数回归孔隙度（图 6-2-17a），得到公式为：

$$\phi=0.613\Delta t-21.416\text{DEN}+29.3484\ (R^2=0.5547) \qquad (6-2-19)$$

选取 AC、DEN 和 CNL 参数回归孔隙度（图 6-2-17b），得到公式为：

$$\phi=1.2388\Delta t+14.3261\text{DEN}-0.4443\text{CNL}-96.7077\ (R^2=0.7028) \qquad (6-2-20)$$

风城组玛页 1 井风城组孔隙度纵向分布如图 6-2-18 所示，风城组三段孔隙度要明显高于风城组一段和风城组二段。

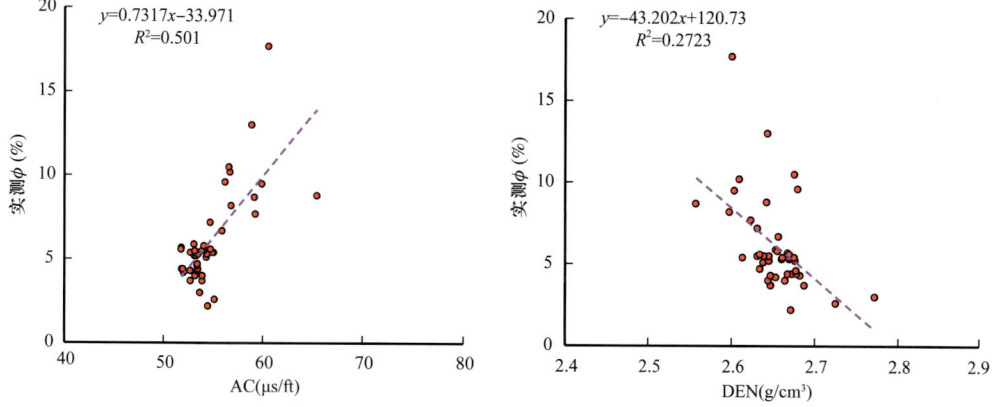

图 6-2-16　玛湖凹陷风城组实测孔隙度在 AC 和 DEN 测井的响应特征

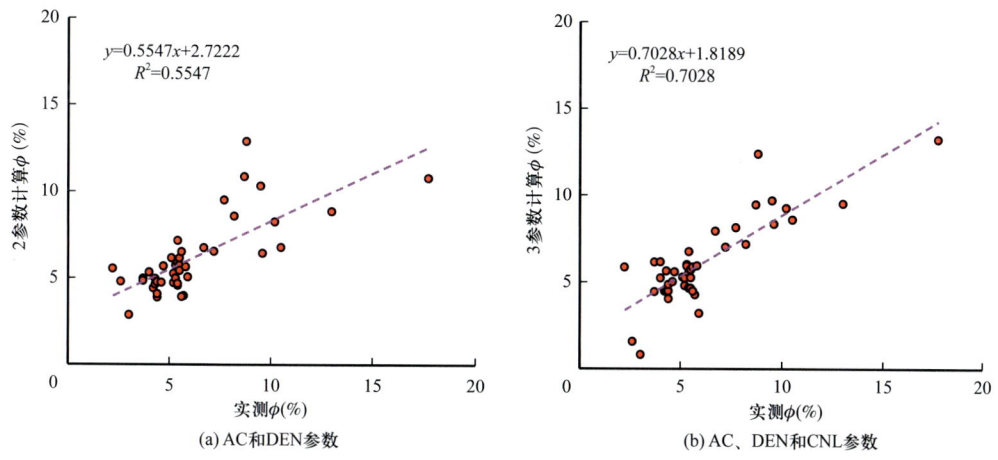

(a) AC 和 DEN 参数　　　　　(b) AC、DEN 和 CNL 参数

图 6-2-17　玛湖凹陷风城组计算孔隙度与实测孔隙度交会图

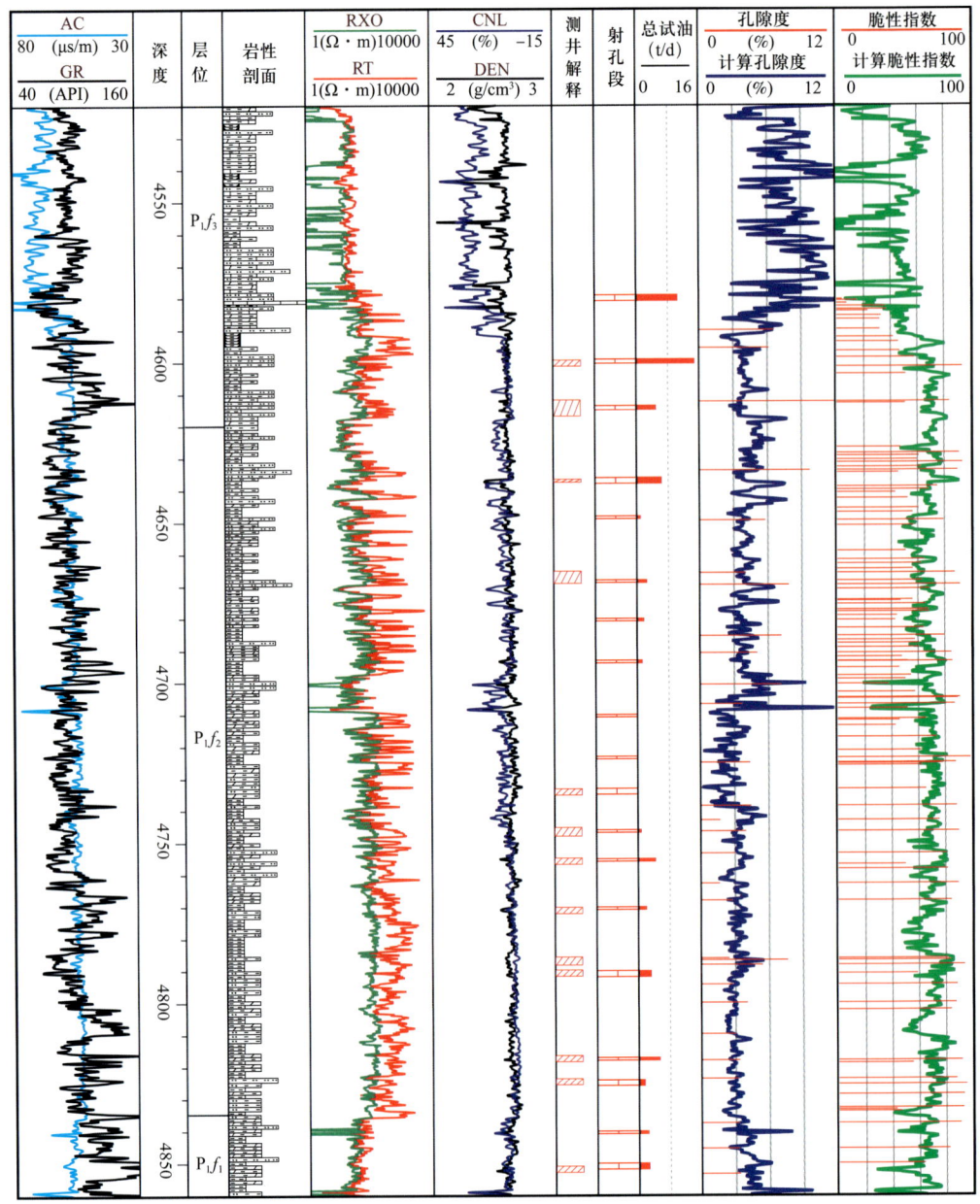

图 6-2-18 玛湖凹陷玛页 1 井风城组云质页岩孔隙度纵向分布特征

3. 裂缝测井识别

利用测井方法识别裂缝的原因在于裂缝与基质具有不同的地球物理特征。当地层中发育裂缝时，就可能产生不同的测井响应，继而识别和分析裂缝。然而，由于页岩地层的非均质性，常规测井本身存在多解性，直接利用常规测井识别裂缝难度非常大，尤其是被充填的裂缝。因此，必须要利用岩心观察资料，结合常规测井和成像测井识别裂缝，分析裂缝发育的有效性。

1) 常规测井

无论是吉木萨尔凹陷芦草沟组，还是玛湖凹陷风城组，其岩性主要为高频湖平面振荡时期沉积的细粒沉积岩，纵向上表现为泥质岩、云质岩、灰质岩、粉砂岩和混积岩等多纹层与薄层的叠置分布特征，具有强非均质性的特点。因此，岩性变化的影响要远大于裂缝的影响，这样就不能通过岩性测井曲线来识别出裂缝，如自然电位和井径。相对于岩性测井曲线来说，孔隙度测井对裂缝表现出较明显的响应，在裂缝发育位置处，声波时差曲线（AC）和中子测井（CNL）多呈现增加特征，而密度测井（DEN）一般表现出微弱减小的变化特征。在层理缝或者水平缝发育的情况下，裂缝的电阻率测井较为敏感，呈现出显著降低的特征，但随着裂缝角度的变化范围，电阻率测井响应逐渐降低。

（1）吉木萨尔凹陷芦草沟组。

从吉木萨尔凹陷芦草沟组选取 11 口井 16 个非裂缝段（裂缝面密度小于1.5cm/cm^2）和 23 个裂缝发育段（裂缝面密度大于1.5cm/cm^2），通过 7 个测井序列（DEN，AC，CNL，RLLS，GR，CAL，SP）分析裂缝发育段及非裂缝段的常规测井参数分布特征。将裂缝段及非裂缝段主要常规测井序列进行交会分析（图6-2-19），裂缝发育段具有以下特征：裂缝发育段的 DEN 值小于非裂缝段，AC 和 CNL 值较非裂缝段大（图6-2-19a 至 c）；GR 值较高，SP 和 CAL 与非裂缝段无明显差异（图6-2-19d 至 f）；RLLS 较非裂缝段偏低（图6-2-19c）。

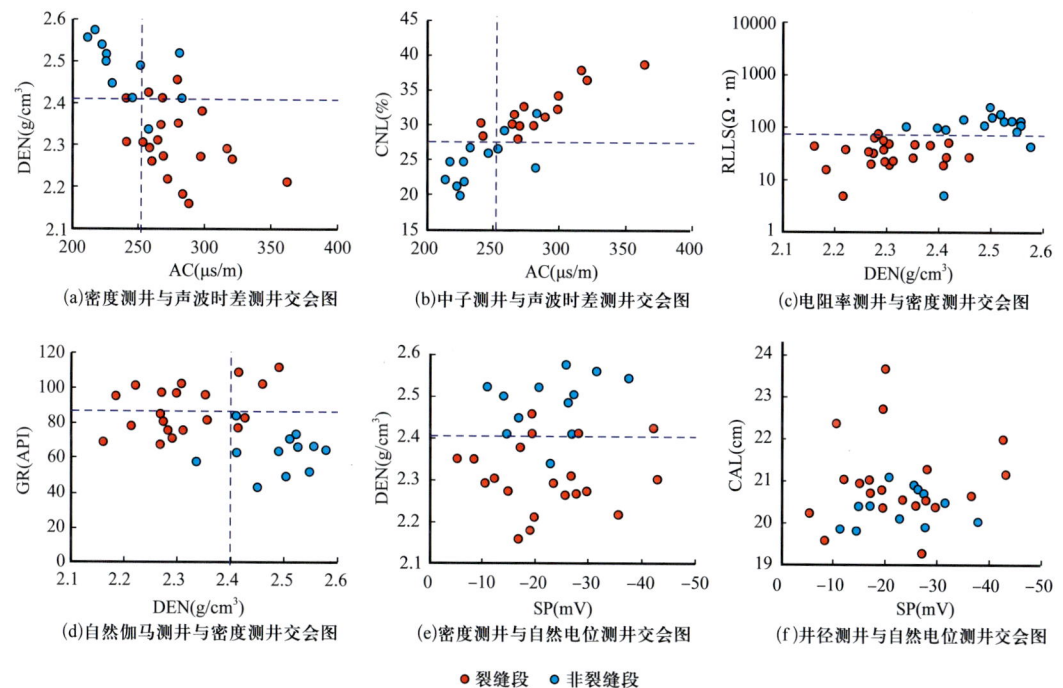

图 6-2-19　吉木萨尔凹陷芦草沟组常规测井序列交会图

通过交会分析，结合裂缝段及非裂缝段常规测井序列参数，得到对裂缝段响应较为明显的几个参数特征（表6-2-2），其中，DEN 界线为2.43g/cm^3，CNL 为28%，AC 为246μs/m，GR 为70API，RLLS 为80Ω·m。

表 6-2-2　吉木萨尔凹陷常规测井序列裂缝段参数特征

类别	DEN（g/cm³）	CNL（%）	AC（μs/m）	GR（API）	RLLS（Ω·m）
裂缝段	<2.43	>28	>246	>70	<80
非裂缝段	>2.43	<28	<246	<70	<80

（2）玛湖凹陷风城组。

玛湖凹陷风城组泥页岩裂缝的孔隙度测井响应较好；其中，声波时差曲线（AC）常出现显著增大，密度测井（DEN）一般微弱减小，中子测井（CNL）为明显增大，而电阻率更为敏感，呈现出显著减低的特征。通过玛页 1 井 4632.5～4657.5m 段，识别出 6 个裂缝发育段，与岩心和成像测井对比发现裂缝发育情况基本吻合，且孔隙度测井与电阻率测井的裂缝响应最为明显（图 6-2-20）。但是，由于裂缝的倾角及开启程度不同，其常规测井响应特征不同，且各常规测井方法对裂缝的敏感程度亦有差异。常规测井对于识别裂缝发育段的约束效果较明显，但无法对单一裂缝进行精细识别。

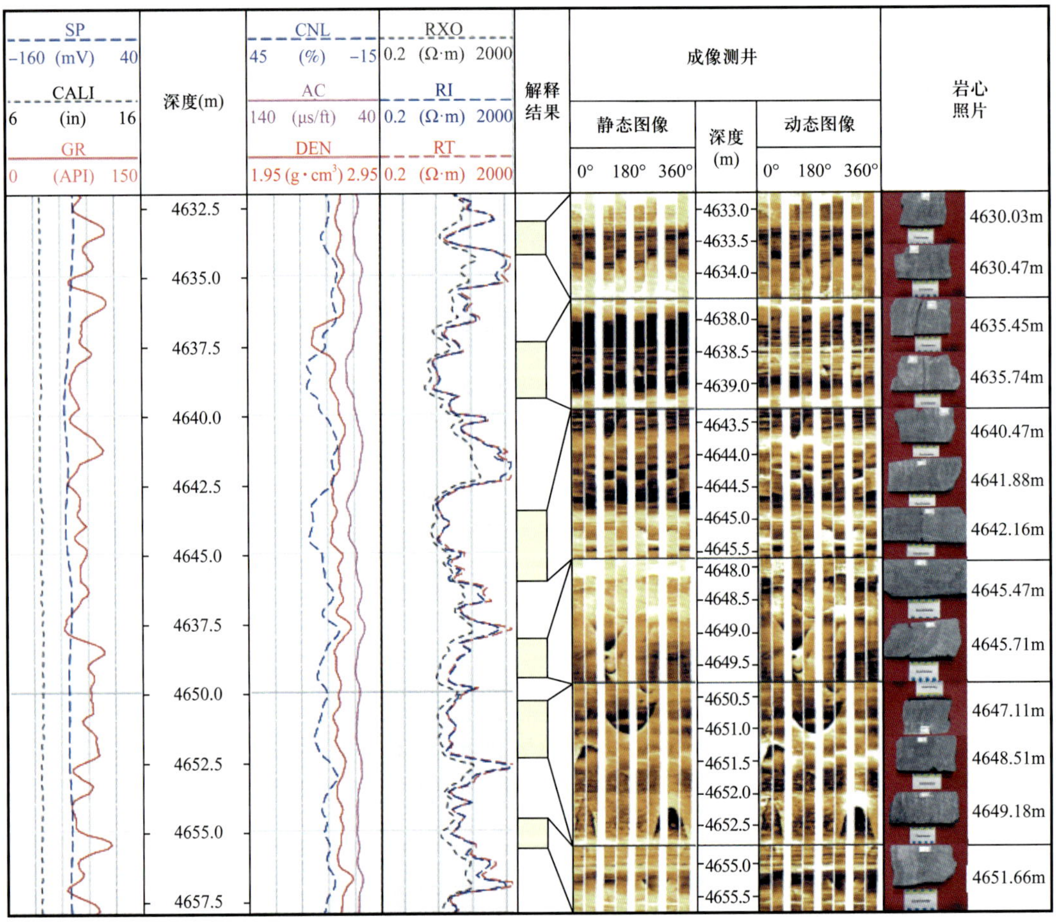

图 6-2-20　玛湖凹陷玛页 1 井风城组页岩储层裂缝常规测井识别（据黄玉越等，2022）

2）成像测井

微电阻率扫描成像测井（FMI）是目前测井识别裂缝最有效的方法。其原理是通过8个极板上的一系列纽扣电极发出的恒定电压信号对井壁进行扫描，记录下每个纽扣电极上的电流，然后通过特定的成像手段得到井壁的模拟成像；其显示环井壁岩石360°全方位的图像信息，纵向分辨率高达5mm，因此可基于井壁岩石的非均质性而清晰反映裂缝、层理等不同地质特征的差异。纽扣电极的数量较多、间距较小，可以对较小尺度的地下地质体（裂缝）单独成像，识别出裂缝的产状。一般而言，裂缝在成像测井图像中呈现出正弦曲线特征，且正弦曲线的宽度、幅度等特征受裂缝开度、倾角等影响。成像测井图像的颜色体现的是电阻率差异，反映裂缝的充填情况，亮色反映高阻充填，暗色反映低阻充填。对于未充填裂缝，钻井液的侵入导致裂缝的电阻率明显低于围岩，呈现低阻暗色条纹。

（1）吉木萨尔凹陷。

根据不同地质结构的成像测井响应，可以总结出如下识别模式（图6-2-21）。确定好裂缝形态后，利用LogView软件对裂缝的倾角、倾向、孔隙度及水动力平均宽度参数进行定量计算，做成像蝌蚪图及玫瑰花图，结果显示，研究区主要发育张开缝，裂缝倾角为7.82°~77.88°，频率统计表明构造缝以低角度缝及高角度缝为主，中角度缝次之，常规测井和成像测井对裂缝的响应情况如图6-2-22所示。

成像测井模式	图像特征 0° 90° 180° 270° 360°	响应特征	地震解释
块状模式		大段暗色	泥岩层
		大段黄色	砂岩层
		大段亮色	石灰岩层
条带状模式		平行高电导率异常	层界面
	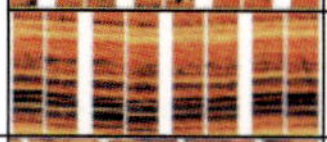	宽度变化不大高电导率条	泥质条带
线状模式	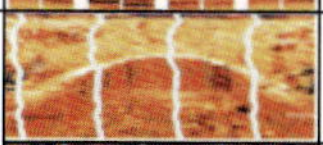	亮色正弦曲线	钙质充填裂缝
		黑色正弦曲线	黄铁矿充填裂缝
		暗色正弦曲线宽度变化明显	泥质、未充填裂缝
其他		不规则锯齿状	缝合线
		对称垂直条	椭圆井眼
		羽毛状或雁形状正弦曲线	钻具扰动

图6-2-21 芦草沟组储层不同类型裂缝成像测井特征

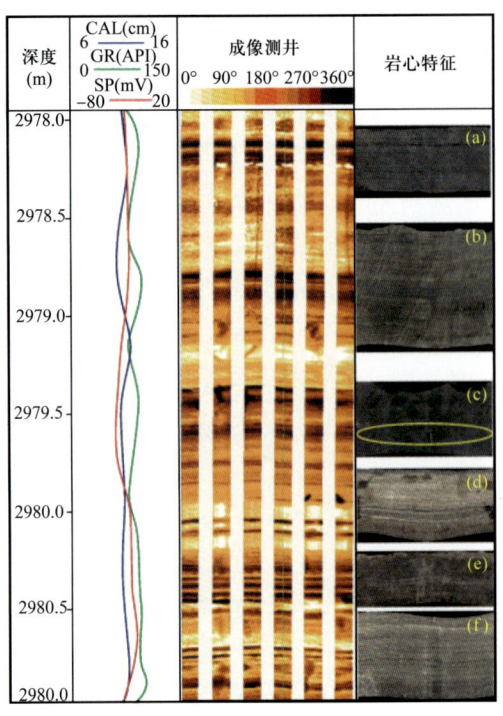

图 6-2-22 芦草沟组成像测井裂缝识别评价效果图
（a）未充填层理缝，砂屑粉砂岩；（b）泥质条带，云质粉砂岩；（c）未充填层理缝，泥岩；
（d）钙质充填缝，粉砂质白云岩；（e）泥质充填缝，砂屑粉砂岩；（f）缝合线，粉砂质白云岩

针对裂缝线密度引入绝对线密度和相对线密度概念来表征裂缝发育的集中程度，其中，构造裂缝的绝对线密度是指构造裂缝集中发育层段的裂缝线密度，反映了裂缝的集中发育程度，而相对线密度是指整段地层中的裂缝平均线密度，反映了裂缝的平均发育程度，其计算公式为：

$$D_{\mathrm{alf}} = \frac{\sum\limits_{i=1}^{n}\left(\dfrac{N_i}{L_i}\right)}{n} \quad (6-2-21)$$

$$D_{\mathrm{rlf}} = D_{\mathrm{alf}}\left(\sum\limits_{i=1}^{n}\dfrac{L_i}{L_c}\right) \quad (6-2-22)$$

式中 D_{alf} 和 D_{rlf}——是构造缝的绝对线密度及相对线密度，条/m；

i——裂缝段编号；

n——总裂缝段数目；

N_i——第 i 个裂缝段的构造缝数目，条；

L_i——第 i 个裂缝段长度，m；

L_c——岩心总长度，m。

芦草沟组上甜点体裂缝宽度为 0.020~0.064mm，平均值 0.026mm，下甜点体裂缝宽

度为 0.005～0.087mm，平均值 0.038mm，下甜点体裂缝开度相对较大（图 6-2-23a）。上下甜点体裂缝面密度对比与二者裂缝宽度差异相吻合，上甜点体裂缝面密度为 0.482～2.440m/m²，平均值 1.6m/m²，下甜点体裂缝面密度为 1.80～5.27m/m²，平均值 3.05m/m²，下甜点体裂缝面密度明显高于上甜点体（图 6-2-23b）。上甜点体裂缝绝对线密度均值为 2.48 条/m，下甜点体裂缝绝对线密度均值为 3.36 条/m（图 6-2-23c），下甜点体裂缝发育更集中。上甜点体裂缝相对线密度为 0.870 条/m，而下甜点体裂缝相对线密度为 0.979 条/m（图 6-2-23d），整体而言，上下甜点体裂缝发育总密度差异不大，下甜点体略优于上甜点体。相比较而言，上甜点以湖相为主，粒度较细，岩性以泥岩为主，白云岩含量较少，黏土矿物较多，储层脆性相对较小，而下甜点以三角洲相为主，岩性以细砂岩为主，发育各种交错层理、斜层理，这些层理构造都是裂缝发育的薄弱面，有利于裂缝发育，尤其是层理缝的发育。

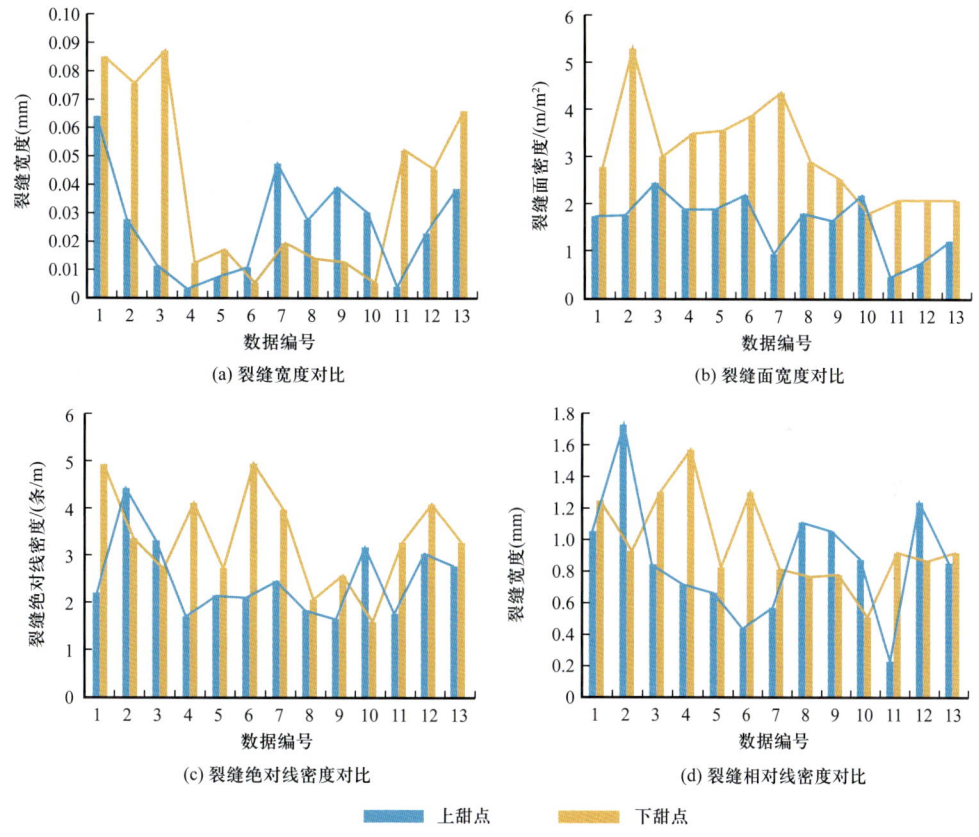

图 6-2-23　吉木萨尔凹陷芦草沟组上下甜点体裂缝表征参数对比（据刘冬冬等，2019）

（2）玛湖凹陷风城组。

通过玛页 1 井典型天然裂缝类型的测井响应特征，分析了玛湖凹陷风城组页岩不同充填程度的裂缝识别图版。① 低角度未充填裂缝：岩心上可见明显的多组近平行于纹层发育的未充填裂缝，裂缝开度较小，部分可见油迹；FMI 动态图像上可见多组不规则的狭窄黑色正弦条带，整体幅度较小；常规测井曲线中 GR 值较高，CNL 出现微弱增大，电阻率曲线呈现明显降低（图 6-2-24a）。② 高角度未充填裂缝：岩心上可见明显的高角度未充填裂缝切

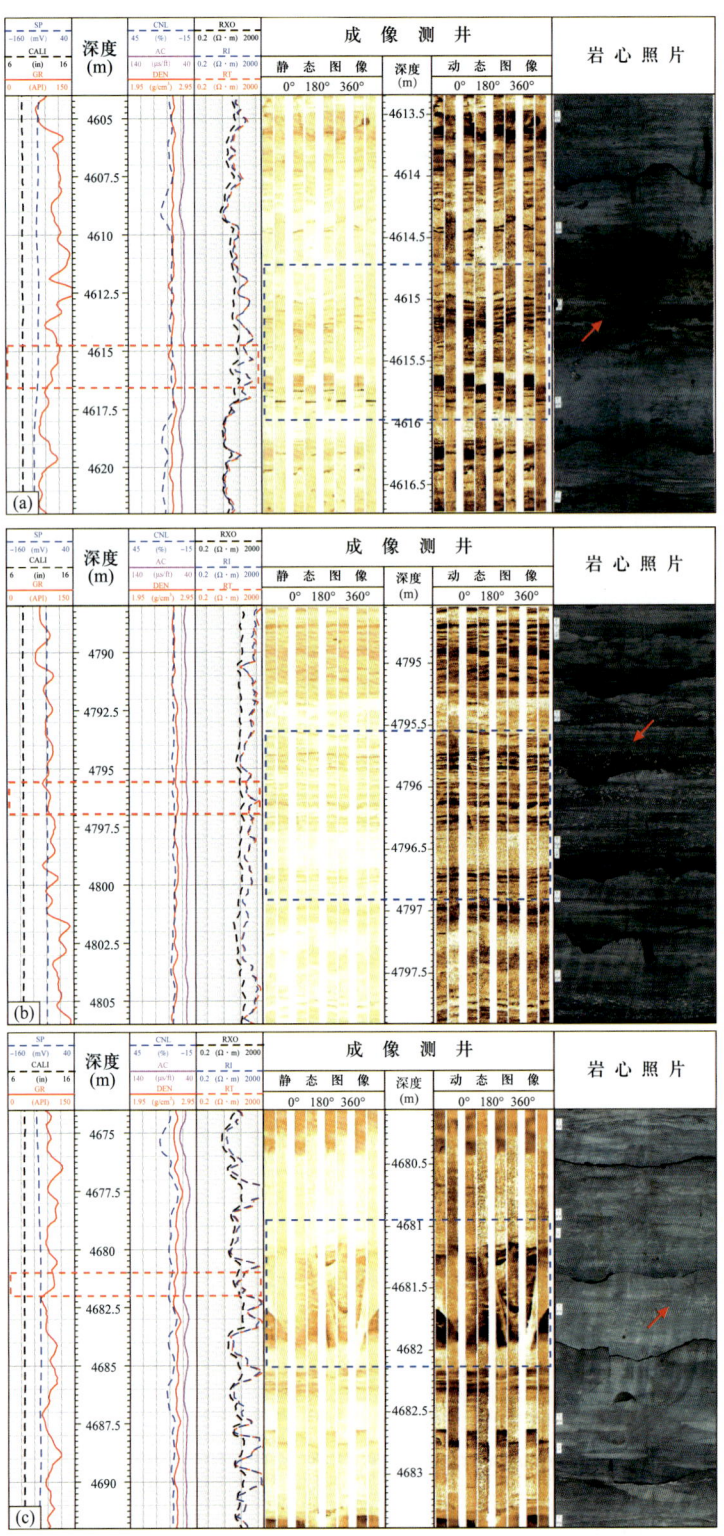

图 6-2-24 玛湖凹陷风城组玛页 1 井页岩储层裂缝测井综合识别图版（据黄玉越等，2022）
（a）低角度未充填裂缝；（b）高角度未充填裂缝；（c）充填裂缝

穿多组纹层，裂缝周围可见油迹；FMI 动态图像上呈现为明显的暗色正弦曲线特征，整体幅度较大；常规测井曲线中 DEN 出现明显减小，AC 基本无变化，电阻率曲线呈现明显降低（图 6-2-24b）。③ 充填裂缝：岩心可见高角度充填裂缝，方解石充填；FMI 动态图像为明显亮色正弦曲线特征；常规测井曲线无明显偏差，仅电阻率曲线略有降低（图 6-2-24c）。

以裂缝面密度 1.5m/m² 为界限，选取玛页 1 井风城组页岩的 19 个裂缝发育段，从裂缝参数、岩性及矿物组分和地应力差分析低角度未充填裂缝发育段、高角度未充填裂缝发育段和高角度充填裂缝发育段，以及对页岩含油性的关系。裂缝开度反映裂缝的有效性。高角度未充填裂缝发育段的裂缝的宽度可达 0.03mm，有效性最好；其次为低角度的层理缝，为 0.012mm；充填裂缝的有效性最差。裂缝线密度反映储层裂缝的集中发育程度，中高角度未充填裂缝发育段的裂缝线密度可达 7 条 /m，而低角度未充填裂缝和高角度充填裂缝发育段的裂缝线密度相对较低。岩性及矿物组分的差异一定程度上影响储层裂缝的发育程度。云质页岩和长英质页岩裂缝发育，平均缝线密度可达 3～4 条 /m，而灰质泥页岩和黏土质泥页岩相对不发育（图 6-2-25a）。石英、白云石等脆性矿物含量高，裂缝线密度明显偏高（图 6-2-25b 和 c）；而随着黏土矿物等塑性成分的增加，裂缝的发育程度降低（图 6-2-25d）。

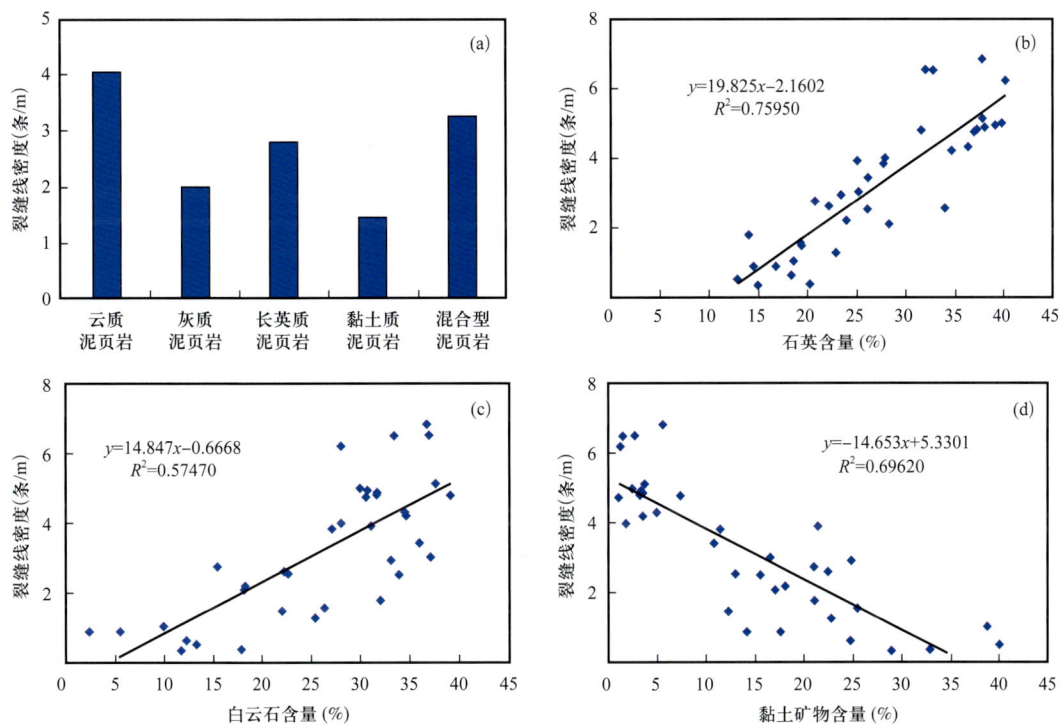

图 6-2-25　玛湖凹陷玛页 1 井风城组页岩储层裂缝与岩性及矿物组分的关系（据黄玉越等，2022）

综合玛湖凹陷风城组岩性及矿物组分、裂缝发育特征及裂缝参数、现今水平最大主应力等因素，发现高石英、白云石等脆性矿物含量、以未充填裂缝为主、与最大主应力方向近平行及夹角在 30°以内的页岩裂缝有效性最好，为储层发育最有利区域。玛页 1 井 4579～4852m 段试油结果显示，日产油 20.78t，裂缝综合评价结果与产液资料匹配基本吻合（图 6-2-26）。

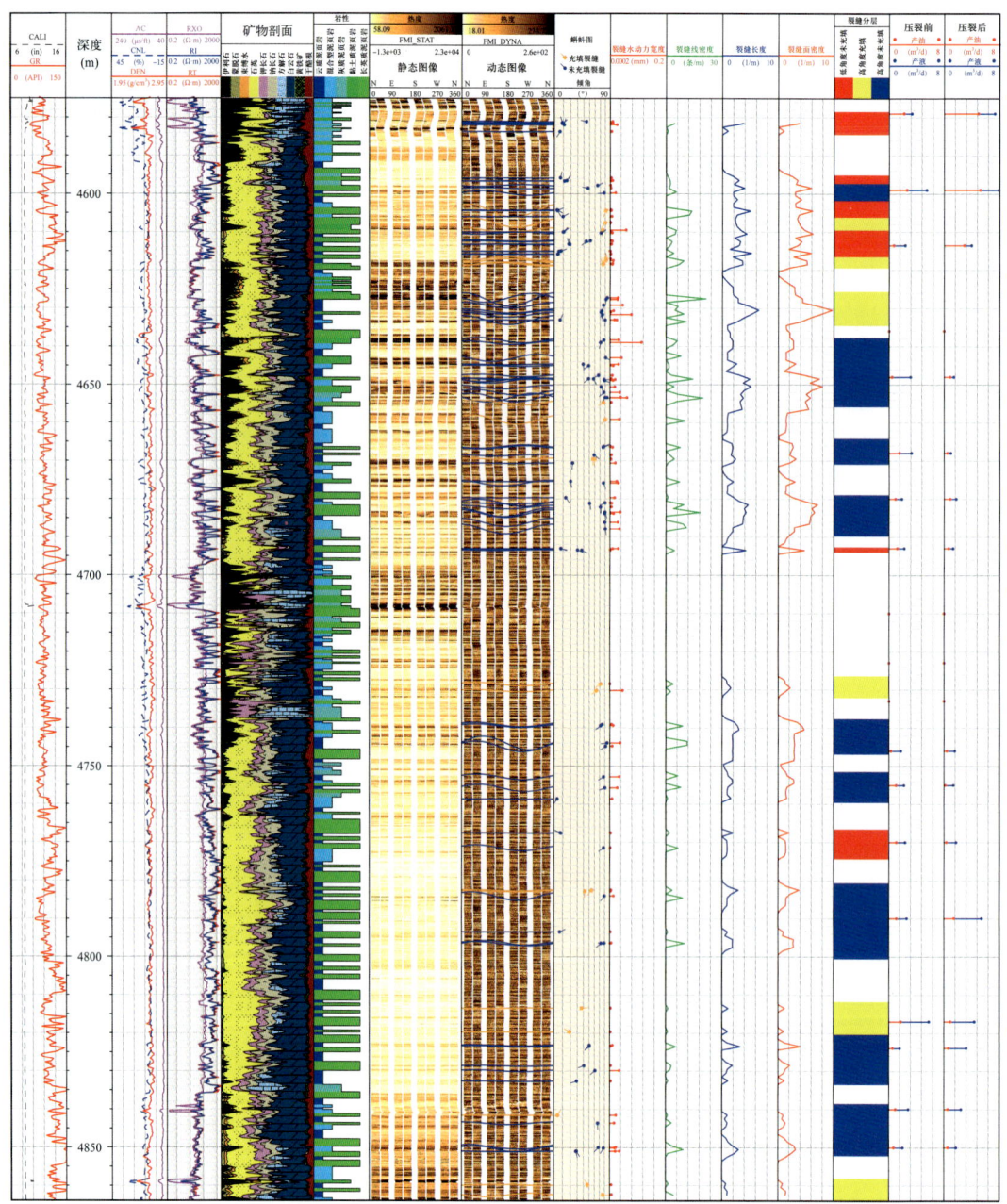

图 6-2-26 玛湖凹陷风城组玛页 1 井裂缝综合评价柱状图（据黄玉越等，2022）

4. 储层含油性（$S_1 \cdot 100/TOC$）测井识别

1）吉木萨尔凹陷芦草沟组

同时分别测井计算的 S_1 和 TOC 值（图 6-2-27a），与实测的 $S_1 \cdot 100/TOC$ 拟合回归关系，两者的相关系数较低，为 $R^2=01702$。

通过 AC 和 lgRT 回归，建立 $S_1 \cdot 100/TOC$ 回归公式（图 6-2-27b），并以此分析了油

饱指数的纵向分布特征。吉 174 井芦草沟组 $S_1 \cdot 100/TOC$ 纵向分布如图 6-2-28 所示。

$$S_1 \cdot 100/TOC = 0.297\Delta t - 15.481 \lg RT 17.74 \quad (R^2=0.4832) \quad (6-2-23)$$

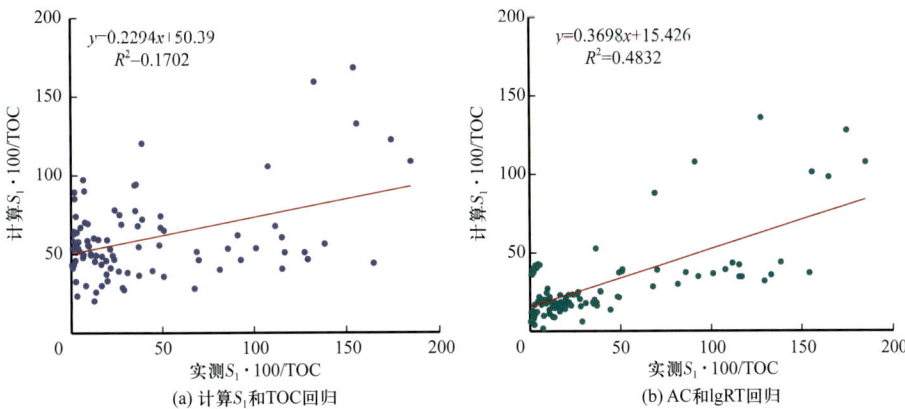

图 6-2-27 吉木萨尔凹陷芦草沟组实测 $S_1 \cdot 100/TOC$ 与计算 $S_1 \cdot 100/TOC$ 交会图

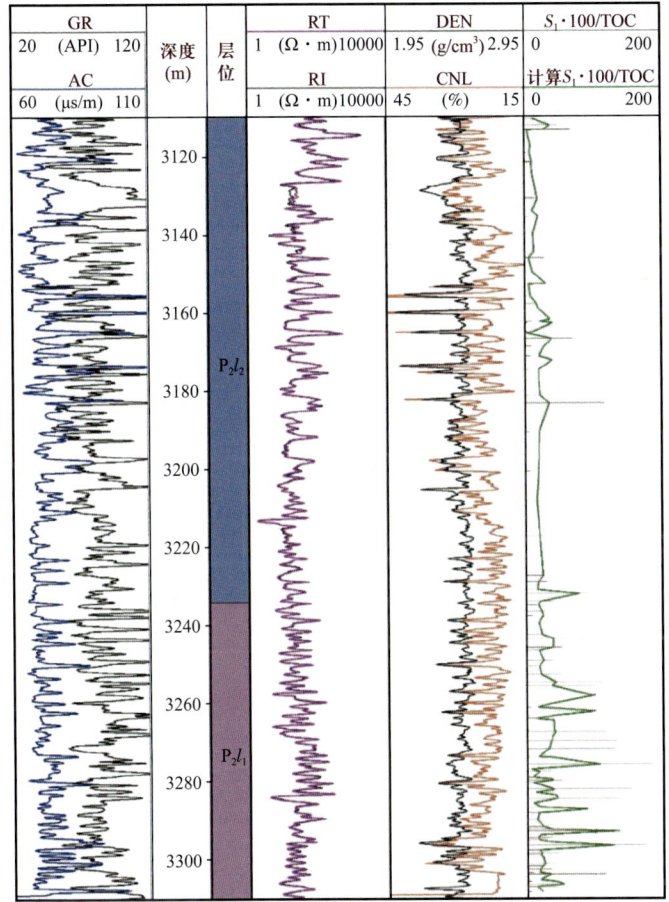

图 6-2-28 吉木萨尔凹陷吉 174 井芦草沟组计算 $S_1 \cdot 100/TOC$ 分布图

2）玛湖凹陷风城组

同时分别测井计算的 S_1 和 TOC 值（图 6-3-29a），与实测的 $S_1 \cdot 100/\text{TOC}$ 拟合回归关系，两者的相关系数较低，为 $R^2=0.0401$。

通过 AC 和 lgRT 回归，建立 $S_1 \cdot 100/\text{TOC}$ 回归公式（图 6-3-29b），并以此分析了油饱指数的纵向分布特征。

$$S_1 \cdot 100/\text{TOC}=0.043\Delta t+0.141\lg RT-1.775 \quad (R^2=0.3344) \quad (6\text{-}2\text{-}24)$$

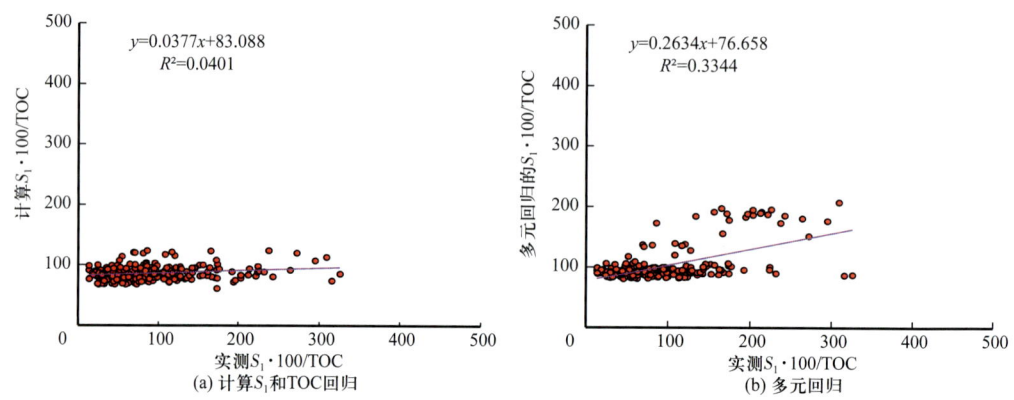

图 6-2-29　玛湖凹陷风城组实测 $S_1 \cdot 100/\text{TOC}$ 与计算 S_1 交会图

三、工程品质参数测井评价

1. 脆性参数评价方法

脆性是岩石在一定的应力作用下不发生明显形变即破裂的性质。岩石脆性与岩石的矿物组成、微观结构、力学性质等密切相关。高脆性的岩石具有高含量石英等脆性矿物、内摩擦角大或剪切破裂面倾角小和清晰的破裂面等特征。脆性指数的计算方法大致上可分为三种，一是基于脆性矿物成分（石英、长石、碳酸盐矿物等）含量的计算方法，二是基于岩石力学参数的脆性指数计算方法，可通过杨氏模量和泊松比计算得到，三是基于能量演化特征的计算方法。

1）基于矿物组分的脆性指数

前人通过脆性矿物计算脆性指数的公式有所差异。有学者通过对密西西比亚系 Barnett 页岩的矿物含量进行分析，提出了脆性指数的计算公式：

$$B=C_{石英}/(C_{石英}+C_{碳酸盐矿物}+C_{黏土}) \quad (6\text{-}2\text{-}25)$$

陈吉等（2013）通过对中国南方古生界富有机质页岩的矿物分析，认为

$$B=(C_{石英}+C_{长石})/(C_{石英}+C_{碳酸盐矿物}+C_{黏土}) \quad (6\text{-}2\text{-}26)$$

李钜源（2013）以东营凹陷泥页岩为研究对象，改进了脆性指数的计算公式

$$B=(C_{石英}+C_{碳酸盐矿物})/(C_{石英}+C_{碳酸盐矿物}+C_{黏土}) \quad (6\text{-}2\text{-}27)$$

徐赣川等（2014）对四川盆地蜀南地区龙马溪组页岩进行了研究：

$$B=(C_{石英}+C_{长石}+C_{白云石})/(C_{石英}+C_{白云石}+C_{方解石}+C_{黏土}) \quad (6-2-28)$$

Jin 等（2014）认为页岩地层的脆性指数计算公式如下：

$$B=(C_{石英}+C_{长石}+C_{碳酸盐矿物}+C_{云母})/(C_{石英}+C_{长石}+C_{碳酸盐矿物}+C_{云母}+C_{黏土}) \quad (6-2-29)$$

式中 $C_{石英}$，$C_{碳酸盐矿物}$，$C_{黏土}$，$C_{长石}$，$C_{云母}$——分别为石英、碳酸盐矿物、黏土、长石、云母含量。

2）基于岩石力学参数的脆性指数

泊松比和杨氏模量是表征脆性的主要岩石力学参数，泊松比表征页岩在外力作用下的破裂能力，杨氏模量是表征页岩被压裂后的支撑能力。泊松比越小，杨氏模量越大，页岩脆性越强。采用岩石力学综合测试系统，对标准岩心样品（长 50 mm、直径 25 mm）开展三轴压缩实验。实验过程采用变形控制，加载速度为 1 mm/min，为模拟地层条件，设定围压为 35MPa（平均地层压力），测定储层岩石杨氏模量、泊松比、抗压强度及应力—应变曲线，并根据 Rickman 的方法计算岩石力学参数脆性指数：

$$B=E_D+\nu_D \quad (6-2-30)$$

式中 E_D——弹性模量的归一值；

ν_D——泊松比的归一值。

3）基于能量演化特征的脆性指数

在轴向载荷的加载过程中，岩样的轴向应变先线性增加，输入能量以弹性应变能的形式存储在岩石中；应力在达到峰值前出现明显的非线性阶段，表明岩样内部微裂纹的产生和扩展；峰后阶段岩样承载能力逐渐降低，储存的能量逐渐释放。通过应力—应变曲线峰后的斜率，可以确定岩石的软化模量，用以表征峰后岩石承载能力丧失的快慢。软化模量的绝对值越大，即发生较小的轴向应变时岩石的承载能力降低越快，岩石的脆性越大。

能量演化方法考虑岩石应力—应变的峰前阶段、峰后阶段和残余阶段的演化全过程，计算三个不同阶段的脆性指数，来求取最终的脆性指数。在峰前阶段，输入的能量以弹性应变能的形式存储的比例越高，脆性越大，峰前脆性指数公式见式 6-2-31；在峰后阶段，释放的弹性应变能在驱动岩石破裂的过程中所占的比例越高，脆性越大。当额外能量为正时，岩石为脆性—塑性；当额外能量为负值时，即峰后阶段岩石释放能量，岩石为超脆性。峰后脆性指数公式见式 6-2-32；在残余阶段，弹性应变能释放得越彻底，脆性越大，残余脆性指数公式见式 6-2-33。然后通过三者加权求取。

$$B_{31}=\frac{U_t}{U_p}=\frac{\frac{1}{2E}\left\{(\sigma_p+\sigma_c)^2+2\sigma_c^2-2\nu\left[2(\sigma_p+\sigma_c)\sigma_c+\sigma_c^2\right]\right\}}{\int_0^{\varepsilon_f}\sigma_a d\varepsilon_a+\sigma_c\varepsilon_t} \quad (6-2-31)$$

式中 B_{31}——峰前脆性指数；

U_t——弹性应变能，J；

U_p——吸收能量，J；

E——杨氏模量，GPA；

σ_p——峰值应力，MPa；

σ_c——围压，MPa；

σ_a——轴向应力，MPa；

ε_a——轴向应变；

ε_t——体积应变；

v——泊松比。

$$B_{32} = \begin{cases} \dfrac{\Delta U_e}{W + \Delta U_e} = \dfrac{\dfrac{1}{E}(\sigma_p + \sigma_r + 2\sigma_c - 4v\sigma_c)}{\dfrac{-1}{M_a}\left[\sigma_p + \sigma_r + 2\sigma_c - 4\sigma_c\left(\dfrac{-M_a}{M_r}\right)\right] + \dfrac{1}{E}(\sigma_p + \sigma_r + 2\sigma_c - 4\sigma_c)}, & W > 0; \\ 1, & W \leqslant 0 \end{cases}$$

（6-2-32）

式中　B_{32}——峰后脆性指数；

　　　σ_r——残余应力，MPa；

　　　U_e——弹性释放能，J；

　　　W——额外能量，J；

　　　M_a——轴向软化模量，GPa；

　　　M_r——径向软化模量，GPa。

$$B_{33} = 1 - U_r/U_t = 1 - \dfrac{(\sigma_r + \sigma_c)^2 + 2\sigma_c^2 - 2v\left[2(\sigma_r + \sigma_c)\sigma_c + \sigma_c^2\right]}{(\sigma_p + \sigma_c)^2 + 2\sigma_c^2 - 2v\left[2(\sigma_p + \sigma_c)\sigma_c + \sigma_c^2\right]} \quad （6-2-33）$$

式中　B_{33}——残余脆性指数；

　　　U_r——残余能量，J。

2. 吉木萨尔凹陷芦草沟组

采用不同方法评价同种岩性得出的脆性指数差异明显：矿物成分脆性指数较大，力学参数脆性指数较小，能量演化脆性指数中等（图6-2-30）。应用层次分析法确定上述三种脆性指数的权重，提出综合脆性指数计算（图6-2-31）（石善治等，2022）。

$$B_3 = 3 \bigg/ \left[\sum_{i=1}^{3}(1/B_{3i})\right] \quad （6-2-34）$$

式中　B_{3i}——分别为峰前阶段（$i=1$）、峰后阶段（$i=2$）和残余阶段（$i=3$）的脆性指数。

吉木萨尔凹陷芦草沟组储层不同岩性脆性差异较大，非均质性较强（图6-2-31）。其中，三角洲前缘沙坝、混合坪和半深湖沉积的泥质粉砂岩、砂屑白云岩和泥页岩，其综合脆性指数较大，分别为0.68、0.65和0.60，均大于0.60；浅湖—半深湖和白云坪沉积的云质粉砂岩和泥晶白云岩，综合脆性指数中等，分别为 0.54 和 0.55；云质泥岩作为白云坪与混合坪沉积的过渡性岩石，综合脆性指数较低，仅为 0.49。

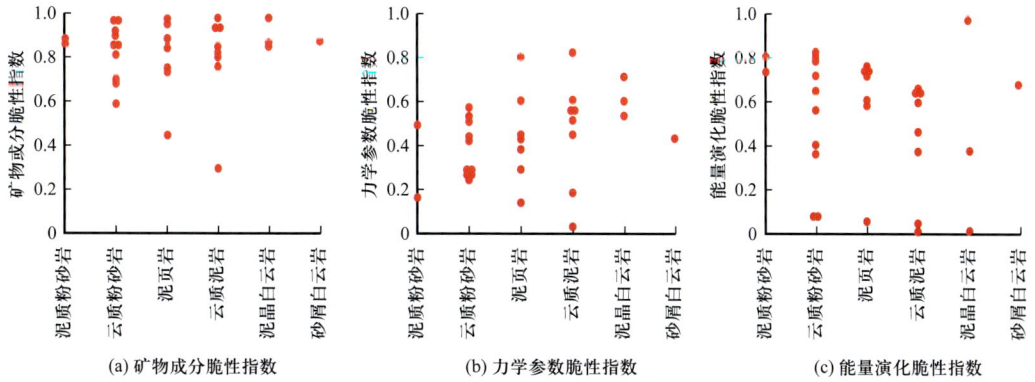

图 6-2-30　吉木萨尔凹陷芦草沟组储层不同岩性三种脆性指数分布

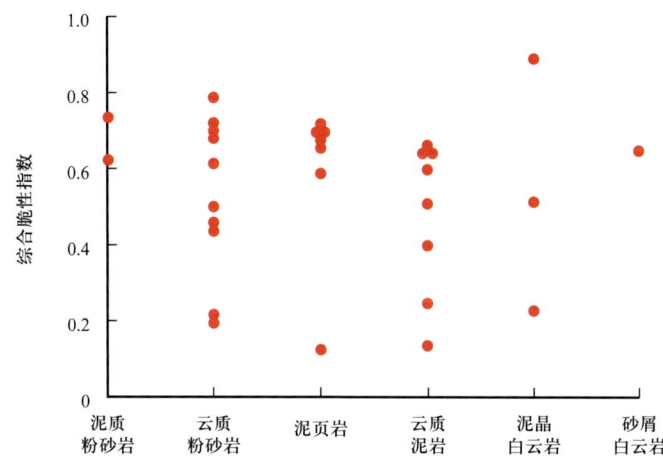

图 6-2-31　吉木萨尔凹陷芦草沟组储层不同岩性综合脆性指数分布

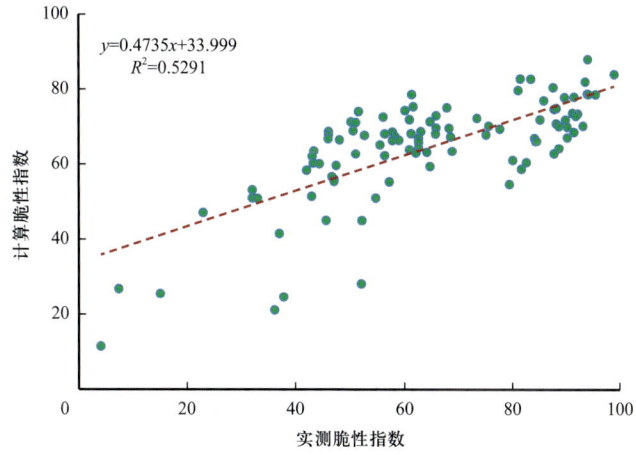

图 6-2-32　玛湖凹陷风城组计算脆性指数与实测脆性指数交会图

3. 玛湖凹陷风城组

本文根据玛湖凹陷风城组的地质构造背景，脆性矿物主要包括石英、长石和白云石。选取 AC、PE、DEN 和 CNL 参数回归脆性指数（图 6-2-32），得到公式为：

$$B=0.3065\Delta t-32.732PE+22.245DEN-0.656CNL+106.869（R^2=0.5291）\tag{6-2-35}$$

玛湖凹陷玛页 1 井风城组脆性指数纵向分布如图 6-2-18 所示。

四、二叠系页岩油甜点评价标准

1. 吉木萨尔凹陷芦草沟组甜点评价标准

按照芦草沟组页岩地层中不同成藏条件参数与含油饱和度的正相关关系，结合试油产量特征，将页岩不同成藏条件参数划分为Ⅰ、Ⅱ、Ⅲ和Ⅳ共四个级别（表 6-2-3）。

表 6-2-3 吉木萨尔凹陷芦草沟组不同参数的甜点级别界限

评价内容	评级参数	Ⅰ	Ⅱ	Ⅲ	Ⅳ
储层	孔隙度（%）	>12	8~12	5~8	5
	渗透率（mD）	>0.3	0.1~0.3	0.002~0.1	<0.002
	含油饱和度（%）	>70	62~70	50~62	<50
	$S_1 \cdot 100/TOC$	>40	18~40	7~18	<7
烃源岩	岩性与岩相	粉—细砂岩、砂屑白云岩	粉砂质岩类	云质岩类	泥岩、云质泥岩
	TOC（%）	>3.5	2~3.5	1.0~2.0	<1
	S_1（mg/g）	>2.2	1~2	0.3~1	<0.3
可压裂性	脆性指数	>75	40~75	20~40	<20
	裂缝	发育	较发育	较发育	不发育

2. 玛湖凹陷风城组页岩油甜点评价标准

按照风城组页岩地层中不同成藏条件参数与含油饱和度的正相关关系，结合试油产量特征，将页岩不同成藏条件参数划分为Ⅰ、Ⅱ、Ⅲ和Ⅳ共四个级别（表 6-2-4）。

表 6-2-4 玛湖凹陷玛页 1 井风城组不同参数的甜点级别界限

评价内容	评级参数	Ⅰ	Ⅱ	Ⅲ	Ⅳ
储层	孔隙度（%）	>5	3.5~5	1.5~3.5	<1.5
	含油饱和度（%）	>70	62~70	50~62	<50
	$S_1 \cdot 100/TOC$	>122	110~122	95~110	<95

续表

评价内容	评级参数	I	II	III	IV
烃源岩	岩性与岩相	云质页岩、长英质页岩	长英质云质页岩	长英质黏土质页岩、云质黏土质页岩	黏土质页岩
	TOC（%）	>0.8	0.6~0.8	0.5~0.6	<0.5
	S_1（mg/g）	>0.9	0.45~0.9	0.25~0.45	<0.25
可压裂性	脆性指数	>90	70~90	50~70	<50
	裂缝	发育	较发育	较发育	不发育

第三节　两大凹陷页岩油甜点成因机理对比

吉木萨尔凹陷芦草沟组和玛湖凹陷风城组均为典型的陆相页岩油。但两者在甜点形成的沉积环境、岩性特征、烃源岩条件、储层条件和源储组合类型方面均具有差异性。

一、咸化沉积环境

1. 咸化湖盆型沉积环境

吉木萨尔凹陷芦草沟组形成于残留海封闭后的咸化湖盆沉积环境，发育一套岩性较细的浅湖—深湖相，其主物源位于凹陷东南部。深湖相可见到含碳酸盐岩细条带的纹层状云质泥页岩及厘米级的浊流沉积等典型沉积，浅湖—半深湖相发育的滩坝（如生屑滩、砂屑滩或砂质浅滩）和云质岩类，以及局部三角洲前缘远沙坝或席状砂，这些条件共同形成了芦草沟组页岩储层发育段。芦草沟组上甜点体储层以水平层理为主，岩性主要为（滨）浅湖滩坝的岩屑长石粉细砂岩、岩屑砂岩、砂屑云岩与半深湖相的泥岩、泥质白云岩互层，白云岩常见溶蚀孔洞及裂隙，较其他层段滩坝厚度较大、分布相对集中。下甜点体储层总体上碳酸盐岩含量较少，砂岩的分布相对较多，发育小型交错层理、波状层理及水平层理，为三角洲前缘远沙坝或席状砂及滨浅湖内碎屑滩坝夹半深湖云质泥岩、泥质白云岩。无论是大套泥岩还是储层段，均发育较好的烃源岩。咸化湖盆型烃源岩总有机碳含量平均为3.29%，生烃潜量为15.35mg/g，主要为II型干酪根，R_o主要为0.75%~1.03%，属于成熟演化阶段的优质烃源岩。

2. 碱湖型沉积环境

风城组沉积时期古地貌为一西陡东缓的箕状凹陷，属于前陆盆地的闭塞性碱性湖泊，受气候、火山活动、构造运动等多元作用的控制（图6-3-1），其沉积体系分布于凹陷中心及斜坡带，其演化总体上经历了成碱预备、初成碱、强成碱、弱成碱和终止演化五个阶段。成碱预备阶段属于淡水及较低盐度沉积即湖进组合，主要分布于风城组一段的下部，该时期火山活动比较强烈，出现多种火山矿物或岩类，如玛页1井4865m之下的厚层熔结凝灰岩。初成碱阶段位于湖进高位的晚期和湖退的早期，主要分布于风城组一段上部和风城组二段下部，岩石类型主要为云质岩类，反映水体逐渐咸化的云质岩类含量明显升高，在岩性上可见脉状、波状、纹层状等白云石透镜体，局部可见碱类矿物沉积，如玛页1井4850～4865m处的岩心上可见有沉积构造的云质脉体。强成碱阶段，以蒸发岩类及大量的碱性矿物出现为特征，如硅硼钠石、碳酸钠钙石、苏打石等，反映碱湖演化到高峰时期，主要在风城组二段中上部。弱成碱阶段，出现湖进及碱类矿物消失组合，沉积水体的咸（碱）化程度逐渐降低，云质岩类和碱类矿物的含量逐渐减少，主要分布于风城组三段上部（图6-3-2）。在碱湖演化过程中，相应的古环境和古深水也发生了相应的变化，古盐度也由淡水→微咸水→咸水→碱化高盐度→咸水→微咸水→淡水的变化特征，发育相对暖相—偏暖相的高盐度水介质，蒸发量大于补给量，热液作用较为明显，形成了独特的碱湖云质泥页岩和泥页岩的混合沉积，为优质的烃源岩和储层发育提供了沉积环境。

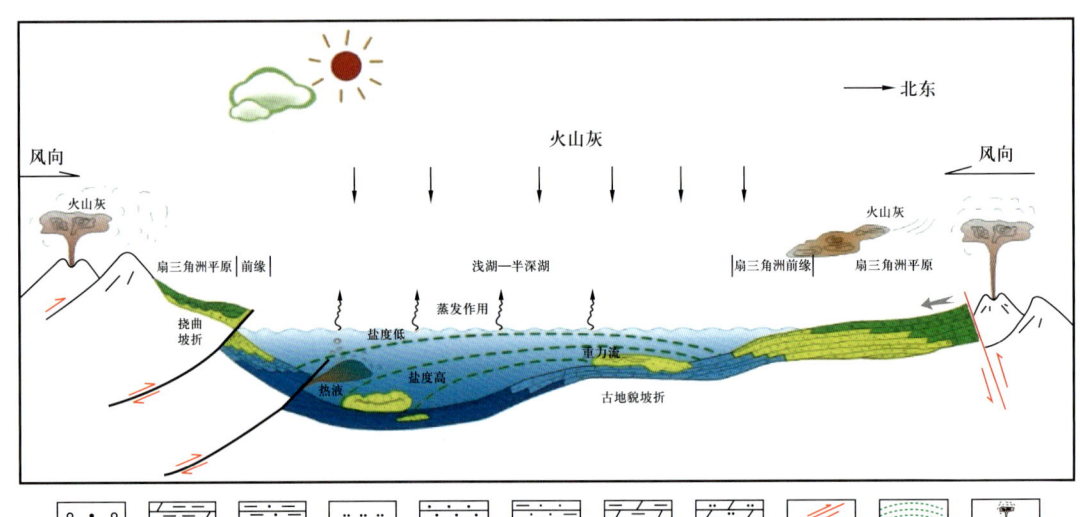

图6-3-1 风城组碱湖多源控制沉积模式

二、多源混积的岩性特征

1. 细砂岩—页岩的岩性组合特征

咸化背景、外部粗碎屑物源供应不充足、周缘火山活动的火山灰沉积、蒸发环境及湖盆底部的热液喷流等背景下形成了吉木萨尔凹陷芦草沟组典型的细粒多源混合沉积。吉木萨尔凹陷芦草沟组发育石英、钾长石、斜长石、方解石、白云石、赤铁矿、黄铁矿、菱铁矿、方沸石、浊沸石及黏土矿物等多种矿物类型，岩性主要为泥岩、碳酸盐岩和粉细砂岩。在沉积和成岩过程中，多表现为碎屑沉积岩类（图6-3-3）。吉174井芦草沟组厚度246.21m发育了968层54种岩性，单层厚度平均0.25m（0.01～2.25m），以粉细砂岩和泥岩为主；含油显示岩心长度为53.15m（198层39种岩性），单层厚度平均0.27m（0.02～2.17m）。

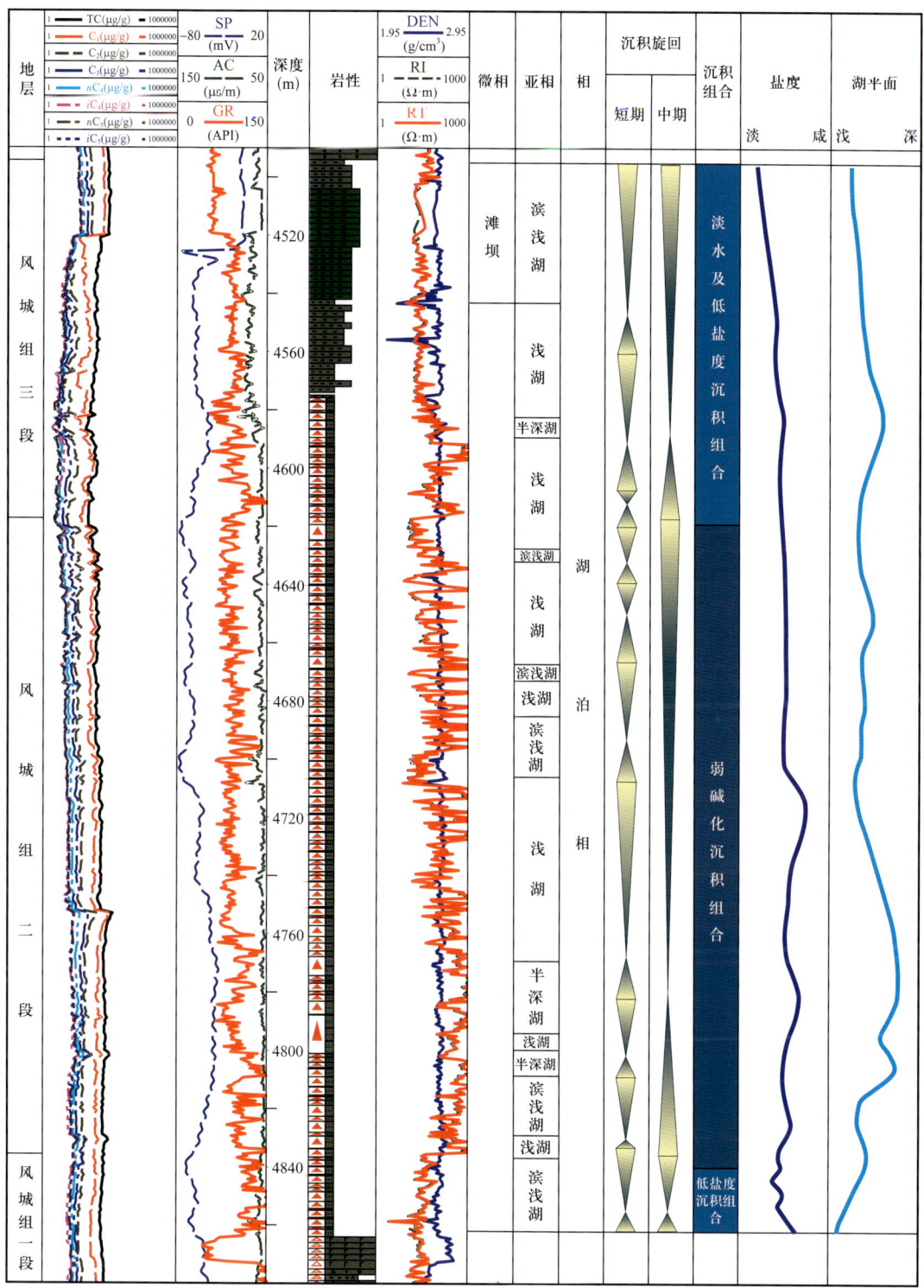

图 6-3-2 玛页 1 井单井纵向盐度变化图

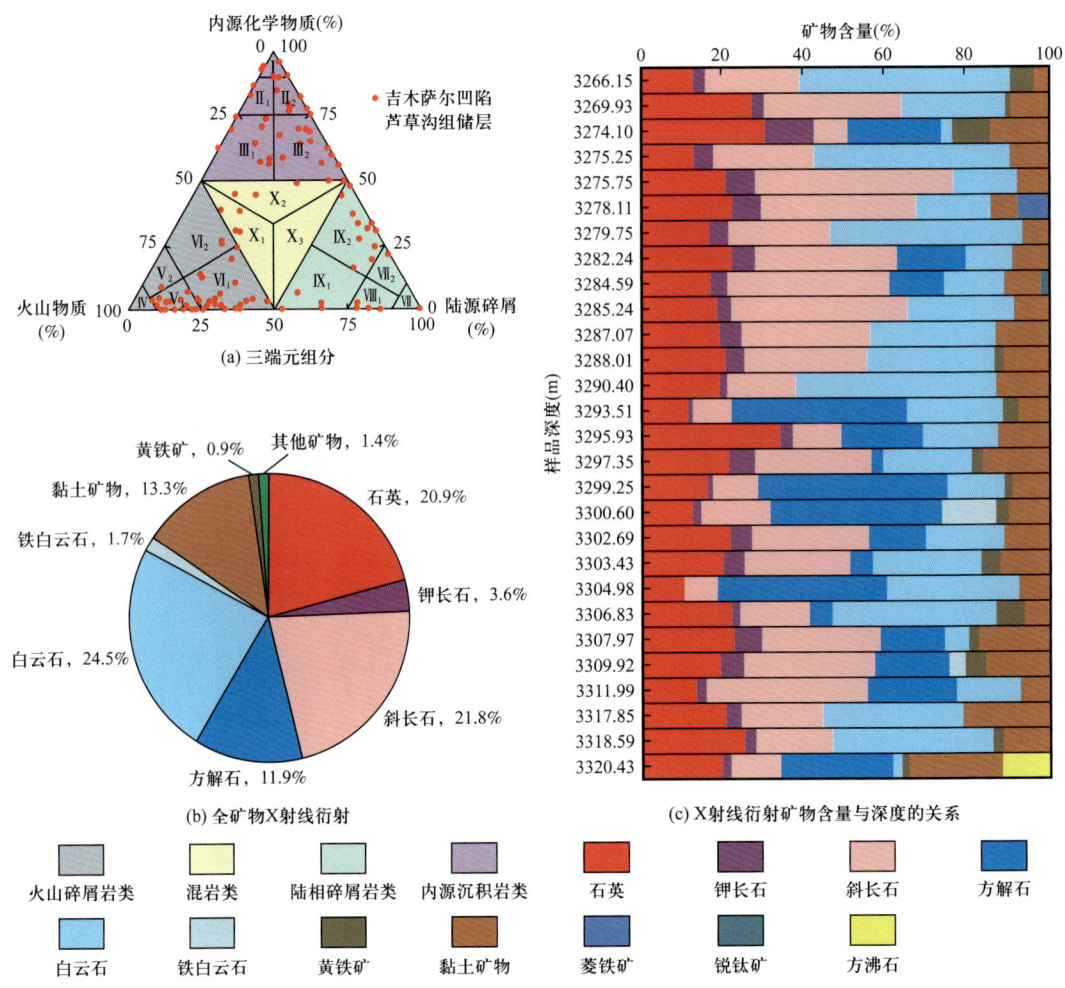

图 6-3-3 准噶尔盆地吉木萨尔凹陷芦草沟组组矿物组分（据王小军等，2019）

I—内源沉积岩；II$_1$—含凝灰内源沉积岩；II$_2$—含（粉）/泥内源沉积岩；III$_1$—凝灰质内源沉积岩；
III$_2$—（粉）砂质/泥质内源沉积岩；IV—凝灰岩；V$_1$—含（粉）砂/泥沉凝灰岩；V$_2$—含内源沉积沉凝灰岩；
VI$_1$—（粉）砂/泥质沉凝灰岩；VI$_2$—内源沉积质沉凝灰岩；VII—（粉）砂岩/泥岩；VIII$_1$—含凝灰（粉）砂岩/泥岩；
VIII$_2$—含内源沉积（粉）砂岩/泥岩；IX$_1$—凝灰质（粉）砂岩/泥岩；IX$_2$—内源沉积质（粉）砂岩/泥岩；
X$_1$—火山碎屑型混积岩；X$_2$—碳酸盐型混积岩；X$_3$—陆源碎屑型混积岩

2. 砂砾岩—砂岩—页岩的岩性组合特征

玛湖凹陷风城组主要由陆源碎屑岩类、火山岩类和内源自生的以碳酸盐岩类和蒸发盐岩类沉积为主的岩石组成，大部分细粒岩石是由上述三大端元岩类或组分以不同的比例混积而成，属于特殊沉积环境的产物。其中，内源沉积岩性普遍发育云质页岩、灰质泥岩、泥质白云岩、云质粉砂岩，夹碱性蒸发岩，包括碱湖沉积的碳酸钠钙石、苏打石等矿物。陆源碎屑岩类主要为砾质不等粒砂岩，砂质细砾岩，还包括含砾中细砂岩、粗砂岩等，主要为颗粒支撑，点—线接触和线接触，砾石一般为2～8mm，最大粒径16mm；分选性为差—中等，岩石颗粒磨圆度以次棱角状—次圆状为主；其胶结物主要为方解石、方沸石、钠长石。火山碎屑岩类包括玄武岩、火山角砾岩、安山岩、流纹岩、熔结凝灰岩等。

粗粒碎屑岩类和火山岩类分布在凹陷边缘，细粒沉积发育于斜坡和中心位置。前陆冲断陡坡区以陆源碎屑类和火山碎屑岩类为主，发育巨厚粗碎屑岩系，厚度超过600m（百泉1井），前陆斜坡浅湖区主要为三源混积沉积，发育泥粉晶白云岩、凝灰质泥粉晶白云岩等，在前陆坳陷深湖区以内源化学沉积为主，且碱湖中心发育巨厚含盐蒸发岩韵律层。不同层段和地区岩石的优势岩性分布有所差别（图6-3-4）。风城组一段沉积早期发育火山碎屑岩—砂砾岩，主要分布在凹陷东北部和玛南斜坡。风城组一段沉积末期—风城组二段沉积早期广泛分布富有机质泥岩岩相，常与白云岩及云质岩类岩相互层，火山岩类和砂砾岩类分布范围明显减小，如在凹陷玛页1井为云质粉砂岩、粉砂质页岩、泥质粉砂岩、含碱性矿物的页岩等，而凹陷东北部夏72井区底部主要为玄武岩、火山角砾岩、安山岩、流纹岩等。风城组二段沉积后期发育含碱性矿物的页岩相，分布于凹陷中心区及斜坡区，如玛页1井见到多层碱性矿物层，厚度为2~10cm。风城组三段的混积岩类相对较发育，包括云质岩类、火山岩类和陆源碎屑岩类。

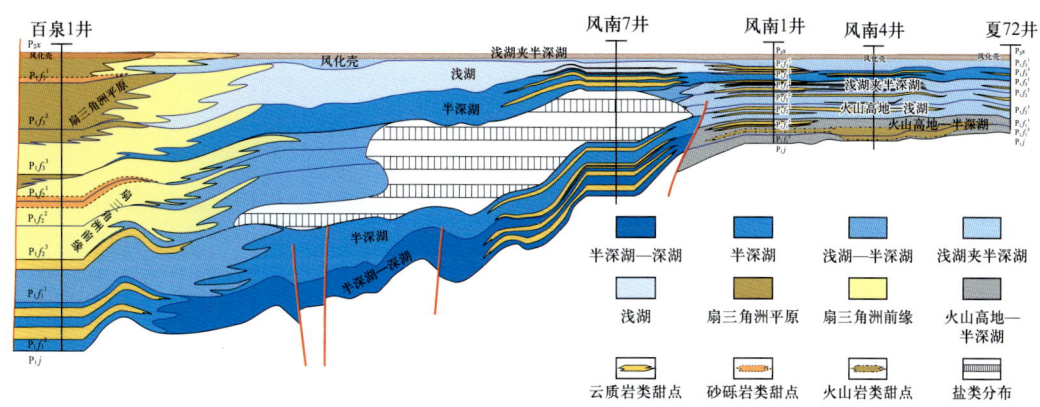

图6-3-4 过百泉1井—夏72井风城组不同岩性分布剖面图

三、优质的烃源岩条件

1. 吉木萨尔凹陷咸化湖盆的优质烃源岩

芦草沟组发育一套厚度大、分布稳定，有机质丰度高，母质类型好，成熟度适中，生烃潜力大的优质烃源岩，为页岩油的形成与富集奠定了物质基础。芦草沟组烃源岩厚度分布范围介于100~260m之间，其岩性主要由细粒云质、泥质、粉—细砂岩的频繁互层构成。其中，芦草沟组一段烃源岩厚度介于100~180m之间，在中部地区明显超过140m，东西两侧厚度有所减小，面积近1100km^2（图6-3-5a）（郭旭光等，2019）；芦草沟组二段烃源岩厚度介于20~120m之间，大部分超过50m，亦具有中部厚度大，东西两侧厚度小的特点，面积约900km^2（图6-3-5b）。芦草沟组暗色泥岩和富含有机质的云质岩类具备较强生烃能力，含云质、泥质粉砂岩亦具有一定的生烃能力。其中，泥岩类总有机碳含量（TOC）最高，可达15.51%，平均为3.62%，热解生烃潜量（S_1+S_2）多数样品大于6.0mg/g，最高可达 176.65mg/g，平均为 17.65mg/g，氯仿沥青"A"含量平均为 0.2738%，属于好—最好烃源岩。云质岩类、粉砂岩类 TOC 普遍大于 1.0%，生烃潜量部分达到 6.0mg/g，属于中等烃源岩。烃源岩有机显微组分主要为腐泥组和壳质组，富氢组分占比大。干酪根碳同位素显示氢/碳原子比普遍大于 1，泥岩类烃源岩氢指数（HI）平均为 313.7mg/g，云质岩类和泥质粉砂岩分别平均为 405.47mg/g 和 199.86mg/g，属于倾向生油的 I—II 型母质类型。

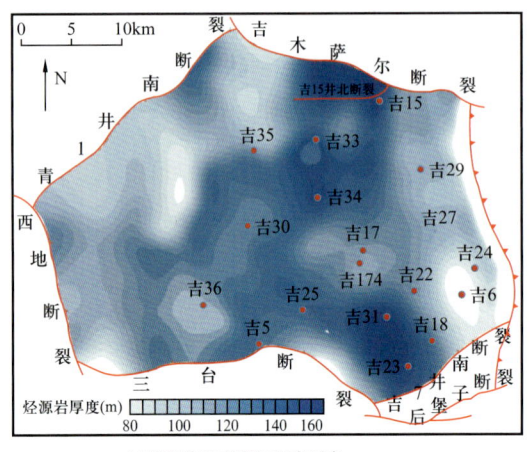
(a) 芦草沟组下段烃源岩厚度

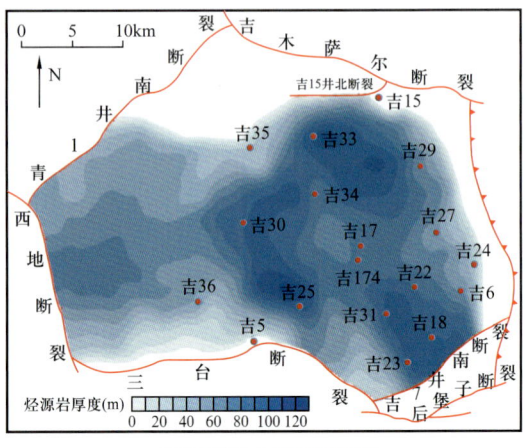
(b) 芦草沟组上段烃源岩厚度

图 6-3-5　准噶尔盆地吉木萨尔凹陷烃源岩厚度分布图（据郭旭光等，2019）

烃源岩热演化成熟度（R_o）值分布范围为 0.78%~0.98%，最高热解峰（T_{max}）为 436~460℃，处于低成熟—成熟演化阶段（郭旭光等，2019），具有自东部向西部逐渐增加的趋势。根据热模拟实验结果，随着成熟度继续升高（R_o<1.05），烃源岩产烃率呈现明显的上升趋势（图 6-3-6）。当 R_o=0.8% 时，其生烃量为 305mg/g，产烃率约 30.8%；当 R_o=1.0% 时，其生烃量则达到 503.7mg/g。通过计算，凹陷区生烃强度自中部吉 30 井附近向四周逐渐递减（郭旭光等，2019），最高可达到 $1200 \times 10^4 t/km^2$，平均为 $600 \times 10^4 t/km^2$，具有较高的油气资源潜力。

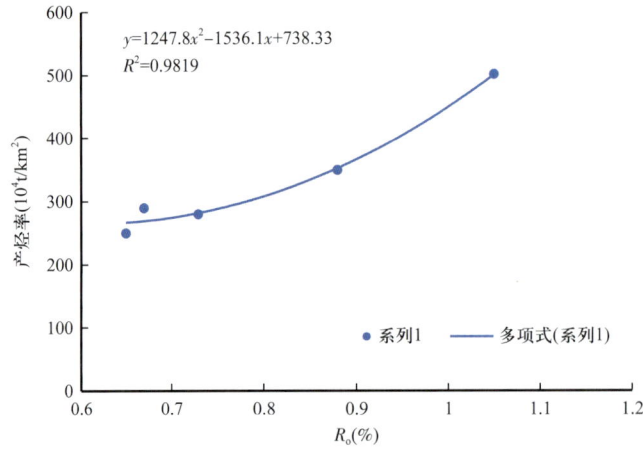

图 6-3-6　吉木萨尔凹陷烃源岩热模拟数据拟合曲线（吉 5 井）

2. 玛湖凹陷碱湖环境的优质源岩

风城组碱湖烃源岩分布面积超过 5000km², 烃源岩厚度 0～300m (图 6-3-7)。其中在靠近西北部前陆冲断带的乌尔禾地区厚度最大, 超过 275m, 向东、西和南侧逐渐减薄, 在南部靠近达巴松凸起带厚度最小, 小于 50m。

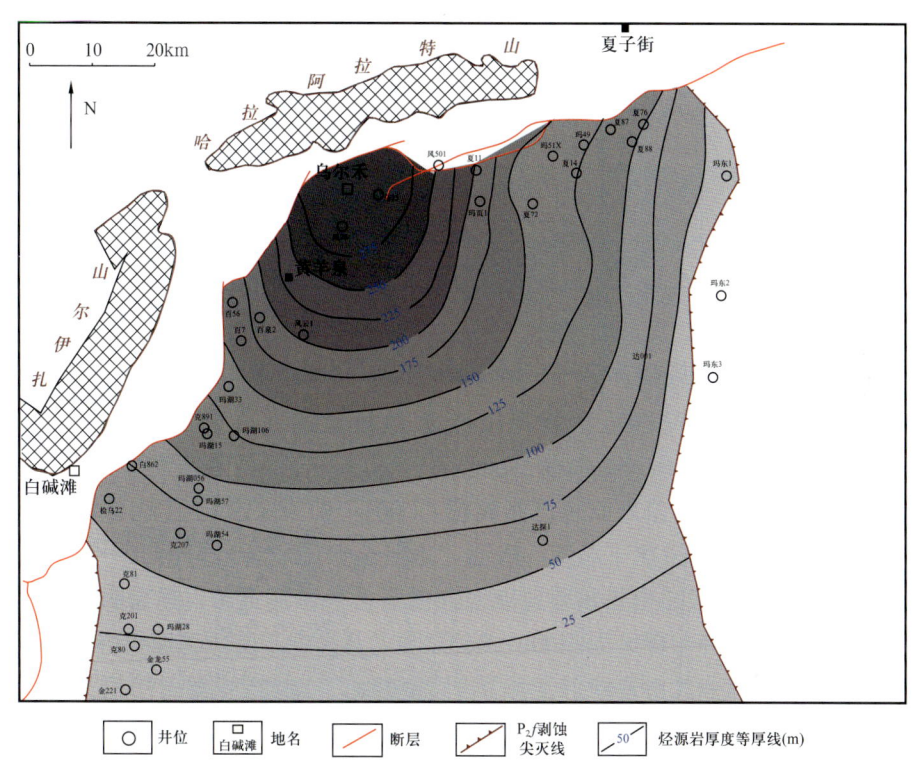

图 6-3-7 玛湖凹陷二叠系风城组烃源岩厚度等值线图

风城组烃源岩有机碳含量 (TOC) 在 0.5%～3.5% 之间, 平均 1.29%, 具有中部值大, 向四周逐渐减小的特征, 中部玛 18 井附近最大, 超过 3%, 玛东斜坡部分小于 0.5%。烃源岩热解氢指数为 23～626mg/g, 主要分布范围 100～500mg/g, 其中氢指数 200～400mg/g 的样品占 80%, 大于 400mg/g 的样品占 14%。相对来说, 风城组二段烃源岩有机碳含量一般为 0.5%～2%, 最高达 3.5% 以上; 风城组三段烃源岩有机碳含量也一般为 0.5%～2%, 最高为 2.8% (支东明等, 2019)。烃源岩生烃母质以菌藻类为主, 高等植物丰度低。藻类属种多样, 包括褶皱藻、沟鞭藻、盘星藻、宏观底栖藻类的红藻及少量疑源类等。菌藻类丰度高, 利于生成环烷基; 高等植物类丰度低, 石蜡基含量低。风城组有机质类型从 Ⅰ—Ⅲ 型均有分布 (支东明等, 2019), 表明其有机质来源复杂。其中, 风城组二段主要为 Ⅰ—Ⅱ 型, 有机质类型最好; 风城组一段和风城组三段样品有机质类型分布较为分散, 从 Ⅰ—Ⅲ 型均有分布。总体显示出以 Ⅱ 型为主, 倾向于生油。从热演化程度分析, 风城组烃源岩 R_o 普遍超过 0.6%, 平均为 1.4%, 且自北向南、由凹陷边缘向凹陷中心逐渐增大 (图 6-3-8), 凹陷中南部超过 1.6%。而根据 T_{max} 数据, 现有烃源岩样品似乎大多处于未成熟—成熟演化阶段，但需要注意的是，因为这套碱湖云质混积岩中滞留烃丰富，会造成 T_{max} 数据偏低的"假象"，因此风城组烃源岩的实际热演化程度更高。总体而言，凹陷大部分地区已进入高成熟阶段，以轻质油为主，仅在西侧和东侧靠近凹陷边缘一带生成成熟油。

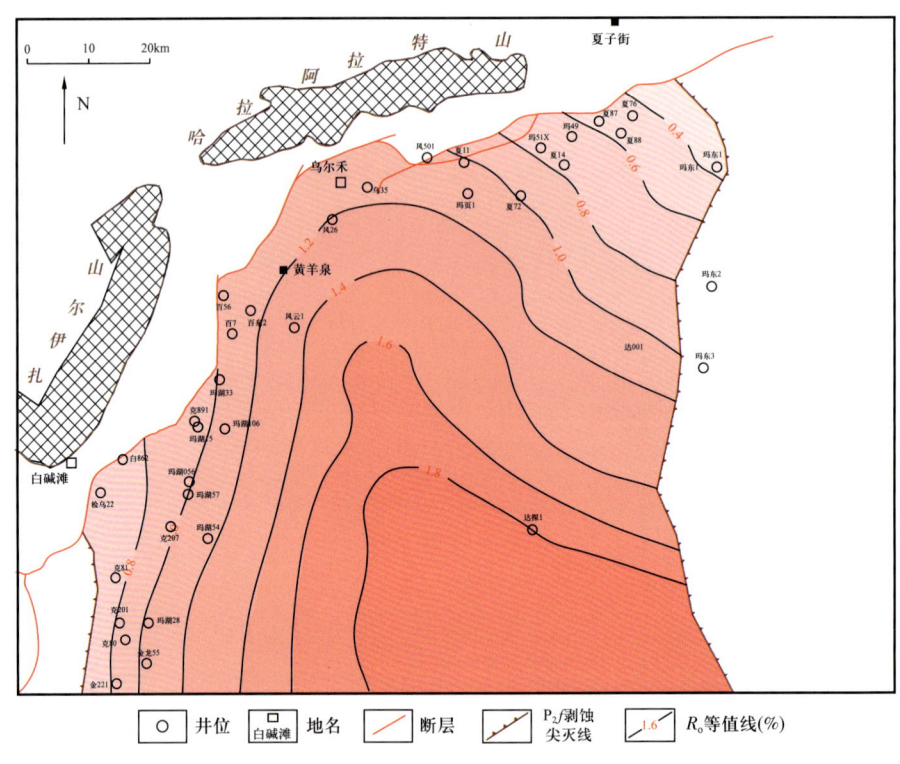

图 6-3-8　玛湖凹陷二叠系风城组烃源岩 R_o 等值线图

整个玛湖凹陷风城组烃源岩的生烃强度平均为 $300×10^4 t/km^2$，凹陷中心超过 $800×10^4 t/km^2$，向四周逐渐降低，凹陷东部和西部小于 $100×10^4 t/km^2$（图 6-3-9）。通过生烃模拟计算，总生油量可达 $143×10^8 t$，总排油量为 $83×10^8 t$，剩余未排出的滞留油量近 $60×10^8 t$。

四、多类型的储层条件

1. 细粒岩性为主的储层条件

芦草沟组储集体规模受控于物源供给、气候及湖平面变化。芦草沟组沉积时凹陷为典型的半咸化湖盆，其水体能量较弱，在物源供给有限的情况下，水体搬运陆源碎屑的距离较短，且受盆内物源及火山物质的间歇性供给，形成了粒度细、厚度薄且频繁互层的储层。芦草沟组储层岩性主要为云质（泥质）粉细砂岩、云屑砂岩、砂屑云岩和微晶云岩，其储集空间主要为次生溶蚀孔、晶间孔，原生孔隙发育较少，微裂缝较为发育，这与在成岩演化过程中的咸化湖水和烃源岩演化程度相关。恒速压汞资料显示，芦

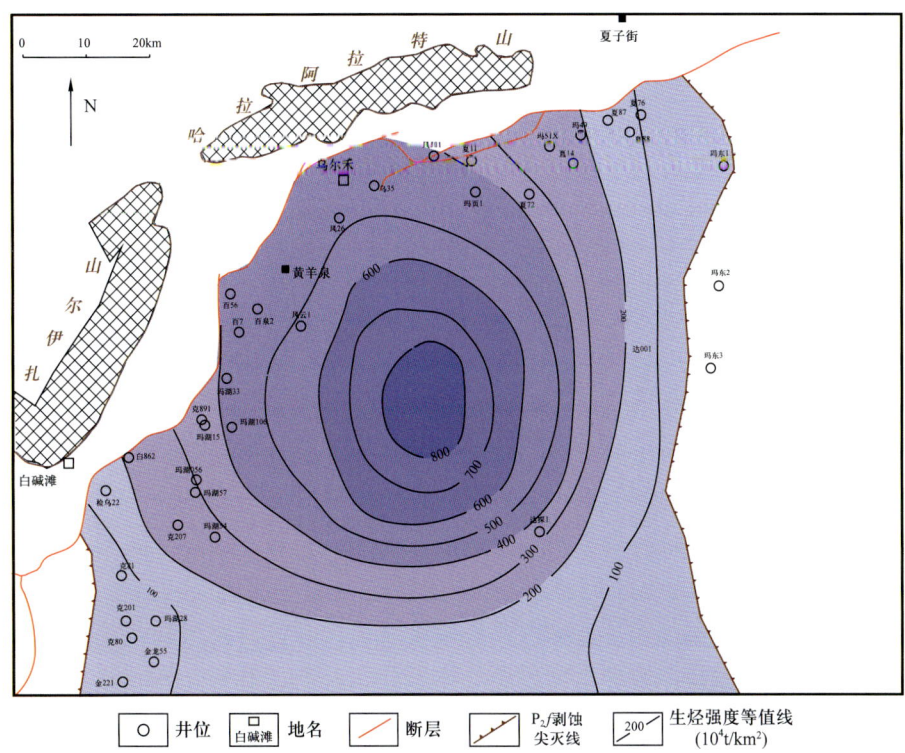

图 6-3-9 玛湖凹陷二叠系风城组烃源岩生烃强度等值线图

草沟组毛细管压力曲线整体呈细歪度特征，储层孔隙结构变化较大，但整体孔隙结构显示为毫米级—纳米级孔隙。通过芦草沟组物性实验分析（图 6-3-10），下部芦草沟组一段储层覆压孔隙度为 5.27%~19.84%，平均为 10.84%，中值为 9.59%，上部芦草沟组二段储层覆压孔隙度为 5.64%~20.72%，平均为 11.20%，中值为 9.95%，覆压渗透率为 0.004~1.950mD，中值为 0.013mD，属于特低孔、特低渗的致密储层。储集岩中含油级别与储层物性具有较好的正相关性，随着覆压孔隙度、渗透率增加，岩心含油级别也逐渐增加，由荧光逐渐增加到油迹、油斑，再到油浸。

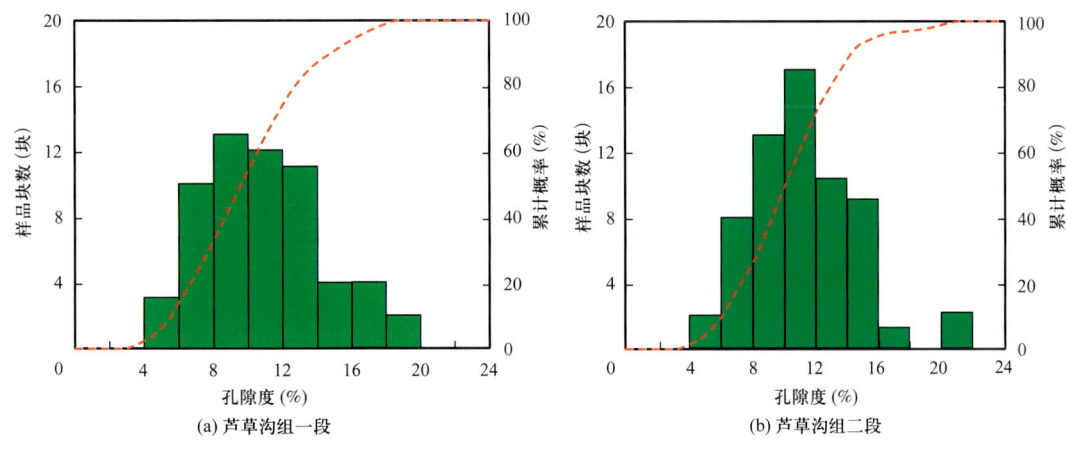

图 6-3-10 吉木萨尔凹陷储层甜点孔隙度分布直方图

裂缝的发育程度影响着储层储渗性能。裂缝在沟通邻近各种孔隙的同时，改善储层渗流能力，有效提高油气产能。利用野外露头和岩心资料，根据裂缝与地层的交切关系将裂缝分为四种类型，分别是水平缝、斜交缝、近直立缝及不定向缝。岩心水平缝主要是顺层发育的层理缝和压溶缝合线，层理缝沿着层理面发育，充填程度低，是页岩油运移的主力通道；而缝合线的缝宽相对较窄，多数被泥质和沥青质所充填。斜交缝和近直立缝分布范围有限，属于构造型裂缝，缝宽可超过 5mm，可被泥质、方解石、黄铁矿等半充填或全充填，部分充填物发育溶蚀孔隙。不定向裂缝较为发育，均为方解石全充填，裂缝密度最高可达 70 条 /m，但不定向缝发育的地方油气显示相对较差。

2. 岩性多样的储层条件

风城组泥页岩作为烃源岩的同时，也发育良好的泥页岩储层条件，与致密砂砾岩一起为致密油—页岩油的形成提供了多类型的优质储集条件。

风城组半深湖—深湖相可划分为白云岩、云化岩、粉砂岩、凝灰岩和盐岩等五种主要的岩石类型，各岩类都具有不同程度的含油气性。通过显微镜、扫描电镜等多种手段，主要发育溶蚀孔隙、原生粒间孔、粒内孔和微裂缝及含碱性矿物层晶间孔。溶蚀孔隙是研究区最有利的储集空间，主要由白云石、方解石、长石、石膏、硅硼钠石等矿物的溶蚀及后期的地质改造作用形成，孔径大小不一，岩心和薄片中常见大量顺层或顺裂缝发育的溶孔、溶洞并且被石油沥青质充填，这是由于在层理、裂缝处渗透性较好，有利于溶蚀流体通过，易形成溶孔，其中部分较大的溶孔、溶洞可能是对早期孔隙的扩溶或者同生—准同生期阶段由硅硼钠石等盐类和易溶矿物受淋滤和选择性溶蚀作用形成。在本身基质孔隙度低的情况下，溶孔的发育将大大改善储层的物性，增大储集空间。粒间孔和晶间孔常见于发生白云岩化作用的泥岩、凝灰岩或粉砂岩中，孔径一般小于几微米，孔隙连通性差。其中粒间孔主要是指经成岩作用后的剩余粒间孔；晶间孔主要是白云岩化作用生成的白云石晶体之间或白云石与交代基质矿物间的孔隙，晶间孔常与裂缝、溶孔伴生。岩心中常见微裂缝、顺层裂缝和断裂派生裂缝的发育，顺层裂缝常伴生溶孔发育，并被石油充填。FMI 可识别出高角度的直劈缝、网状缝密集分布，并且开启程度高，裂缝有效性较好，对储层质量贡献大。常见斜交开口缝和半充填缝，而半充填缝中充填碳酸盐类和石膏。

风城组云质岩类甜点主要为低孔低渗透储层，云质粉砂岩孔隙度为 0.36%～11.3%，平均为 6.21%，渗透率为 3.06～7.12mD，平均为 5.09mD；泥质白云岩孔隙度为 0.55%～6.04%，平均为 2.66%，渗透率为 0.08～1.7mD，平均为 0.85mD。

五、高效源储组合

1. 频繁薄互层型源储组合

芦草沟组纵向上为泥质类源岩与云质类、粉细砂岩类储层频繁薄互层，形成了"源储一体"型高效源储组合。根据源储配置关系，存在三种组合模式（郭旭光等，2019）：

相对厚层储层夹薄层烃源岩（源储比小于1）、相对厚层烃源岩夹薄层储层（源储比大于1）、近等厚的源储组合（源储比约等于1）。无论哪种源储组合，储层与烃源岩厚度单层均很薄，上下紧邻，有利于烃源岩的高效排烃及烃类聚集。这不仅是芦草沟组致密储层含油饱和度普遍超过85%的主要原因，也为形成大面积、整体含油的页岩油提供了有利条件。

芦草沟组全井段均见荧光显示，气测异常明显。其中云质粉细砂岩、砂屑云岩、岩屑长石粉细砂岩等岩心中可见油斑—油浸级别，甚至岩心出筒即可见原油外渗；而泥岩段、云质泥岩或者泥质含量高的井段油气显示微弱，主要为荧光—油迹级别。单井纵向上发育上、下两套页岩油富集甜点体，全区分布稳定、含油饱和度高。吉174井全井取心245.41m，岩心油迹以上含油级别厚度52.19m，占岩心总长度的21.3%，其余呈现连续的荧光显示（图6-3-11）。吉31井2715.17~2897.59m井段测定含油饱和度，含油饱和度分布范围在87.8%~97.7%（N=25），整体含油性较好。综合岩心观察、镜下微观、常规与核磁共振测井响应、录井油气显示等资料，孔隙度大于12%的甜点平均含油饱和度为84%；孔隙度为8%~12%的甜点平均含油饱和度为65%。

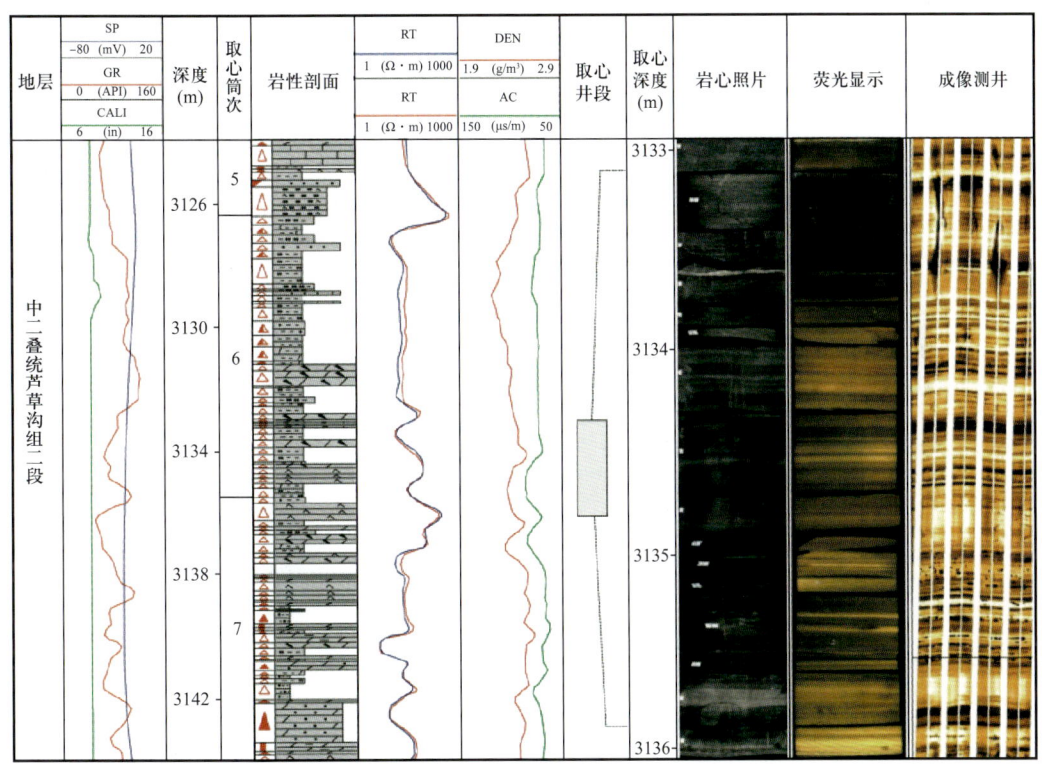

图6-3-11　吉木萨尔凹陷吉174井芦草沟组页岩油岩心及FMI测井特征

2. 多种类型源储组合

玛湖凹陷发育泥页岩、火山岩、砂岩和砂砾岩，在空间上组成了源储一体、源储相邻和源储分离的源储组合。其中，源储一体的源储组合为源内自生自储的源储组合关系，主要发育在玛湖凹陷斜坡区和生烃中心区（图6-3-12a）。风城组发育超厚层的云质页岩层系，黏土质页岩油生烃能力最强，孔隙性较差，而长英质页岩、云质粉—细砂岩储集性能最优，生烃能力相对较弱；云质页岩的生烃、储油能力均为中等；这些岩性共同构成了源储一体型的成藏组合。源储相邻型源储组合强调风城组内部储层与源岩侧向或者纵向大面积紧邻相接，近源油气聚集（图6-3-12b），储层岩性包括砂砾岩和沉凝灰岩。砂砾岩主要分布在玛南斜坡区，受白碱滩扇扇三角洲沉积体系的控制，主要岩性为三角洲前缘相砂砾岩和砂岩，储层孔渗性好，泥质含量低，砂体厚度较大，主要与风城组烃源岩侧向对接。沉凝灰岩位于风城组一段，岩性呈现灰绿色，溶蚀孔隙极其发育，相对发育的裂缝沟通溶蚀孔隙，形成网状孔隙系统。而源储分离型源储组合是靠近断裂带的常规储层与风城组烃源岩的源储配置关系，云质泥页岩生成的油气沿着断层、不整合面或者砂体，甚至他们组合成的复合输导体系统运移到常规储层中，形成常规油藏。

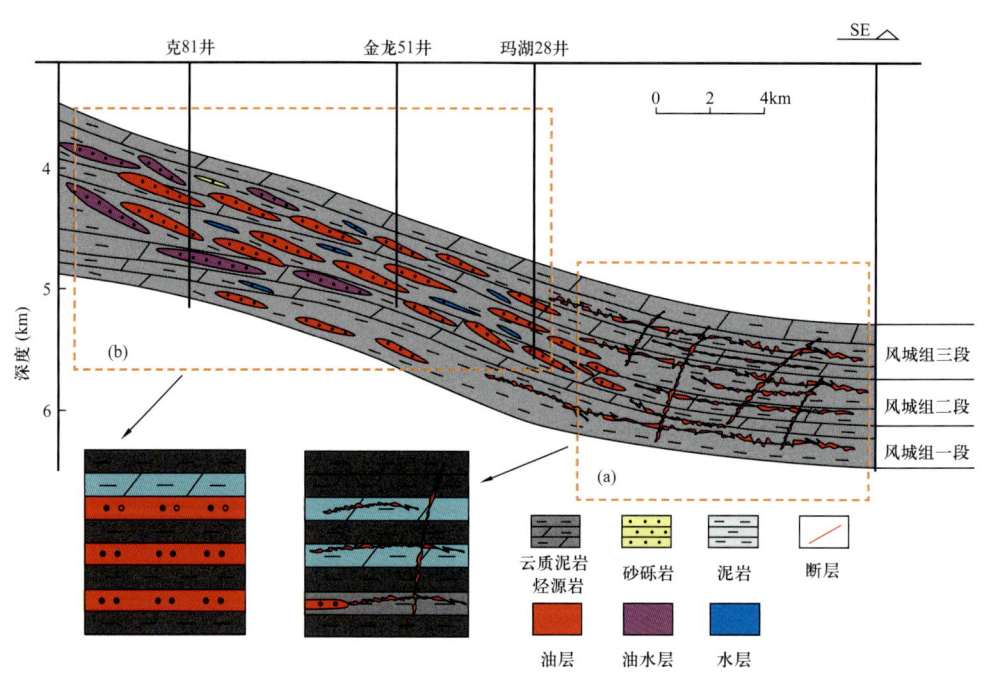

图6-3-12 玛湖凹陷风城组烃源岩与储层组合样式关系图

第四节 二叠系页岩油甜点综合评价

国内外学者采用不同方法对页岩油甜点区进行评价，如综合信息叠加法（邹才能等，2013；宁方兴等，2015；张君峰等，2020）、井震结合法（潘仁芳等，2018）、综合评价指数法（赵贤正等，2020；周立宏等，2020）和综合权重因子法（张鹏飞等，2019；魏永波等，2021）。其中，综合信息叠加法是考虑不同地区地质条件的差异，选取有机质丰度、有机质成熟度、含油量、有利岩相、裂缝发育范围、可动性、脆性矿物含量（可压性)、地层天然能量(地层压力)、页岩厚度等参数中的几种,进行多地质参数有利区的叠合,进而圈定最终的页岩油甜点区。该方法适用于页岩油勘探初期,可优选勘探远景区,定性评价甜点区,精度不高。井震结合法通常包括多测井曲线约束的总有机碳含量反演预测、基于沉积参数的贝岩岩相预测、基于叠后地震属性的缓倾角裂缝密度定量表征和基于叠前弹性参数的页岩脆性表征四大类地震预测技术。该方法通过构建甜点地震表征模型,预测页岩油甜点储层展布,但纵向精度不高。综合评价指数法是考虑各参数所占权重进行量化赋值加和,但是页岩油富集区往往黏土矿物、有机质等含量较高,导致泥页岩脆性较低,压裂效果不好,就造成地质甜点和工程甜点不能形成最佳匹配。综合权重因子评价法是通过优选主地质参数(游离油量、渗透率、杨氏模量)构建函数,依据综合权重因子对页岩油储层进行定量评价。

本文选择烃源岩品质的 TOC 和 S_1、储层品质的孔隙度和 $S_1·100/TOC$、工程品质的脆性指数作为评价二叠系烃源岩的重要权重参数。结合不同凹陷不同参数的标准,对 S_1、TOC、孔隙度、$S_1·100/TOC$ 和脆性指数进行单参数评价。按照游离烃含量评价,玛页1井在4570~4650m 和 4730~4800m 的位置主要为Ⅰ类和Ⅱ类甜点,其他位置主要为Ⅲ类和Ⅳ类甜点;按照烃源岩 TOC 值评价,在4570~4600m 和 4760~4820m 的位置主要为Ⅰ类和Ⅱ类甜点,其他位置主要为Ⅲ类和Ⅳ类甜点;按照储层孔隙度值评价,主体为Ⅲ类和Ⅳ类甜点,仅在 4570~4590m 和 4840~4860m 主要为Ⅰ类和Ⅱ类甜点;按照油饱指数值评价,在4570~4610m 处主要为Ⅰ类和Ⅱ类甜点,在 4710~4850m 处主要为Ⅳ类甜点夹Ⅲ类甜点;按照脆性指数值评价,不同类型的甜点交互分布。然而,根据不同的参数评价,得到的纵向上的甜点存在明显的差异,且这些参数属于非协同关系,多指标的参数评价操作难度大。基于这些问题,引入甜点富集系数 S 来综合评价页岩油甜点,即为不同参数的归一化值与权重值的乘积之和。

首先通过公式对这些参数进行归一化处理:

$$U_i = (U_{实际} - U_{min}) / (U_{max} - U_{min}) \qquad (6-4-1)$$

式中　U_i——参数归一化值;

$U_{实际}$——实际检测游离烃含量,mg/g;

U_{min}——最小游离烃含量,mg/g;

U_{max}——最大游离烃含量,mg/g。

根据这些参数对页岩油控制因素的重要性,赋予不同的权重值,即 S_1、TOC、孔隙度、$S_1·100/TOC$ 和脆性指数分别为 0.25、0.25、0.2、0.1、0.2。甜点富集系数 S 的计算公式为:

$$S = (U_1R_1 + U_2R_2 + U_3R_3 + U_4R_4 + U_5R_5) \cdot 100 \qquad (6-4-2)$$

式中　U_1——游离烃含量,mg/g;

U_2——烃源岩总有机碳含量,%;

U_3——孔隙度,%;

U_4——油饱指数,mg/g;

U_5——脆性指数；

R_1、R_2、R_3、R_4、R_5——分别为游离烃含量、总有机碳含量、孔隙度、油饱指数和脆性指数所赋予的权重值。

通过计算，玛湖凹陷风城组甜点Ⅰ类主要分布在风城组三段，从底部到顶部，甜点类型逐渐变好（图6-4-1），平面上，结合风城组泥页岩厚度、TOC、孔隙度、油饱指数和脆性指数的平面分布特征，计算出甜点富集系数分布在15.6~56.3之间，在北部的玛页1井处和南部的玛湖28井处最高（超过50），逐渐向四周递减（图6-4-2至

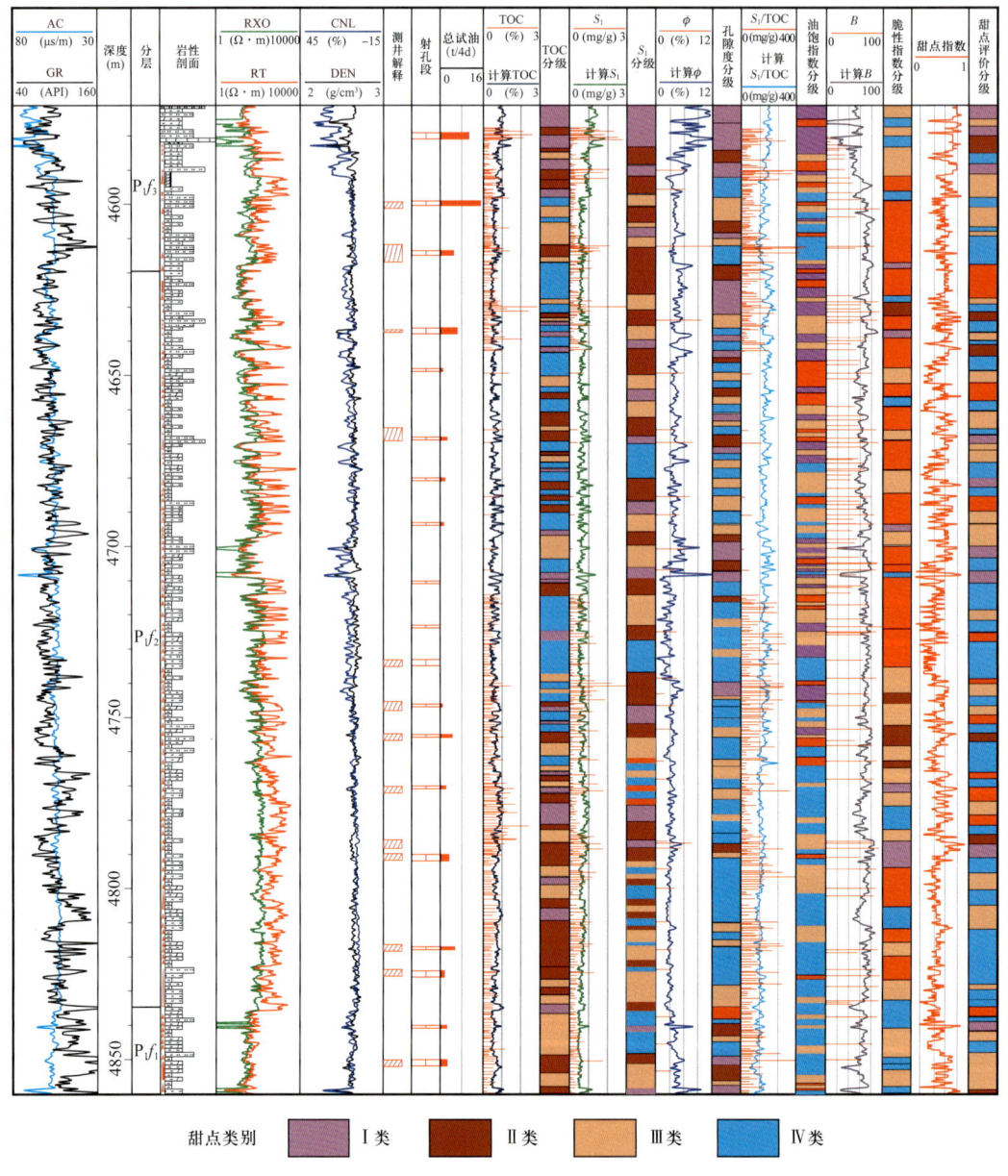

图6-4-1 玛湖凹陷玛页1井风城组不同参数的甜点综合柱状图

图 6-4-4)。吉木萨尔凹陷纵向上甜点Ⅰ类主要分布在上甜点段和下甜点段位置（图 6-4-5），平面上，通过公式计算，芦草沟组的页岩油下甜点富集系数主要分布在 53.2~20.5 之间，具有中部高、向四周逐渐降低的趋势，在吉 401 井、吉 32 井等地区超过 50（图 6-4-6）；上甜点富集系数主要分布在 51.9~22.1 之间，中东部的在吉 32 井—吉 305 井、吉 37 井等超过 50，向四周逐渐递减（图 6-4-7）。

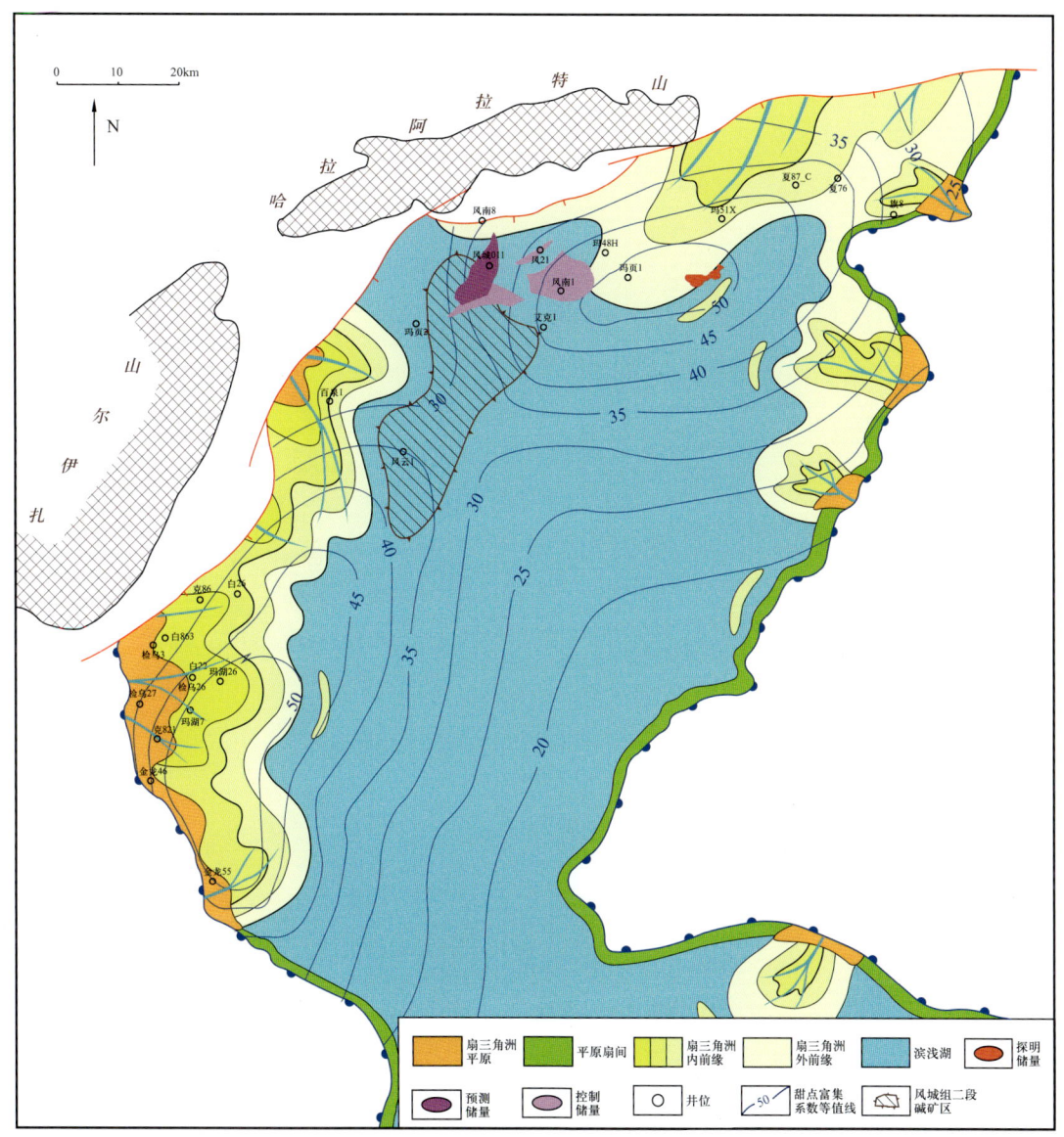

图 6-4-2　准噶尔盆地玛湖凹陷二叠系风城组一段页岩油甜点富集系数分布平面图

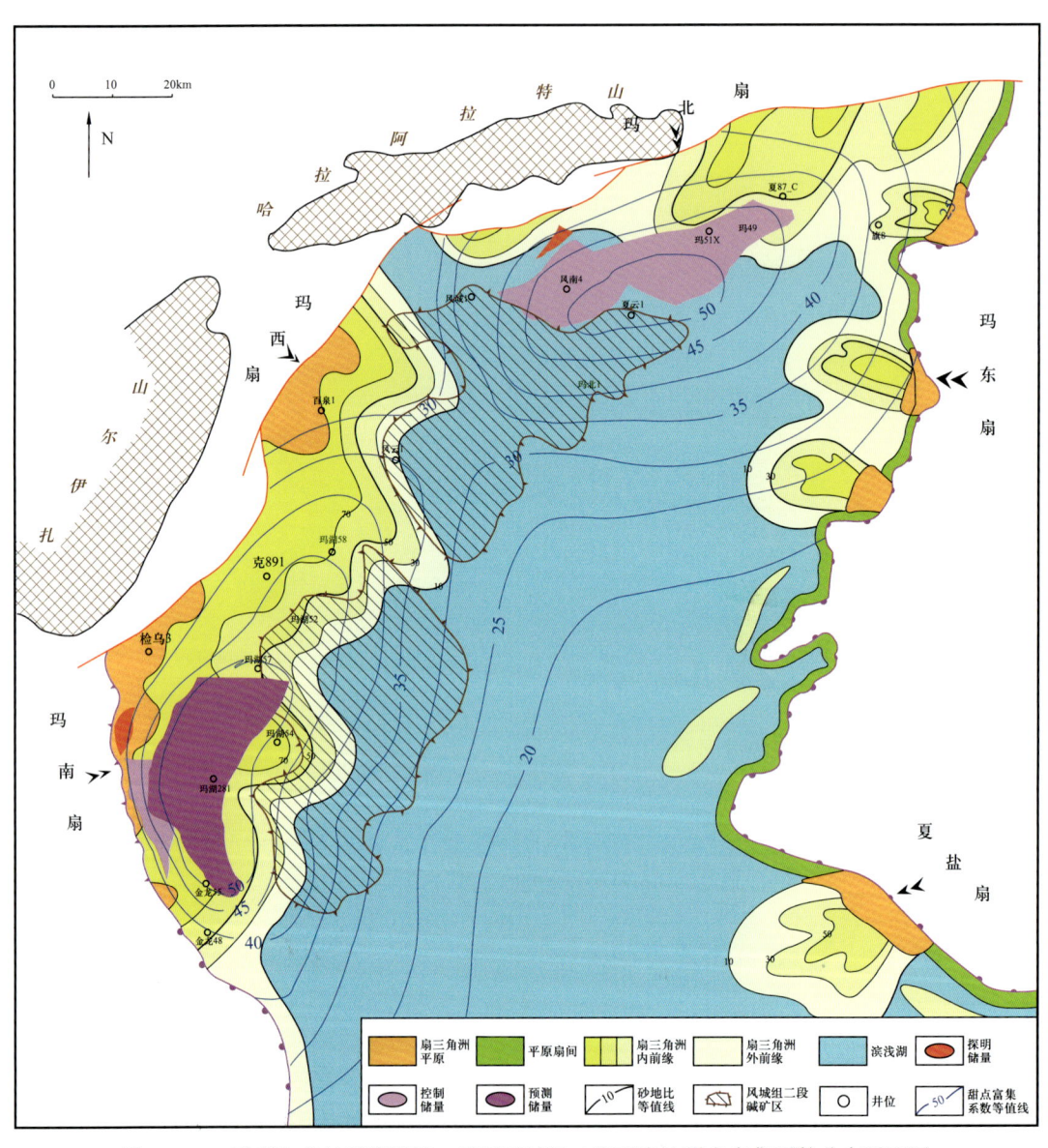

图 6-4-3 准噶尔盆地玛湖凹陷二叠系风城组二段页岩油甜点富集系数分布平面图

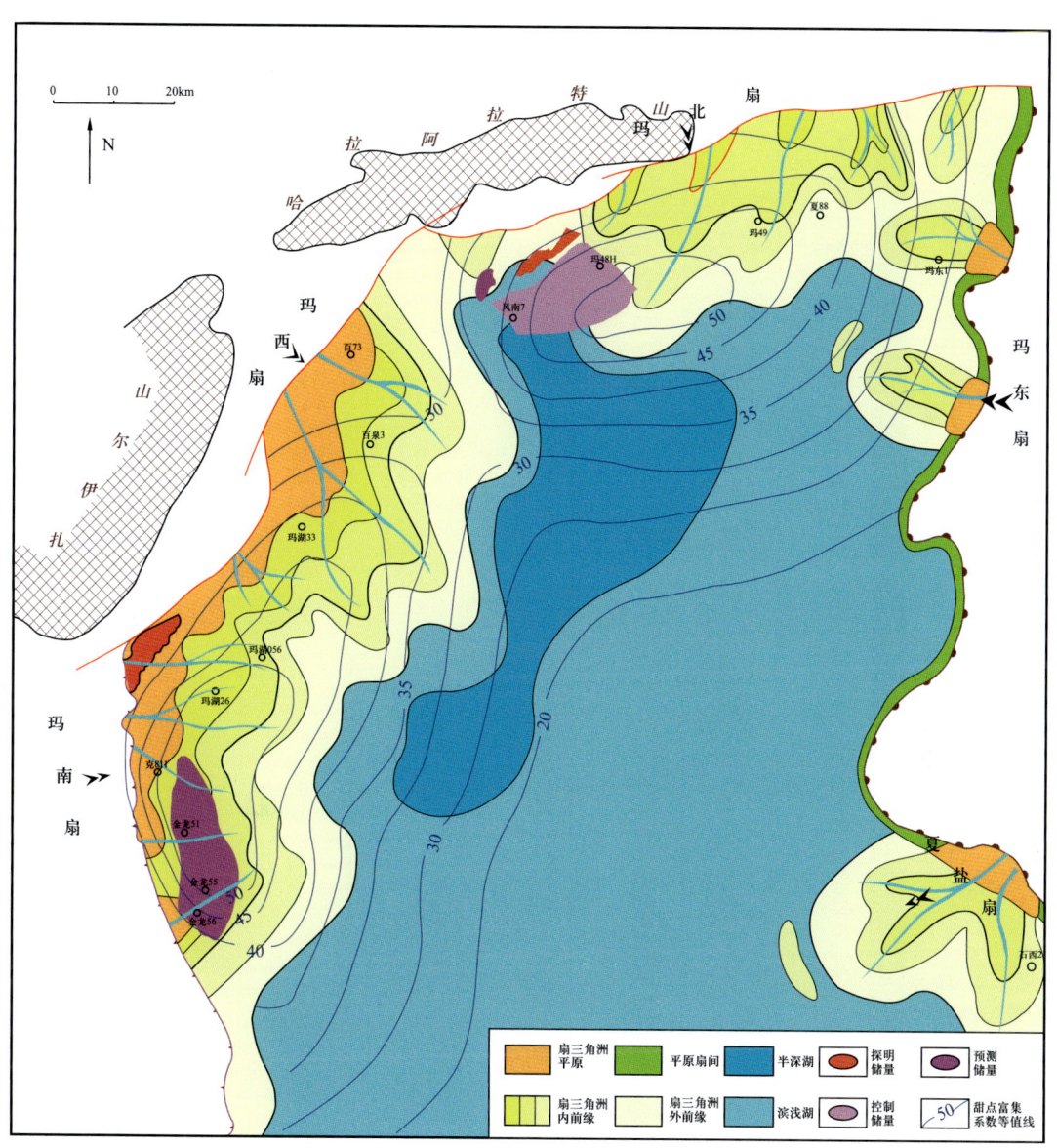

图 6-4-4 准噶尔盆地玛湖凹陷二叠系风城组三段页岩油甜点富集系数分布平面图

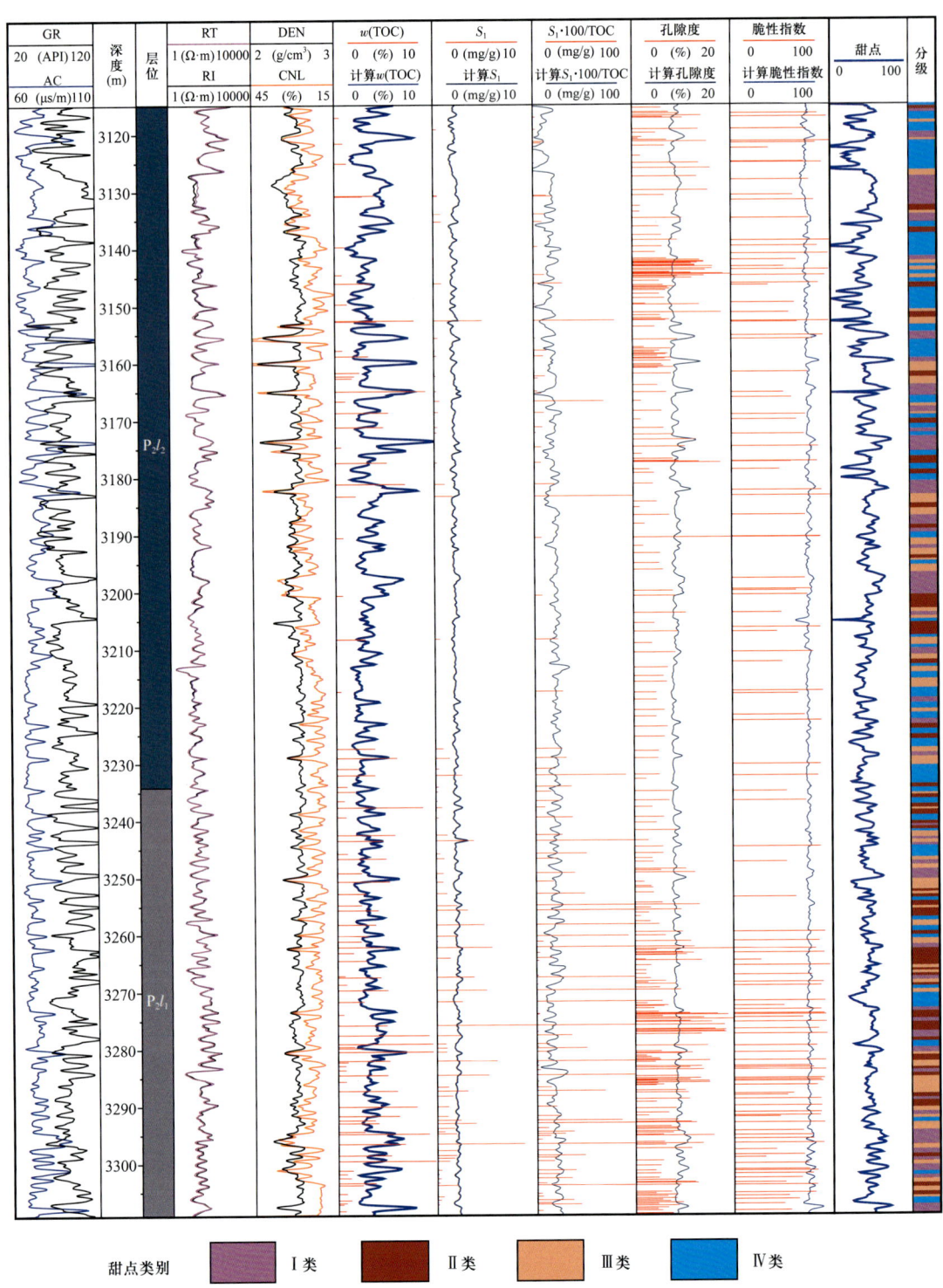

图 6-4-5 吉木萨尔凹陷吉 174 井芦草沟组不同参数的甜点综合柱状图

第六章 准噶尔盆地二叠系页岩油甜点成因与综合评价

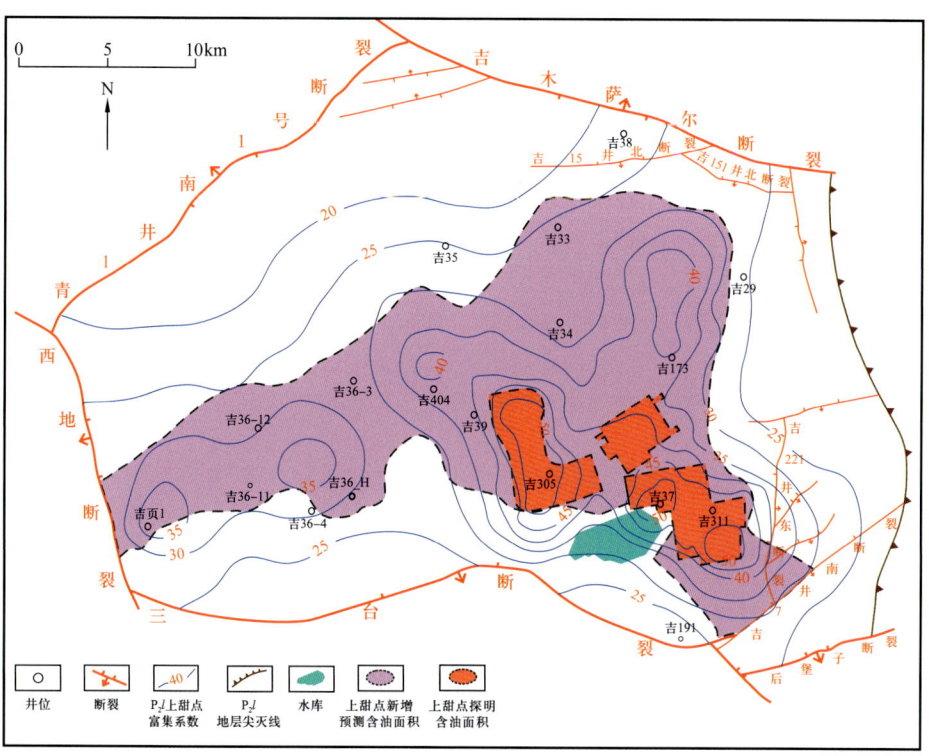

图 6-4-6 准噶尔盆地吉木萨尔凹陷芦草沟组页岩油下甜点富集系数分布平面图

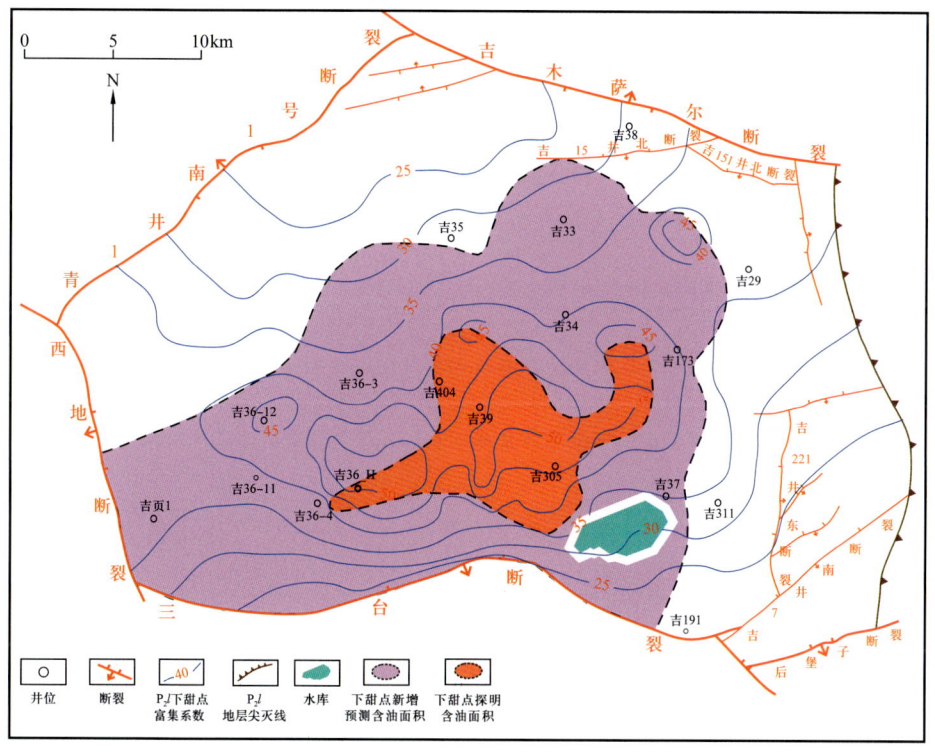

图 6-4-7 准噶尔盆地吉木萨尔凹陷芦草沟组页岩油上甜点富集系数分布平面图

参 考 文 献

白国平,邱海华,邓舟舟,等,2020.美国页岩油资源分布特征与主控因素研究[J].石油实验地质,42(4):524-532.

曹茜,王兴志,戚明辉,等,2020.页岩油地质评价实验测试技术研究进展[J].岩矿测试,39(3):337-349.

曹元婷,潘晓慧,李菁,等,2020.关于吉木萨尔凹陷页岩油的思考[J].新疆石油地质,41(5):622-630.

陈方文,赵红琴,王淑萍,等,2019.渤海湾盆地冀中坳陷饶阳凹陷沙一下亚段页岩油可动量评价[J].石油与天然气地质,40(3):593-601.

陈会军,刘招君,柳蓉,等,2009.银额盆地下白垩统巴音戈壁组油页岩特征及古环境[J].吉林大学学报,30(4):669-675.

陈吉,肖贤明,2013.南方古生界3套富有机质页岩矿物组成与脆性分析[J].煤炭学报,38(5):822-826.

陈增智,郝石生,席胜利,1994.碳酸盐岩烃源岩有机质丰度测井评价方法[J].石油大学学报(自然科学版),4:16-19.

谌卓恒,黎茂稳,姜春庆,等,2019.页岩油的资源潜力及流动性评价方法——以西加拿大盆地上泥盆统duvernay页岩为例[J].石油与天然气地质,40(3):459-468.

程海生,刘世丽,段宏亮,2015.苏北盆地阜宁组泥页岩储层特征[J].复杂油气藏,8(3):10-16.

崔宝文,陈春瑞,林旭东,等,2020.松辽盆地古龙页岩油甜点特征及分布[J].大庆石油地质与开发,39(3):45-55.

杜金虎,胡素云,庞正炼,等,2019. 中国陆相页岩油类型、潜力及前景[J].中国石油勘探,24(5):560-568.

范谭广,徐雄飞,范亮,等,2021.三塘湖盆地二叠系芦草沟组页岩油地质特征与勘探前景[J].中国石油勘探,26(4):125-136.

方世虎,宋岩,徐怀民,等,2007. 构造演化与含油气系统的形成——以准噶尔盆地东部吉木萨尔凹陷为例[J].石油实验地质,29(2):149-153.

冯冲,姚爱国,汪建富,等,2014.准噶尔盆地玛湖凹陷异常高压分布和形成机理[J].新疆石油地质,35(6):640-645.

冯兴雷,付修根,谭富文,等,2014.羌塘盆地孔孔茶卡地区石炭系擦蒙组烃源岩沉积环境分析[J].现代地质,28(5):953-961.

付金华,李士祥,郭芪恒,等,2022.鄂尔多斯盆地陆相页岩油富集条件及有利区优选[J].石油学报,43(12):45-55.

付金华,李士祥,侯雨庭,等,2020.鄂尔多斯盆地延长组7段Ⅱ类页岩油风险勘探突破及其意义[J].中国石油勘探,25(1):78-92.

付金华,李士祥,牛小兵,等,2020.鄂尔多斯盆地三叠系长7段页岩油地质特征与勘探实践[J].石油勘探与开发,47(5):870-883.

付金华,牛小兵,淡卫东,等,2019. 鄂尔多斯盆地中生界延长组长7段页岩油地质特征及勘探开发进展[J].中国石油勘探,24(5):601-614.

付锁堂,姚泾利,李士祥,等,2020.鄂尔多斯盆地中生界延长组陆相页岩油富集特征与资源潜力[J].石油实验地质,42(5):698-710.

付小东,邱楠生,饶丹,等,2014.柴达木盆地北缘侏罗系页岩油气成藏条件地质地球化学分析[J].地球化学，43（5）：437-452.

关有志，1992.科尔沁沙地的元素、黏土矿物与沉积环境［J］.中国沙漠，12（1）：9-15.

郭福生，严兆彬，杜杨松，2003.混合沉积、混积岩和混积层系的讨论［J］.地学前缘，10（3）：68.

郭秋麟，王建，陈晓明，等，2021.页岩油原地量和可动油量评价方法与应用［J］.石油与天然气地质，6：1451-1463.

郭旭光，何文军，杨森，等，2019.准噶尔盆地页岩油"甜点区"评价与关键技术应用——以吉木萨尔凹陷二叠系芦草沟组为例［J］.天然气地球科学，30（8）：1168-1179.

郭旭升，2022.我国陆上未来油气勘探领域探讨与攻关方向［J］.地球科学，47（10）：3511-3523.

胡见义，黄第藩，1991.中国陆相石油地质理论基础［M］.北京：石油工业出版社.

胡素云，赵文智，侯连华，等，2020.中国陆相页岩油发展潜力与技术对策［J］.石油勘探与开发，47（4）：819-828.

黄玉越，王贵文，宋连腾，等，2022.准噶尔盆地玛湖凹陷二叠系风城组页岩储集层裂缝测井识别与有效性分析［J］.古地理学报，24（3）：540-555.

黄振凯，郝运轻，李双建，等，2020.鄂尔多斯盆地长7段泥页岩层系含油气性与页岩油可动性评价——以H317井为［J］.中国地质，47（1）：210-219.

贾承造，邹才能，李建忠，等，2012.中国致密油评价标准、主要类型、基本特征及资源前景［J］.石油学报，33（3）：343-350.

姜向强，田纳新，殷进垠，等，2018.阿根廷内乌肯盆地页岩油气资源潜力［J］.石油地质与工程，3：55-63.

蒋启贵，黎茂稳，钱门辉，等，2016.不同赋存状态页岩油定量表征技术与应用研究［J］.石油实验地质，38（6）：842-849.

蒋中发，丁修建，王忠泉，等，2020.吉木萨尔凹陷二叠系芦草沟组烃源岩沉积古环境.岩性油气藏，32（6）：109-119.

焦方正，邹才能，杨智，2020.陆相源内石油聚集地质理论认识及勘探开发实践［J］.石油勘探与开发，47（6）：1067-1078.

焦养全，吕新彪，王正海，等，2004.从沉积到成岩两种截然不同的地质环境——吐哈盆地砂岩型铀矿研究实例［J］.地球科学，29（5）：615-620.

金之钧，王冠平，刘光祥，等，2021.中国陆相页岩油研究进展与关键科学问题［J］.石油学报，42（7）：821-835.

孔祥文，2017.沉积岩孔隙成像技术：孔隙度预测的基础［J］.石油科技动态，3：50-68.

匡立春，侯连华，杨智，等，2021.陆相页岩油储层评价关键参数及方法［J］.石油学报，42（1）：1-14.

匡立春，雷德文，王志章，等，2020.咸化湖相页岩油地质特征与勘探实践——以准噶尔盆地吉木萨尔凹陷为例［M］.北京：科学出版社.

匡立春，孙中春，欧阳敏，等，2013.吉木萨尔凹陷芦草沟组复杂岩性致密油储层测井岩性识别［J］.测井技术，37（6）：638-642.

匡立春，唐勇，雷德文，等，2012.准噶尔盆地二叠系咸化湖盆云质岩致密油形成条件与勘探潜力［J］.石油勘探与开发，39（6）：657-667.

雷德文，陈刚强，刘海磊，等，2017.准噶尔盆地玛湖凹陷大油（气）区形成条件与勘探方向研究［J］.地质学报，91（7）：1604-1619.

雷德文，王小军，唐勇，等，2018.准噶尔盆地玛湖凹陷三叠系百口泉组砂砾岩储层形成与演化［M］.北京：科学出版社.

黎茂稳，金之钧，董明哲，等，2020.陆相页岩形成演化与页岩油富集机理研究进展［J］.石油实验地质，42（4）：489-505.

黎茂稳，马晓潇，蒋启贵，等，2019.北美海相页岩油形成条件、富集特征与启示［J］.油气地质与采收率，26（1）：13-28.

李德生，2012.中国多旋回叠合盆地含油气盆地构造学［M］.北京：科学出版社.

李二庭，向宝力，刘向军，等，2020.准噶尔盆地吉木萨尔凹陷芦草沟组页岩油偏稠成因分析［J］.天然气地球科学，31（2）：250-257.

李国欣，朱如凯，张永庶，等，2022.柴达木盆地英雄岭页岩油地质特征、评价标准及发现意义［J］.石油勘探与开发，49（1）：18-31.

李钜源，2013.东营凹陷泥页岩矿物组成及脆度分析［J］.沉积学报，31（4）：616-620.

李乐，王自翔，郑有恒，等，2019.江汉盆地潜江凹陷潜三段盐韵律层页岩油富集机理［J］.地球科学，44（3）：1012-1023.

李宁，闫伟林，武宏亮，等，2020.松辽盆地古龙页岩油测井评价技术现状、问题及对策［J］.大庆石油地质与开发，39（3）：117-128.

李志明，钱门辉，黎茂稳，等，2020.盐间页岩油形成有利条件与地质甜点评价关键参数——以潜江凹陷潜江组潜3～4-10韵律为例［J］.石油实验地质，42（4）：513-523.

李志明，陶国亮，黎茂稳，等，2019.鄂尔多斯盆地西南部彬长区块三叠系延长组7段3亚段页岩油勘探前景探讨［J］.石油与天然气地质，40（3）：558-570.

李忠权，陈更生，郭冀义，等，2001.准噶尔盆地南缘西部地层异常高压基本地质特征［J］.石油实验地质，1：47-51.

廉欢，查明，高长海，等，2016.吉木萨尔凹陷芦草沟组异常高压与致密油富集［J］.新疆石油地质，37（2）：163-168.

梁新平，金之钧，Alexander Shpilman，等，2019.俄罗斯页岩油地质特征及勘探开发进展［J］.石油与天然气地质，40（3）：478-490.

林晓慧，詹兆文，邹艳荣，等，2019.准噶尔盆地东南缘芦草沟组油页岩元素地球化学特征及沉积环境意义［J］.地球化学，48（1）：67-78.

刘超，卢双舫，薛海涛，2014.变系数（deta）lgR方法及其在泥页岩有机质评价中的应用［J］.地球物理学进展，29（1）：312-317.

刘冬冬，杨东旭，张子亚，等，2019.基于常规测井和成像测井的致密储层裂缝识别方法——以准噶尔盆地吉木萨尔凹陷芦草沟组为例［J］.岩性油气藏，31（3）：76-85.

刘刚，周东升，2007.微量元素分析在判别沉积环境中的应用——以江汉盆地潜江组为例［J］.石油实验地质，29（3）：307-311.

柳波，吕延防，赵荣，等，2012.三塘湖盆地马朗凹陷芦草沟组泥页岩系统地层超压与页岩油富集机理［J］.石油勘探与开发，39（6）：699-705.

卢双舫，黄文彪，陈方文，等，2012.页岩油气资源分级评价标准探讨［J］.石油勘探与开发，39（2）：249-256.

卢双舫，薛海涛，2021.页岩油形成条件、赋存机理与富集分布［M］.北京：石油工业出版社.

吕明久，付代国，何斌，等，2012.泌阳凹陷深凹区页岩油勘探实践［J］.石油地质与工程，26（3）：1-4.

陆巧焕，张晋言，李绍霞，2006.测井资料在生油岩评价中的应用［J］.测井技术，1：80-83，100.

宁方兴，王学军，郝雪峰，等，2015.济阳坳陷页岩油赋存状态和可动性分析［J］.新疆石油天然气，11（3）：1-6.

牛小兵，冯胜斌，刘飞，等，2013.低渗透致密砂岩储层中石油微观赋存状态与油源关系——以鄂尔多斯盆地三叠系延长组为例[J].石油与天然气地质,34(3):288-293.

潘仁芳,陈美玲,张超谟,等,2018.济阳坳陷渤南洼陷古近系页岩油甜点地震预测及影响因素分析[J].地学前缘,25(4):142-154.

彭雪峰,汪立今,姜丽萍,2012.准噶尔盆地东南缘芦草沟组油页岩元素地球化学特征及沉积环境指示意义[J].矿物岩石地球化学通报,31(2):121-127.

蒲秀刚,金凤鸣,韩文中,等,2019.陆相页岩油甜点地质特征与勘探关键技术——以沧东凹陷孔店组二段为例[J].石油学报,40(8):997-1012.

钱门辉,蒋启贵,黎茂稳,等,2017.湖相页岩不同赋存状态的可溶有机质定量表征[J].石油实验地质,39(2):278-286.

钱门辉,黎茂稳,蒋启贵,等,2022.页岩岩心样品烃类散失特征与地质意义[J].石油实验地质,27(10):1817-1827.

邱振,卢斌,施振生,等,2016.准噶尔盆地吉木萨尔凹陷芦草沟组页岩油滞留聚集机理及资源潜力探讨[J].天然气地球科学,27(10):1817-1827.

瞿建华,杨荣荣,唐勇,2019.准噶尔盆地玛湖凹陷三叠系源上砂砾岩扇—断—压三控大面积成藏模式[J].地质学报,93(4):915-927.

全国石油天然气标准化技术委员会,2020.页岩油地质评价方法:GB/T 38718—2020[S].北京:中国标准出版社.

任江玲,靳军,马万云,等,2017.玛湖凹陷早二叠世咸化湖盆风城组烃源岩生烃潜力精细分析[J].地质论评,63(S):51-52.

沙庆安,2001.混合沉积和混积岩的讨论[J].古地理学报,3(3):63-66.

石善志,邹雨时,王俊超,等,2022.吉木萨尔凹陷芦草沟组储集层脆性特征[J].新疆石油地质,43(2):169-176.

史基安,邹妞妞,鲁新川,等,2013.准噶尔盆地西北缘二叠系云质碎屑岩地球化学特征及成因机理研究[J].沉积学报,31(5):898-906.

宋国奇,张林晔,卢双舫,等,2013.页岩油资源评价技术方法及其应用[J].地学前缘,20(4):221-228.

宋明水,刘惠民,王勇,等,2020.济阳坳陷古近系页岩油富集规律认识与勘探实践[J].石油勘探与开发,47(1):1-11.

宋一涛,廖永胜,张守春,2005.半咸—咸水湖相烃源岩中两种赋存状态可溶有机质的测定及其意义[J].科学通报,50(14):1531-1534.

苏思远,姜振学,宁传祥,等,2017.沾化凹陷页岩油富集可采主控因素研究[J].石油科学通报,2(2):187-198.

孙龙德,刘合,何文渊,等,2021.大庆古龙页岩油重大科学问题与研究路径探析[J].石油勘探与开发,48(3):1-11.

孙小勇,牟传龙,葛祥英,等,2016.四川广元—陕西镇巴地区上奥陶统五峰组地球化学特征及沉积环境意义[J].沉积与特提斯地质,36(1):46-54.

唐勇,郭文建,王霞田,等,2019.玛湖凹陷砾岩大油区勘探新突破及启示[J].新疆石油地质,40(2):127-137.

汪凯明,罗顺社,2009.燕山地区中元古界高于庄组和杨庄组地球化学特征及环境意义[J].矿物岩石地球化学通报,28(4):356-364.

王安乔,郑保明,1987.热解色谱分析参数的校正[J].石油实验地质,9(4):342-350.

王剑,李二庭,陈俊,等,2020.准噶尔盆地吉木萨尔凹陷二叠系芦草沟组优质烃源岩特征及其生烃机制研究[J].地质论评,66(3):755-764.

王江涛,刘龙松,江梦雅,等,2023.准噶尔盆地盆1井西凹陷及周缘二叠系风城组油气地质特征与勘探潜力[J].天然气地球科学,34(5):794-806.

王琨,周航宇,赖杰,等,2020.核磁共振技术在岩石物理与孔隙结构表征中的应用[J].仪器仪表学报,41(2):101-114.

王敏芳,黄传炎,徐志诚,等,2006.综述沉积环境中古盐度的恢复[J].新疆石油天然气,2(1):8-12.

王小军,王婷婷,曹剑,2018.玛湖凹陷风城组碱湖烃源岩基本特征及其高效生烃[J].新疆石油地质,39(1):9-15.

王永诗,巩建强,房建军,等,2012.渤南洼陷页岩油气富集高产条件及勘探方向[J].油气地质与采收率,19(6):6-10.

王勇,王学军,宋国奇,等,2016.渤海湾盆地济阳坳陷泥页岩岩相与页岩油富集关系[J].石油勘探与开发,43(5):696-704.

王玉华,梁江平,张金友,等,2020.松辽盆地古龙页岩油资源潜力及勘探方向[J].大庆石油地质与开发,39(3):20-34.

魏永波,李俊乾,卢双舫,等,2021.湖相页岩油甜点综合评价方法及应用——以饶阳凹陷沙一下亚段页岩油为例[J].中国矿业大学学报,50(4):743-753.

邬立言,1986.生油岩热解快速定量评价[M].北京:科学出版社.

邬立言,丁莲花,李斌,等,2000.油气储集岩热解快速定性定量评价[M].北京:石油工业出版社.

吴孔友,查明,王绪龙,等,2005.准噶尔盆地构造演化与动力学背景再认识[J].地球学报,26(3):217-222.

吴孔友,刘波,刘寅,等,2017.准噶尔盆地中拐凸起断裂体系特征及形成演化[J].地球科学与环境学报,39(3):406-418.

吴世强,唐小山,杜小娟,等,2013.江汉盆地潜江凹陷陆相页岩油地质特征[J].东华理工大学学报(自然科学版),36(3):282-286.

徐宝荣,许海涛,于宝利,等,2015.异常地层压力预测技术在准噶尔盆地的应用[J].新疆石油地质,36(5):597-601.

徐赣川,钟光海,谢冰,等,2014.基于岩石物理实验的页岩脆性测井评价方法[J].天然气工业,34(12):38-45.

薛海涛,田善思,卢双舫,等,2015.分散可溶有机质的气源意义[J].吉林大学学报(地球科学版),45(1):52-60.

薛海涛,田善思,王伟明,等,2016.页岩油资源评价关键参数——含油率的校正[J].石油与天然气地质,37(1):15-22.

薛耀松,唐天福,俞从流,1984.鸟眼构造的成因及其环境意义[J].沉积学报,1:85-95.

杨清堂,1996.内蒙古伊盟地区现代碱湖地质特征和形成条件分析[J].化工矿产地质,1:31-38.

杨燕,雷天柱,关宝文,等,2015.滨浅湖相泥质烃源岩中不同赋存状态可溶有机质差异性研究[J].岩性油气藏,27(2):77-82.

杨智,侯连华,陶士振,等,2015.致密油与页岩油形成条件与甜点区评价[J].石油勘探与开发,42(5):555-565.

杨智峰,唐勇,郭旭光,等,2021.准噶尔盆地玛湖凹陷二叠系风城组页岩油赋存特征及影响因素[J].石油实验地质,43(5):784-796.

詹家祯,甘振波,1998.新疆独山子泥火山溢出物中的孢子花粉[J].新疆石油地质,1:58-61,89.

詹家祯,师天明,周春梅,等,2007.新疆准噶尔盆地芳3井晚白垩世孢粉组合的发现及其地质意义［J］．微体古生物学报，1：15-27．

张革，张金友，赵莹，等，2019．松辽盆地北部齐家地区青山口组二段互层型泥页岩油富集主控因素［J］．大庆石油地质与开发，38（5）：143-150．

张金川，林腊梅，李玉喜，等，2012．页岩油分类与评价［J］．地学前缘，19（5）：322-331．

张君峰，徐兴友，白静，等，2020．松辽盆地南部白垩系青一段深湖相页岩油富集模式及勘探实践［J］．石油勘探与开发，47（4）：637-652．

张林晔，包友书，李钜源，等，2015．湖相页岩中矿物和干酪根留油能力实验研究［J］．石油实验地质，37（6）：776-780．

张林晔，李钜源，李政，等，2017．陆相盆地页岩油气地质研究与实践［M］．北京：石油工业出版社．

张盼盼，刘小平，王雅杰，等，2014．页岩纳米孔隙研究新进展［J］．地球科学进展，29（11）：1242-1249．

张鹏飞，卢双舫，2021．页岩油储集、赋存与可流动性核磁共振一体化表征［M］．北京：石油工业出版社．

张鹏飞，卢双舫，李俊乾，等，2019．湖相页岩油有利甜点区优选方法及应用——以渤海湾盆地东营凹陷沙河街组为例［J］．石油与天然气地质，40（6）：1339-1350．

张启明，董伟良，2000．中国含油气盆地中的超压体系［J］．石油学报，6：1-11，127．

张文正，杨华，杨奕华，等，2010．鄂尔多斯盆地长7优质烃源岩的岩石学、元素地球化学特征及发育环境［J］．地球化学，37（1）：59-64．

张晓宝，1993．准噶尔盆地南缘东部中二叠统芦草沟组黑色页岩中白云岩夹层的成因探讨［J］．沉积学报，11（2）：133-138．

张志杰，袁选俊，汪梦诗，等，2018．准噶尔盆地玛湖凹陷二叠系风城组碱湖沉积特征与古环境演化［J］．石油勘探与开发，45（6）：54-66．

赵靖舟，白玉彬，王乃军，等，2012．鄂尔多斯盆地准连续型低渗透—致密砂岩大油田成藏模式［J］．石油与天然气地质，33（6）：811-827．

赵靖舟，付金华，王大兴，等，2017．致密油气成藏理论与评价技术［M］．北京：石油工业出版社．

赵文智，胡素云，侯连华，等，2020a．中国陆相页岩油类型、资源潜力及与致密油的边界［J］．石油勘探与开发，47（1）：1-10．

赵文智，朱如凯，胡素云，等，2020b．陆相富有机质页岩与泥岩的成藏差异及其在页岩油评价中的意义［J］．石油勘探与开发，47（6）：1079-1089．

赵贤正，蒲秀刚，周立宏，等，2021．深盆湖相区页岩油富集理论、勘探技术及前景——以渤海湾盆地黄骅坳陷古近系为例［J］．石油学报，42（2）：143-162．

赵贤正，周立宏，蒲秀刚，等，2020．歧口凹陷歧北次凹沙河街组三段页岩油地质特征与勘探突破［J］．石油学报，41（6）：643-657．

郑绵平，赵元艺，刘俊英，1998．第四纪盐湖沉积与古气候［J］．第四纪研究，4：297-307．

郑一丁，雷裕红，张立强，等，2015．鄂尔多斯盆地东南部张家滩页岩元素地球化学、古沉积环境演化特征及油气地质意义［J］．天然气地球科学，26（7）：1395-1404．

支东明，曹剑，向宝力，等，2016．玛湖凹陷风城组碱湖烃源岩生烃机理及资源量新认识［J］．新疆石油地质，37（5）：499-506．

支东明，宋永，何文军，等，2019．准噶尔盆地中—下二叠统页岩油地质特征、资源潜力及勘探方向［J］．新疆石油地质，40（4）：389-401．

支东明，唐勇，何文军，等，2021．准噶尔盆地玛湖凹陷风城组常规—非常规油气有序共生与全油气系统成藏模式［J］．石油勘探与开发，48（1）：38-51．

支东明，唐勇，杨智峰，等，2019．准噶尔盆地吉木萨尔凹陷陆相页岩油地质特征与聚集机理［J］．石油与天然气地质, 40（3）：524-534.

支东明, 唐勇, 郑孟林, 等, 2018. 玛湖凹陷源上砾岩大油区形成分布与勘探实践[J]. 新疆石油地质, 39（1）：1-8, 22.

周立宏, 韩国猛, 杨飞, 等, 2021. 渤海湾盆地歧口凹陷沙河街组三段一亚段地质特征与页岩油勘探实践[J]. 石油与天然气地质, 42（2）：443-455.

周立宏, 赵贤正, 柴公权, 等, 2020. 陆相页岩油效益勘探开发关键技术与工程实践——以渤海湾盆地沧东凹陷古近系孔二段为例[J]. 石油勘探与开发, 47（5）：1059-1066.

周庆凡, 金之钧, 杨国丰, 等, 2019. 美国页岩油勘探开发现状与前景展望[J]. 石油与天然气地质, 40（3）：469-477.

周庆凡, 杨国丰, 2012. 致密油与页岩油的概念与应用[J]. 石油与天然气地质, 33（4）：541-544, 570.

朱光有, 金强, 张林晔, 2003. 用测井信息获取烃源岩的地球化学参数研究[J]. 测井技术, 27（2）：104-109.

朱日房, 张林晔, 李钜源, 等, 2015. 页岩滞留液态烃的定量评价[J]. 石油学报, 36（1）：13-18.

朱如凯, 白斌, 吴松涛, 等, 2018. 页岩致密油储层微观孔喉结构[M]. 北京：地质出版社.

朱晓萌, 朱文兵, 曹剑, 等, 2019. 页岩油可动性表征方法研究进展[J]. 新疆石油地质, 40（6）：745-753.

邹才能, 杨智, 崔景伟, 等, 2013. 页岩油形成机制、地质特征及发展对策[J]. 石油勘探与开发, 40（1）：14-26.

邹才能, 杨智, 孙莎莎, 等, 2020. "进源找油"：论四川盆地页岩油气[J]. 中国科学：地球科学, 50（7）：903-920.

邹才能, 杨智, 王红岩, 等, 2019. "进源找油"：论四川盆地非常规陆相大型页岩油气田[J]. 地质学报, 93（7）：1551-1562.

邹才能, 朱如凯, 白斌, 等, 2015. 致密油与页岩油内涵、特征、潜力及挑战[J]. 矿物岩石地球化学通报, 34（1）：3-17.

Abrams M A, Gong C R, Garnier C, et al., 2017. A new thermal extraction protocol to evaluate liquid rich unconventional oil in place and in-situ fluid chemistry[J]. Marine and Petroleum Geology, 88：659-675.

Barker C, 1974. Pyrolysis techniques for source-rock evaluation[J]. AAPG Bulletin, 58（11）：2349-2361.

Behar F, Beaumont V, Penteado H L D B, 2001. Rock-Eval 6 technology: performances and development[J]. Oil & Gas Science and Technology, 56（2）：111-134.

BGR, 2017. Energy study 2017: Data and developments concerning German and global energy supplies[R]. Hannover, Germany: BGR, 1-184.

Cao H R, Zou Y R, Lei Y, 2017. Shale Oil Assessment for the Songliao Basin, Northeastern China, Using Oil Generation-Sorption Method[J]. Energy and Fuels, 31（5）：4826-4842.

Chen J, Pang X, Pang H, et al., 2018. Hydrocarbon evaporative loss evaluation of lacustrine shale oil based on mass balance method: Permian Lucaogou Formation in Jimusaer depression, Junggar Basin[J]. Marine and Petroleum Geology, 91：422-431.

Chen Z H, Jiang C Q, 2016. A revised method for organic porosity estimation in shale reservoirs using Rock-Eval data: Example from Duvernay Formation in the Western Canada Sedimentary Basin[J]. AAPG Bull, 100（3）：405-422.

Cooles G P, Mackenzie A S, Quigley T M, 1986. Calculation of petroleum masses generated and expelled from source rocks [J]. Organic Geochemistry, 10 (1): 235-245.

Deckker P, Chivas A R, Shelley J M, et al., 1988. Ostracod shell chemistry: A new palaeoenvironmental indicator applied to a regressive transgressive record from the gulf of carpentaria [J]. Palaeogeogr Palaeoclimatol Palaeoecol, 66 (3/4): 231-241.

EIA, 2013. Technically recoverable shale oil and shale gas resources: an assessment of 137 shale formations in 41 countries outside the United States [R]. Washington: U.S.Energy Information Administration, 1-12.

EIA, 2018. U.S.Crude oil and natural gas proved reserves, year-end 2016 [EB/OL]. (2018-02-13). https://www.eia.gov/naturalgas/crudeoilreserves/archive/2016/.

EIA, 2019. U.S.Crude oil and natural gas proved reserves, year-end 2018 [EB/OL]. (2019-12-13). https://www.Eia.gov/naturalgas/crudeoilreserves/.

EIA, 2020. Tight oil production estimates by play to 2020 [EB/OL]. (2020-03). https://www.Eia.gov/petroleum/data.php.

Espitalie J, Madec M, Tissot B, 1980. Role of mineral matrix in kerogen pyrolysis: influence on petroleum generation and migration [J]. AAPG Bulletin, 64 (1): 59-66.

Eugster H, Harvie C and Weare J, 1980. Mineral equilibria in a six-component seawater system, Na-K-Mg-Ca-SO_4-Cl-H_2O at 25℃ [J]. Geochimica et Cosmochimica Acta, 44: 1335-1347.

Fleury M, Romero-Sarmiento M, 2016. Characterization of shales using T_1-T_2 NMR maps [J]. Journal of petroleum science and engineering, 137: 55-62.

Hu T, Pang X Q, Jiang F J, et al., 2020. Movable oil content evaluation of lacustrine organic-rich shales: Methods and a novel quantitative evaluation model [J]. Earth-Science Reviews, 214: 103545.

Hu T, Pang X, Jiang S, et al., 2018. Oil content evaluation of lacustrine organic-rich shale with strong heterogeneity: a case study of the middle permian lucaogou formation in jimusaer sag, junggar basin, nw china [J]. Fuel, 221: 196-205.

IEA, 2016. World Energy Outlook 2016 [R]. Paris: International Energy Agency.

Jarvie D M, 2012. Shale resource systems for oil and gas: Part 2 — Shale-oil resource systems [J]. AAPG Memoir, 97: 89-119.

Jarvie D M, 2014. Components and processes affecting producibility and commerciality of shale resource systems [J]. Geologica Acta, 12 (4): 307-325.

Jarvie D M, Hill R J, Ruble T E, et al., 2007. Unconventional shale-gas systems: The Mississippian Barnett Shale of north-central Texas as one model for thermogenic shale-gas assessment [J]. AAPG Bull, 91 (4): 475-499.

Jiang C Q, Chen Z H, Mort A, et al., 2016. Hydrocarbon evaporative loss from shale core samples as revealed by Rock-Eval and thermal desorption-gas chromatography analysis: Its geochemical and geological implications [J]. Marine and Petroleum Geology, 70: 294-303.

Jin X, Shah S N, Roegiers J C, et al., 2014. Fracability evaluation in shale reservoirs-an integrated petrophysics and geomechanics approach [J]. SPE, 168589.

Josh M, Esteban L, Delle Piane C, et al., 2012. Laboratory characterisation of shale properties [J]. Journal of petroleum science and engineering, 88-89: 107-124.

Katz B J, Lin F, 2021. Consideration of the limitations of thermal maturity with respect to vitrinite reflectance, Tmax, and other proxies [J]. AAPG Bulletin, 105 (4): 695-720.

Kausik R, Fellah K, Rylander E, et al., 2016. NMR Relaxometry in Shale and Implications for Logging [J].

Petrophysics, 57(4): 339–350.

Keith M L, Weber J N, 1964. Carbon and oxygen isotopic composition of selected limestones and fossils [J]. Geochimica et Cosmochimica Acta, 28(10−11): 1787−1816.

Kissin Y V, 1987. Origin of n-alkanes in petroleum crudes [J]. Geochimica et Cosmochimica Acta, 51: 2445−2458.

Larter S R, Huang H P, Snowdon L, et al., 2012. What we do not know about self-sourced oil reservoirs: challenges and potential solutions [J]. SPE, 162777.

Li J B, Huang W B, Lu S F, et al., 2018. Nuclear magnetic resonance T_1−T_2 map division method for hydrogen-bearing components in continental shale [J]. Energy and Fuels, 32(9): 9043−9054.

Li J B, Jiang C Q, Wang M, et al., 2020. Adsorbed and free hydrocarbons in unconventional shale reservoir: a new insight from NMR T_1−T_2 maps [J]. Marine and Petroleum Geology, 116: 104311.

Li J, Wu K L, Chen Z X, et al., 2019. Effects of energetic heterogeneity on gas adsorption and gas storage in geologic shale systems [J]. Apply Energy, 251: 113368.

Li M W, Chen Z H, Ma X X, et al., 2018. A numerical method for calculating total oil yield using a single routine Rock-Eval program: A case study of the Eocene Shahejie Formation in Dongying Depression, Bohai Bay Basin, China [J]. International Journal of Coal Geology, 191: 49−65.

Li M W, Chen Z H, Ma X X, et al., 2019. Shale oil resource potential and oil mobility characteristics of the EoceneOligocene Shahejie Formation, Jiyang Super-Depression, Bohai Bay Basin of China [J]. International Journal of Coal Geology, 204: 130−143.

Li M W, Chen Z H, Qian M H, et al., 2020. What are in pyrolysis S_1 peak and what are missed? Petroleum compositional characteristics revealed from programed pyrolysis and implications for shale oil mobility and resource potential [J]. International Journal of Coal Geology, 217: 103321.

Makeen Y M, Hakimi M H, Wan H A, 2015. The origin type and preservation of organic matter of the barremian-aptian organic-rich shales in the Muglad basin, Southern Sudan, and their relation to paleoenvironmental and paleoclimate conditions [J]. Mar Pet Geol, 65: 187−197.

Mehana M, El-monier, 2016. Shale characteristics impact on Nuclear Magnetic Resonance (NMR) fluid typing methods and correlation [J]. Petroleum, 2: 138−147.

Michael G E, Packwood J, Holba A, et al., 2013. Determination of In-Situ Hydrocarbon Volumes in Liquid Rich Shale Plays [J]. SPE, 168695.

NEB, 2011. Tight oil developments in the western Canada sedimentary basin [R]. Calgary: National energy board.

Nelson P H, 2009. Pore-throat sizes in sandstones, tight sandstones and shales [J]. AAPG Bulletin, 93(3): 329–340.

Noffke N, Gerdes G, Thomas K, et al., 2001. Microbially induced sedimentary structures: a new category within the classification of primary sedimentary structure [J]. Journal of Sedimentary Research, 71(5): 649−656.

Obermajer M, Stewart K R, Dewing K, 2007. Geological and geochemical data from the Canadian Arctic Islands, Part Ⅱ: Rock-Eval/TOC data [J]. Geological Survey of Canada Open File 5459, 27 p.(CDROM).

Passey Q R, Creaney S, Kulla J B, et al., 1990. A practical model for organic richness from porosity and resistivity logs [J]. AAPG bulletin, 74(12): 1777−1794.

Pepper A S, Corvi P J, 1995a. Simple kinetic models of petroleum formation. Part I: Oil and gas generation from kerogen [J]. Marine and Petroleum Geology, 12(3): 291−319.

Pepper A S, Corvi P J, 1995b. Simple kinetic models of petroleum formation.Part Ⅲ: modelling an open system [J]. Marine and Petroleum Geology, 12(4), 417–452.

Peters K E, 1986. Guidelines for evaluating petroleum source rock using programmed pyrolysis [J]. AAPG Bull, 70: 318-86.

Peters K E, Cassa M R, 1994. Applied source rock geochemistry [J]. AAPG Memoir, 60: 93-120.

Riediger C, Carrelliand G G, Zonneveld J P, 2004. Hydrocarbon source rock characterization and thermal maturity of the Upper Triassic Baldonnel and Pardonet formations, northeastern British Columbia [J]. Canada: Bulletin of Canadian Petroleum Geology, 52: 277–301.

Romero-Sarmiento M F, Euzen T, Rohais S, et al., 2016. Artificial thermal maturation of source rocks at different thermal maturity levels: Application to the Triassic Montney and Doig formations in the Western Canada Sedimentary Basin [J]. Organic Geochemistry, 97: 148-162.

Romero-Sarmiento M F, 2019. A quick analytical approach to estimate both free versus sorbed hydrocarbon contents in liquid-rich source rocks [J]. AAPG Bulletin, 103(9): 2031-2043.

Seifert W K, Moldowan J M, 1986. Use of biological markers in petroleum exploration.In: Methods in geochemistry and geophysics [J]. Elsevier, 24: 261-290.

Seifert W K, Moldowan J M, 1981. Paleoreconstruction by biological markers [J]. Geochim Cosmochim Acta, 45: 783-794.

Tang Y, He W J, Bai Y B, et al., 2021. Source rock evaluation and hydrocarbon generation model of a Permian Alkaline Lakes—A case study of the Fengcheng Formation in the Mahu Sag, Junggar Basin [J]. Minerals, 11: 644.

USGS, 2019. USGS domestic continuous (unconventional) oil and gas assessments, 2000-present, 2019 [EB/OL]. (2020-03).https://certmapper.cr.usgs.gov/data/apps/noga-summary/.

Van Graas Ger W, Gilje A E, Isom T P, 2000. The effects of phase fractionation on the composition of oils, condensates and gases [J]. Org.Geochem, 31: 1419-1439.

Wang S, Feng Q H, Zha M, et al., 2015. Molecular dynamics simulation of liquid alkane occurrence state in pores and slits of shale organic matter [J]. Petroleum Exploration Development, 42(6): 84-851.

Yang S Y, Horsfield B, 2020. Critical review of the uncertainty of Tmax in revealing the thermal maturity of organic matter in sedimentary rocks [J]. International Journal of Coal Geology, 225: 1-12.